future arquitecturas s.l. 编

未来建筑竞标 中国 第9辑
建筑与时代

FUTURE ARQUITECTURAS COMPETITIONS CHINA 9
ARCHITECTURE AND TIMES

图书在版编目（CIP）数据

未来建筑竞标. 中国. 第9辑，建筑与时代：汉英对照 / 西班牙未来建筑出版社编. 一 杭州：浙江大学出版社，2013.11
ISBN 978-7-308-12414-0

Ⅰ. ①未… Ⅱ. ①西… Ⅲ. ①建筑设计—世界—现代—图集 Ⅳ. ①TU206

中国版本图书馆CIP数据核字（2013）第249325号

浙江省版权局著作权合同登记图字：11-2013-120号

未来建筑竞标 中国 第9辑 建筑与时代

FUTURE ARQUITECTURAS COMPETITIONS CHINA 9 ARCHITECTURE AND TIMES

future arquitecturas s.l. 编

责任编辑 张凌静 李峰伟
封面设计 future arquitecturas s.l. 未来建筑
出版发行 浙江大学出版社
（杭州天目山路148号 邮政编码：310007）
（网址：http://www.zjupress.com）
印　刷 杭州多丽彩印有限公司
开　本 889mm×1194mm 1/8
印　张 30
字　数 384千
版印次 2013年11月第1版 2013年11月第1次印刷
书　号 ISBN 978-7-308-12414-0
定　价 300.00元

future
未来建筑
ARQUITECTURAS

执行编辑 · MANAGING EDITOR
Gabriela Vélez Trueba (西) · gabriela@arqfuture.com

图形 · LAYOUT
Carlos de Navas Paredes (西)

图形制作 · GRAPHIC PRODUCTION
左雯莎 Zuo Wensha · news@arqfuture.com
冯艳 Feng Yan · communication@arqfuture.com
Rosa Pilar Jiménez Sánchez (西)

中国地区公司合伙人 · CORPORATE PARTNER IN CHINA
赵磊 Zhao Lei · leizhao@arqfuture.com
地址 address: 中国杭州下城区文晖路303号
浙江交通集团大厦11楼
postal code 邮编: 310014
电话 telephone: +86 571 85303277
手机 cell phone: +86 13706505166

美洲地区公司合伙人 · CORPORATE PARTNER IN AMERICA
Santiago Vélez (厄) · svelez@arqfuture.com
地址 address: c/ Portugal E10-276 y 6 de Diciembre, 2do piso
Quito · Ecuador
电话 telephone: +593 98036427

行政人员 · ADMINISTRATION
Belén Carballedo (西) · belen@arqfuture.com

销售部 · DISTRIBUTION DEPARTMENT
曾江福 Zeng Jiangfu
手机 cell phone: 13564489269
电话 telephone: 20 65877188

广告 · ADVERTISING
china@arqfuture.com

future arquitecturas s.l.
Rafaela Bonilla 17, 28028
Madrid, Spain

www.arqfuture.com

序言

次序：光线与色彩

如何重新定位现存的建筑？为了将来的实践我们必须要成为世界级建筑师，受到统一培训吗？

全球化作为一个科技、社会和文化过程，是贸易关系加强、资本流动以及世界各国相互依存的产物,最后导致了市场标准化的风险。马塞尔·杜尚说："我的资本是时间，不是金钱。"然而，当经济处于"风平浪静"阶段时，坚固的城市会被迫进一步考虑"重生、重回、可重用性和回收利用"的可持续性，并始终受到"次序、传统、比例"的限制。

诗人歌德对哲学家亚瑟·叔本华在《论视觉与颜色》中的科学论颇为赞赏，叔本华一直致力于光线与颜色理论演变的研究。牛顿、歌德、叔本华分别是物理学家、诗人、哲学家，三人均致力于研究"最重要"的现象：光线。

同样，瑞士艺术家、包豪斯学院的保罗·克利艺术大师在其研究、色彩、比例、设计和图纸中凸显了几何的巨大价值，即平面、体量与移动：自然与技巧的结构、节奏与色彩。

智囊团可以扮演这样的角色：交流意见，甚至借助新思路、新知识去设计、建造、改造和重建一个城市，促进专业人才和整个社会为打造城市的未来而携手努力。这就像临摹"社交商务"风格，实现协作"启动"学习；一些参与者可以利用"集体学习"平台、结合"在线"培训和实时课程体验来帮助、纠正他人。这恰如马塞尔·杜尚的作品《大玻璃》，它包含许多几何图形，融合在一起就是大型机械体，好像要从玻璃与变化的背景中跳出来。"我对创意很感兴趣，不仅仅局限于视觉产品。"

Prefacio

EL ORDEN: LUZ Y COLOR

¿Como reorientar la arquitectura realizada hasta ahora? ¿Hay que ser un arquitecto global -formación generalista- para ejercer en el futuro?

La globalización o mundialización, como proceso tecnológico, social y cultural, es consecuencia de la intensificación de las relaciones comerciales, flujos de capital, e interdependencia entre los diferentes países del mundo, originando el peligro de la uniformización de sus mercados; "mi capital es el tiempo, no el dinero" dice Marcel Duchamp. Sin embargo, momentos "de calma" económica, obligan a la ciudad consolidada a intensificar la mirada en las cuatro R de la sostenibilidad: regeneración, rentabilidad, reutilidad y reciclaje, siempre dentro del Orden, de la tradición y de la proporción de medida.
El tratado científico del filósofo Arthur Schopenhauer "Sobre la visión y los colores" que, tanto gustó al poeta Goethe, estudia la evolución de la teoría sobre la luz y los colores a lo largo de los siglos. Newton, Goethe,y Schopenhauer, un físico, un poeta y un filósofo, dedicaron grandes esfuerzos en el "primum primo" de todos los fenómenos: la luz.
Así mismo, el legado pedagógico del artista suizo, maestro de la Bauhaus, Paul Klee, con sus investigaciones, escalas de color, construcciones y dibujos mostró el gran valor de la geometría: el plano, el volumen y el movimiento: las estructuras de la naturaleza y de los artificios, el ritmo y el color.

Son los foros de reflexión los que conducen a intercambiar e incluso originar nuevas líneas de pensamiento y conocimiento para diseñar, construir, remodelar y reestructurar la ciudad, persiguiendo que los profesionales y la sociedad trabajen juntos en el futuro de la ciudad. Es el aprendizaje "start up" colaborativo, al más puro estilo del "social commerce", donde unos participantes ayudan y corrigen al resto en una especie de "crowd learning", combinando la formación "online" con la intensidad y vivencia de la clase "presencial". Es como la obra de Marcel Duchamp, "El Gran Vidrio" que, compuesta por una serie de readymades, reducidos a formas planas nos muestra una suma de experiencias, un astro en torno al cual gira una constelación de obras que la anteceden o se segregan. "Estoy interesado en las ideas, no simplemente en productos visuales".

Preface

THE ORDER: LIGHT AND COLOR

How to redirect architecture created so far? Do we have to be global architects – general training – to practice in the future?

Globalization, as a technological, social and cultural process, is a consequence of the intensification of trade relations, capital flows, and interdependence among the different countries of the world, which creates the risk of standardization of their markets. "My capital is time, not money,"says Marcel Duchamp. However, when there is economic "calm", the consolidated city is forced to intensify the consideration of the four Rs´ of sustainability: regeneration, return, reusability and recycling, always within the order, the tradition and proportion.
The scientific treatise of philosopher Arthur Schopenhauer *On the Vision and the Colors*, which the poet Goethe liked so much, studied the evolution of the theory of light and colors throughout the centuries. Newton, Goethe, and Schopenhauer, a physicist, a poet and a philosopher, devoted great efforts in the "most important" of all phenomena: the light.
Likewise, the educational legacy of Swiss artist, master of the Bauhaus, Paul Klee, showed the great value of geometry through his research, color, scales, designs and drawings: the plane, the volume and movement: the structures of the nature and artifice, rhythm and color.

Think tanks are used to exchange and even lead to new lines of thought and knowledge to design, build, remodel and restructure the city, promoting that professionals and society work together in the future of the city. It is like collaborative "start up" learning, following a "social commerce" style, where some participants help and correct the rest in a kind of "crowd learning" experience, combining training "online" with the intensity and experience of attending a class. It is like the work of Marcel Duchamp, *The Large Glass*, which consists of many geometric shapes melding together to create large mechanical objects, which seem to almost pop out from the glass and ever-changing background. "I am interested in ideas, not merely in visual products."

目录 Contents

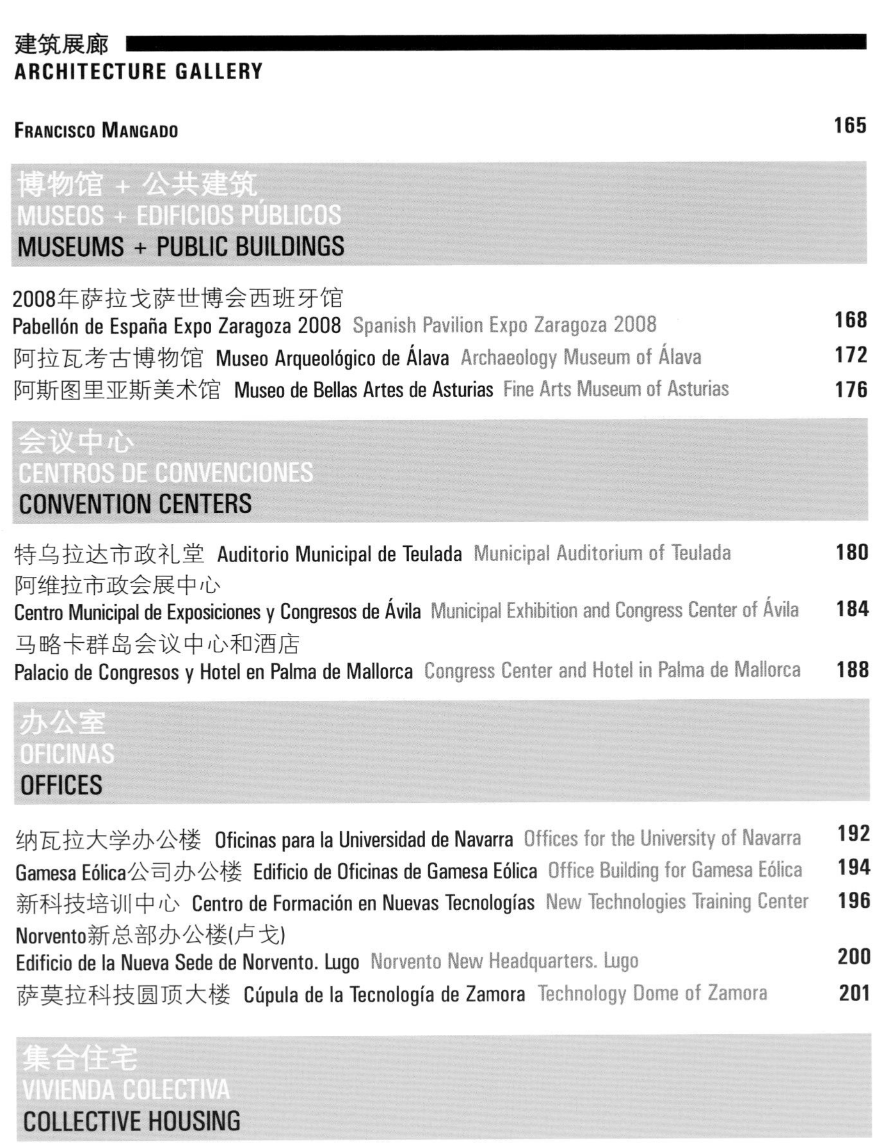

日清设计

Lacime Architectural Design

Lacime Architectural Design

上海日清建筑设计有限公司是一个立足本土并以创造一流建筑为目标的建筑设计事务所，希望培养中国本土化人才，团结本土化精英，创造真正符合地域环境的建筑。自2001年成立以来，经过12年的发展，已拥有200多名建筑师及丰富的国内外大型项目设计经验，并在国内积累了众多大型建成项目及成功的合作客户。公司积极参与国内多类型建筑设计工作，正通过实践，走出一条逐渐成形的本土化道路。

Como estudio de arquitectura afincado en China, Lacime International Pte., Ltd. (Lacime Architectural Design) trata de construir arquitectura de calidad. Tratamos de desarrollar y unificar el talento local para crear una arquitectura que verdaderamente encaje en el entorno. Desde su creación en 2001, a lo largo de 12 años de crecimiento, el estudio ha crecido hasta los 200 arquitectos y ha acumulado una rica experiencia en grandes proyectos nacionales e internacionales.

As an architectural design firm based in China, Lacime International Pte., Ltd. (Lacime Architectural Design) aims to build top architectures. It seeks to develop local talents and unite local elites for creating architecture that truly fits into the local environment. Since its establishment in 2001, the company has gathered over 200 architects and accumulated rich design experience in large projects at home and abroad, as well as numerous large completed projects in China and satisfied partnerships, throughout the 12 years of growth. The company is actively involved in various architectural designs in China, and is well on the way to localization through practice.

宋照青 Song Zhaoqing

日清设计创始人/建筑师/大学客座教授/艺术品收藏家
现任上海日清建筑设计有限公司董事长、首席建筑师
国家一级注册建筑师
世界华人建筑师协会会员
西安建筑科技大学客座教授

1992年毕业于西安冶金建筑学院建筑系建筑学专业，获学士学位
1995年毕业于清华大学建筑学院建筑设计专业，获硕士学位

1992年获台湾“洪四川文教基金会”年度建筑设计优秀人才奖
2004年CIHAF中国建筑二十大品牌影响力青年设计师
2004—2005年度民用建筑设计市场DI推荐最佳建筑人
2013年入选*AD 100*建筑、设计精英
多次受邀担任各类学术研讨主讲及上海建筑学会活动评委
从业近20年来，主持参与的项目还包括上海新天地旧区改造项目和西安秦二世陵遗址公园、临潼芷阳文化广场、合肥1912商业街区等文化建筑

Fundador de Lacime Architectural Design, Arquitecto, Profesor invitado, Coleccionista de arte.
Actualmente, Presidente y Arquitecto director de Lacime International Pte., Ltd. (en Shanghai).
Arquitecto colegiado de primer nivel en China.
Miembro de la Asociación Mundial de Arquitectos Chinos.
Profesor invitado de Xi'an University of Architecture and Technology.

Se graduó en 1992 por la Universidad Xi'an Institute of Metallurgy and Construction Engineering (ahora Xi'an University of Architecture and Technology). En 1995 realizó un Máster en Proyectos Arquitectónicos en la Escuela de Arquitectura de Tsinghua University de Shanghai.

1992, Premio Anual de Diseño Arquitectónico de Taiwan Hong Sichuan Foundation al Talento Destacado.
2004, Elegido entre los mejores 20 jóvenes arquitectos influyentes de China CIHAF
2004-2005, Arquitecto más reconocido en la Arquitectura Civil de diseño de mercados.
2013, seleccionado como diseñador de élite en AD 100.
Ha sido invitado como conferenciante en seminarios académicos y jurado de las actividades de Shanghai Architecture Society.
Con casi 2 décadas de experiencia, ha estado al cargo o participado en numerosos edificios culturales, que incluyen la reconstrucción de Shanghai Xintiandi, Parque del Mausoleo de Qin Er Shi, Parque Cultural Lintong Zhiyang, calle comercial de Hefei 1912...

Founder of Lacime Architectural Design, Architect, Guest Professor, Art Collector
Presently, Chairman of the Board and Chief Architect, Lacime International Pte., Ltd. (in Shanghai)
National first-class registered architect
Member of World Association of Chinese Architects
Guest Professor of Xi'an University of Architecture and Technology

In 1992, graduated with a bachelor's degree in Architecture from the Architecture Department, Xi'an Institute of Metallurgy and Construction Engineering (now Xi'an University of Architecture and Technology)
In 1995, graduated with a master's degree in Architectural Design from the School of Architecture, Tsinghua University of Shanghai

In 1992, Taiwan Hong Sichuan Foundation Annual Architectural Design Award for Outstanding Talent
In 2004, CIHAF China Architecture Top 20 Brand Influence Young Designer
2004—2005, Most Reocommond Designer in Civil Architecture Design Market
In 2013, Song was selected as a design elite in *AD 100*
He was invited as guest speaker in academic seminars and judge of Shanghai Architecture Society's activities
With nearly 2-decade work experience, he has taken charge of or taken part in numerous cultural building projects, including Shanghai Xintiandi reconstruction project, Heritage Park of Qin Er Shi Mausoleum, Lintong Zhiyang Cultural Park, Hefei 1912 Commercial Street, and so on.

温州之钻
Diamante de Wenzhou
Diamond of Wenzhou

主创团队 equipo team
任治国 Ren Zhiguo · 刘振 Liu Zhen
杨佩燊 Yang Peishen · 吕祝青 Lv Zhuqing
摄影师 fotógrafo photographer
苏圣亮 Su Shengliang
地点 situación location
中国浙江温州 Wenzhou, Zhejiang, China
建成日期 fecha de finalización completed date
2013年
建筑面积 superficie edificada project area
1,126㎡

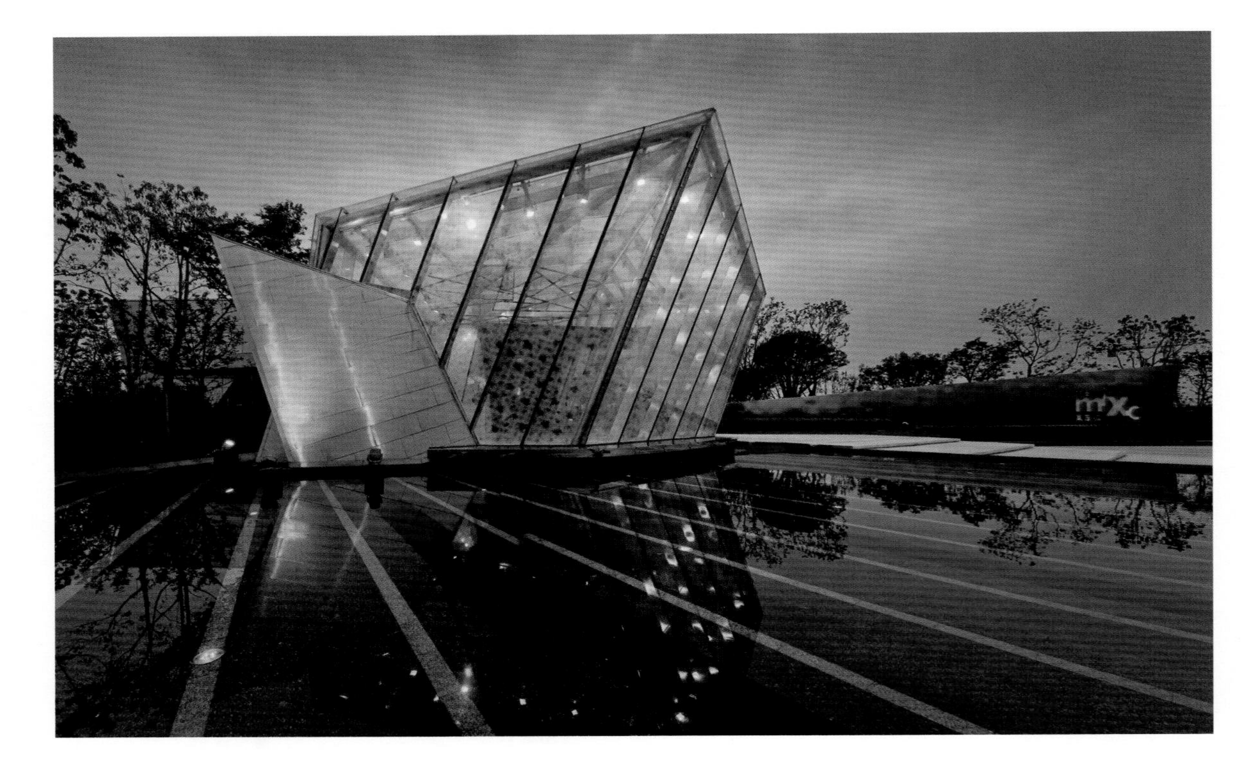

项目立意为一颗钻石，玻璃体表面棱角尖锐而异形，在三维空间中自由变幻，最终形成了可托于掌中的一颗精致的明钻。

本次设计实现了建筑的前卫性和空间、材料的创新性，注重建筑体与室内、环境的融合。在一片半弧形的空地之上，多条轴线渐次而生，相互交错，衍生出不同方向角度的片墙，看似繁多，却围绕在其内在的规律中，捧出从大地中生出的钻石。

Basado en la idea de un diamante, el edificio muestra aristas punzantes y formas especiales de vidrios, con un dinamismo propio de espacios en tres dimensiones, equivalentes a un exquisito diamante. El proyecto analiza la arquitectura de vanguardia, la forma y la innovación de materiales, enfatizando la integración del edificio, espacio interior y en el entorno. En un espacio arqueado, se construyen muros seccionados en varias direcciones a lo largo de los ejes. La aparente complejidad se basa en una regla inherente, la bienvenida de un diamante que emerge de la tierra.

Based on the idea of a diamond, the building features glass surfaces pointed edges and special shapes, rendering dynamics in a three-dimensional space, equivalent to an exquisite diamond.
The design realizes the avant-garde architecture and space and material innovation, focusing on the integration of building, interior space and the environment. On an arched clearing, sectional walls are built in the various directions along the interlacing axes. The seeming complexity is based on an inherent law, welcoming a diamond rising out of the earth.

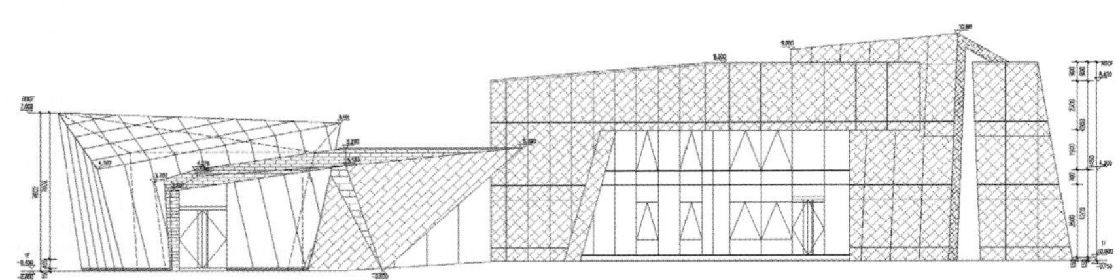

西北立面图 ALZADO NOROESTE NORTHWEST ELEVATION

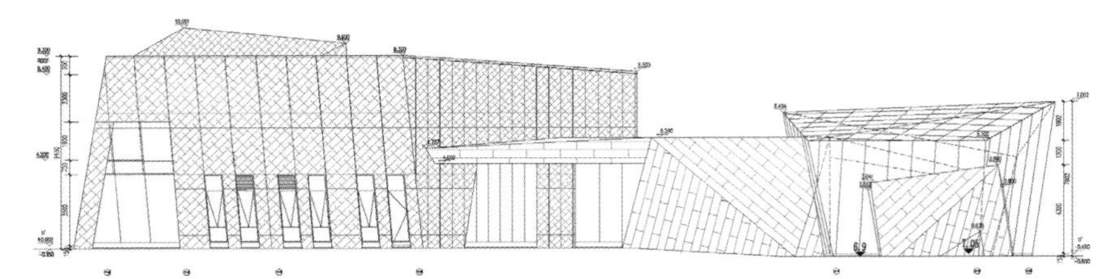

东南立面图 ALZADO SURESTE SOUTHEAST ELEVATION

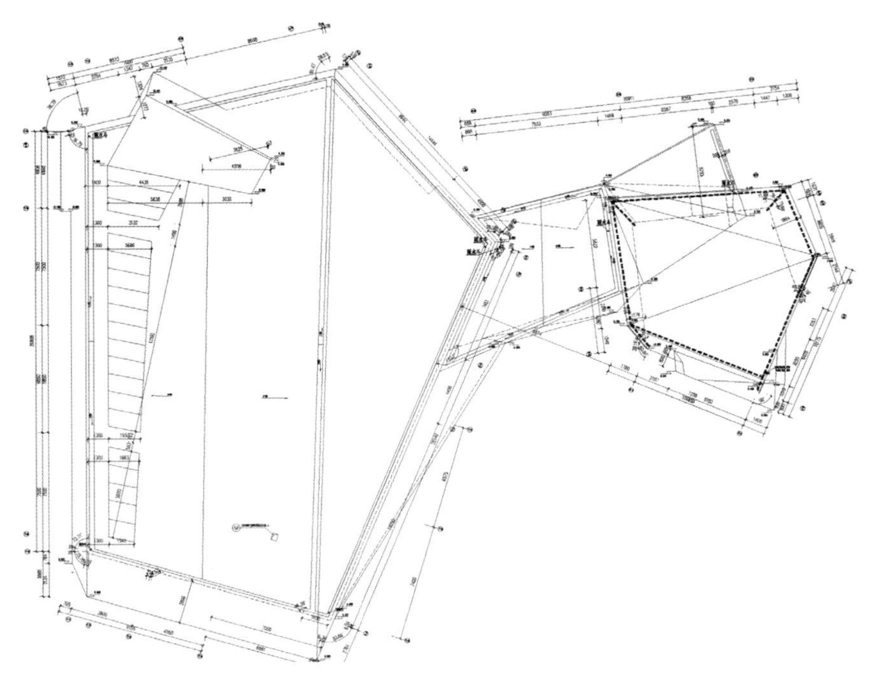

屋顶层平面图 PLANTA DE CUBIERTA ROOF PLAN

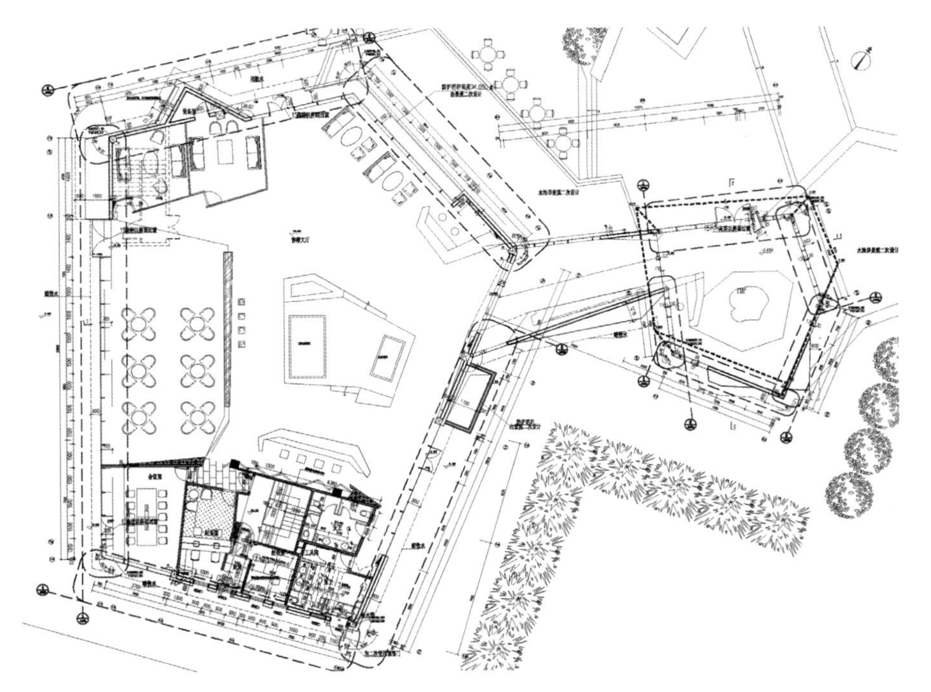

底层平面图 PLANTA BAJA GROUND FLOOR PLAN

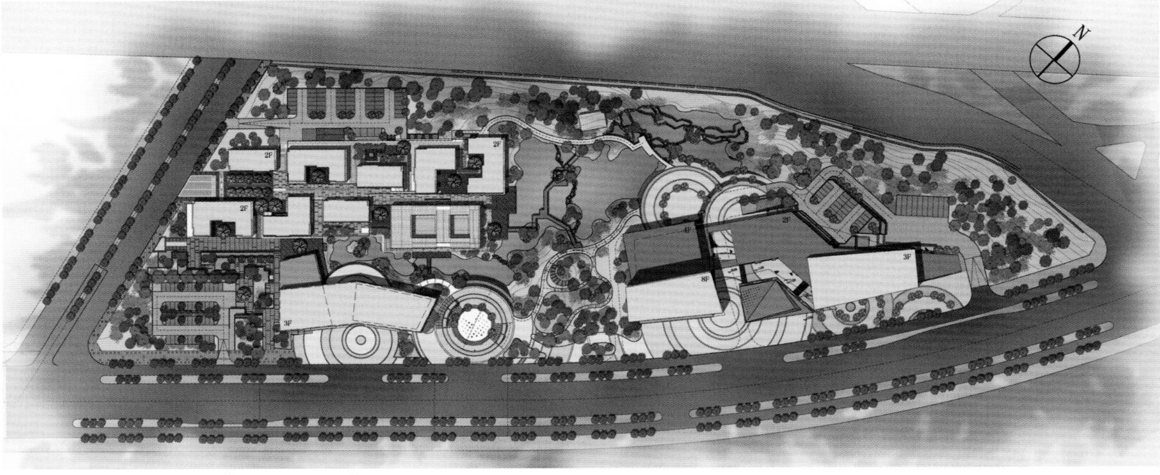

总平面图 PLANTA GENERAL OVERALL PLAN

西安临潼旅游度假区芷阳广场综合体
Parque Cultural Lintong Zhiyang
Lintong Zhiyang Cultural Park

主创团队 equipo team
宋照青 Song Zhaoqing · 赵晶鑫 Zhao Jingxin
陈炎 Chen Yan · 刘晓理 Liu Xiaoli
摄影师 fotógrafo photographer
姚力 Yao Li
地点 situación location
中国陕西西安 Xi'an, Shaanxi, China
建成日期 fecha de finalización completed date
2012年
建筑面积 superficie edificada project area
45,107㎡

设计结合周边的道路关系及用地的环境特征，将土地有机地分为三块：第一块地负责塑造城市的雕塑，强调地标的体量；第二块地作为第一块地的功能补充，创造一个适合游客步行的商业环境，并修复一个关中老宅；第三块地作为步行尺度的高潮，使人们在游览中感受到建筑环境的丰富及城市功能的积极意义。

El área se divide en tres parcelas considerando las condiciones de las calles y el suelo circundante: La primera parcela es para las esculturas urbanas, ensalzando su valor icónico. La segunda parcela, como suplemento funcional a la primera, sirve de área peatonal comercial, donde se restaura una vieja vivienda del estilo del valle central de Shaanxi. La tercera parcela tiene una función peatonal, donde la gente se emociona con el color de la arquitectura y la funcionalidad urbana.

The area is divided into three lots by considering the road conditions and the land characteristics around: The first lot is for city sculptures, highlighting its landmark value. The second lot, as a functional supplement to the first one, serves as a pedestrian shopping area, where an old house of the style of the central Shaanxi plain is restored. The third lot is furtherance of the pedestrian function, where people are impressed with the architectural colorfulness and the urban functionality.

精品商业 ZONA COMERCIAL DE BOUTIQUE BOUTIQUE SHOPPING AREA

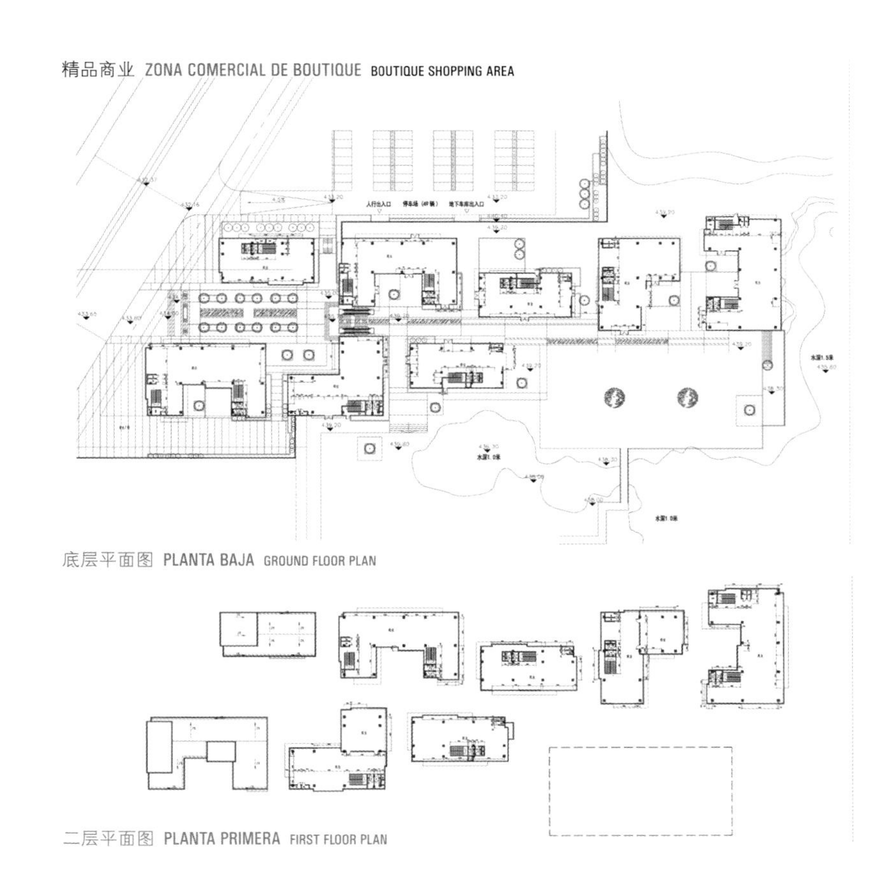

底层平面图 PLANTA BAJA GROUND FLOOR PLAN

二层平面图 PLANTA PRIMERA FIRST FLOOR PLAN

综合体 COMPLEJO COMPLEX

底层平面图 PLANTA BAJA GROUND FLOOR PLAN

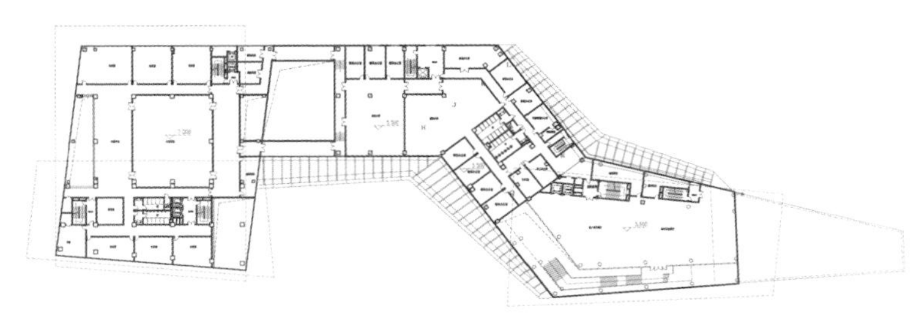

二层平面图 PLANTA PRIMERA FIRST FLOOR PLAN

嘉宝梦之湾社区服务中心
Centro de Servicios Comunitarios de Jiabao Dream Bay
Community Service Center of Jiabao Dream Bay

主创团队 equipo team
宋照青 Song Zhaoqing · 李竞 Li Jing
陈凌峰 Chen Lingfeng · 陈成 Chen Cheng
张竞博 Zhang Jingbo
地点 situación location
中国上海嘉定 Jiading, Shanghai, China
建成日期 fecha de finalización completed date
2012年
建筑面积 superficie edificada project area
3,000㎡

项目作为整个社区的活动中心，是一个包括物业、健身、老年和青少年活动中心及商业等功能的复合体。这些功能之间既要相对独立又不能太过于分散而削弱其作为一个独栋建筑而形成的统一整体的对外形象。设计选择了口形的平面布局，相对封闭的平面能很好地隔绝外部环境对内部的干扰，中间突出的内向庭院将一到三层连成一体。

Como centro de actividad para la comunidad, el proyecto es un complejo que integra funciones como gestión de la propiedad, centro fitness, centro para mayores y jóvenes y comercio. Estas funciones, independientes pero tan distantes unas de otras, contribuyen a considerar el edificio como único. Considerando una distribución cuadrada, el cerramiento puede independizarse del exterior, y el patio interior conecta la primera, segunda y tercera planta.

As an activity center of the community, the project is a complex integrating such functions as property management, fitness center, activity center for the elderly and the juvenile, and commerce. These functions, independent but not too distant from each other, shall contribute to the unity of the building as a whole. Taking a square layout, the enclosure may keep out the intervention from the external, and the highlighted interior courtyard connects the first, second and third storeys.

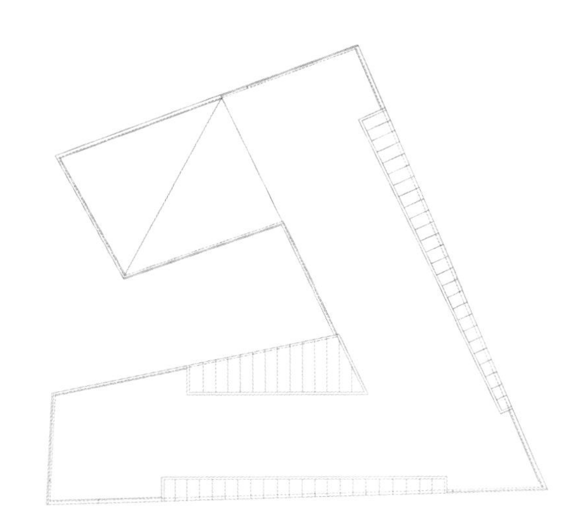

屋顶层平面图 PLANTA CUBIERTA ROOF PLAN

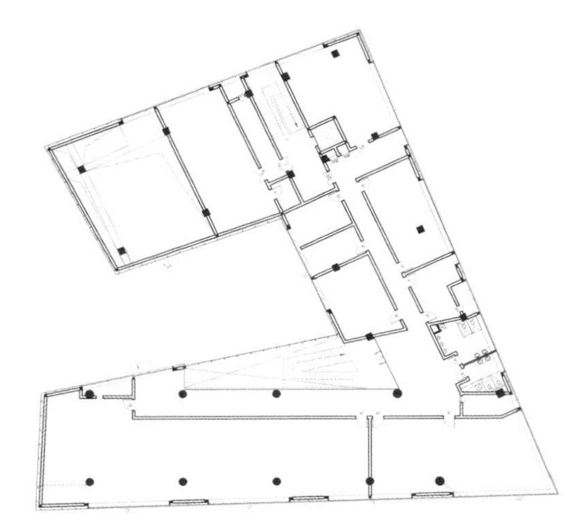

三层平面图 PLANTA SEGUNDA SECOND FLOOR PLAN

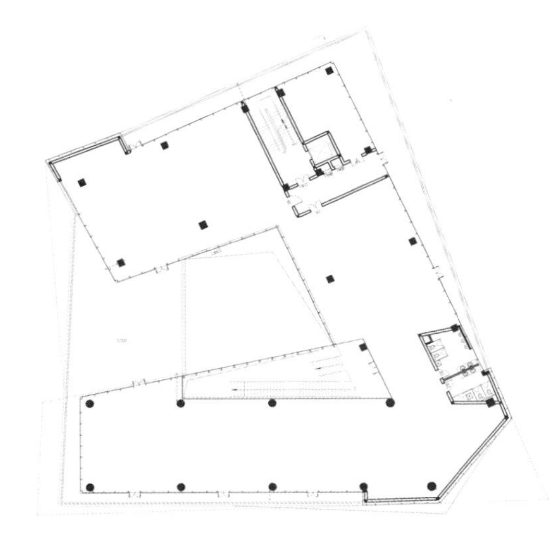

二层平面图 PLANTA PRIMERA FIRST FLOOR PLAN

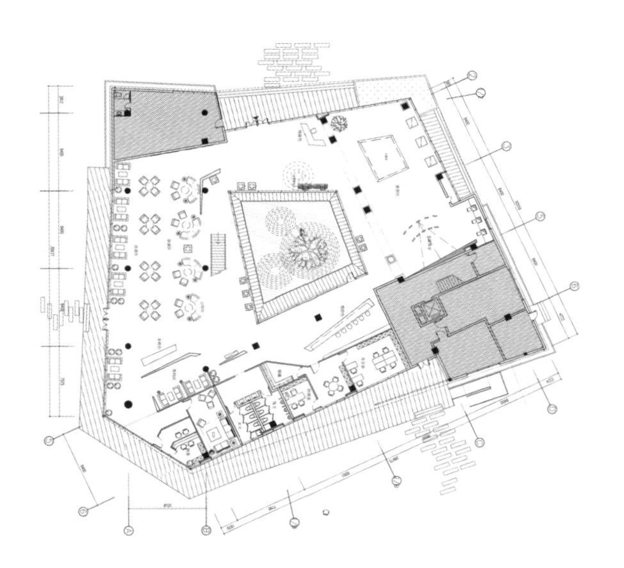

底层平面图 PLANTA BAJA GROUND FLOOR PLAN

西安曲江寒窑遗址公园
Parque Patrimonial Qujiang Cool Cave
Qujiang Cool Cave Heritage Park

主创团队 equipo team
日清设计 Lacime Architectural Design
地点 situación location
中国陕西西安 Xi'an, Shaanxi, China
建成日期 fecha de finalización completed date
2010年
建筑面积 superficie edificada project area
3,656m²

项目以遗址整体土地规划为资源，通过合理的项目分区及功能划分，打造集旅游、体验、婚庆、消费于一体的综合经营体系。通过对寒窑遗址公园的修复改造完成对西安古城及曲江区域历史文化的补充与修缮，体现自然与人文的融合关系。同时继承关中城市肌理关系，提取关中居民的院落精神与建筑尺度，在新与旧的交织中营造富有感染力的传统空间。

Basado en el planeamiento global del entorno, el proyecto trata de convertirse en un sistema completo de turismo, experiencia, bodas y consumo a través de la división de espacios y funciones. La restauración y reconstrucción del Parque Cold Kiln llevará a la mejora histórica y cultural de la vieja ciudad de Xi'an y del área Qujiang, para reflejar la relación armónica entre naturaleza y humanidad. Mientras, la cultura de patio y las características arquitectónicas se apoyan en el mecanismo urbano del valle de Shaanxi, creando un evocativo espacio tradicional que incluye lo viejo y lo nuevo.

Based on the overall land planning of the site, the project aims to become a comprehensive system of tourism, experience, wedding and consumption through reasonable division of spaces and functions. The restoration and rebuilding of the Site Park of Cold Kiln will lead to the historical and cultural supplement and betterment of the ancient city of Xi'an and Qujiang area, thus to reflect the harmonious relationship between nature and humanity. Meanwhile, the courtyard lifestyle and architectural features are drawn upon by following the urban mechanism of the central Shaanxi plain, creating an evocative traditional space inclusive of the old and the new.

总平面图 PLANTA GENERAL OVERALL PLAN

1 公园入口 ENTRADA DEL PARQUE PARK ENTRANCE
2 水上平台 PLATAFORMA ACUÁTICA WATER PLATFORM
3 水上餐厅 RESTAURANTE ACUÁTICO WATER RESTAURANT
4 酒店 HOTEL HOTEL
5 大草坪 PRADERA LAWN
6 海枯石烂 PAISAJE: HASTA EL FIN DE LOS TIEMPOS LANDSCAPE: TILL THE END OF TIME
7 月老桂 EL ÁRBOL DEL AMOR OSMANTHUS THE OSMANTHUS TREE OF LOVE
8 鹊桥 EL PUENTE DEL AMOR ETERNO THE BRIDGE OF FOREVER LOVE
9 桃花源 EL ESTADO IDEAL THE IDEAL STATE
10 民俗博物馆 EL MUSEO DE LA TRADICIÓN THE FOLK MUSEUM
11 寒窑遗址 EMPLAZAMIENTO DE COLD KILN SITE OF COLD KILN
12 亲子园 PARQUE PADRES-HJOS PARENT-CHILD PARK
13 小广场 PEQUEÑA PLAZA SMALL SQUARE
14 商业街 CALLE COMERCIAL COMMERCIAL STREET

二层平面图 PLANTA PRIMERA FIRST FLOOR PLAN

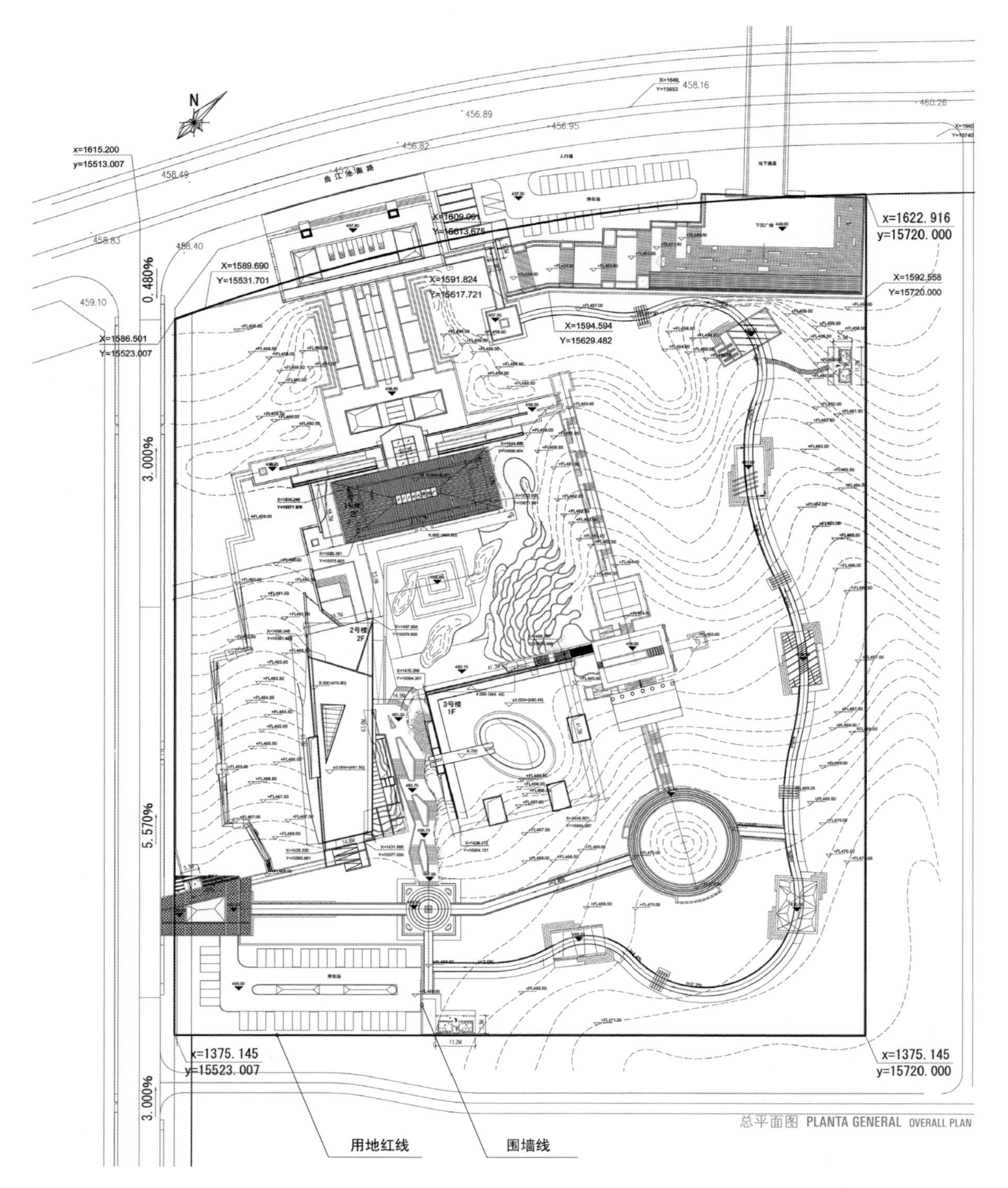

总平面图 PLANTA GENERAL OVERALL PLAN

西安秦二世陵遗址公园
Parque Patrimonial del Mausoleo de Qin Er Shi
Heritage Park of Qin Er Shi Mausoleum

主创团队 equipo team
宋照青 Song Zhaoqing · 李竞 Li Jing · 赵晶鑫 Zhao Jingxin
陈成 Chen Cheng · 张腾飞 Zhang Tengfei
摄影师 fotógrafo photographer
姚力 Yao Li
地点 situación location
中国陕西西安 Xi'an, Shaanxi, China
建成日期 fecha de finalización completed date
2010年
建筑面积 superficie edificada project area
7,000m²

设计师结合秦二世胡亥陵的地形地貌，合理地保持了原有的祭祀轴线，并另外开辟出一条新的展示路线，将大部分新建筑置于地下或半地下，为整体环境的自然植被、风貌保持作出了贡献，并在意境上强调萧瑟、凝重的情感因素，让人们从展览中体会到秦王朝由强到衰，嬴氏家族由叱咤风云到崩溃灭亡的历史反思。

Considerando las características topográficas del Mausoleo de Huhai del Segundo emperador de la dinastía Qin, hemos explorado una nueva ruta expositiva con el eje original sacrificando el buen estado de conservación, de esta manera muchas de las nuevas construcciones se construyen bajo tierra o casi bajo tierra, contribuyendo a preservar la vegetación natural global y las formas naturales originales. Además, en términos conceptuales, la atmósfera de fortaleza y sombra confiere al visitante la memoria histórica de la Dinastía Qin y la familia real Ying, cuya prosperidad descendió en su final.

By considering the topographical characteristics of Huhai Mausoleum of the Second Qin Emperor, the architect explores a new exhibition route with the original axis for sacrificing well preserved, in which way most of the new constructions are built underground or semi-underground, contributing to preserving the overall natural vegetation and the original landform. Besides, in the conceptual terms, the atmosphere of bleakness and somberness renders to visitors the historical memory of the Qin Dynasty as well as the Ying royal family, which finally declined from peak prosperity.

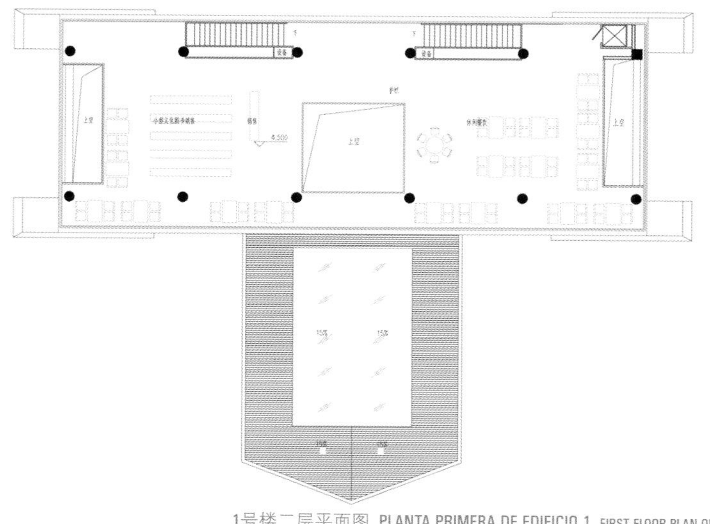

1号楼二层平面图 PLANTA PRIMERA DE EDIFICIO 1 FIRST FLOOR PLAN OF BUILDING 1

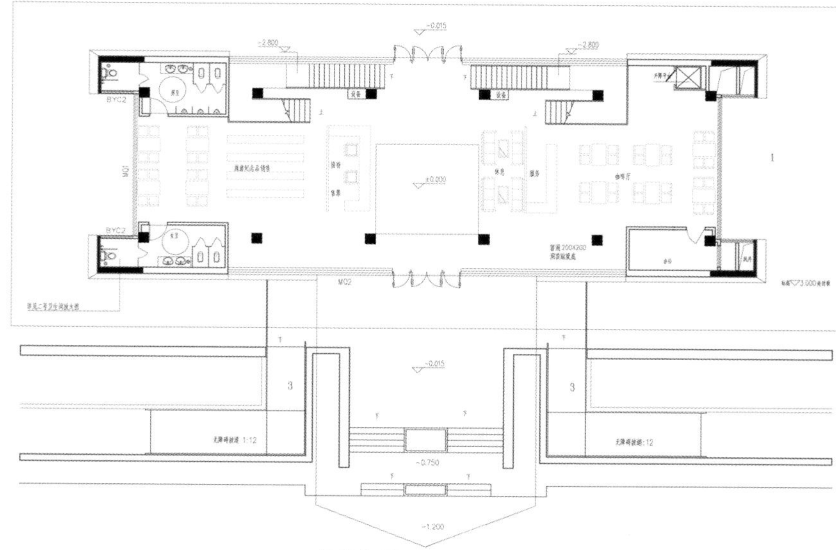

1号楼底层平面图 PLANTA BAJA DE EDIFICIO 1 GROUND FLOOR PLAN OF BUILDING 1

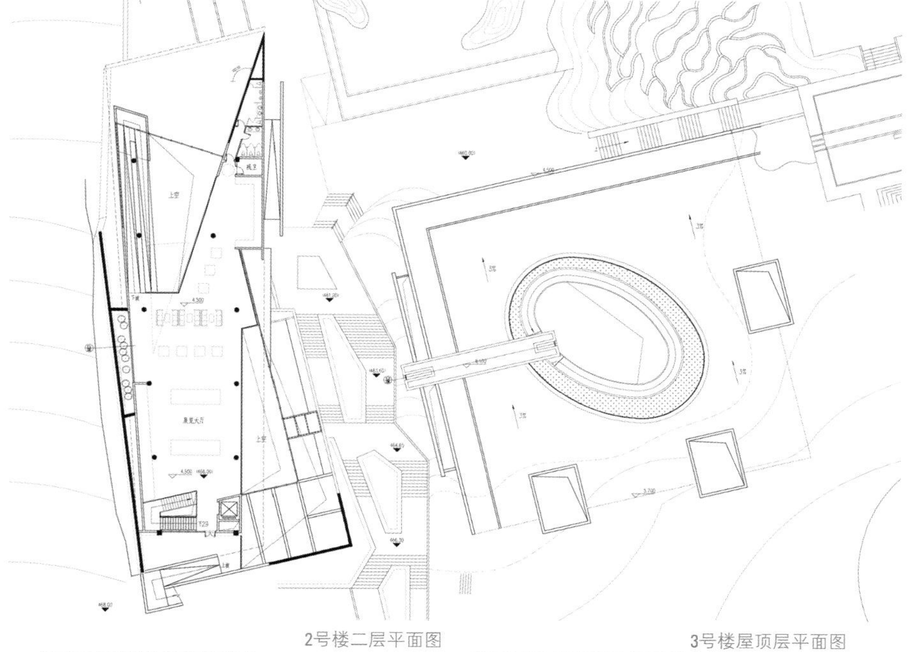

2号楼二层平面图 PLANTA PRIMERA DE EDIFICIO 2 FIRST FLOOR PLAN OF BUILDING 2

3号楼屋顶层平面图 PLANTA DE CUBIERTAS EDIFICIO 3 ROOF PLAN OF BUILDING 3

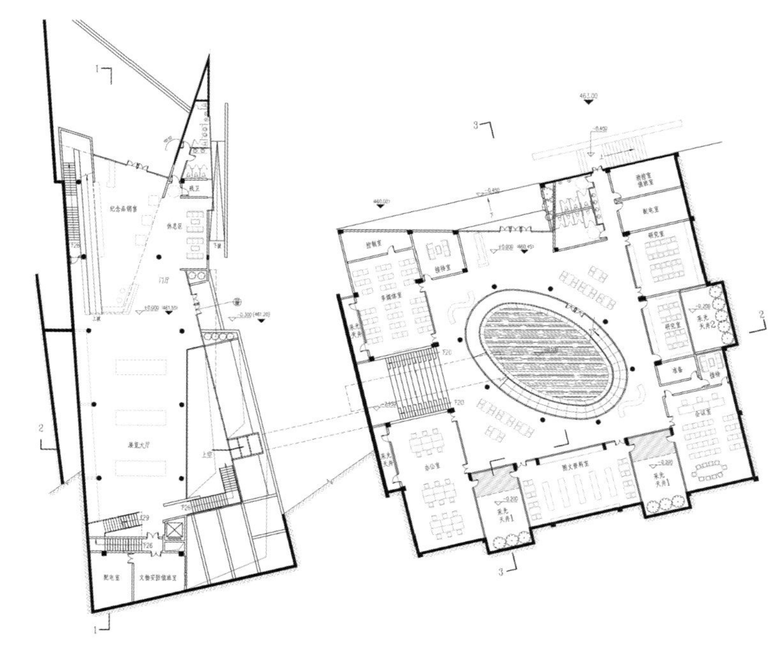

2号楼底层平面图 PLANTA BAJA DE EDIFICIO 2 GROUND FLOOR PLAN OF BUILDING 2

3号楼底层平面图 PLANTA BAJA DE EDIFICIO 3 GROUND FLOOR PLAN OF BUILDING 3

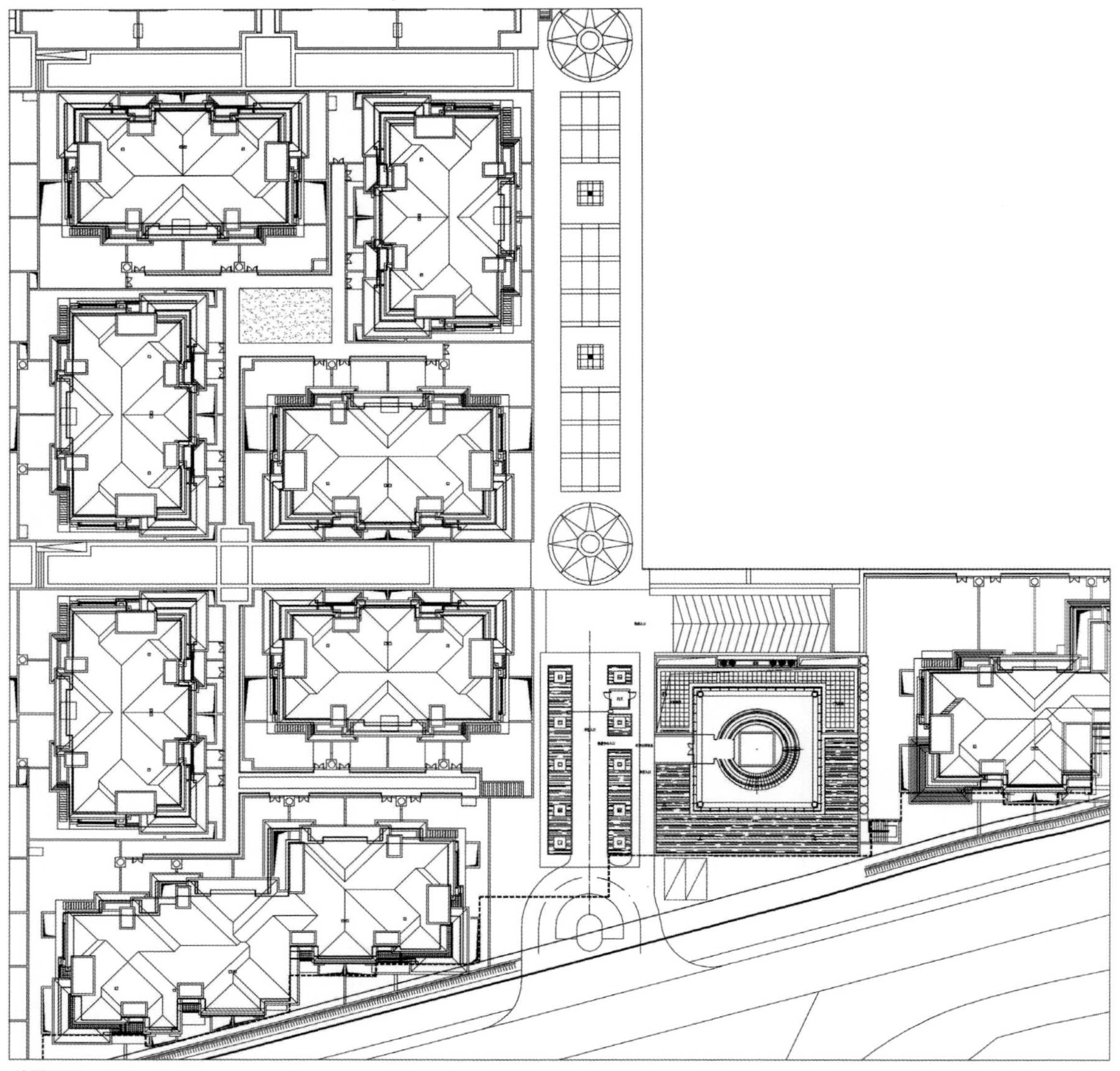

总平面图 PLANTA GENERAL OVERALL PLAN

悦府万科社区中心
Centro Comunitario Yuefu Vanke
Yuefu Vanke Community Center

主创团队 equipo team
日清设计 Lacime Architectural Design
地点 situación location
中国重庆 Chongqing, China
建成日期 fecha de finalización completed date
2010年
建筑面积 superficie edificada project area
500m²

本方案具有单纯的体量关系，具有销售功能的地下空间，配以两层通高的玻璃肋外围护及石材立面，使得建筑从水平线上看犹如一颗“青崖印”悬浮于水面之上，结合官邸形象的别墅出现在其后，完成了对项目文化内核的诠释。

该方案在景观构思上亦有独到之处，无边界水池倒映着建筑的透空灯光，到建筑下沉庭院处成为水幕墙，引水为流，横断其后，展现了设计者对巴蜀古意的钦慕和理解。

La propuesta enfatiza una organización espacial simple. Con un espacio subterráneo para actividades comerciales, sobre el que se sitúa una estructura portante de costillas de vidrio portantes, el edificio es como una “gran foca” que flota en el agua. Las elegantes villas, que están detrás del edificio, contribuyen a la completa interpretación de la referencia cultural del proyecto. La propuesta también tiene un paisaje único. La piscina sin límites, que refleja la luz que proviene de la estructura abierta, se transforma en una cortina de agua cuando alcanza el patio hundido, comprendiendo las tradiciones de Sichuan.

The proposal emphasizes a simple spatial arrangement. With an underground space for selling activities, above which is a two-storey structure with glass rib containment and stone façades, the whole building is like “a great seal” floating on the water. The elegant villas, which stand behind the building, contribute to a complete interpretation of the cultural reference of the project.
The proposal also has a unique landscaping. The boundless pool, which reflects the lighting coming from the open structure, is transformed to a water curtain wall when reaching the sunk yard, showing the designer’s appreciation and understanding of the Sichuan traditions.

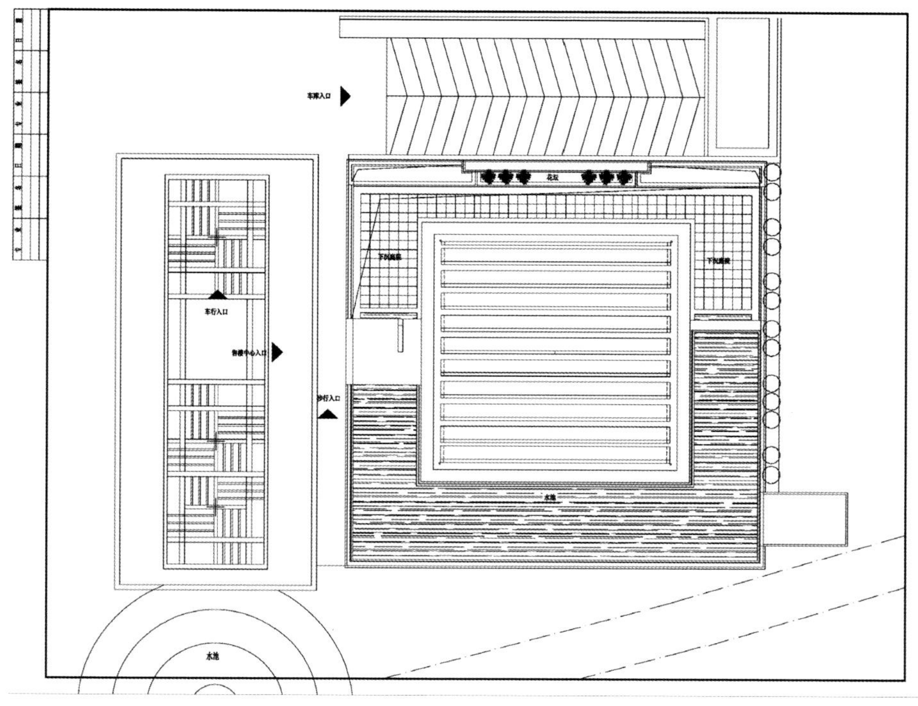

屋顶层平面图 PLANTA DE CUBIERTA ROOF PLAN

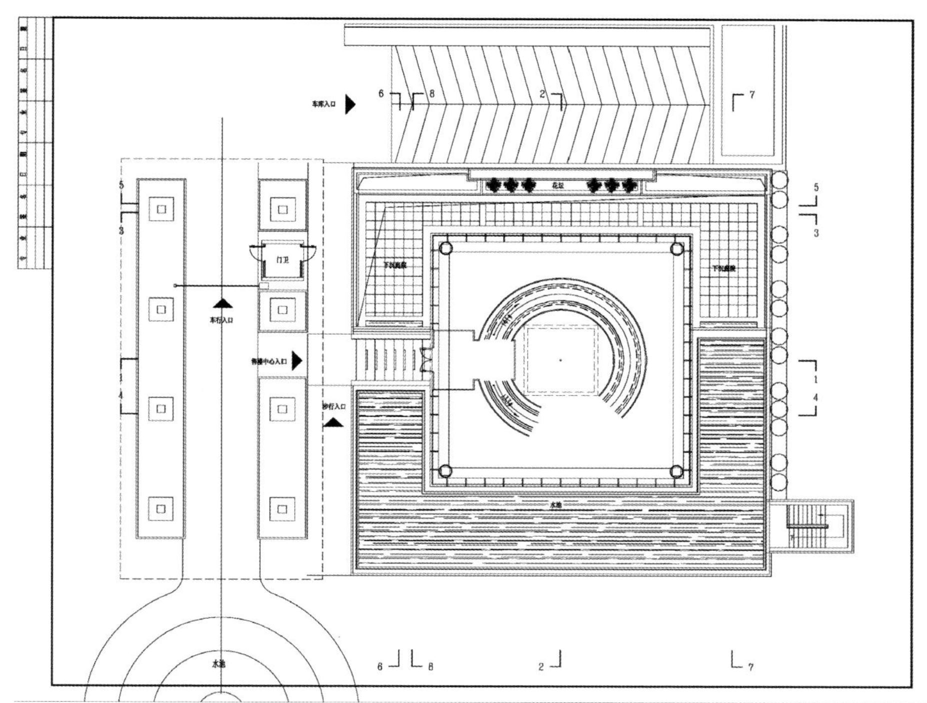

底层平面图 PLANTA BAJA GROUND FLOOR PLAN

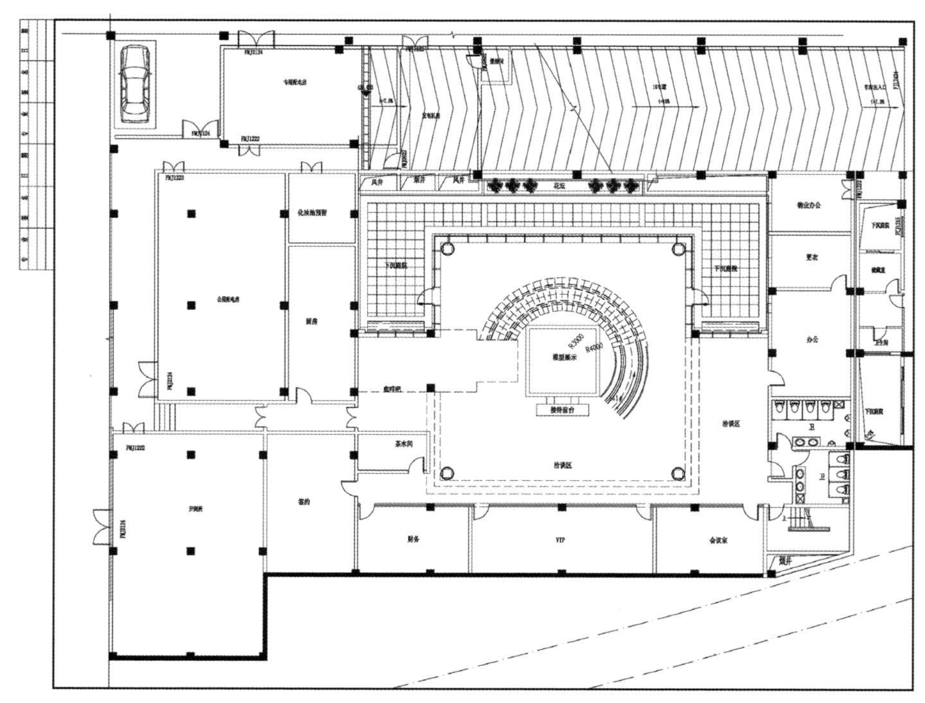

地下一层平面图 PLANTA SÓTANO BASEMENT PLAN

扬州万科城会所
Club urbano Yangzhou Vanke
Yangzhou Vanke Town Club

主创团队 equipo team
任治国 Ren Zhiguo · 刘振 Liu Zhen · 董俊杰 Dong Junjie
林国桢 Lin Guozhen · 宋皓 Song Hao
吕祝青 Lv Zhuqing · 施聪 Shi Cong
地点 situación location
中国江苏扬州 Yangzhou, Jiangsu, China
建成日期 fecha de finalización completed date
2012年
建筑面积 superficie edificada project area
2,500m²

项目毗邻扬州瘦西湖景区，形态上融合中国传统木坡屋顶，结合玻璃、洞石等现代材料，用现代质感、形式诠释扬州深厚的文化积淀。秉承着传统文化，建筑主体轻钢结构与木结构结合，运用现代中式手法，巧妙地运用着庭院空间设置手法。设计希望通过对建筑的解读，将室内空间、建筑及景观有机地结合起来，营造出一个悦动流畅的趣味空间。

Adyacente al emplazamiento escénico de Yangzhou Shouxihu, la propuesta combina las pendientes de las cubiertas tradicionales de madera con materiales modernos como el vidrio o el travertino. La cultura profunda y la tradición de Yangzhou se interpreta a través de un toque y formas modernas. El espacio del patio se organiza hábilmente apoyándose en la cultura tradicional, combinando el cuerpo principal de la estructura ligera de acero con la de madera, con una aproximación china contemporánea. El proyecto busca una combinación orgánica del espacio interior, construyendo el edificio y el paisaje a través de la interpretación arquitectónica para crear un espacio placentero y confortable.

Adjacent to Yangzhou Shouxihu Scenic Spot, the proposal combines the traditional slope wood roof with such modern materials as glass and travertine. The profound culture and tradition of Yangzhou is interpreted through modern touch and form. The courtyard space is skillfully arranged by drawing upon the traditional culture, combining the main body of light steel structure with wood structure, and adopting the modern Chinese approach. The design seeks to find an organic combination of the interior space, building itself and landscape through an architectural interpretation, to create a pleasing and comfortable space.

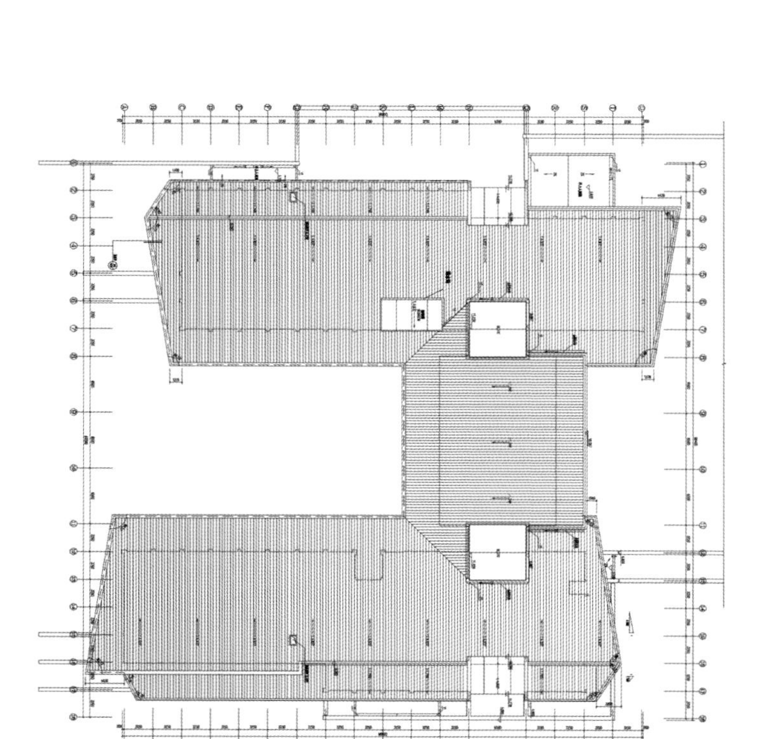

屋顶层平面图 PLANTA DE CUBIERTA ROOF PLAN

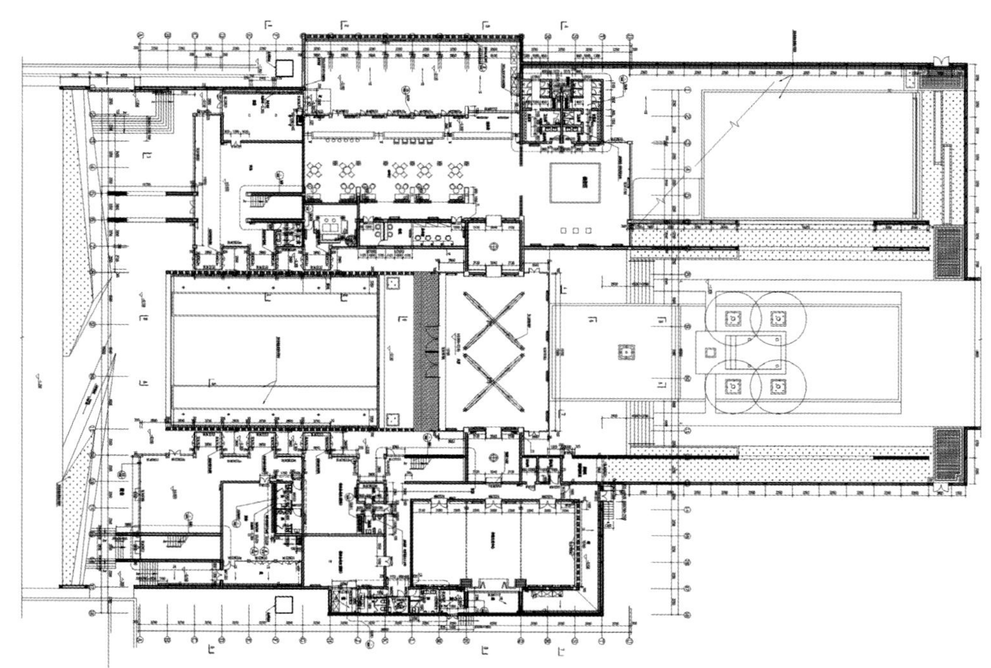

底层平面图 PLANTA BAJA GROUND FLOOR PLAN

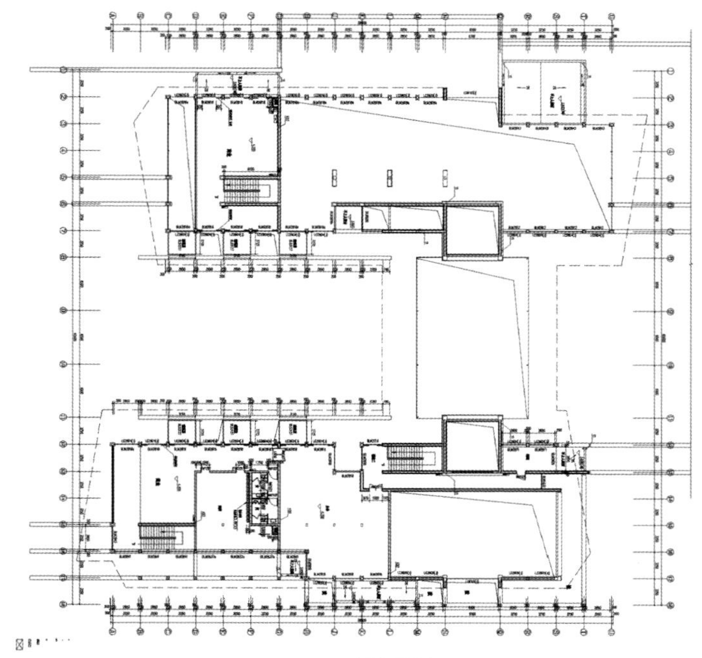

二层平面图 PLANTA PRIMERA FIRST FLOOR PLAN

万科金域榕郡
Comunidad Vanke Jinyurongjun
Vanke Jinyurongjun Community

主创团队 equipo team
任治国 Ren Zhiguo · 刘振 Liu Zhen
宋皓 Song Hao · 林国桢 Lin Guozhen
地点 situación location
中国福建福州 Fuzhou, Fujian, China
建成日期 fecha de finalización completed date
2010年
建筑面积 superficie edificada project area
650㎡

该项目是社区景观主轴。设计中保留了原有厂房的大柱廊，拆除了旧顶及侧墙，减轻了厂房巨大体量带来的压抑感。再结合厂区内的铁轨、吊车、炼钢炉等，既能产生强烈的历史厚重感，又能保留厂区空间连续性。整个区域以“留旧创新”作品展示为线索，给人以独特的空间体验。新旧材质对比之下，一个散发出时尚气息又极具历史韵味的建筑空间跃然而生。

El proyecto es la parte central del paisaje. El proyecto preserva el soportal de la planta original y elimina la vieja cubierta y sus flancos, reduciendo la depresión producida por el gigantesco volumen de la planta. Los viejos elementos como los raíles, grúa, horno de acero, etc, añaden un toque de historia a la estructura mientras mantienen la continuidad espacial de la planta. En esta zona, la gente puede tener una experiencia espacial única siguiendo la exposición de viejas obras "renovadas". Resalta un espacio moderno e histórico del contraste entre los materiales viejos y nuevos.

The project is the central part of the community landscape. The design reserves the colonnade of the original plant and removes the old roof and flanks, reducing the depression brought by the huge volume of the plant. The old items like rail, hoist and steel furnace, etc. add a strong touch of history to the structure while retaining the spatial continuance of the plant. In this area, people may have a unique space experience by following the exhibition of "renewed" old works. A modern and historical architectural space springs out of the contrast between the new and old materials.

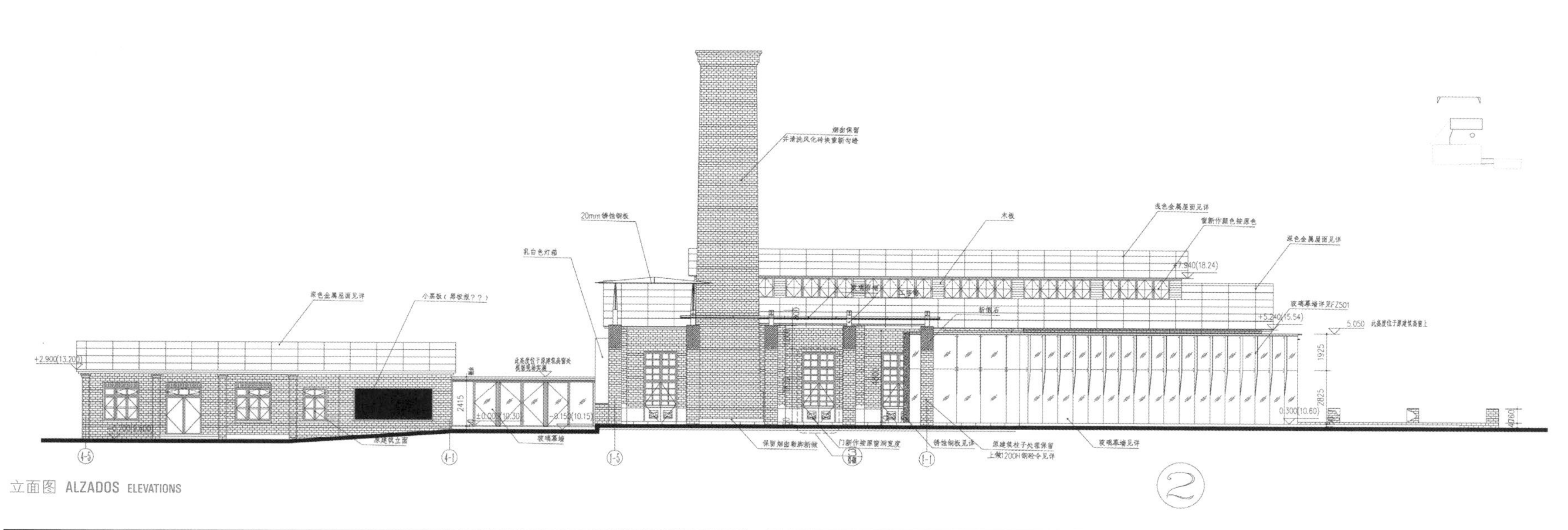

立面图 ALZADOS ELEVATIONS

合肥1912

Calle Comercial Hefei 1912

Hefei 1912 Commercial Street

主创团队 equipo team
宋照青 Song Zhaoqing · 王娅 Wang Ya · 蔡兢凯 Cai Jingkai
陈斌 Chen Bin · 聂鑫 Nie Xin · 刘阳 Liu Yang
摄影师 fotógrafo photographer
施金忠 Shi Jinzhong
地点 situación location
中国安徽合肥 Hefei, Anhui, China
建成日期 fecha de finalización completed date
2011年
建筑面积 superficie edificada project area
83,452m²

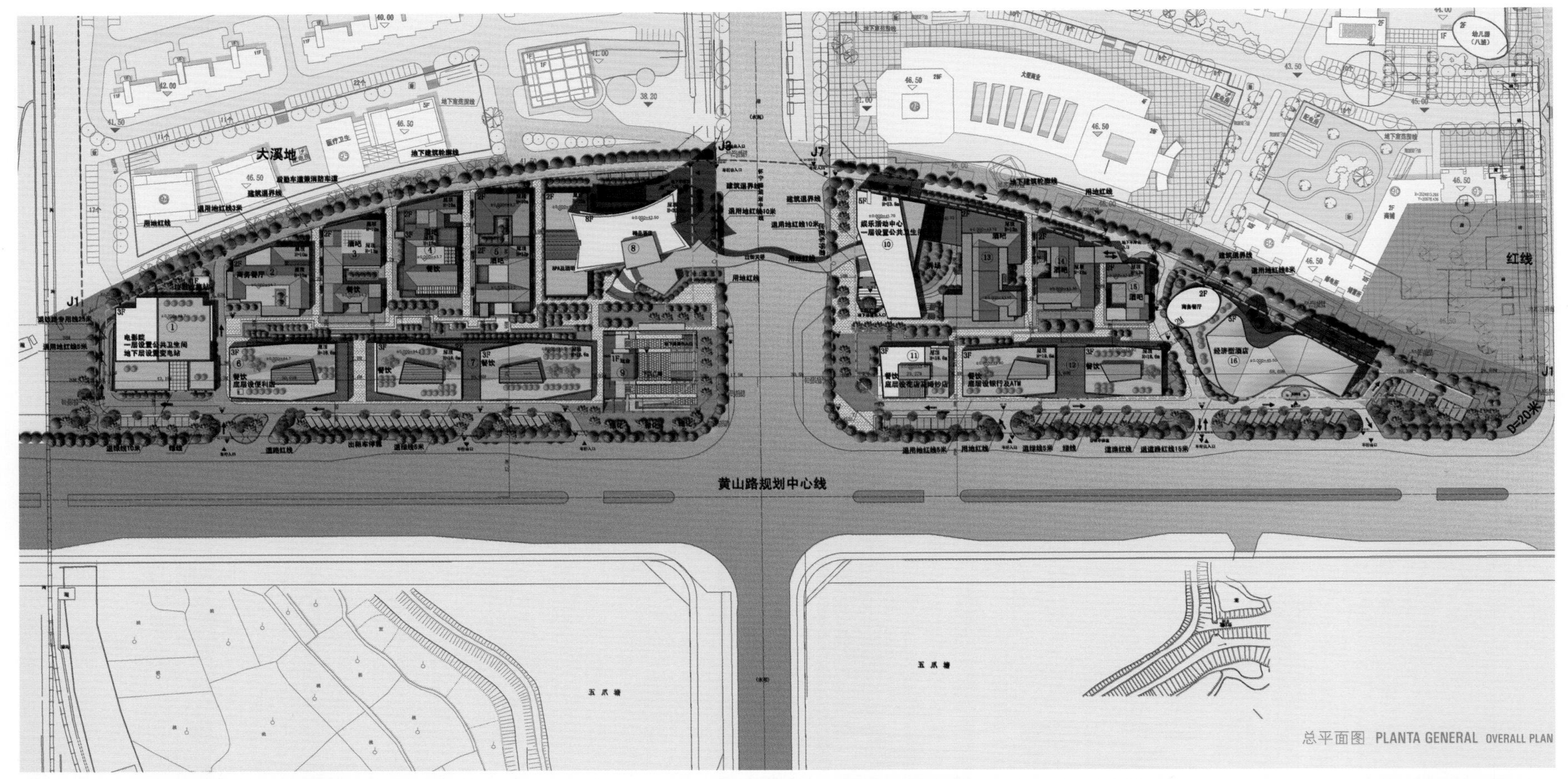

总平面图 PLANTA GENERAL OVERALL PLAN

该设计试图打破大商业中心和超市的概念，为人们的步行尺度、心理感受、行为特征创造各种可能性，在丰富商业元素的同时，强调了传统街道、广场与院落之间的关系。

通过内外两层的对比关系，沿街塑造了一组以现代建筑为特征的建筑体量，内部结合中国元素创造了若干个以四合院为原型的新中式建筑，以横贯东西的步行街连接了若干个放大的街区广场，使人们在步行中，感受到街道的传统意味。

El proyecto trata de ir mas allá del escenario del centro comercial y supermercado y crear todas las posibilidades concebibles para los peatones, sentimientos y comportamientos, ensalzando la relación entre la distribución convencional de la calle, plaza y patio mientras se enriquecen los elementos comerciales. En el exterior, se construyen un grupo de estructuras modernas a lo largo de la calle, que contrastan con los edificios cuadrados del interior. La calle peatonal este-oeste conecta varias plazas cuadradas, que hacen que la gente sienta la tradición mientras pasea.

The design seeks to transcend the scenario of shopping center and supermarket and create all conceivable possibilities for pedestrian convenience, feeling and behaviors, highlighting the relationship between the conventional street layout, square and courtyard while enriching the commercial elements.
In the outside, a group of modern structures are built along the street, which is contrasted to the quadrangle-based innovated Chinese buildings inside. The east-west pedestrian street links several enlarged street squares, making people feel the tradition while strolling along the street.

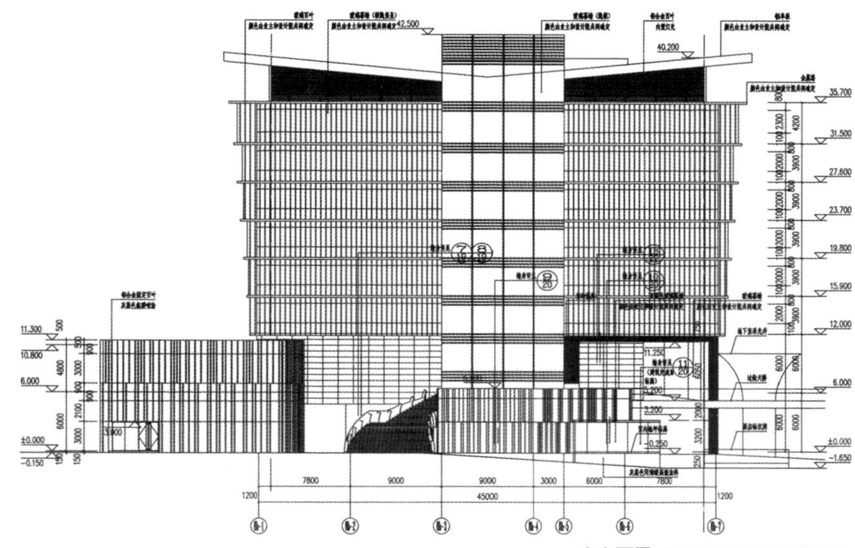

南立面图 ALZADO SUR SOUTH ELEVATION

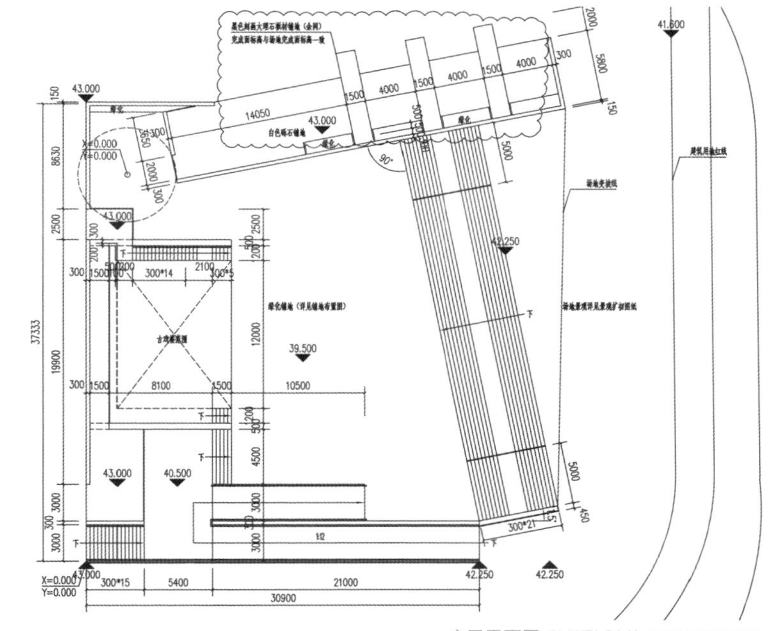

底层平面图 PLANTA BAJA GROUND FLOOR PLAN

龙湖MOCO中心
Centro Longfor MOCO
Longfor MOCO Center

主创团队 equipo team
日清设计 Lacime Architectural Design
地点 situación location
中国重庆 Chongqing, China
建成日期 fecha de finalización completed date
2010年
建筑面积 superficie edificada project area
123,560m²

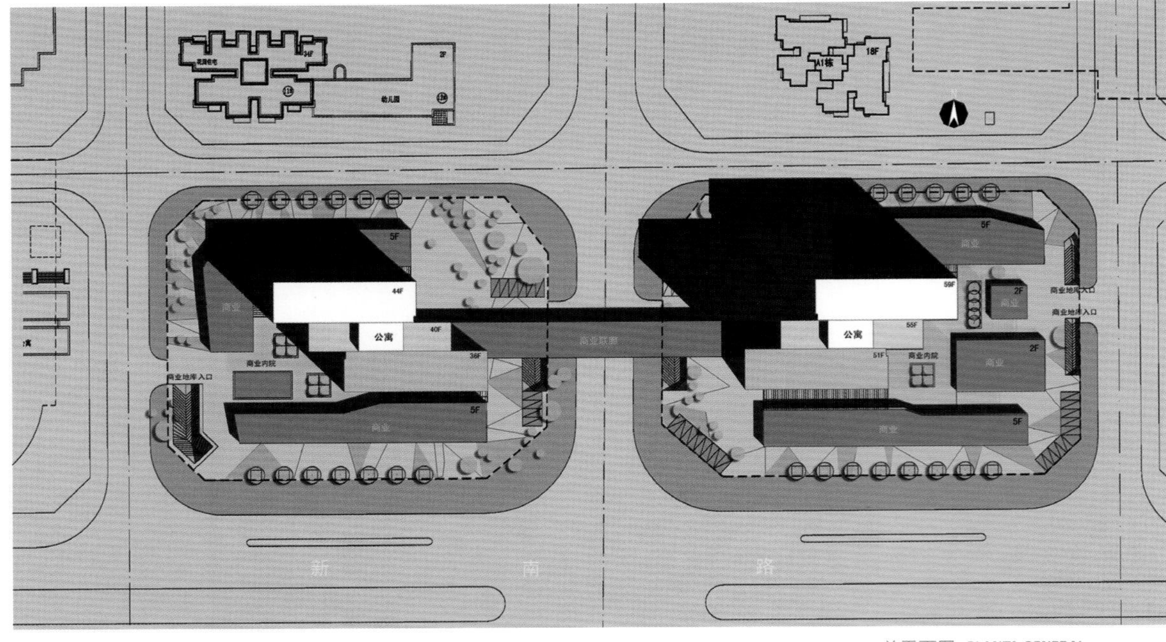

总平面图 PLANTA GENERAL OVERALL PLAN

该项目是一个居住、商业的城市综合体，位于江北新区CBD中心，位置显要，以后将具有居住、购物等多元功能特征。面对城市的地域性、文化性及地块本身的独特性，我们营造了一个宜人的、独一无二的生活空间，塑造了一个区域的标志性场所。

设计师将山体、自然、生长等要素融入主楼设计中，以浪漫主义的手法营造一种独特的建筑形象，犹如一颗从大地中生长出来的多彩宝石。

El proyecto, localizado en el centro del Distrito Financiero de la nueva área de Jiangbei, es un complejo urbano residencial y comercial. Aprovechando la favorable ubicación, será multifuncional con viviendas, espacios comerciales, etc. Considerando su localización urbana, los factores culturales y la singularidad de la parcela, creamos un espacio residencial agradable y único que se convertirá en un lugar icónico en la zona. La integración de elementos como la montaña, naturaleza y el crecimiento dentro del edificio principal, que es como un diamante lleno de color que emerge de la tierra, nos permite crear una imagen única con rasgos románticos.

The project, located in the center of the CBD of Jiangbei New Area, is an urban complex comprehensive of residence and commerce. Enjoying an advantageous location, it will feature the multi-functions of residence, shopping, etc. By considering the urban location, cultural factors and the uniqueness of the lot itself, we create a pleasant and unique living space which is to become an iconic place within the area.
By integrating the elements of mountain, nature and growth into the design of the main building, which is like a colorful diamond growing out of the earth, the designer creates a unique architectural image in a romantic way.

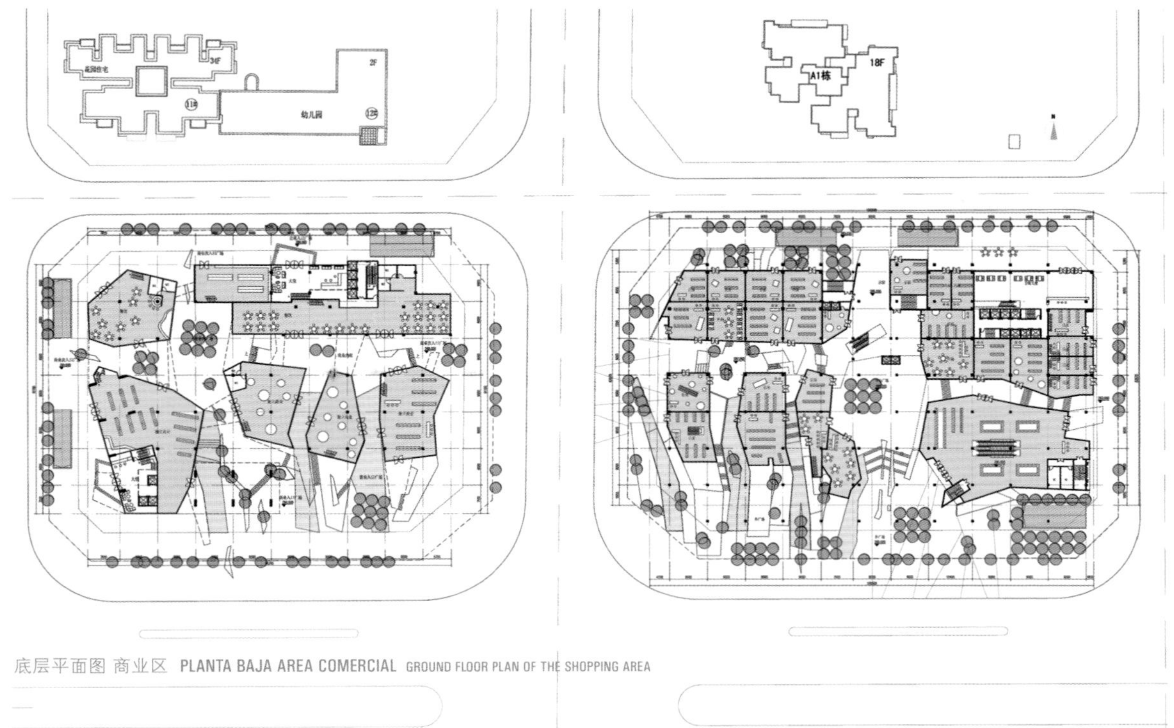

底层平面图 商业区 PLANTA BAJA AREA COMERCIAL GROUND FLOOR PLAN OF THE SHOPPING AREA

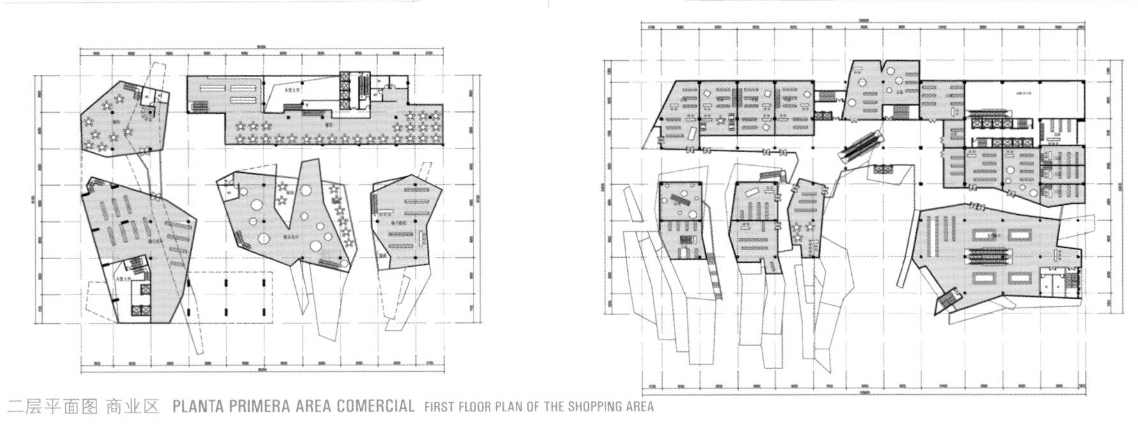

二层平面图 商业区 PLANTA PRIMERA AREA COMERCIAL FIRST FLOOR PLAN OF THE SHOPPING AREA

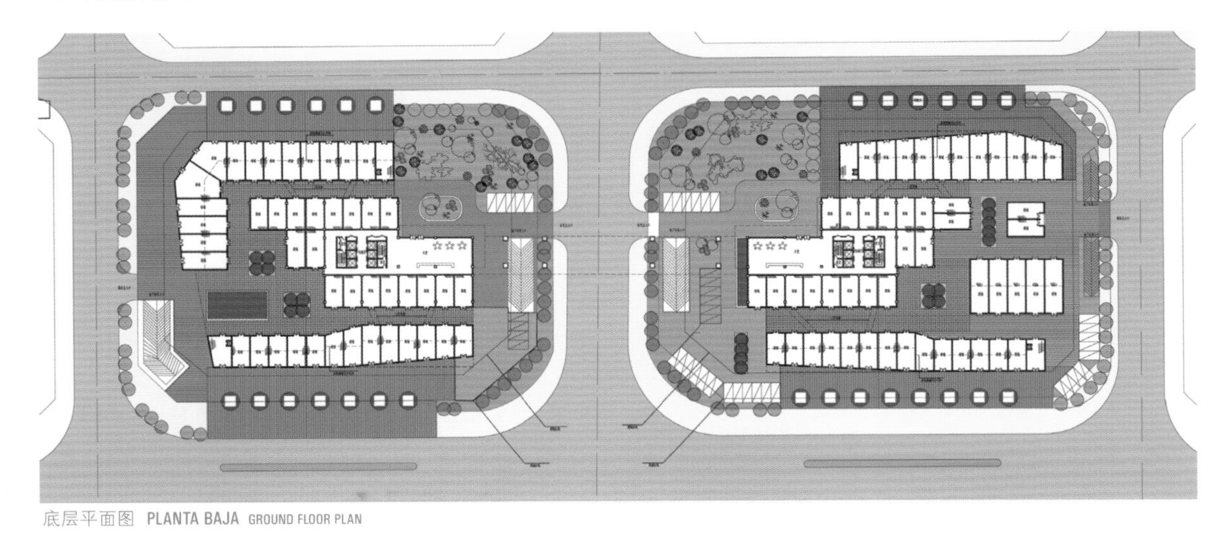

底层平面图 PLANTA BAJA GROUND FLOOR PLAN

沿街立面图 ALZADO HACIA CALLE ELEVATION STREET

观棠会所
Club Elegant Villa
Elegant Villa Club

主创团队 equipo team
宋照青 Song Zhaoqing · 杨佩燊 Yang Peishen
古佳鑫 Gu Jiaxin
地点 situación location
中国江苏苏州 Suzhou, Jiangsu, China
建成日期 fecha de finalización completed date
2012年
建筑面积 superficie edificada project area
地上建筑面积 superficie sobre rasante above ground: 241m²

基址位于观棠小区的出入口处，设计将主空间放在地下，地面上只有一个电梯厅和茶室，希望以一种"无"的姿态去创造如同国画留白的庭院空间，整体的空间以一个序列去展示"院"的围合，而不突出建筑的体量形态。整个设计以四个序列空间展开：前院、内院(下沉庭院)、中院(廊道与水面组成)和后院(茶室与泳池组成)，而贯彻始终的是一个"无"的概念。通过建筑"无"的设计来达到场所精神的圆满和"有"的状态。

El club se ubica en la entrada de la Comunidad Elegant Villa. El espacio principal se proyecta bajo tierra y la parte por encima del suelo se ocupa con el ascensor y una sala de té. El patio, asemejándose a las pinturas tradicionales chinas al agua, presenta la idea de "vacío", y el espacio se proyecta como la disposición de patios ordenados, en vez de enfatizar la verdadera escala del edificio. El edificio consiste de 4 espacios secuenciales: patio delantero, patio interior (hundido), patio intermedio (compuesto de corredor y agua), y patio trasero (compuesto de vestíbulo y sala de te), todos basados en la idea de "vacío".

The club is located at the entrance to Elegant Villa Community. The main space is designed to be underground and the part above the ground is only for elevator hall and tearoom. The courtyard space, adopting the philosophy of traditional Chinese water painting, seeks to present the idea of "blankness", and the overall space is designed to display a "courtyard" enclosure in an arranged order, rather than highlight the real scale of the building. The building consists of four sequential spaces: front yard, interior yard (sunk), middle yard (composed of corridor and water surface), and the back yard (composed of foyer and tearoom), all based on the idea of "blankness", whose skillful treatment is used to realize the completeness and "existence" of the place.

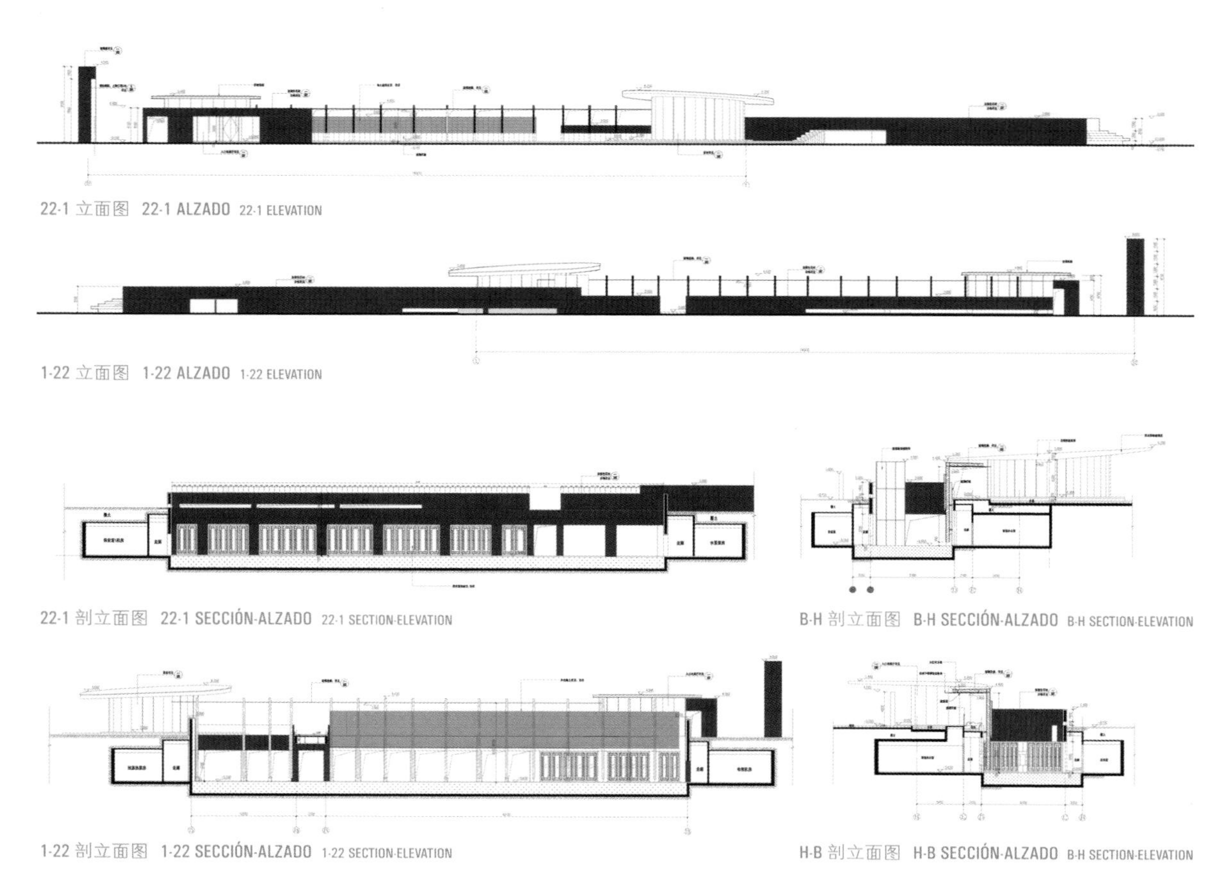
22-1 立面图 22-1 ALZADO 22-1 ELEVATION

1-22 立面图 1-22 ALZADO 1-22 ELEVATION

22-1 剖立面图 22-1 SECCIÓN-ALZADO 22-1 SECTION-ELEVATION

B-H 剖立面图 B-H SECCIÓN-ALZADO B-H SECTION-ELEVATION

1-22 剖立面图 1-22 SECCIÓN-ALZADO 1-22 SECTION-ELEVATION

H-B 剖立面图 H-B SECCIÓN-ALZADO B-H SECTION-ELEVATION

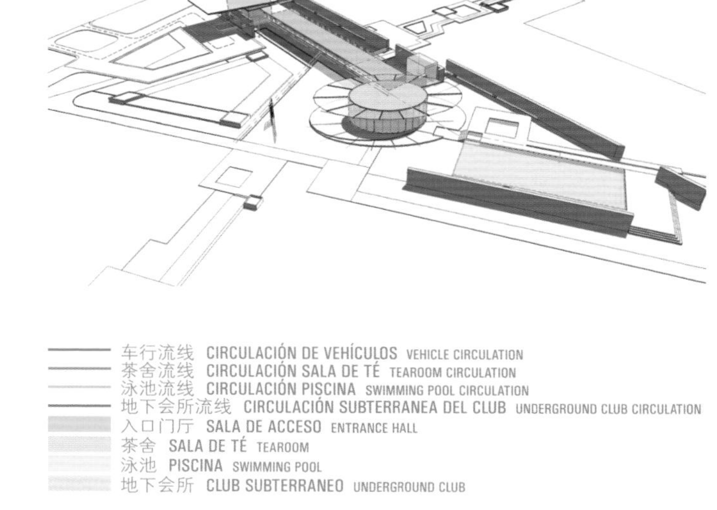

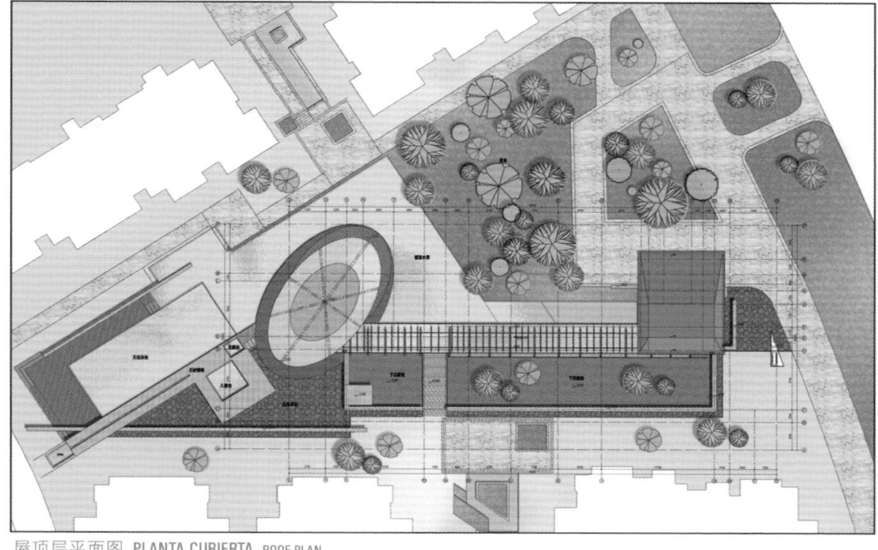

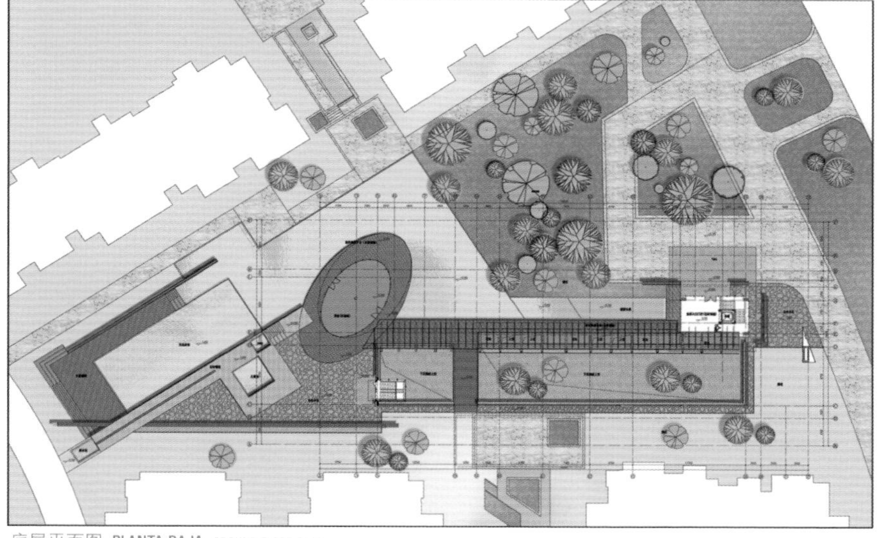

屋顶层平面图 PLANTA CUBIERTA ROOF PLAN

底层平面图 PLANTA BAJA GROUND FLOOR PLAN

评审团 Jury

Vincent Callebaut
文森卡勒博建筑事务所负责人 principal Vincent Callebaut Architectures
Giacomo Costa
具有远见卓识的艺术家、《时间编年史》的作者 visionary artist, author: *The Chronicles of Time*
Julien De Smedt
朱利叶·德·斯密特建筑事务所负责人——JDS principal Julien De Smedt Architects – JDS
Hernan Diaz Alonso
Xefirotarch负责人、南加州大学建筑学院研究生专业项目主席 principal Xefirotarch, Graduate Programs Chair at SCI-Arc
Mathias Hollwich
HWKN负责人、Architizer创建人 principal HWKN, founder Architizer
Marc Kushner
HWKN负责人、Architizer创建人 principal HWKN, founder Architizer
Ed Keller
aUm Studio负责人、帕森斯设计新学院副院长 principal aUm Studio, Associate Dean at Parsons New School of Design
Francois Roche
R&Sie(n)建筑事务所负责人、GSAPP哥伦比亚大学教授 principal R&Sie(n) architecture, professor at GSAPP Columbia University
Roland Snooks
Kokkugia负责人，GSAPP哥伦比亚大学、宾夕法尼亚大学教授 principal Kokkugia, professor at GSAPP Columbia University, University of Pennsylvania
Tuuli Sotamaa
Sotamaa Design负责人、Alessi设计师 principal Sotamaa Design, designer at Alessi
Kivi Sotamaa
Sotamaa Design负责人、Aalto数字设计实验室主任、加州大学洛杉矶分校教授
principal Sotamaa Design, Director at Aalto Digital Design Laboratory, Professor at UCLA
Tom Wiscombe
Tom Wiscombe Design负责人、南加州大学建筑学院教授 principal Tom Wiscombe Design, professor at SCI-Arc
宋冬白 Song Dongbai
2012年摩天大楼竞赛冠军 winner 2012 Skyscraper Competition
赵洪川 Zhao Hongchuan
2012年摩天大楼竞赛冠军 winner 2012 Skyscraper Competition
郑植 Zheng Zhi
2012年摩天大楼竞赛冠军 winner 2012 Skyscraper Competition

eVolo

2013摩天大楼竞赛
Concurso de Rascacielos 2013
2013 Skyscraper Competition

该奖项创建于2006年，旨在奖励有关垂直生活的杰出创意。这些想法以新颖的方式运用技术、材料、项目、美学观点和空间组织，改变了我们惯常对垂直建筑及其与自然和建筑环境之间的关系的看法。

El premio se lanzó en el año 2006 para reconocer innovadoras ideas para la vida vertical. Estas ideas, a través del uso novel de tecnología, materiales, programas, estética y organizaciones espaciales, son un reto para la forma de entender la arquitectura vertical y su relación con los entornos naturales y construidos.

The award was established in 2006 to recognize outstanding ideas for vertical living. These ideas, through the novel use of technology, materials, programs, aesthetics, and spatial organizations, challenge the way we understand vertical architecture and its relationship with the natural and built environments.

Derek Pirozzi (建筑师)

一等奖 **primer premio** first prize

(美国 United States)

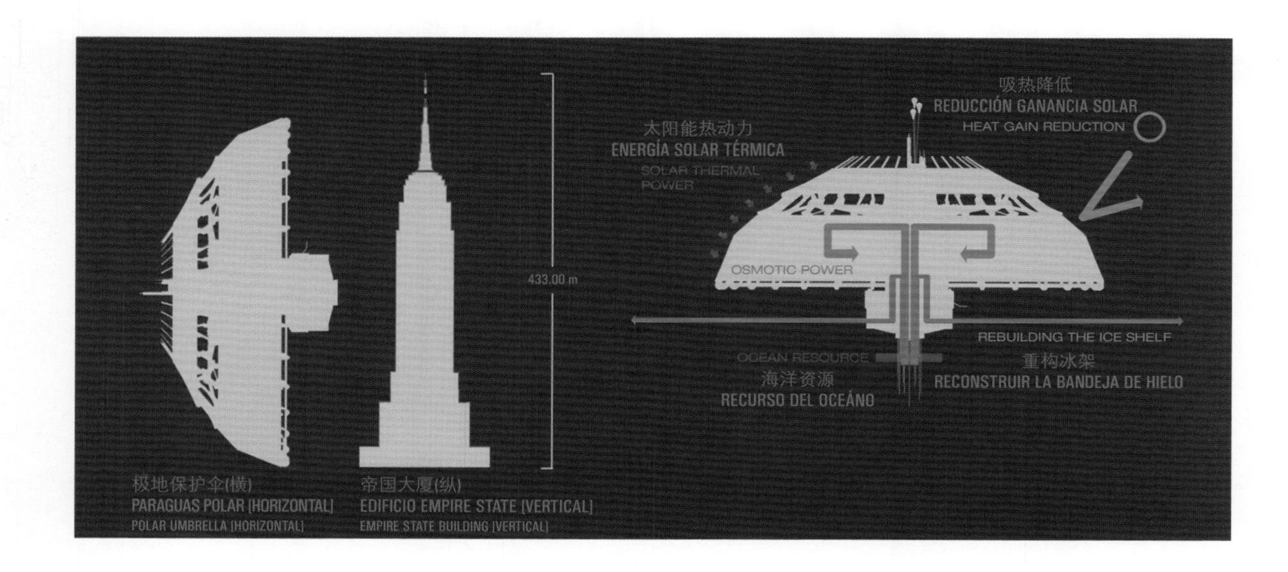

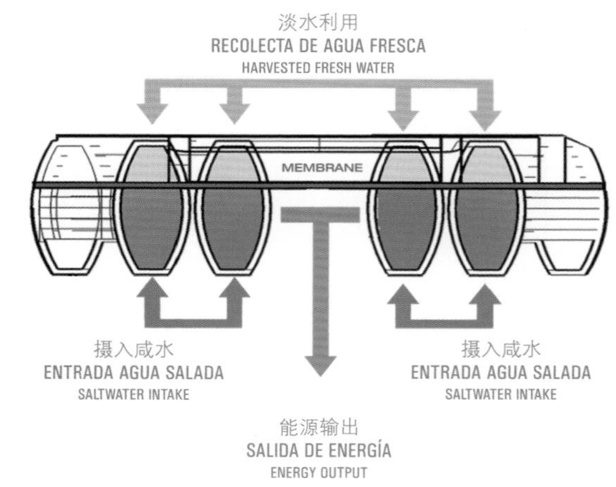

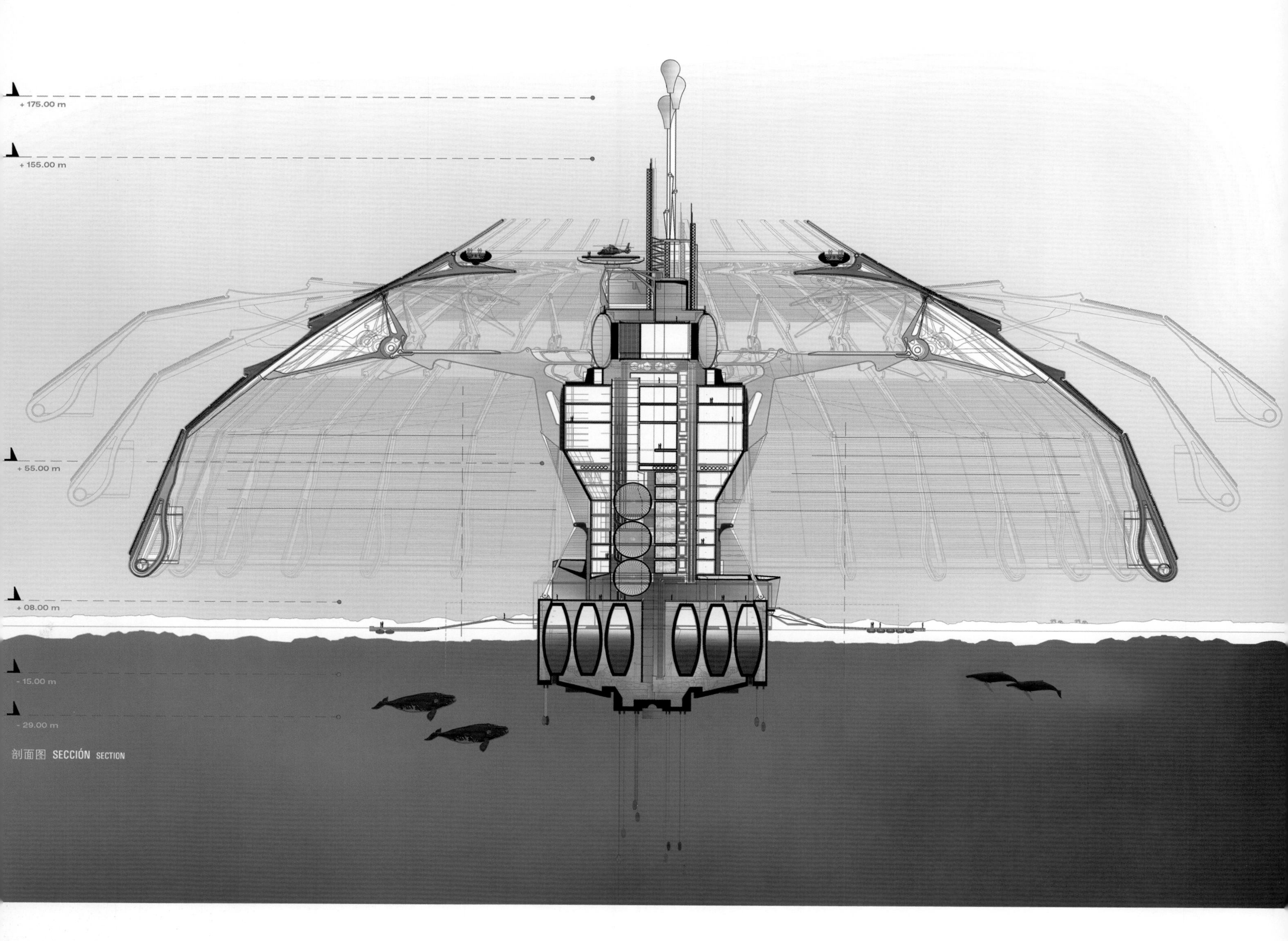

剖面图 **SECCIÓN** SECTION

一座上浮的摩天大楼，通过减少表面的吸热，冻结海水，以重建极地冰盖。此外，该超级结构配有海水处理厂、太阳能研究设施和生态旅游景点。

Un rascacielos flotante que reconstruye los casquetes polares reduciendo la superficie de ganancia solar y congelando agua del océáno. Además, la super estructura está equipada con una planta desalinizadora y equipamiento de investigación que funciona con energía solar y atracciones eco-turísticas.

A buoyant skyscraper that rebuilds the arctic ice caps by reducing the surface's heat gain and freezing ocean water. In addition, the super-structure is equipped with a desalinization plant and solar powered research facilities and eco-tourist attractions.

Darius Maïkoff · Elodie Godo (建筑师)

二等奖 **segundo premio** second prize

(法国 France)

摩天大楼恐惧症

Phobia Skyscraper

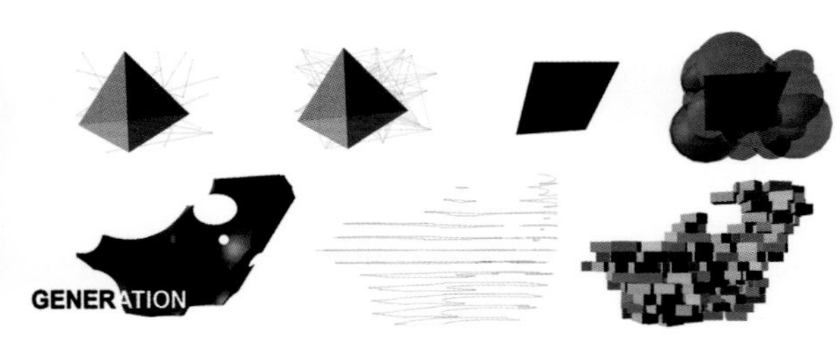

建造 CONSTRUCCIÓN CONSTRUCTION

稳定 ESTABILIZACIÓN STABILISATION

荒漠化 DESERTIFICACIÓN DESERTIFICATION

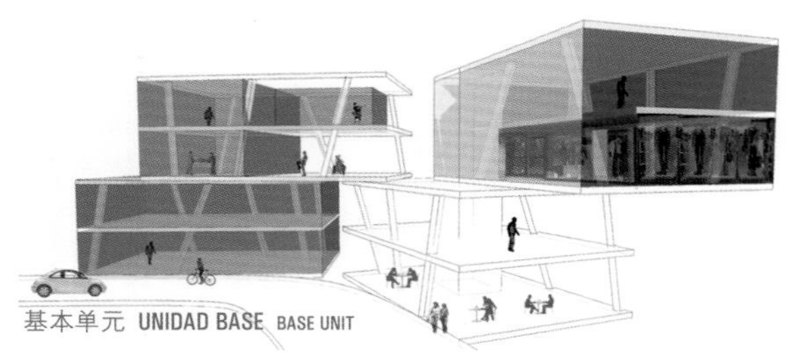

基本单元 UNIDAD BASE BASE UNIT

该项目通过设计独特的预制住房体系来振兴法国巴黎的废弃工业区。其模块性可以实现不同项目的分化和时间的演化。

El proyecto busca revitalizar un área industrial abandonada de Paris, Francia, a través de un sistema ingenioso de unidades prefabricadas de vivienda. Su modulación permite la diferenciación de programas varios y evolucionar en el tiempo.

The project seeks to revitalize an abandoned industrial area of Paris, France, through an ingenious system of prefabricated housing units. Its modularity allows for a differentiation of various programs and evolution in time.

许霆 Xu Ting · 陈奕明 Chen Yiming (建筑师)

小型公园
Light Park

三等奖 tercer premio third prize
(中国 China)

用公共绿色空间取代摩天大楼，可解决城市绿化不足的问题。北京缺少建造大型垂直公园的空间。这种浮动式摩天大楼能够提供足够的基础设施、住宅、商业和休闲区域，因此特大城市中浮动式摩天大楼将会越来越多。

Cuando los rascacielos se sustituyan por espacios verdes públicos, resolverán el problema de la falta de espacios verdes urbanos. No existen espacios para construir grandes parques verticales en Beijing. Este rascacielos flotante permite un crecimiento continuo de las megaciudades del mundo proporcionando una adecuada infraestructura, viviendas, espacio comercial y áreas recreativas.

When skyscrapers are replaced by public green space, they will resolve the problem for the lack of urban greening. There is no space to build large vertical parks in Beijing. This floating skyscraper allows for a continuous growth of the world's mega-cities by providing adequate infrastructure, housing, commercial, and recreational areas.

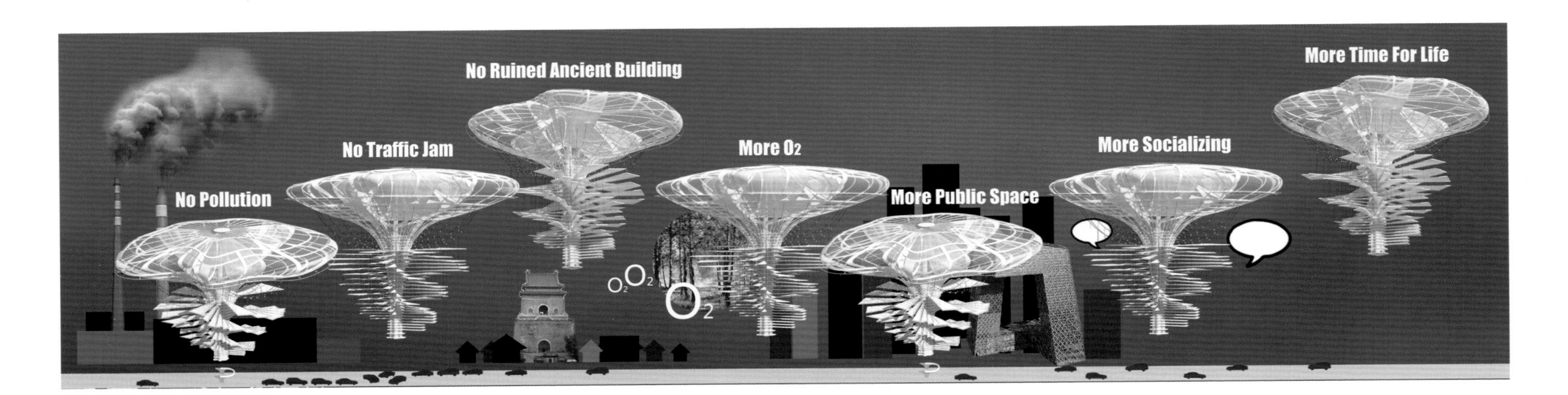

Julien Bourgeois · Olivier Colliez · Savinien de Pizzol
Cédric Dounval · Romain Grouselle (建筑师)

荣誉提名奖 **mención honorífica** honourable mention

(法国 France)

Soundscraper——噪声污染的转换器
Soundscraper, Noise Pollution Converter

高速公路是噪声污染的主要来源之一。
LA AUTOPISTA ES EL MÁS IMPORTANTE CONTAMINANTE ACÚSTICO
HIGHWAY IS ONE OF THE MOST IMPORTANT NOISE POLLUTIONS.

(SOUNDSCRAPER)利用城市的噪声
(RASCACIELOS DE SONIDO) APROVECHA EL RUIDO URBANO
(SOUNDSCRAPER) TAKES ADVANTAGE OF CITY NOISE

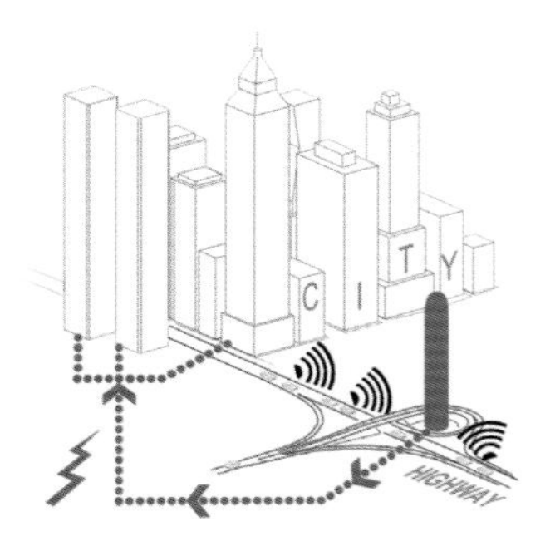

(SOUNDSCRAPER)将声音转换成可为城市利用的能源
(RASCACIELOS DE SONIDO) TRANSFORMA EL SONIDO EN ENERGÍA PARA LA CIUDAD
(SOUNDSCRAPER) TURNS SOUND INTO USABLE POWER FOR THE CITY

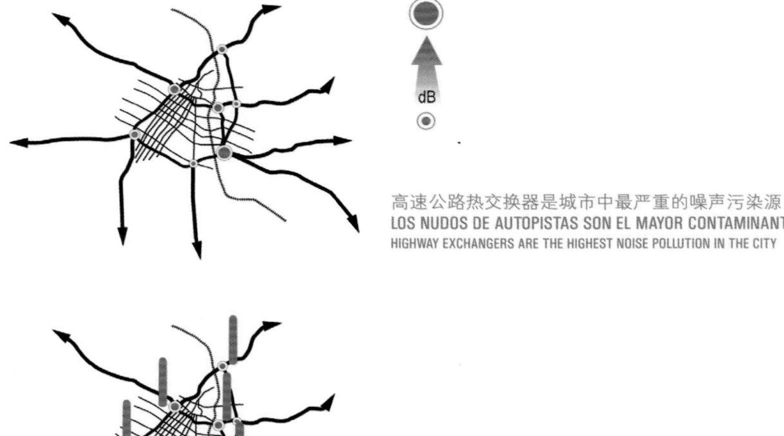

高速公路热交换器是城市中最严重的噪声污染源
LOS NUDOS DE AUTOPISTAS SON EL MAYOR CONTAMINANTE URBANO
HIGHWAY EXCHANGERS ARE THE HIGHEST NOISE POLLUTION IN THE CITY

(SOUNDSCRAPER)是一个地标建筑，是一个高效的转换器
(RASCACIELOS DE SONIDO) COMO ICONO Y CONVERSOR EFICIENTE
(SOUNDSCRAPER) AS A LANDMARK AND AN EFFICIENT CONVERTER

ACOUSTIC SENSORS SKIN (01)
ENERGY TOWARD THE CITY (03)
(02) BATTERY

剖面图 SECCIÓN SECTION

设计师采用不同的技术以降低建筑对能源的需求，提高其捕捉或自身生成能源的能力。他们使用太阳能、风能、水力，但能否利用噪声？这种soundscraper大厦可利用城市的噪声污染，捕捉声音，并将其转换为可利用的能源。这种能源大厦是一种信号，通过为大型的孔隙空间赋予新的功能，实现周边空间与全球城市景观之间的新互动关系。

Los diseñadores utilizan diferentes técnicas para reducir las necesidades energéticas de los edificios e incrementar su habilidad para capturar o generar su propia energía. Utilizan el sol, viento y agua pero que pasa con el sonido? El rascacielos del sonido aprovecha la polución sonora de la ciudad capturando el sonido aéreo y transformándolo en energía usable. La torre energética es una señal. Crea una nueva interacción entre los espacios periféricos abandonados y el entorno urbano concediendo una nueva función para los grandes espacios intersticiales.

Designers use different techniques to reduce the energy needs of buildings and increase their ability to capture or generate their own energy. They use sun, wind and water but what about noise? The soundscraper tower takes advantage of city noise pollution by capturing airborne sound and converting it into usable energy. The energetic tower is a signal. It creates a new interaction between neglected peripheric spaces and global cityscape by giving a new function to huge interstitial spaces.

Mingxuan Dong · Yuchen Xiang · Aiwen Xie · Xu Han (建筑师)

大气层摩天大楼
Stratosphere Skyscraper

荣誉提名奖 **mención honorífica** honourable mention

(中国 China)

自从摩天大楼出现以后，人们就不断追求更高、更大的大楼。然而，它们还是需要以大地为支撑。因此，更高的高度通常意味着更小的稳定性、更高的风险，以及更差的抗灾能力。

如果高架桥跨过整个地球，那么就不需要地球的支撑，便能悬浮于空气中，因为它们自身就可以平衡重力。高架桥的高度无限制，只需增加它的周长。

Desde su nacimiento, los rascacielos han perseguido un volumen más alto y largo. Pero aún tienen que confiar en el soporte de la tierra. Por tanto una mayor altura significa una mayor inestabilidad y riesgo, así como una capacidad menor para resistir desastres.

Si un puente elevado cubre la completa circunferencia de la tierra, no necesitará más el soporte de la tierra y puede estar suspendido en el aire, porque la gravedad puede equilibrarse por si misma. El puente elevado puede alcanzar cualquier altura - sólo necesita incrementar su perímetro.

Since the day of birth, the skyscrapers have been pursuing to a higher, larger volume. But they still need to rely on the support of the ground. So a higher height usually means greater unstableness and risk, as well as weaker capacity to resist disasters.

If an overhead bridge span covers the entire circumference of the earth, it will no longer need the support from the earth and can be suspended in the air, because the gravity can be balanced by their own. The elevated bridge can reach any height – it only needs to increase its perimeter.

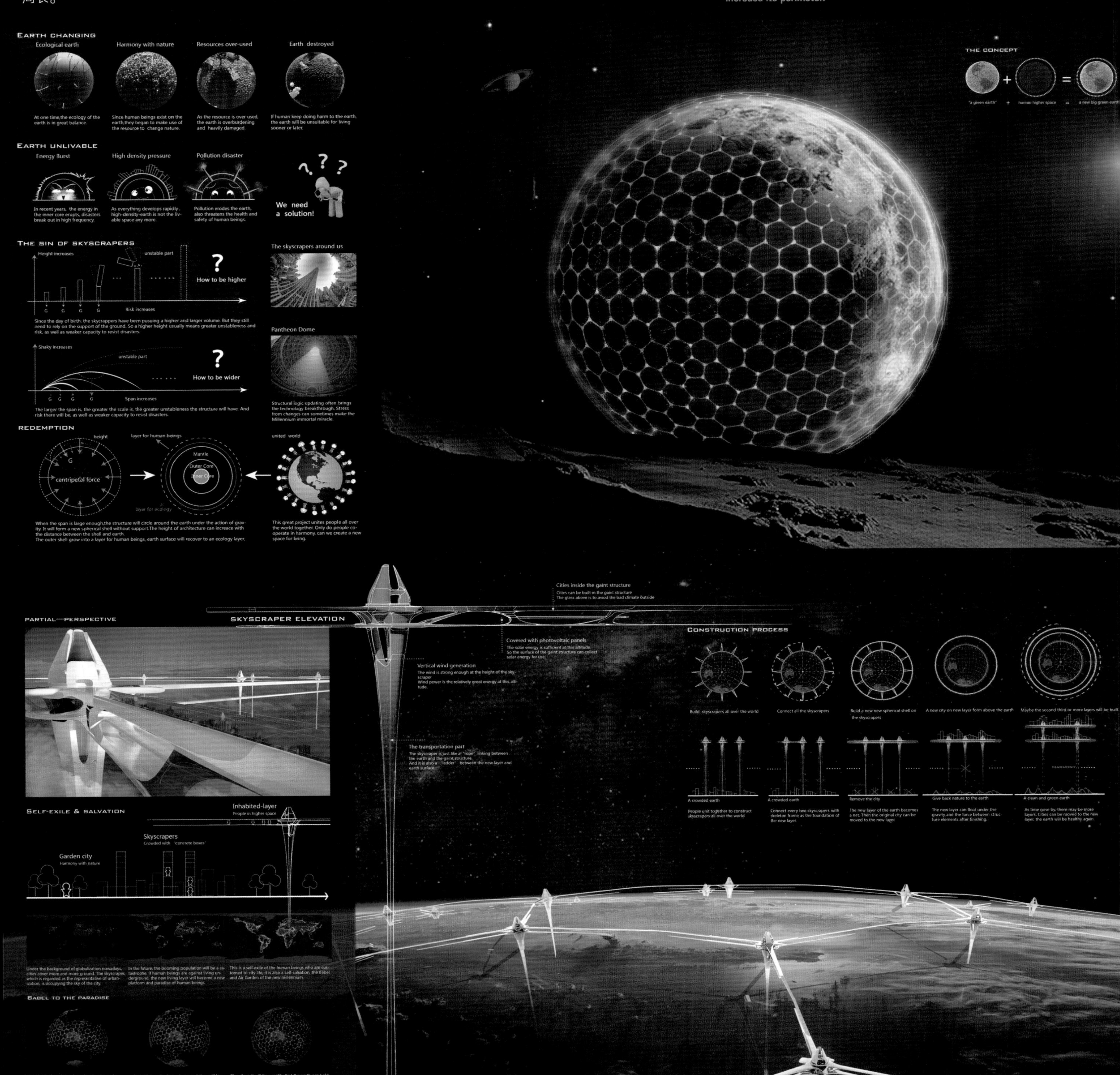

Hao Tian · Huang Haiyang · Shi Jianwei (建筑师)

荣誉提名奖 **mención honorífica** honourable mention

(中国 China)

pH值调节器

pH Conditioner

该项目旨在以一种温和的方式来调解酸沉降，并通过平衡大气低pH值，最终将土地稀缺的城市中的污染物转变成可用的资源，而酸性污染物则转化为再生水和养分。

El proyecto trata de utilizar de forma sútil la deposición de ácidos con el fin de convertir las sustamcias contaminantes en recursos útiles para las ciudades donde el suelo tiene mucha demanda, mediante el equilibrio del valor del PH en la atmósfera. Las sustancias contaminantes ácidas se transformarán en agua y nutrientes reciclados.

This project is aiming at using a gentle way to manage acid deposition and eventually turn pollutants into available resources for cities where land is highly demanded by gradually balancing the low pH value in atmosphere. Acidic pollutants will be transformed into reclaimed water and nutrients.

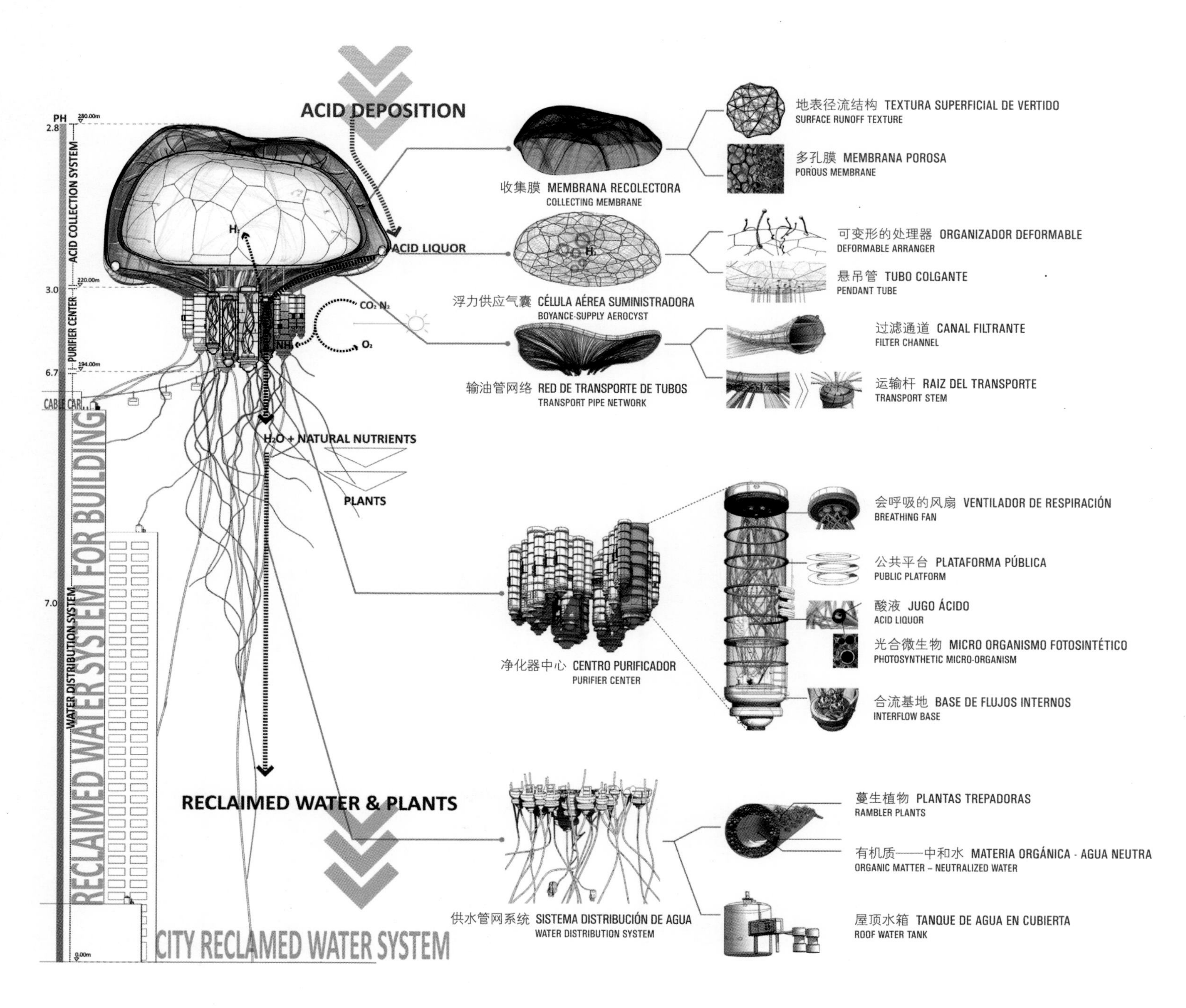

Woongyeun Park · Jaegeun Lim · Haejun Jung · Karam Kim (建筑师)

表观
Skinscape

荣誉提名奖 **mención honorífica** honourable mention

(美国 United States)

ANDO

(Antonio Ares Sainz · Joaquin Rodriguez Nuñez · Konstantino Tousidonis Rial) (建筑师)

荣誉提名奖 mención honorífica honourable mention

(西班牙 Spain)

游牧式摩天大楼
Nomad Skyscraper

该项目旨在改变地球的大气和土壤化学特性，使其更适应于人类生存。其概念就是建造游牧式工厂，利用火星上的材料，在大气中生成复杂的碳温室气体。我们希望将火星改造成一个拥有绿色森林、蓝色大海和可持续生态系统的富有活力的星球。

El objetivo es cambiar la química de la tierra y la atmósfera del planeta para convertirlo en más hospitalario a la colonización humana. El concepto es construir factorías nómadas que utilizan minerales de Marte para crear gases de efecto invernadero de emisión cero (GHG) en la atmósfera. Queremos cambiar Marte en un planeta vital con verdes bosques, océanos azules y un ecosistema sostenible.

The goal is to change the atmosphere and soil chemistry of the planet to make it more hospitable to human colonization. The concept is to build nomad factories that use martian minerals to create complex carbon greenhouse gases (GHG) in the atmosphere. We want to turn Mars into a vital planet with green forests, blue oceans and a sustainable ecosystem.

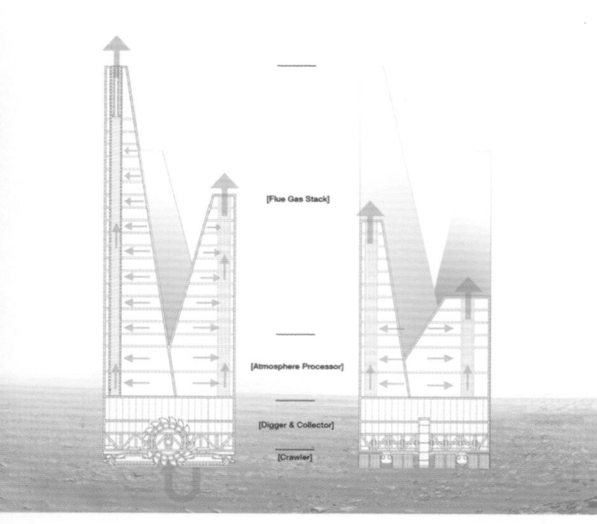

挖掘机+收集器
EXCAVADORA+COLECTOR
DIGGER+COLLECTOR

废气烟囱
PILA DE GAS
FLUE GAS STACK

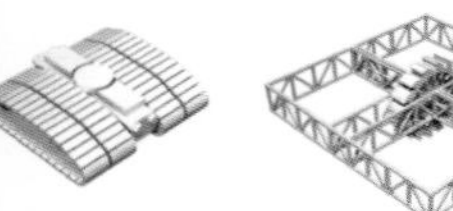

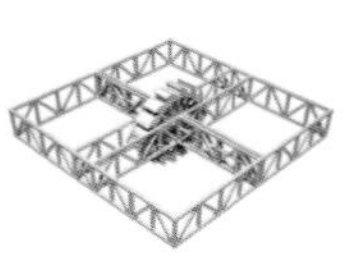

履带牵引装置
ORUGA
CRAWLER

空气处理器
PROCESADOR ATMOSFÉRICO
ATMOSPHERE PROCESSOR

Jing Hao · Zhanou Zhang · Xingyue Chen · Jiangyue Han · Shuo Zhou (建筑师)

火山电力罩
Volcanelectric Mask

荣誉提名奖 mención honorífica honourable mention
(中国 China)

我们将大型工厂安置于火山周边以收集火山灰。火山能源还可用于支持周边的工业和城镇发展。

Colocamos una estructura gigante alrededor del volcán para recolectar la ceniza volcánica. La energía del volcán también se utiliza para apoyar a las industrias y pueblos que lo rodean.

We set the giant industrial structure around the volcano to collect volcanic ash. The energy of the volcano is also used to support the industries and towns around it.

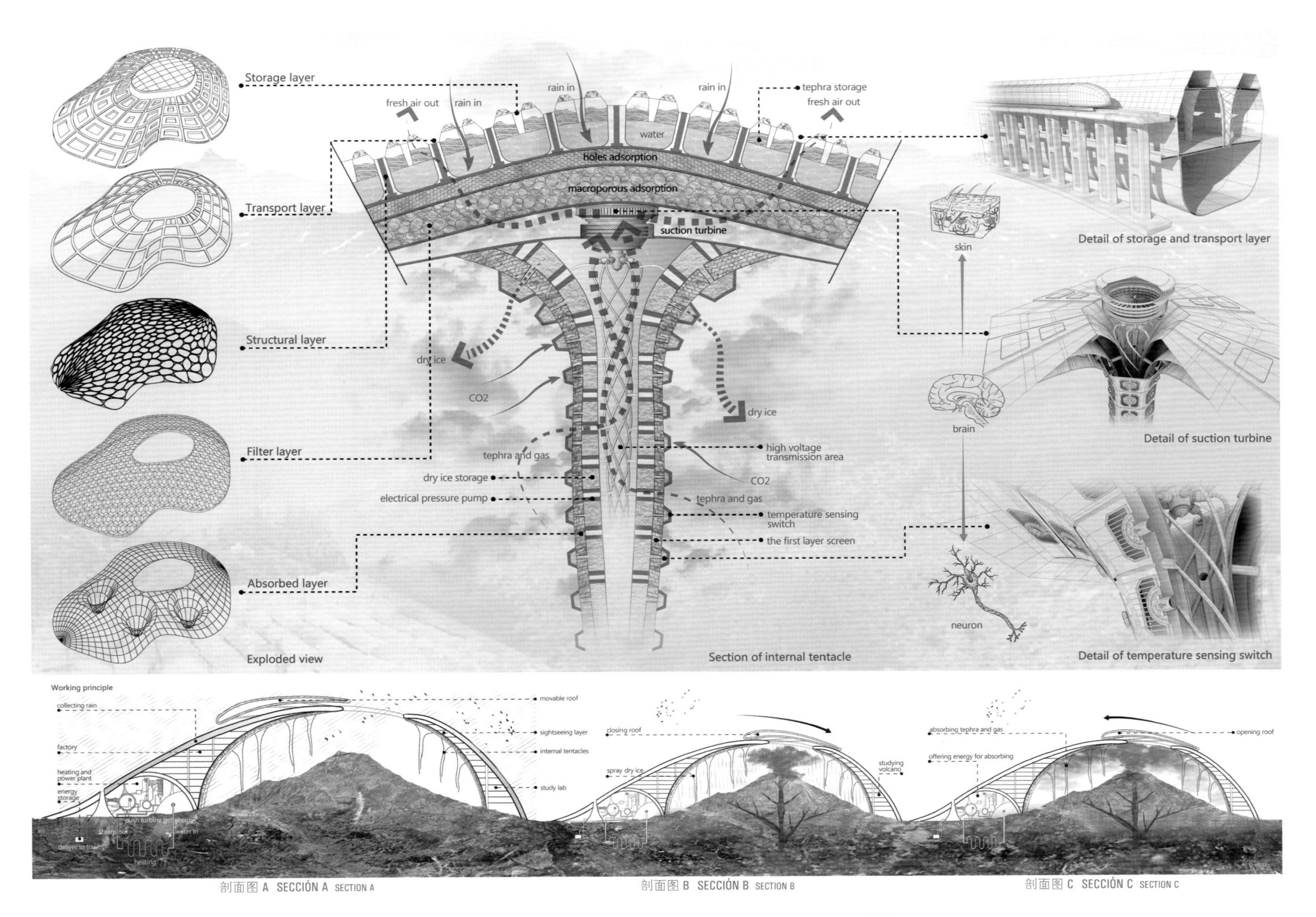

剖面图 A SECCIÓN A SECTION A

剖面图 B SECCIÓN B SECTION B

剖面图 C SECCIÓN C SECTION C

Khem Aikwanich · Nigel Westbrook (建筑师)

荣誉提名奖 mención honorífica honourable mention

(泰国 · 澳大利亚 Thailand · Australia)

共生城市：未来新监狱

Symbiocity: A New Prison for the Future

1. 垂直农场 GRANJAS VERTICALES VERTICAL FARMS
2. 监狱 CELDAS DE LA PRISIÓN PRISON CELLS
3. 鱼类养殖场 GRANJA DE PECES FISH FARM
4. 工作室 TALLER WORKSHOP
5. 教室 CLASES CLASSROOMS
6. 食堂 CANTINA CANTEEN
7. 厨房 COCINA KITCHEN
8. 办公室 OFICINA OFFICE
9. 体育馆 GIMNASIO GYM
10. 垂直畜牧业 GANADERÍA VERTICAL VERTICAL LIVESTOCK

底层平面图 PLANTA BAJA GROUND FLOOR PLAN

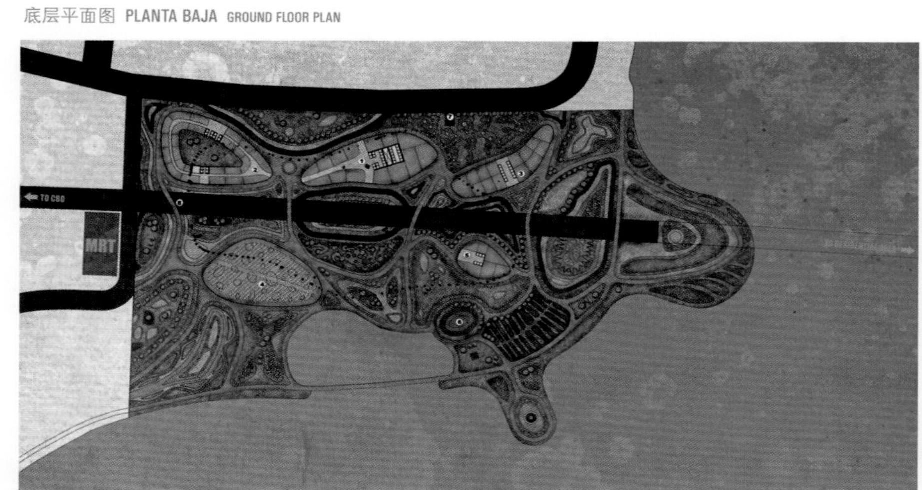

楼层平面示意图 PLANTA ESQUEMÁTICA SCHEMATIC FLOOR PLAN

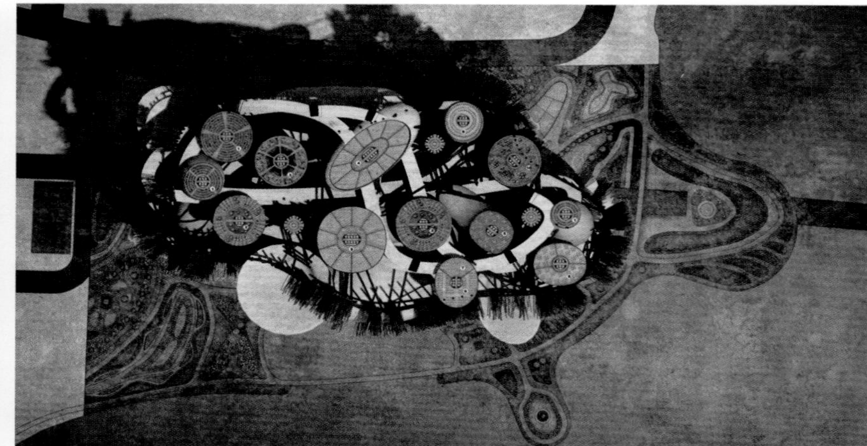

立面图 ALZADOS ELEVATIONS

该设计基于这样一种理念：监狱是一种由细胞单元构成的生物体，可以自给食物（光合作用），自行生长。

由于居民大部分时间都生活在城市内，因此可把城市比作一个监狱。然而，该方案提议打造一个可以将寄生关系转变为共生关系的模型，实现监狱与社会的互利。

El concepto del proyecto se basa en la idea de que una prisión es un organismo vivo, compuesto de unidades de celdas, capaz de generar su propia comida (fotosíntesis) y capaz de crecer.

Es posible comparar una prisión y una ciudad ya que sus ocupantes pasan la mayor parte de su vida dentro. Sin embargo el objetivo del proyecto es proponer un modelo que cambiará la relación parasitaria a una con beneficio mutuo, entre prisión y sociedad.

The design concept is based on the idea of a prison as a living organism, made up of units of cells, able to generate its own food (photosynthesis) and is able to grow.

It is possible to compare a prison to a city as its occupants spend most of their life inside. However, the aim of the project is to propose a model that will change the parasitic relationship to a mutualistic one, where both prison and society benefit.

Nam Il Joe · Laura E. Lo · Mark T. Nicol (建筑师)

生成式线条
Generative Strands

荣誉提名奖 **mención honorífica** honourable mention

(美国 United States)

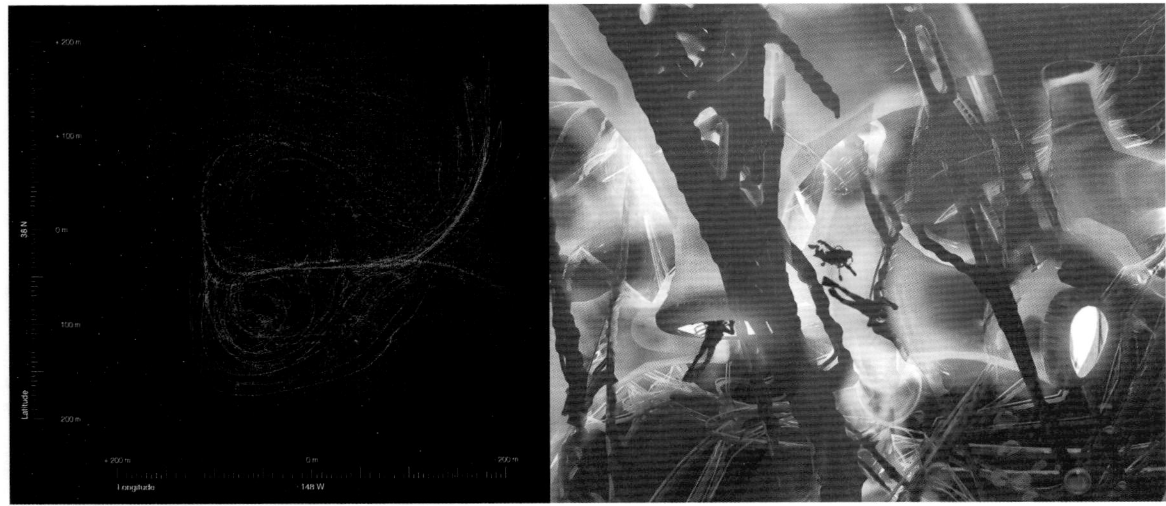

平面图 **PLANTA** FLOOR PLAN

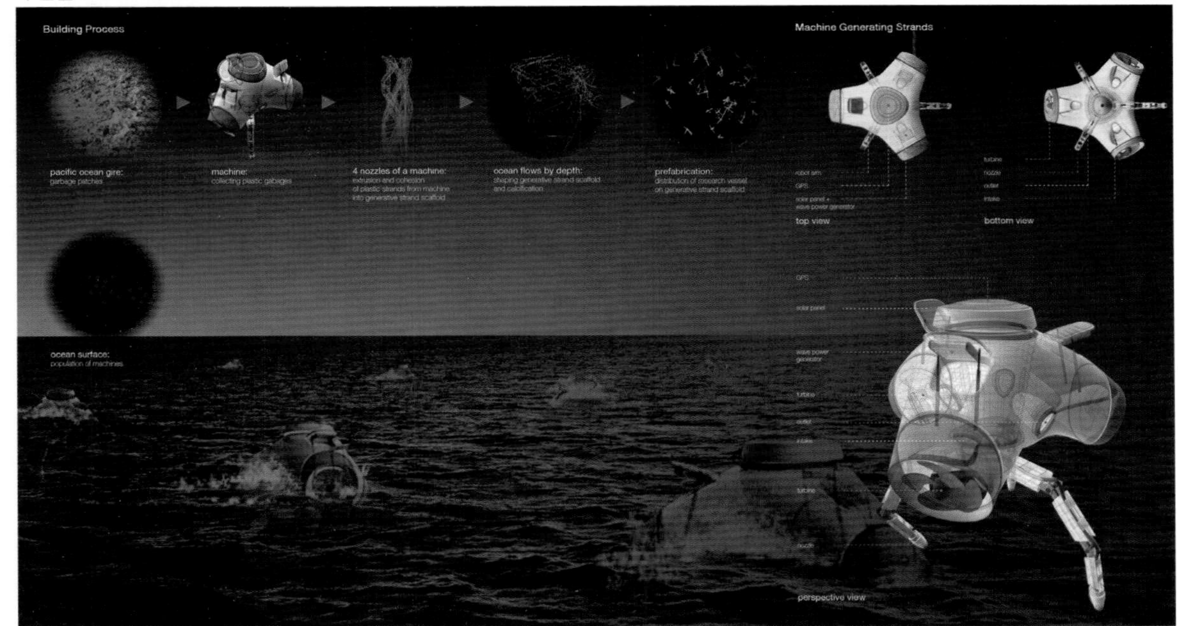

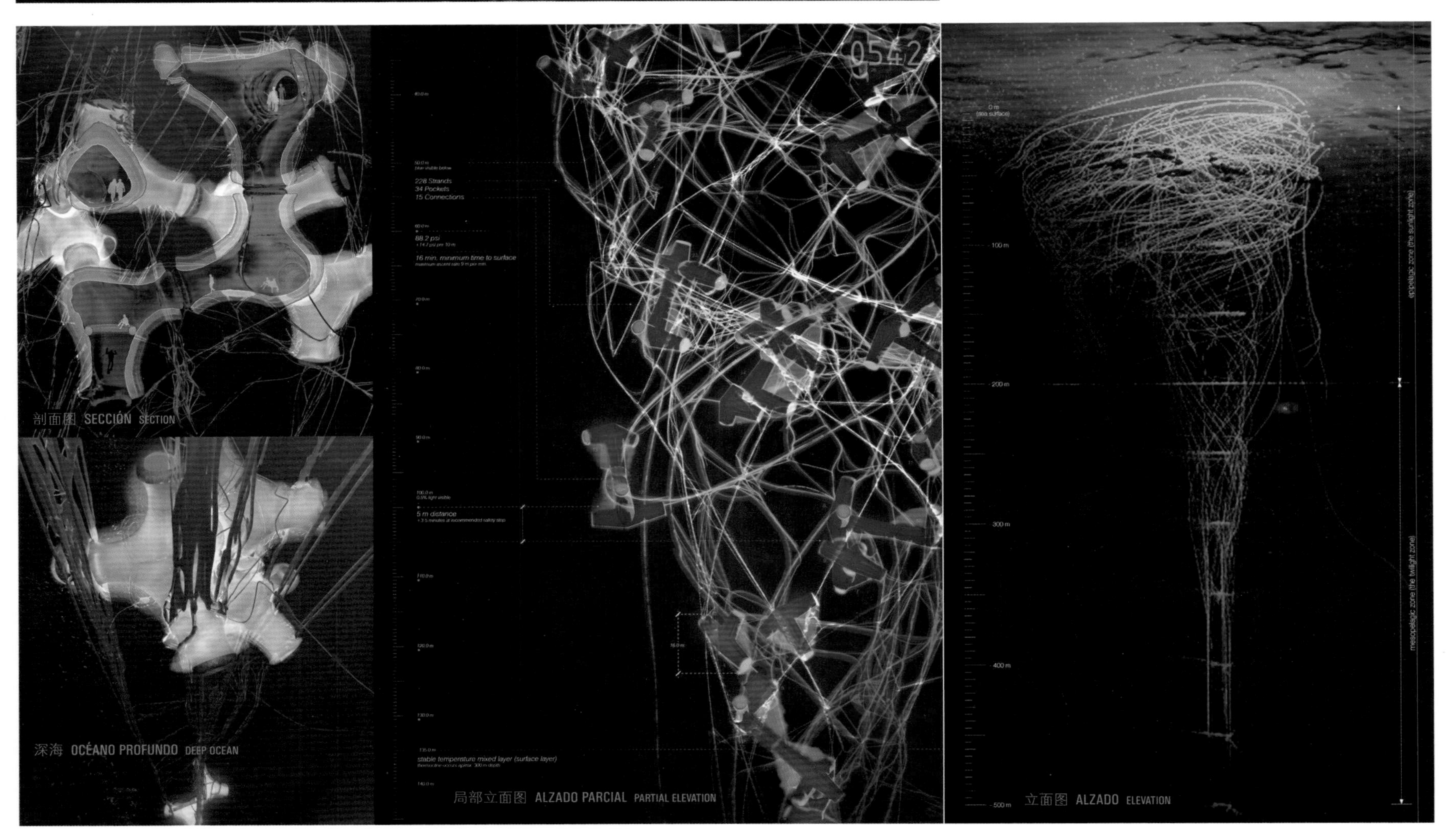

剖面图 **SECCIÓN** SECTION

深海 **OCÉANO PROFUNDO** DEEP OCEAN

局部立面图 **ALZADO PARCIAL** PARTIAL ELEVATION

立面图 **ALZADO** ELEVATION

该项目通过将再利用的理念延伸至水相环境，将海洋中的塑料碎屑重新视为建筑材料。借助海洋力量与相互式坡度之间的复杂动力系统，将塑料颗粒结合成具有自我限制功能的、动态的且具有化学惰性的超高层构筑物，并直插于海洋深处。

Extendiendo el espíritu de la reutilización de un ambiente acuoso, el proyecto reconsidera los desechos plásticos de los océanos como material edificatorio. Aprovechando los complejos sistemas de fuerzas de los océanos y sus gradientes interactivos, este proyecto fusiona las partículas particulares en una estructura superalta autolimitada, formada dinámicamente, e inerte químicamente que se sumerge en las profundidades del océano.

By extending the ethos of reuse to the aqueous environment, the project reconsiders the plastic detritus in the world's oceans as building material. Harnessing the complex, dynamic system of forces of the oceans and its interactive gradients, this project coalesces plastic particulates into a self-limiting, dynamic formed, yet chemically inert, supertall building structure that plugs deep into the ocean's depths.

Park Sung-Hee · Na Hye Yeon (建筑师)

荣誉提名奖 mención honorífica honourable mention

(韩国 Korea)

第七大洲：动力群岛

The 7th Continent: Kinetic Islands

如何收集垃圾 COMO RECOLECTAR RESIDUOS HOW TO COLLECT GARBAGE

螺旋形岛屿 ISLA EN FORMA DE ESPIRAL SPIRAL-SHAPED ISLAND

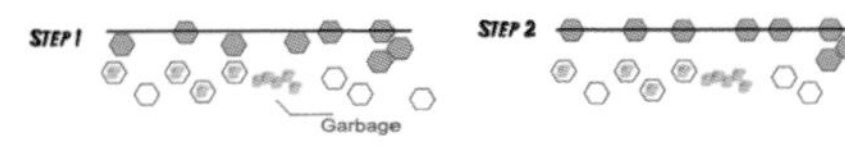
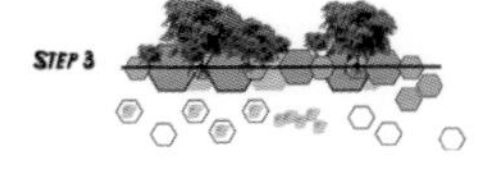
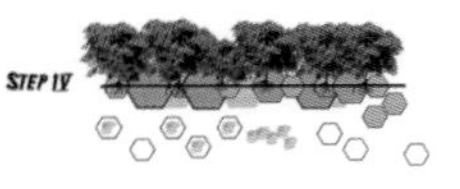
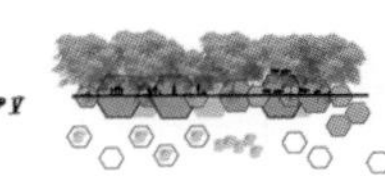

剖面图 SECCIÓN SECTION

动力群岛可以收集飘浮于太平洋上的垃圾。各个垃圾收集单元互相连接，形成垃圾链。随着时间的推移，洋流将多个垃圾链连接在一起，最后形成一个大岛，用于培植红树林，种植农作物、小麦，并饲养动物。

Las islas cinéticas pueden recolectar la basura que se mueve por el Océano Pacífico. Varias unidades de basura se conectan y combinan con otras y forman una cadena de residuos. Con el tiempo, las cadenas pueden juntarse ayudadas por las corrientes del océano y estar centralizadas formando una gran isla, para plantar palmeras y cultivar cosechas, trigo y animales.

The kinetic islands can collect garbage that moves along the Pacific Ocean. Various garbage units connect and combine with others and form a thrash chain. With time, many chains can be assembled by ocean currents and centralized like a big island, to plant mangrove trees and cultivate crops, wheat and animals.

城市蚯蚓
Urban EarthWorm

Lee Seungsoo (建筑师)

荣誉提名奖 **mención honorífica** honourable mention

(韩国 Korea)

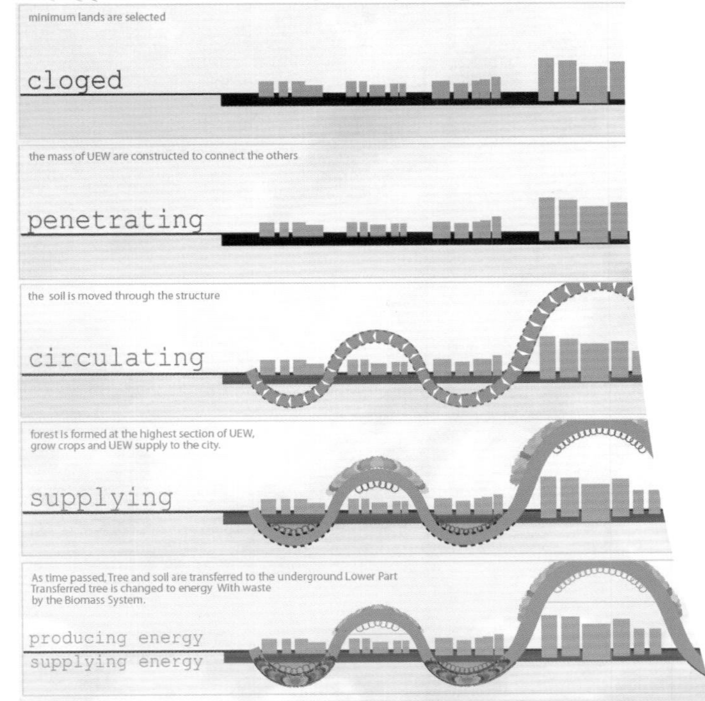

污染(空气污染和土壤污染)、废物处理、发电，以及农业生产已成为现代城市中的大问题。在拥挤的城市中，这些问题亟待有效解决。然而，这些城市中却已无剩余的空间。该项目就利用土壤在城市中培育树木、花草。

La eliminación de residuos contaminantes (aire, tierra) y la produccion de energía y agricultura es un gran problema de las ciudades modernas. Estos problemas tienen que resolverse de forma efectiva en ciudades densas. Pero no hay espacios libres dentro de las ciudades. El proyecto cultiva árboles y plantas dentro utilizando la tierra.

The pollution (air, soil), waste disposal and energy production, and agricultural production are big problems in modern cities. These problems are to be solved effectively in cramped cities. But there is no free space inside the cities. The project cultivates trees and plants inside using soil.

Ekkaphon Puekpaiboon (建筑师)

荣誉提名奖 **mención honorífica** honourable mention

(泰国 Thailand)

后末日时代的摩天大厦
Post-Apocalypse Skyscraper

"ZERO"是一座完全革新的摩天大楼，旨在确保人类遭受全球毁灭后的生存。大楼外形酷似应急工具箱，通过数字通信和信息交换成为恢复社会秩序、重建人类文明的起点和核心。

ZERO es un rascacielos radical, proyectado para asegurar la supervivencia del hombre después de la devastación global. Funcionando como una herramienta de emergencia, será el punto de partida, el núcleo, para reestablecer el orden social y las civilizaciones humanas a través de comunicaciones digitales y el intercambio de información.

ZERO is a radical skyscraper, designed to ensure mankind's survival after global devastation. Like an emergency toolbox, it will be the starting point, the core, to the reestablishment of social order and human civilizations through digital communications and information exchange.

宇宙大楼

Universe-Scraper

Jong Hyuk Lim · Seung Jun Park · Sung Wha Na · Jae Chung ko
Ho Young Yeo · Gyoeng Hwan Kim (建筑师)

荣誉提名奖 **mención honorífica** honourable mention
(韩国 Korea)

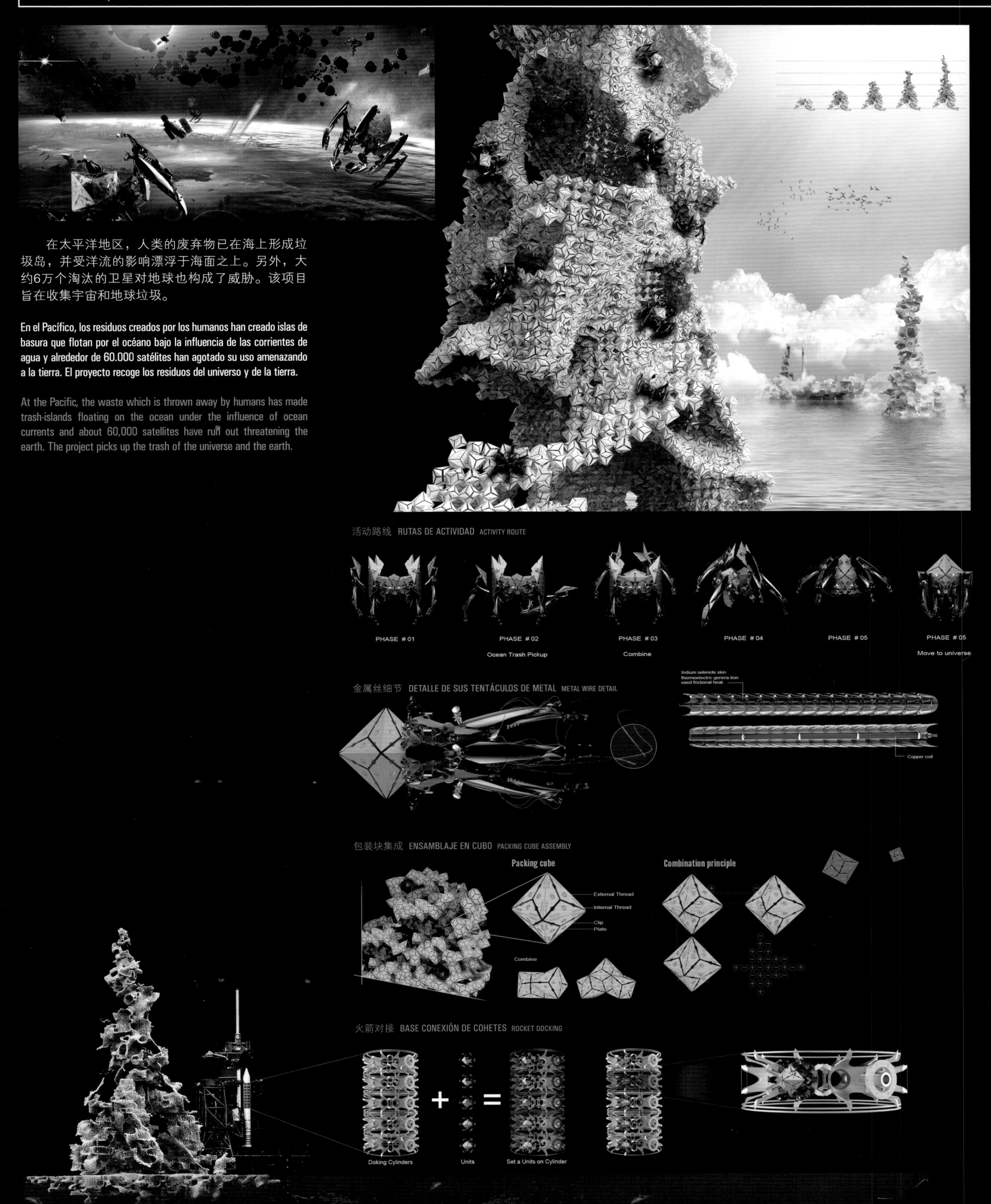

在太平洋地区，人类的废弃物已在海上形成垃圾岛，并受洋流的影响漂浮于海面之上。另外，大约6万个淘汰的卫星对地球也构成了威胁。该项目旨在收集宇宙和地球垃圾。

En el Pacífico, los residuos creados por los humanos han creado islas de basura que flotan por el océano bajo la influencia de las corrientes de agua y alrededor de 60.000 satélites han agotado su uso amenazando a la tierra. El proyecto recoge los residuos del universo y de la tierra.

At the Pacific, the waste which is thrown away by humans has made trash-islands floating on the ocean under the influence of ocean currents and about 60,000 satellites have run out threatening the earth. The project picks up the trash of the universe and the earth.

Michael Charters (建筑师)

荣誉提名奖 mención honorífica honourable mention

(美国 United States)

大树林
Big Wood

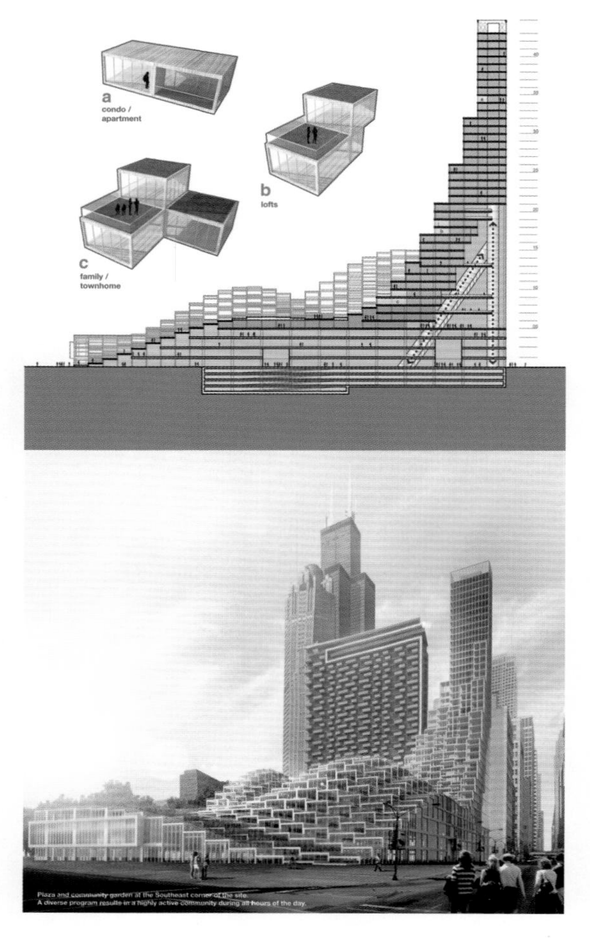

“大树林”是一座位于美国芝加哥南洛普区的多功能大学综合楼。该建筑由一个大型的木质结构组成，该木质结构取材于芝加哥南部棕色土壤生长并加工的木材。修建这样的林场可以分解土地中的有毒物质，并吸收城市空气中的二氧化碳。

Big Wood es un complejo universitario de usos mixtos localizado en el barrio del Anillo Sur de Chicago. La estructura consiste en un sistema que utiliza la madera que crece y se fabrica en una antigua zona industrial del sur de Chicago. La implementación de una granja de árboles extraerá las toxinas de la tierra además del dioxido de carbono del aire de la ciudad.

Big Wood is a mixed-use university complex sited in Chicago's South Loop neighborhood. The structure consists of a mass timber system utilizing lumber grown and manufactured on a brown-field site in South Chicago. Implementing tree farm will extract toxins from the soil as well as carbon dioxide from the city's air.

Shinypark · Liu Tang · Lyo Heng Liu (建筑师)

荣誉提名奖 **mención honorífica** honourable mention

(韩国 · 中国 **Korea · China**)

Sea-Ty：水下之城

Sea-Ty: An Underwater City

如果没有足够的土地，或甚至没有土地，那将会怎样？能否在海面上或海洋中建造高层建筑？

在海底建造房屋，在房屋内就可以观赏海底的景观。一个浮动的弧形碗状结构建筑物不但可以尽收海底景观，而且还可实现直接采光。该方案由不同规模的建筑组成，宛如一座城市。

¿Qué pasa si no hay suficiente suelo o incluso no existe? ¿Los rascacielos deberán estar sobre el océano, en el océano?
Crear una estructura en el océano permitirá vistas bajo el océano. Una estructura flotante curvada en forma de bowl permitirá no sólo estas vistas sino soleamiento directo. La estructura contiene varias escalas de edificios, como un verdadera ciudad.

What if there is not enough land or even no land? High-rise buildings should be on the ocean, in the ocean?
Creating a structure in the ocean will allow for views under the ocean. A floating curved bowl structure will allow for not only views under the ocean but also direct sunlight. The structure contains various scales of buildings, like a real city.

概念性楼层 CRONOLOGÍA DEL CONCEPTO CONCEPT STORY

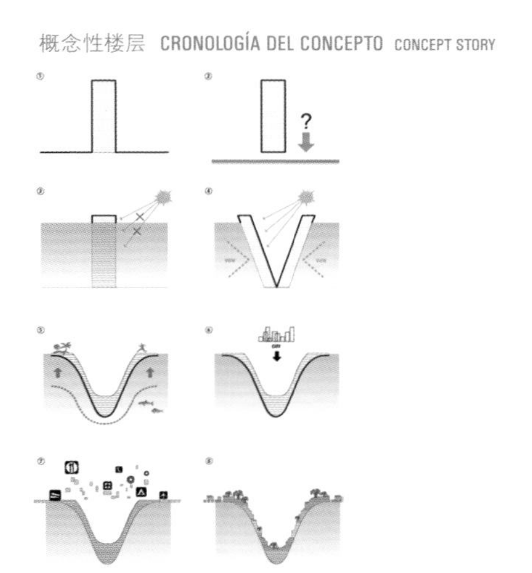

海洋中的社区：SEA-TY COMUNIDAD EN EL OCÉANO, SEA-TY COMMUNITY IN THE OCEAN, SEA-TY

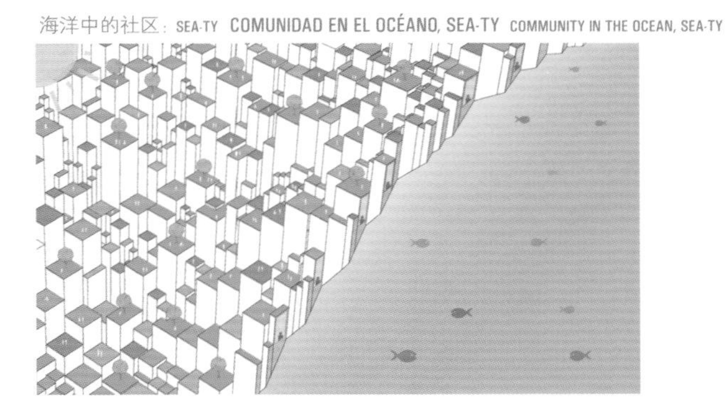

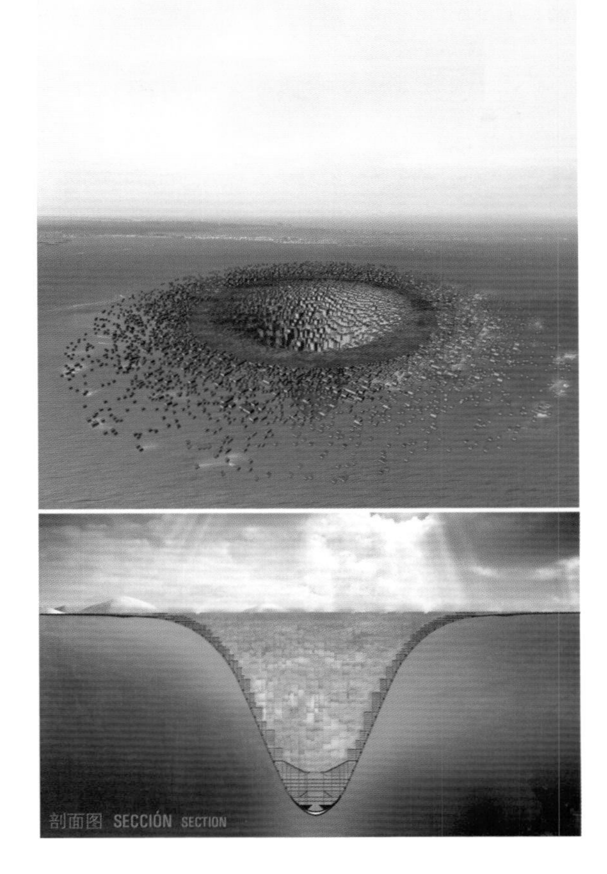

Milos Vlastic · Vuk Djordjevic · Milos Jovanovic · Darki Markovic (建筑师)

荣誉提名奖 **mención honorífica** honourable mention

(塞尔维亚 Serbia)

Moses: 未来住宅

Moses: Housing of Future

620m
communications antenna
aircraft landing point
560m
wind turbines
tehnical laboratories
elevators
research facilities
446m
residential units
inner public gardens
residential units
fresh water storage
atrium
residential units
156m
offices
offices
market plaza
360° garden
retail
museum
moses transportation system
60m
train station
open market
rotating engine pillar
public beach
commercial area
public library
harbour
harbour entrance
+0m
air cushions
fresh water storage
leisure premises
underwater welness & spa
atrium
water turbines
laboratories
oil hydraulic pump
desalination plant
-200m

由于人类对地球造成的负面影响，当前土地与水所占的比例(分别为29%和71%)将会发生改变。此外，人口的快速增长将会增加人口密度。

Moses的居住人口大约有2.5万人，是一个具有可持续性的分散式的城市单元，有助于实现陆地向海洋的过渡。因此，陆地就可用于食品生产，地球也将得以再生。它犹如一个城市，可以独立运转。

El actual ratio de 29% de tierra y 71% de agua está cambiando, como resultado del impacto negativo del humano en el planeta. Asimismo, el rápido incremento de personas afecta a la densidad de la población. Moses es una unidad de ciudad descentralizada y auto-sostenible, habitada por aproximadamente 25000 habitantes, que ofrece la transición desde la tierra al mar, para que la tierra pueda utilizarse para la producción de alimentos y pueda empezar el proceso de regeneración. Funciona independientemente como unidad urbana.

The existing ratio of 29% of land and 71% of water tends to change, as a result of negative human impact on the planet. Also, the rapid increase of people affects the density of the population. Moses is a decentralized, self-sustainable city unit, populated by approximately 25,000 inhabitants, which offers the transition from land to sea, so the land could be used for food production and the Earth could start the process of regeneration. It functions independently as a city unit.

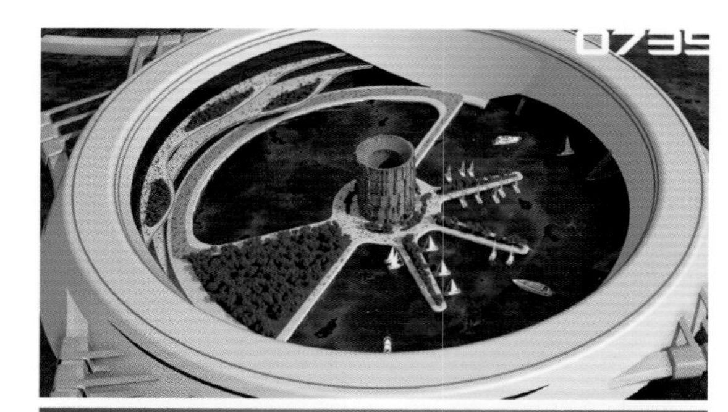

Santi Musmeci · Sebastiano Maccarrone (建筑师)

Sphera: 2150 特大城市
Sphera: 2150 Megacity

荣誉提名奖 **mención honorífica** honourable mention

(中国 China)

到2050年，城市空气污染将成为引发死亡的头号环境因素。到2150年，北京、雅加达、纽约、伦敦等特大城市将被废弃，成为鬼城。用自动化推土机将建筑和基础设施拆除，最后只保留些具有历史价值的建筑。通过回收拆卸的材料和使用推土机开始建造Sphera城。这是一种新型的居住环境，在这里，地球公民可以使用创新的可持续性能源，在“地球再生”中得以生存。

La polución del aire urbano va a ser la mayor causas medioambiental de mortalidad en el mundo en 2050. Para 2150 megaciudades como Beijing, Yakarta, Nueva York y Londres serán ciudades fantasmas abandonadas y excavadoras automáticas se utilizarán para demoler edificios e infraestructuras, sólo salvando lugares de valor histórico. Mediante el reciclaje del material demolido, las excavadoras comenzarán la construcción de SPHERA. Es un nuevo tipo de entorno vital donde los ciudadanos del mundo vivirán durante "la regeneración de la tierra" utilizando energías innovadoras y sostenibles.

Urban air pollution is set to become the top environmental cause of mortality worldwide by 2050. By 2150 megacities like Beijing, Jakarta, New York and London will be abandoned as host cities, and automated bulldozers will be used to demolish buildings and infrastructures, saving only sites of historical value. By recycling the demolished material, the bulldozers will start the construction of Sphera. It is a new type of living environment, where the citizens of the world will live during the "earth's regeneration" by using innovative and sustainable energies.

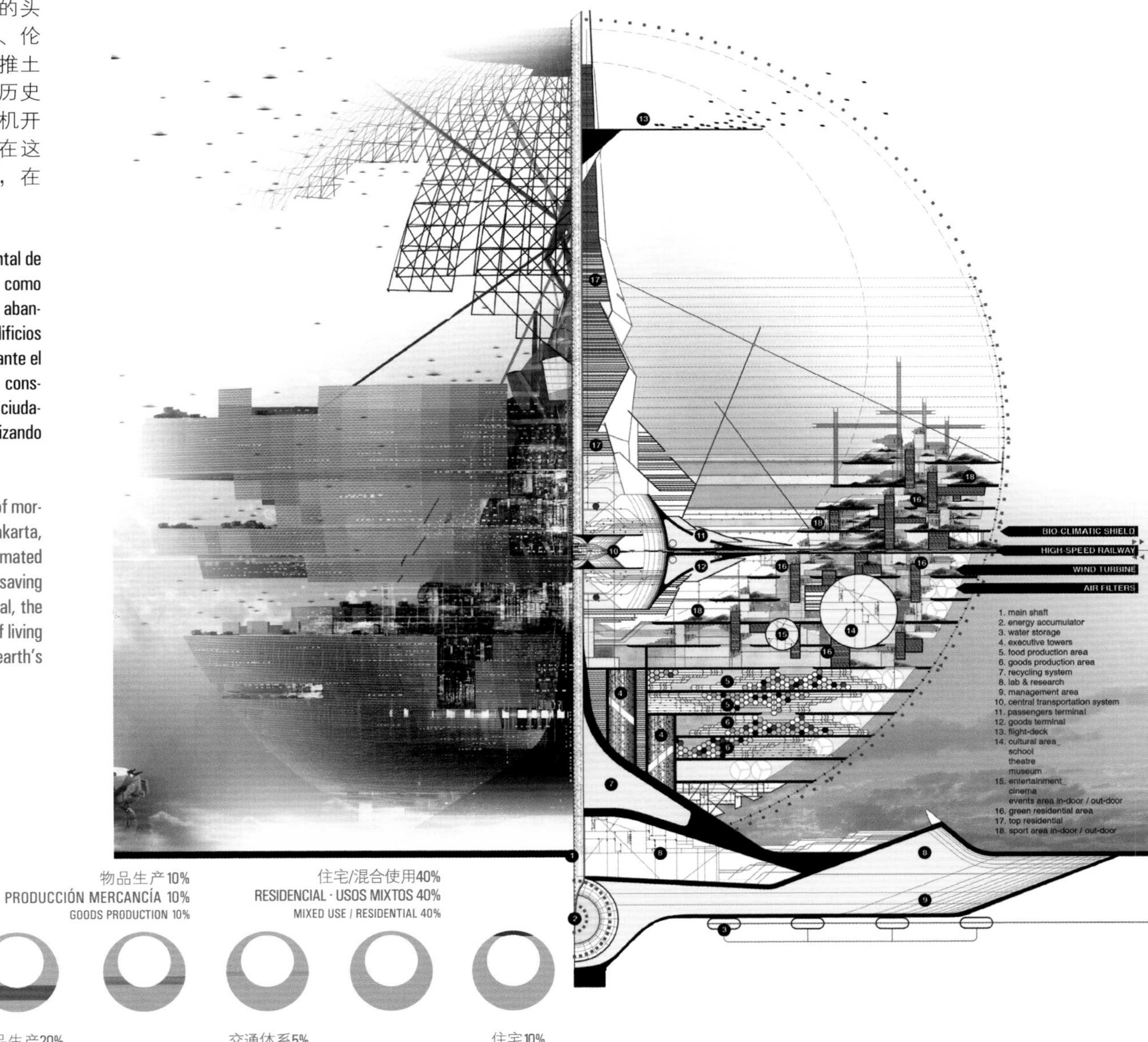

能源体系10%
SISTEMA DE ENERGÍA 10%
ENERGY SYSTEM 10%

物品生产10%
PRODUCCIÓN MERCANCÍA 10%
GOODS PRODUCTION 10%

住宅/混合使用40%
RESIDENCIAL · USOS MIXTOS 40%
MIXED USE / RESIDENTIAL 40%

回收体系5%
SISTEMA DE RECICLAJE 5%
RECYCLE SYSTEM 5%

食品生产20%
PRODUCCIÓN ALIMENTOS 20%
FOOD PRODUCTION 20%

交通体系5%
SISTEMA DE TRANSPORTE 5%
TRANSPORT SYSTEM 5%

住宅10%
RESIDENCIAL 10%
RESIDENTIAL 10%

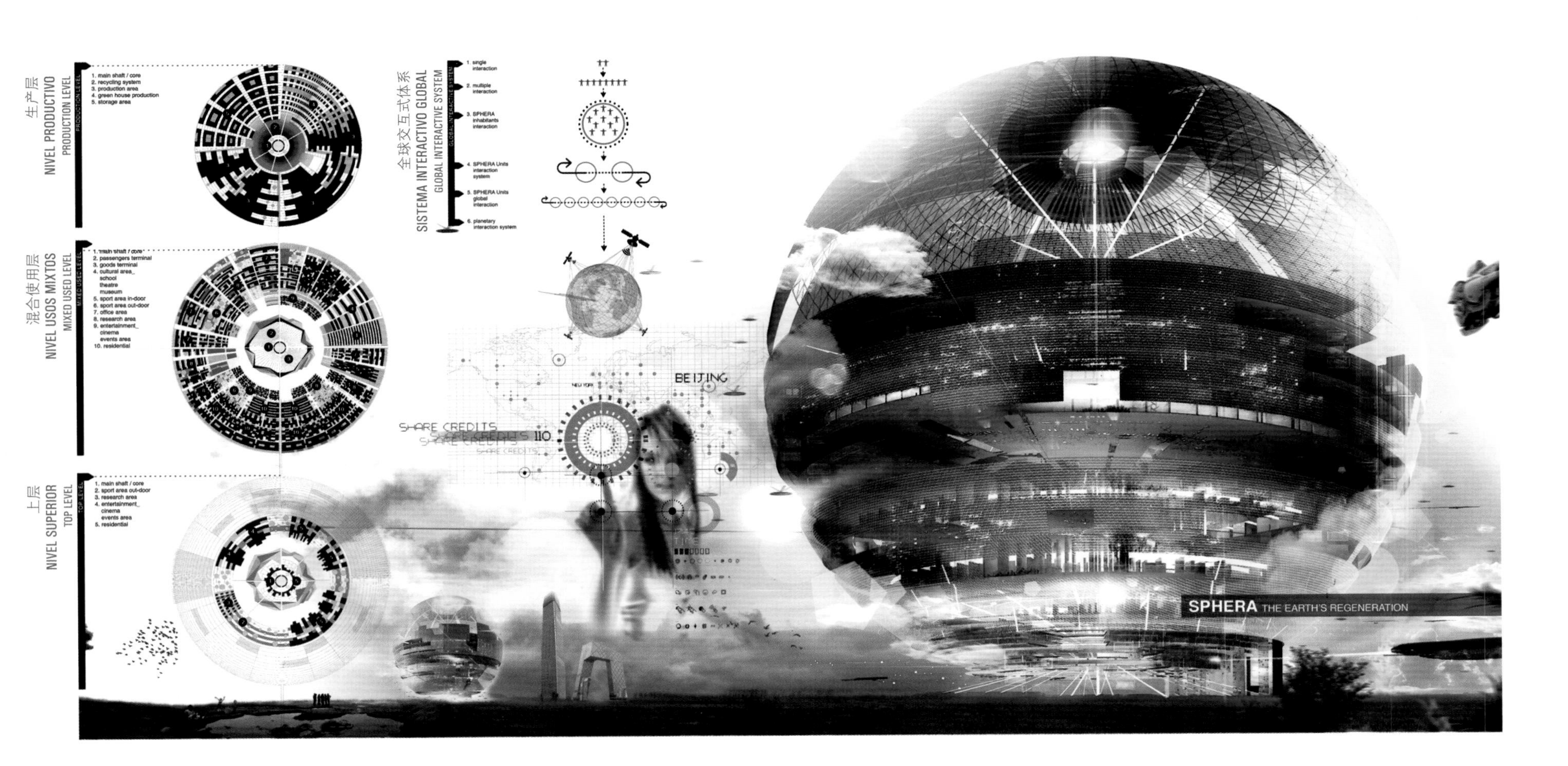

Jin Ho Kim (建筑师)

荣誉提名奖 **mención honorífica** honourable mention
(英国 United Kingdom)

垂直农场之家
Vertical Farming House

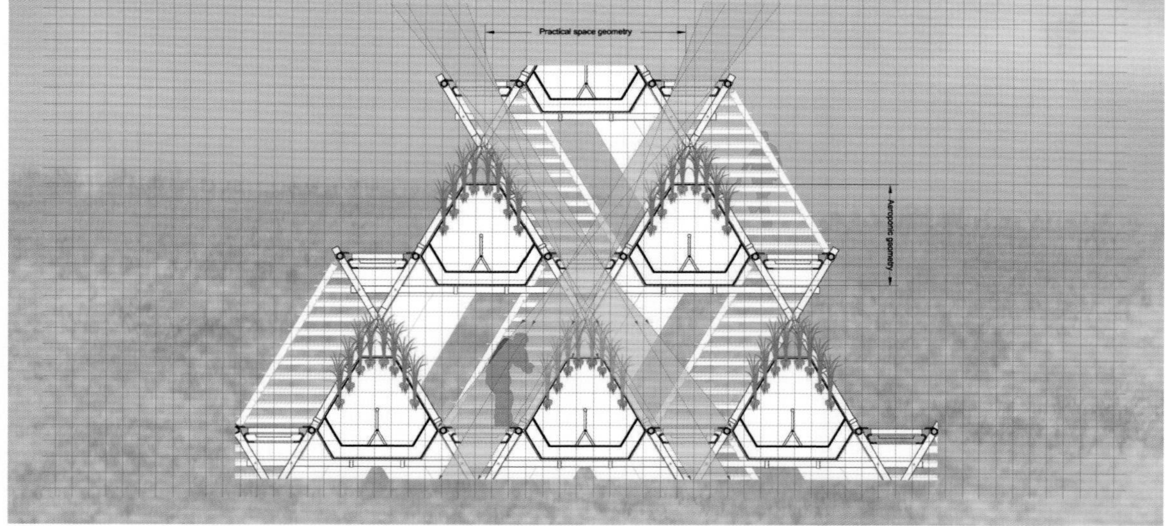

基本设计模型 MÓDULO DE DISEÑO BÁSICO BASIC DESIGN MODULE

气栽法是一种无需泥土，在空气或雾气环境中种植植物的方法。气栽法的基本原理是让植物悬浮于封闭或半封闭的环境中，并给植物的根部和下杆部位喷洒雾化的营养液。该方案采用一种基于地形状况的水稻梯田的灌溉逻辑，在顶部收集水，然后自上而下向根部流动。

Aeroponía es el proceso de cultivar plantas en un entorno aéreo o de niebla sin hacer uso de suelo. El principio básico de la aeroponía es hacer crecer las plantas en un entorno cerrado o semicerrado, pulverizando las raíces colgantes y el bajo tallo con una disolución acuosa rica en nutrientes. El proyecto implementa una lógica de riego para las terrazas de arroz basada en condiciones topográficas. Desde arriba, el agua se recolecta y eventualmente fluye hacia el fondo.

Aeroponics is based on the process of growing plants in the air or mist environment without the use of soil. The basic principle of aeroponic growing is to grow plants suspended in a closed or semi-closed environment by spraying the plant's roots and lower stem with an atomized, nutrient-rich water solution. The project implements an irrigation logic for rice terraces based on topographic conditions. From the top, water is collected and eventually flows down to the bottom.

量子摩天大楼：多功能研究综合楼
Quantum Skyscraper: Multipurpose Research Complex

Ivan Maltsev · Artem Melnik (建筑师)
荣誉提名奖 **mención honorífica** honourable mention
(俄罗斯 Russia)

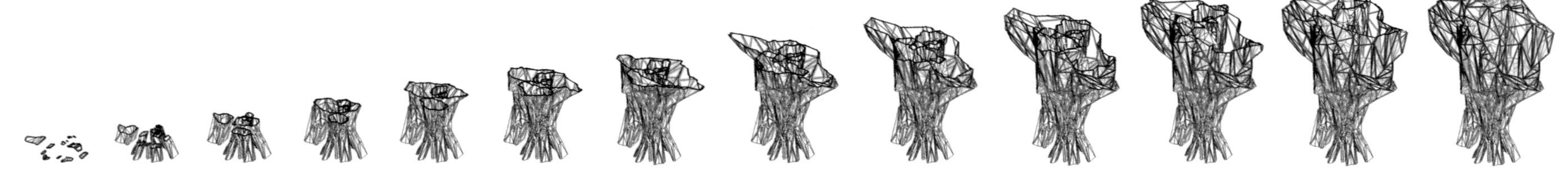
增长模式 PATRONES DE CRECIMIENTO GROWTH PATTERNS

多功能研究综合楼可用于将来举办各类研究活动。该综合楼在各种条件下都可修建，因其所有的部件均由超强、超轻材料建造，具有独特、神奇的特性。其外形为一个不断向上的水晶体，高度为130～180米。中部有一根固定的杆——安全的量子能源来源，因此可以用它来开发能源，达到自主的目的。

Las instalaciones de investigación multifuncionales (MNC) albergarán toda clase de actividades de investigación para nuestro futuro. MNC puede ubicarse facilmente en diferentes condiciones, ya que todas sus partes estarán compuestas por materiales superfuertes y ultraligeros, y hasta con propiedades fantásticas. La forma es un cristal que crece cuya altura varía entre 130 y 180 metros. Un gran tirante estático se situa en el centro - una considerable fuente de energía segura que produce energía para hacer el edificio autónomo.

Multi-functional research complex (MNC) will hold all sorts of research activities for our future. MNC will be easily placed in different conditions, as all their parts will be made of super-strong and ultra-light materials with unique, at times fantastic properties. The form is a growing crystal whose height ranges from 130 to 180 meters. A static rod is right at the center–a quantum safe energy source, which will produce energy, thus making the building autonomous.

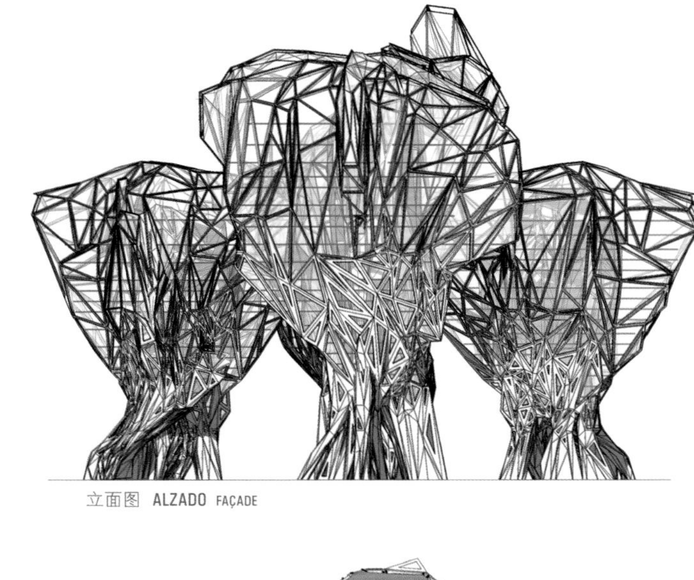
立面图 ALZADO FAÇADE

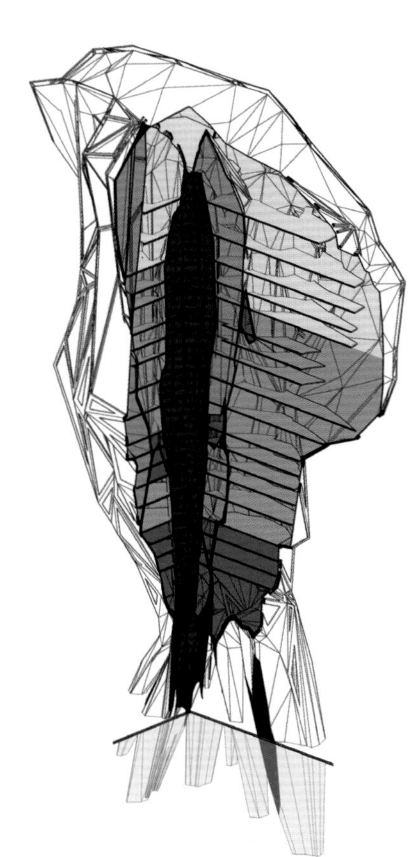
剖面示意图 SECCIÓN DIAGRAMA DIAGRAM SECTION

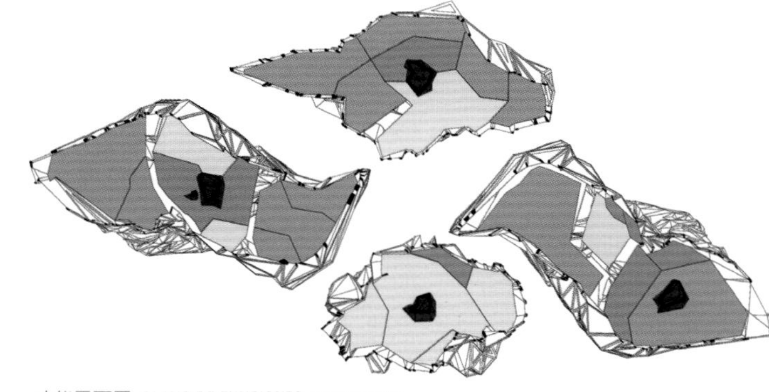
功能平面图 PLANO DE FUNCIONES FUNCTION PLAN

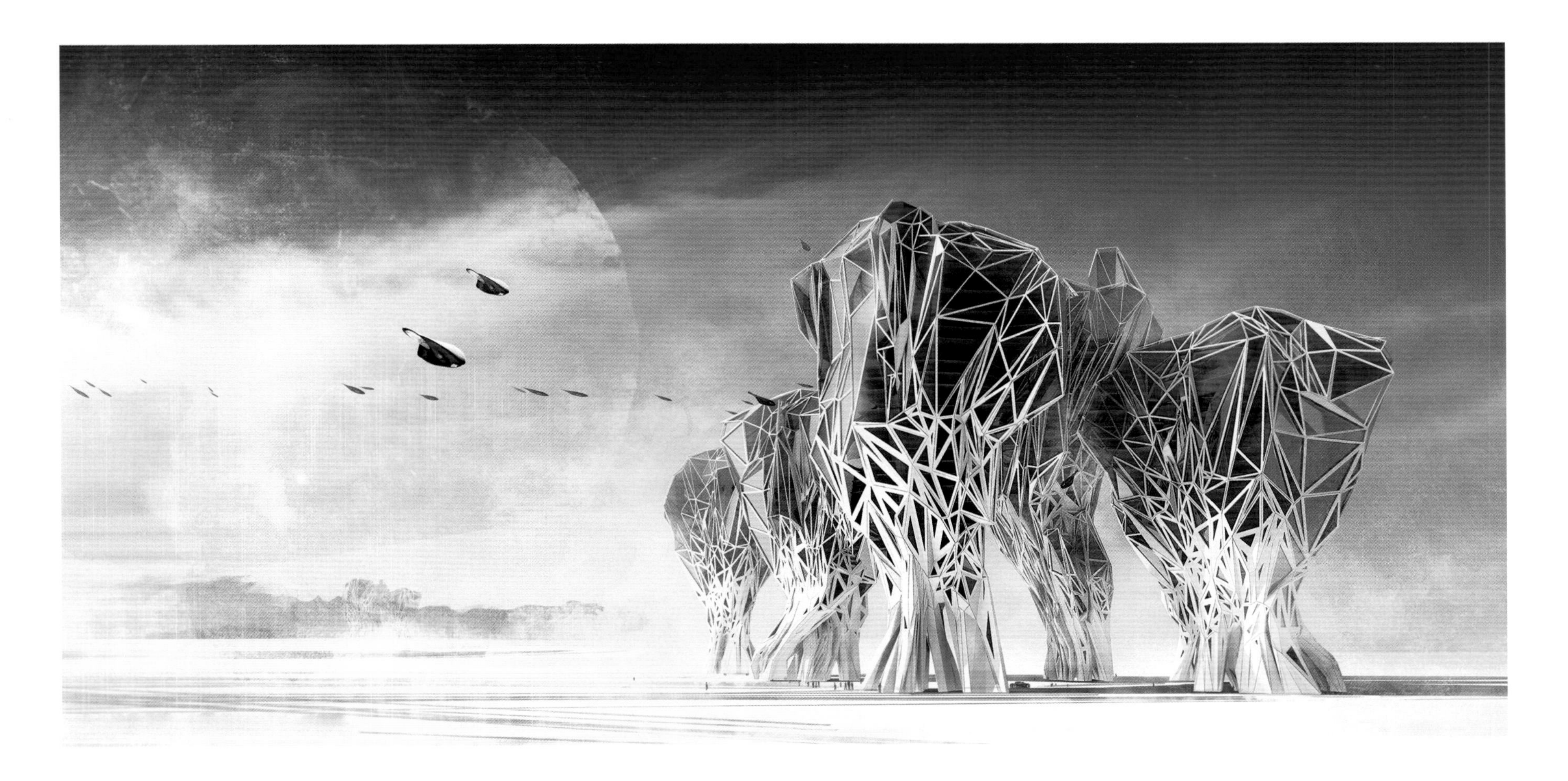

张之洋 Zhang Zhiyang · 刘春瑶 Liu Chunyao (建筑师)

荣誉提名奖 mención honorífica honourable mention

(中国 China)

水体再平衡
Water Re-balance

在上海，地下水不足、城市用水短缺，而降雨量充沛、苏州河的水位较高，水源分布失衡。我们希望开发一个旨在平衡水源分布的项目。因此我们对雨水和苏州河河水进行收集、净化，用作日常用水，并用从水中过滤出来的有机物开发湿地，培植绿藻。

La distribución de los recursos de agua de Shanghai está desequilibrada con falta de agua subterránea, de agua pública, de una adecuada agua de lluvia y de inadecuado nivel del agua del río Suzhou. Queremos contruir un proyecto acuático para reequilibrar la distribución de agua. Recogemos y purificamos el agua de lluvia y el agua del río Suzhou para el uso diario. Utilizamos la materia orgánica obtenida mediante la filtración de agua para desarrollar humedales y cultivar algas verdes.

Shanghai's distribution of water resources is out of balance with a lack of ground water, a lack of municipal water, adequate rainfall and the water level of Suzhou River. We want to build a water project to rebalance the distribution of water. We collect and purify rainwater and water from Suzhou River for daily use. We use the organic matter obtained by filtering water to develop wetlands and cultivate green algae.

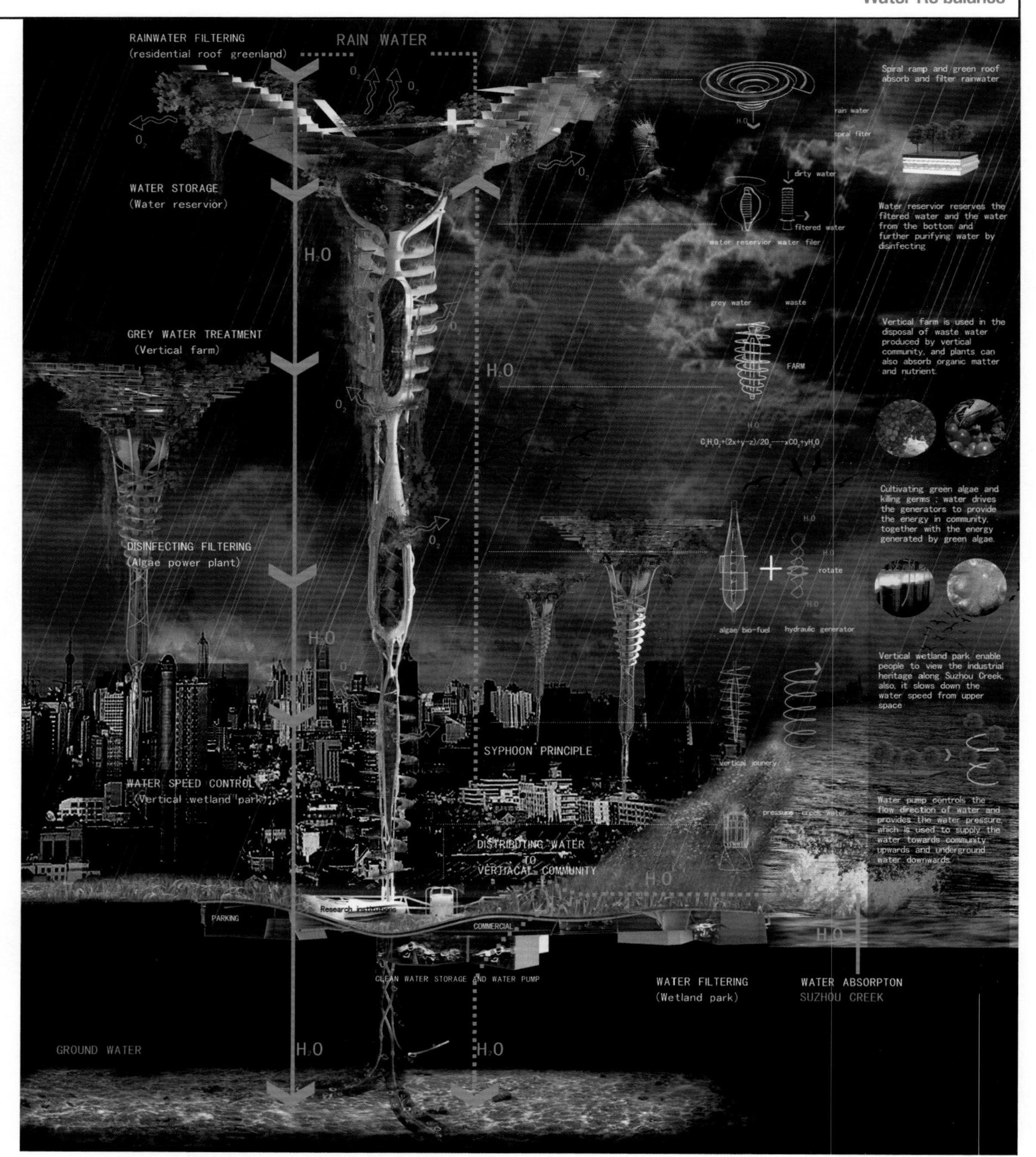

Xiaomiao Xiao · Lixiang Miao · Xinmin Li · Minzhao Guo (建筑师)

陨石坑大楼
Crater-Scraper

荣誉提名奖 **mención honorífica** honourable mention

(中国 **China**)

宇宙中浮满无数的小行星、彗星和流星。在46亿年的历史长河中，地球每天都面临陨石撞击的威胁。电影《2012》促使人们开始思考人类有可能面临的灾难、破坏与重生。如果地球再次受到小行星的撞击，地球表面受到损毁，那么人类该如何重建家园？该项目的理念是如何治愈地球的伤口，即用建筑物来填充陨石坑，形成社区群落。

Numerosos asteroides, cometas, meteoritos están flotando en el universo. Durante los últimos 4.6 billones de años de historia, la Tierra ha experimentado la amenaza diaria del impacto de meteoritos. La película [2012] postuló el pensamiento del desastre, destrucción y renacimiento humano. Si la Tierra es golpeada de nuevo por asteroides y la superficie de la Tierra se destruye y es devastada, ¿cómo podrán los humanos conducir la reconstrucción post-desastre? El concepto de este programa es curar las heridas de la Tierra. El carter estará lleno de edificios que formarán asentamientos comunitarios.

Numerous asteroids, comets and meteorites are floating in the universe. During the last 4.6 billion years of history, the Earth daily faced the threat of the meteorite impact. The film *2012* led to the thinking of the human disaster, destruction and rebirth. If the Earth is again hit by asteroids and the Earth's surface is destroyed and devastated, how will humans carry out the post-disaster reconstruction? The concept of this program is to heal the Earth's wounds. Crater will be filled with buildings to form community settlements.

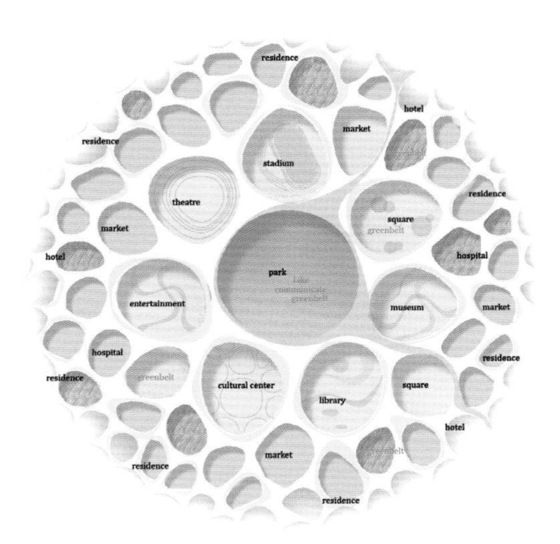

复合 MEZCLA DE INSTALACIONES COMPOUND

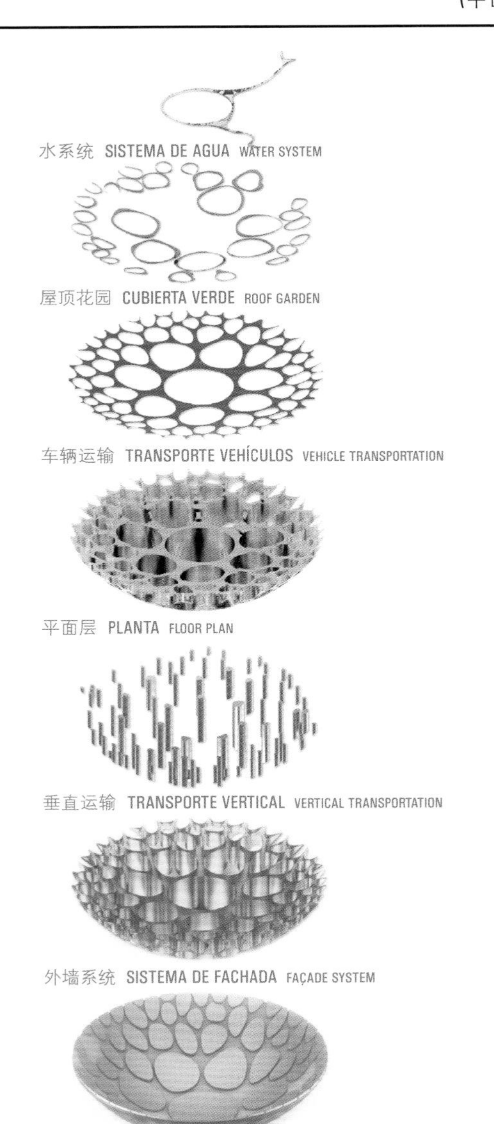

地面生态系统 ECOSISTEMA DEL SUELO GROUND ECO-SYSTEM

Liangpeng Chen · Yating Chen · Lida Huang · Gaoyan Wu · Lin Yuan (建筑师)

荣誉提名奖 **mención honorífica** honourable mention

(中国 China)

废弃煤矿的山地摩天大楼
Mountain Skyscraper for Abandoned Coal Mines

Stone age · Ancient times · Today · Tomorrow

Ancient times · Industrial age · Today

煤矿开采体系 SISTEMA MINERÍA DEL CARBÓN COAL MINING SYSTEM

采煤工作面的交通系统
SISTEMA TRANSPORTE CARBÓN TRANSPORTATION SYSTEM OF COALFACE

地热系统 SISTEMA GEOTÉRMICO GEOTHERMAL SYSTEM

交通系统
SISTEMA DEL TRÁFICO
TRAFFIC SYSTEM

旅游与展示区域
TURISMO, ÁREA EXPOSITIVA
TOURISM, EXHIBITION AREA

居住区
ÁREA VIVIDERA
LIVING AREA

树苗培植区
CULTIVO DE PIMPOLLOS
SAPLINGS CULTIVATING AREA

鱼苗养殖区
ÁREA DE PECECILLOS
FRY RAISING AREA

Repair Goaf

煤矿资源遍布全球各地。本次选择中国陕西的一处煤田作为场地。该场地将被重复使用，其中工作平台的部分管道将被保留。地热可用于培植树苗，然后再将成形树移植到山上，以翻新土地。仿照当地的生活方式，将房屋建在山上。

Los recursos mineros están desperdigados alrededor del mundo. Los yacimientos de carbón en Shaanxi, China han sido elegidos como lugar de trabajo. El lugar será reutilizado y se mantendrán parte de los tubos de las plataformas de trabajo. El calor terrestre se utiliza para cultivar pimpollos y los árboles ya crecidos se replantan en las montañas para renovar la tierra. El estilo de vida local se imita y se construye alrededor de la superficie de la montaña.

The resources of mines are spread all over the world. The coalfield at Shaanxi, China has been chosen as the site. The site will be reused and part of the pipelines of the working platforms will remain. Terrestrial heat is used to cultivate the saplings and then the grown trees are replanted on the mountains to renovate the land. Local lifestyle is imitated and built along the surface of the mountain.

Yeonkyu Park · Kwon Han · Haeyeon Kwon · Hojeong Lim (建筑师)

荣誉提名奖 mención honorífica honourable mention

(美国 United States)

阿塔卡马沙漠的雾树
Mist Tree in Atacama Desert

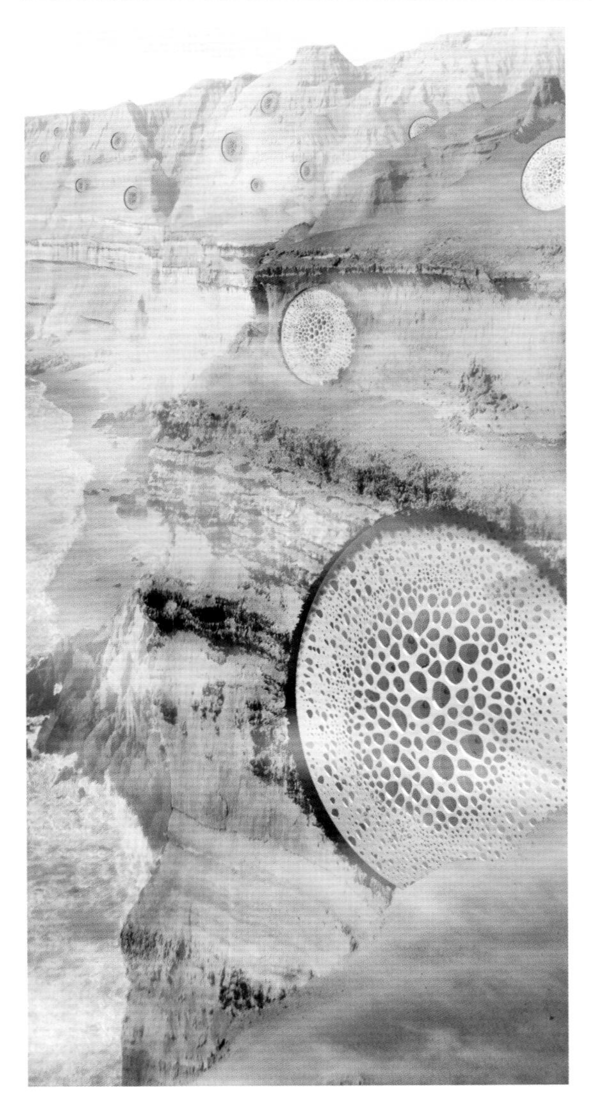

荒漠化是一个因各种原因导致土地退化的过程，包括气候变化和人类活动。阿塔卡马沙漠位于智利，是地球上最古老而又最干燥的地方之一。来自太平洋的湿气无法到达沙漠的两边，形成了“雨影效应”。雾气可为沙漠上的植物和其他生物提供养分，而该方案可以捕捉这种雾气。建筑表面为一种“网状结构”，可以吸收冷凝的水，借以引入水分。

La desertificación es el proceso de la degradación del suelo causado por varias razones, incluyendo la variación climática y actividades humanas. Localizado en la República de Chile, el Desierto de Atacama es uno de los lugares más antiguos y secos de la Tierra. La humedad que proviene del Océano Pacífico no puede traspasar ambos lados y crea un "efecto sombra de la lluvia". Esta niebla tiene el potencial para nutrir las plantas y otras criaturas del desierto. El proyecto captura esta niebla. La fachada del edificio es una "estructura neta" que atrae la condensación y el agua cae hacia abajo.

Desertification is the process of land degradation which is caused by various reasons, including climatic variation and human activities. Located in the Republic of Chile, Atacama Desert is one of the oldest and driest places on the Earth. The moisture which comes from the Pacific Ocean cannot get through either side and creates a "rain shadow effect". This fog has potential to nourish plants and other living creatures in the desert. The project captures this fog. The building façade is a "net structure" which attracts condensation and the water is brought down.

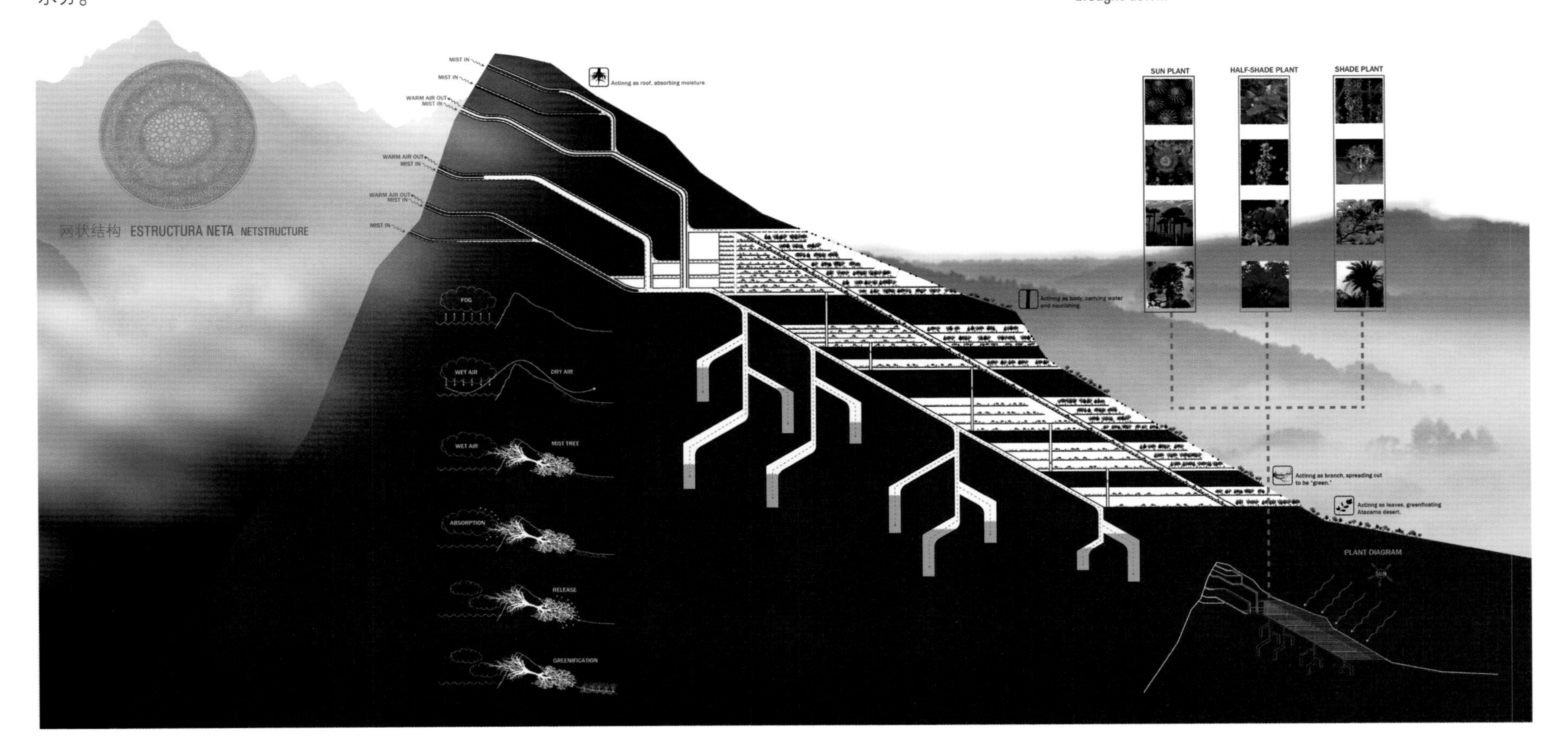

Chen Yao · Xiao Yunfeng · Li Xiaodi · Xie Rui · Yin Xiaoxiang (建筑师)

荣誉提名奖 **mención honorífica** honourable mention

(中国 China)

生者与死者的摩天大楼

Skyscraper for the Living and the Dead

沉没的城市
CIUDAD SUMERGIDA
SUBMERGED CITY

新的家园——不间断的建造
NUEVA PATRIA-CONSTRUCCIÓN CONSTANTE
NEW HOMELAND – CONSTANT CONSTRUCTION

住宅与坟墓
VIVIENDAS Y SEPULTURA
HOUSING AND GRAVE

我们设计建造人类的最后家园——一个在被水淹没的地方修建的可持续性城市。该规划为十字形，分别代表美德之地、希望之地。住宅位于地平面之上，而坟墓则位于地面之下。通过一种模块式的组装体系，摩天大楼可以不断地升高。

Nuestro proyecto es construir la tierra humana final, una ciudad auto-sostenible en las lugares sumergidos del agua. La planta tiene forma de cruz representando nuestra Tierra de Virtud, la Tierra de la Esperanza. Las viviendas están por encima del horizonte mientras las tumbas están por debajo. Utilizando un sistema modular de ensamblaje, el rascacielos es capaz de crecer constantemente.

Our design is to build human's final homeland, a self-sustainable city on the submerged places of water. The plan is cross-shaped representing our Land of Virtue, the Land of Hope. Housing is above the horizon while the graves are located under the horizon. By using a modular assembly system, the skyscraper is able to grow constantly.

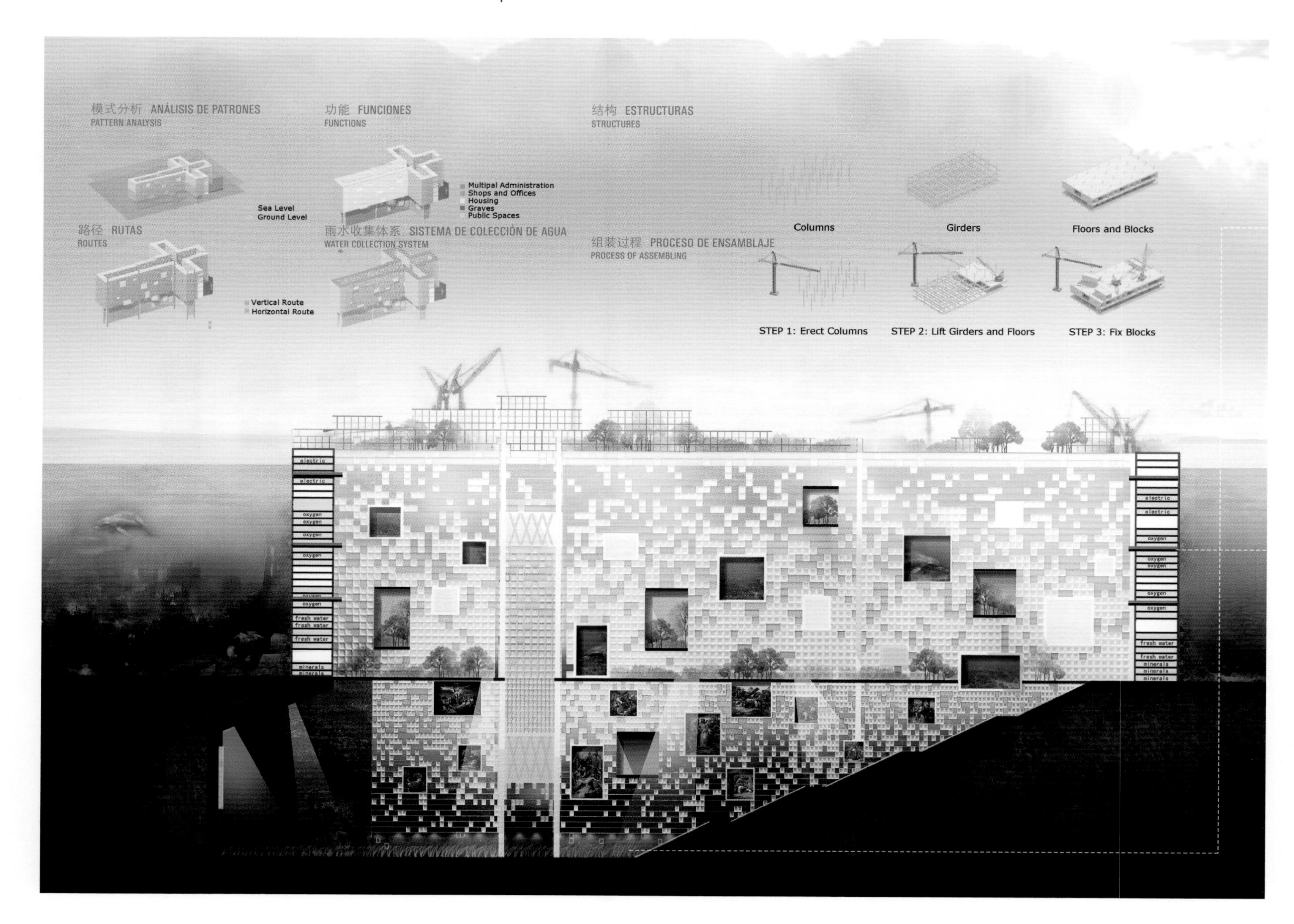

Mamon Alexander · Tyutyunnik Artem (建筑师)

荣誉提名奖 mención honorífica honourable mention

(乌克兰 Ukraine)

火星环：首个人类殖民地

Martian Ring: The First Human Colony

一个世纪后，地球将会布满特大都市。在这种情况下，人类只有寻找新的领土。2023年，首批人类将踏上火星，开始研究式探险。该首个实验式殖民地将成为人类的原始家园——地球之外的首个殖民地。

En 100 años la Tierra estará completamente cubierta con megalopolis. Bajo estas condiciones las personas tendrán que encontrar nuevos territorios. En 2023 las primeras personas se asentarán en la superficie de Marte como expedición de investigación. La primera colonia experimental será la primera colonia humana fuera de su hogar nativo - la Tierra.

In 100 years the Earth will be fully covered with megalopolis. Under such conditions people will have to find new territories. In 2023 the first people will set on the surface of Mars as a research expedition. The first experimental colony will be the first human colony outside their native home – the Earth.

concursos 竞标项目

competitions

广电系新大楼 · 卡托维兹 · 波兰
Nueva Facultad de Radio y Televisión · Katowice
New Radio and TV Faculty · Poland

竞标 · concurso · competition
广电系新大楼
Nueva Facultad de Radio y Televisión
New Radio and TV Faculty

竞标类型 · tipo de concurso · competition type
国际公开竞标
concurso abierto internacional
open international competition

项目地点 · localización · site area
卡托维兹 · 波兰 Katowice · Poland

主办方 · órgano convocante · promoter
波兰建筑师协会卡托维兹分会
Katowice Branch of the Association of Polish Architects (SARP Katowice)

日程安排 · fechas · schedule
招标 · Convocatoria · Announcement 10.2010
评审结果 · Fallo de jurado · Jury´s results 03.2011

评审团 · jurado · jury

arch. Andrzej Grzybowsk
arch. Stanisław Podkański
arch. Piotr Fischer
arch. Michał Buszek
arch. Antoni Domicz
prof. Krystyna Doktorowicz
dr Ewa Magiera
arch. Adam Śleziak
arch Mikołaj Machulik

获奖者 premios · awards

一等奖 · primer premio · first prize
BAAS Jordi Badia + GRUPA 5 Architekci (建筑师事务所)
Mikołaj Kadłubowski · Jordi Badia (BAAS) (建筑师)

合作 (c) Jordi Framis · Daniel Guerra · Mireia Monràs · Raül Avilla · Joan Ramon Pastor
Cristina Luis · Mariona Guàrdia
图形 images: SBDA Saida Dalmau i Benet Dalmau

二等奖 · segundo premio · second prize
ROBOTA (建筑师事务所)
Jakub Korfanty · Aleksander Palka (建筑师)

合作 (c) Adam Wanatowicz

三等奖 · tercer premio · third prize
PPA / Płaskowicki + Partnerzy Architekci (建筑师事务所)
Piotr Płaskowicki (建筑师)

合作 (c) Izabela Baron - Kusak · Konrad Roślak

荣誉提名奖 · mención honorifica · honourable mention
AD Artis Emerla Jagiełłowicz Wojda (建筑师事务所)
Arkadiusz Emerla · Maciej Wojda · Wojtek Kasinowicz
Magdalena Golenia · Artur Wnek · Kamil Raczak (建筑师)

荣誉提名奖 · mención honorifica · honourable mention
Medusa Group (建筑师事务所)
Przemo Łukasik · Łukasz Zagała (建筑师)

助理建筑师 associate architects: Kuba pudo · Jarosław Przybyłka · Michał Sokołowski
Daria Cieślak · Konrad Basan · Tymon Czyżewski · Wojtek Eksner
Justyna Siwińska-Pszoniak

项目处于卡托维兹城市中心由墙阻隔的三块土地上面。

El área de intervención del proyecto son tres parcelas entre medianeras en el centro de Katowice.

The intervention area groups three parcels in between party walls in the center of Katowice.

广电系新大楼 · 卡托维兹 · 波兰

Nueva Facultad de Radio y Televisión · Katowice

New Radio and TV Faculty · Poland

一等奖 · **Primer Premio** · First Prize

003493 (竞标代码)

BAAS Jordi Badia + GRUPA 5 Architekci (建筑师事务所)

Mikołaj Kadłubowski · Jordi Badia (BAAS) (建筑师)

保留

地块基本空置，包含了客户原先打算拆除的一栋废弃大楼。根据设计方案，这栋现有建筑将予以保留，并进行扩建，同时保留其古色古香之味。该项目还包括一栋设有室内单元区的低层建筑。我们的设计目标是对现有建筑美学保持敏感性，并利用其材料充分体现其顶部的视觉价值。新大楼布满整个地块，同时形成中空的中央庭院，被大学新设立系部的工作室、报告厅环绕其中，用于举办各类社交活动。

CONSERVACIÓN

La parcela, principalmente vacía, contiene un edificio abandonado que el cliente planteó demoler inicialmente. La propuesta plantea preservar este edificio existente, y completarlo con una extensión mientras se protege el carácter de lo antiguo. El proyecto también incluye un edificio de baja altura que ocupa el área interior de manzana. El proyecto trata de ser sensible con la estética de los edificios existentes y se aprovecha de su materialidad y valores visuales construyendo encima. El nuevo edificio rellena toda la manzana y al mismo tiempo vacía un patio central, que se convierte en el elemento principal para todas las actividades sociales que tienen lugar alrededor de los estudios y las salas de conferencias del nuevo departamento de la universidad.

PRESERVATION

The plot, mainly empty, contains an abandoned building which the client initially planned to demolish. The proposal plans to preserve this existing building, and to add an extension while protecting the character of the old. The project also includes a low-rise building occupying the interior block area. Our design aims to be sensitive with the existing building aesthetics and takes advantage of its materiality and visual values by building on top of it. The new building fills up the whole plot and at the same time hollows a central courtyard, which becomes the key element for all the social activities taking place around the studios and lecture rooms at the new university department.

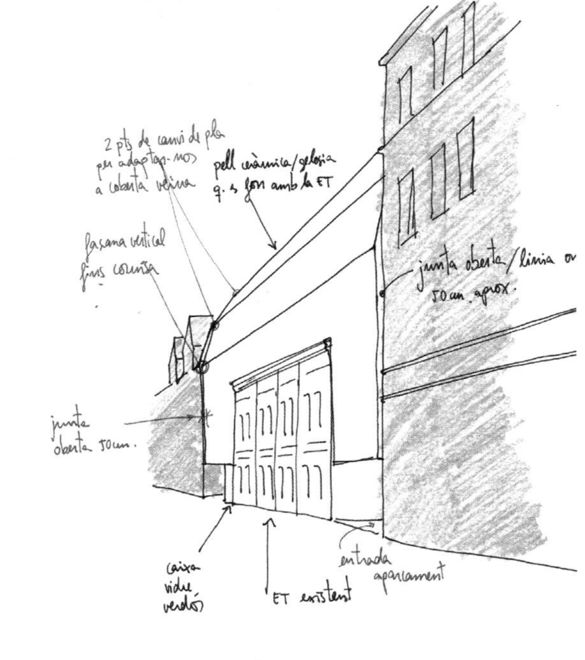

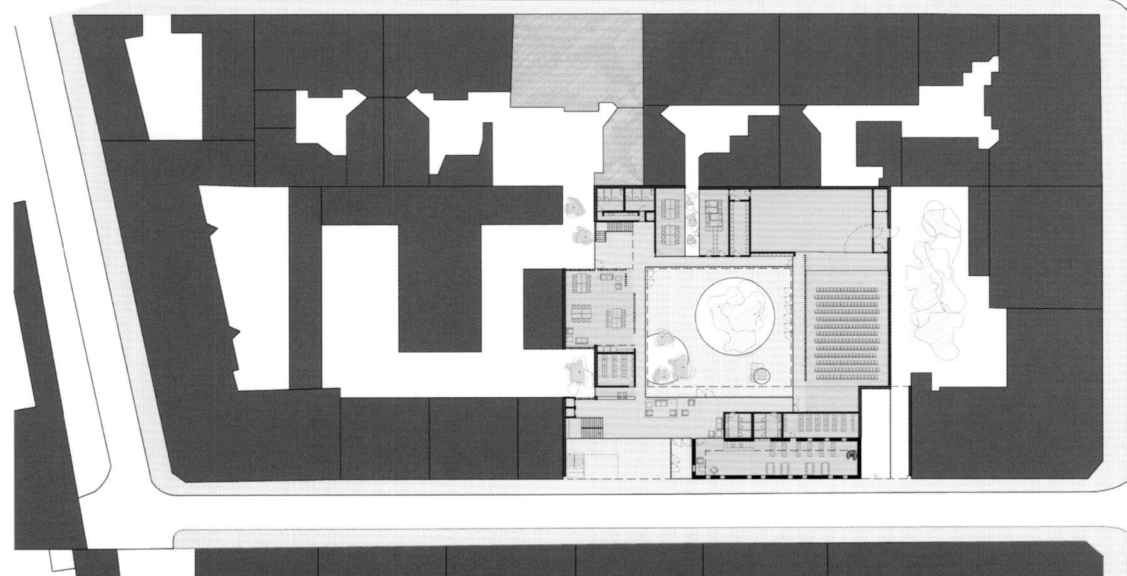

区块位置 PLANO DE SITUACIÓN SITE PLAN

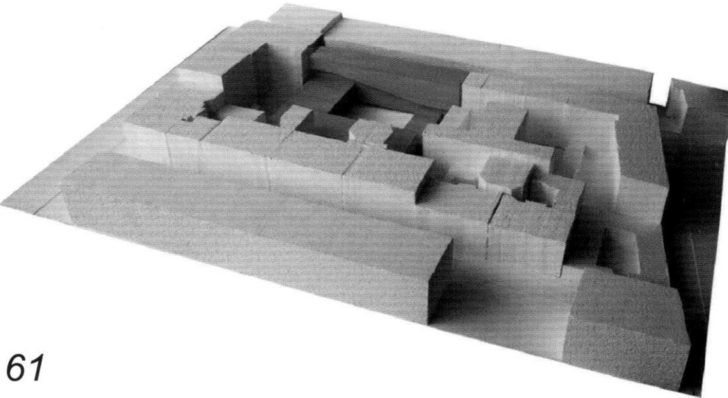

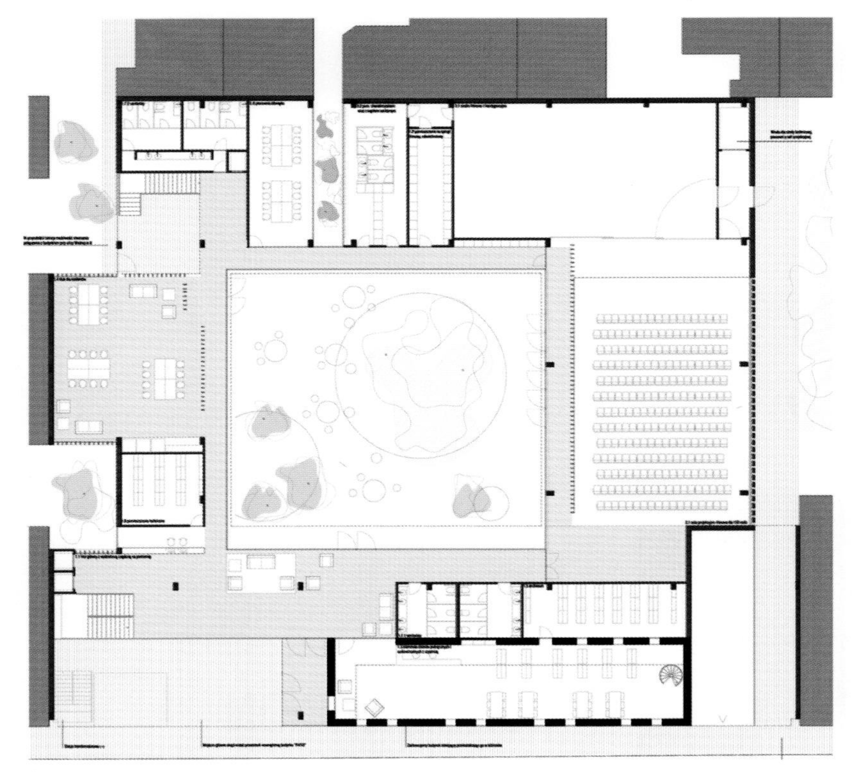

底层平面图 PLANTA BAJA GROUND FLOOR PLAN

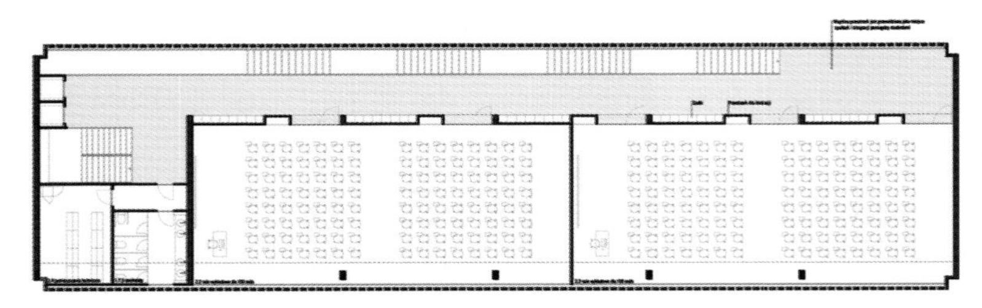

四层平面图 PLANTA TERCERA THIRD FLOOR PLAN

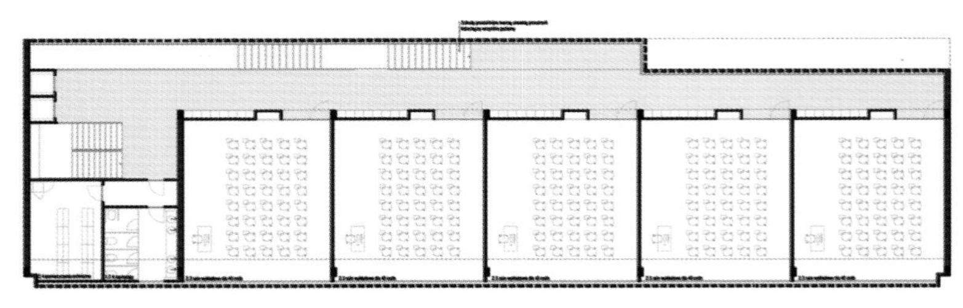

三层平面图 PLANTA SEGUNDA SECOND FLOOR PLAN

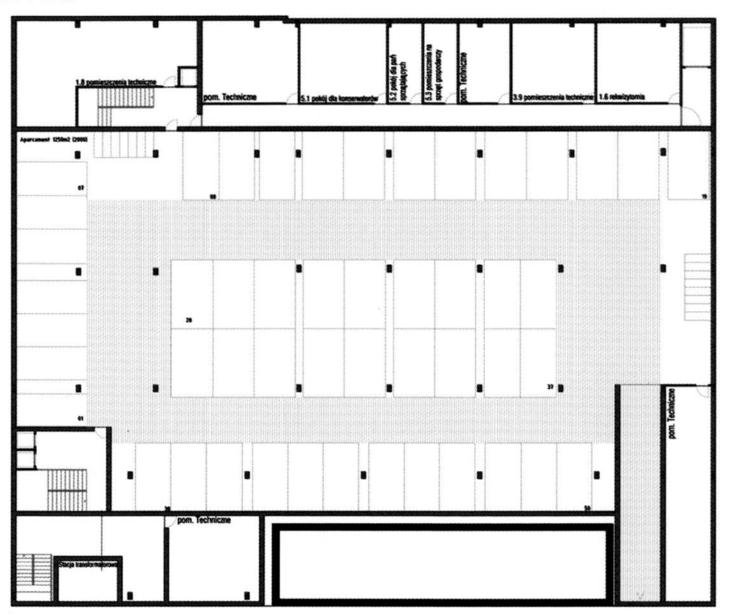

地下一层平面图 PLANTA SÓTANO 1 UNDERGROUND FLOOR PLAN 1

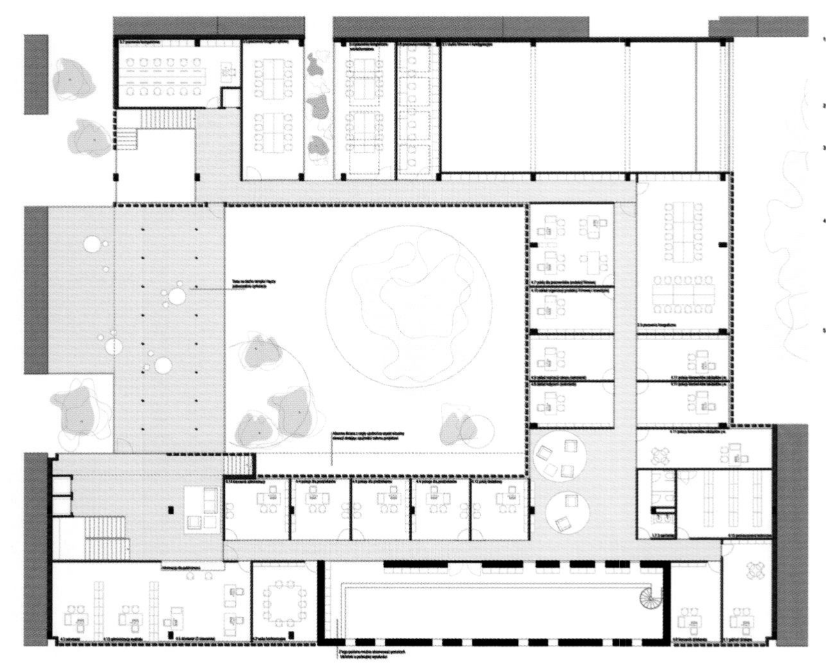

二层平面图 PLANTA PRIMERA FIRST FLOOR PLAN

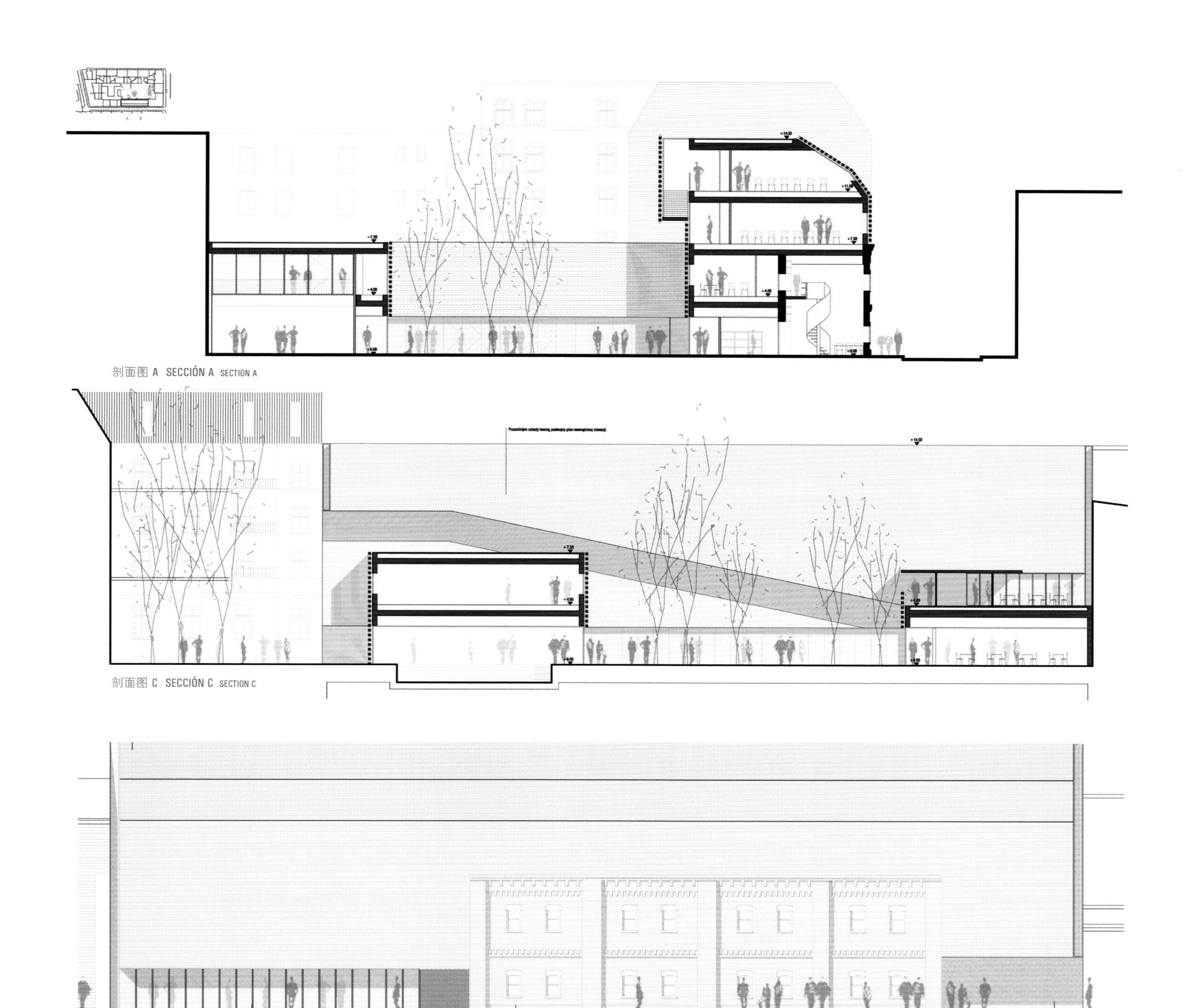

剖面图 A SECCIÓN A SECTION A

剖面图 C SECCIÓN C SECTION C

立面图 ALZADO ELEVATION

广电系新大楼 · 卡托维兹 · 波兰

Nueva Facultad de Radio y Televisión · Katowice

New Radio and TV Faculty · Poland

二等奖 · **Segundo Premio** · Second Prize

ROBOTA (建筑师事务所)

Jakub Korfanty · Aleksander Palka (建筑师)

户外电影院

地块包含旧公寓楼及附带后院的某些景观，这道风景线是项目设计的开端。新大楼不仅融入Sw. Pawla街区，而且涵盖周围区域。建筑内部空间部署取决于日光要求，这种介入决定了特色鲜明的阶梯式建筑的外表。"阶梯"让人联想到影院的坐席排列。周围公寓楼的墙壁将成为播放电影的开放空间。

UN CINE EXTERIOR

La parcela está rodeada por una especie de paisaje compuesto de viejos bloques de viviendas con sus patios traseros, este paisaje es el punto de partida del proyecto. El nuevo edificio se integra no sólo en la calle Sw. Pawla sino en el entorno. Los espacios interiores del edificio han sido diseñados dependiendo en su demanda por luz solar; esta intervención determina la apariencia exterior del edificio con cascadas distintivas. Las 'cascadas' recuerdan a las filas de asientos del cine; los muros de los bloques de viviendas circundantes serán eventualmente un espacio de proyección de películas.

AN OUTDOOR CINEMA

The design plot is surrounded by some kind of landscape composed of old apartment blocks with their backyards. This landscape was the starting point of the project. The new building is integrated not only in the Sw. Pawla Street but also in the surrounding space. Spaces inside the building were deployed by their request for daylight; this intervention determined the outside appearance of the building with distinctive cascades. "Cascades" remind seat rows in a cinema; the walls of the surrounding apartment blocks would eventually be an open space movie display.

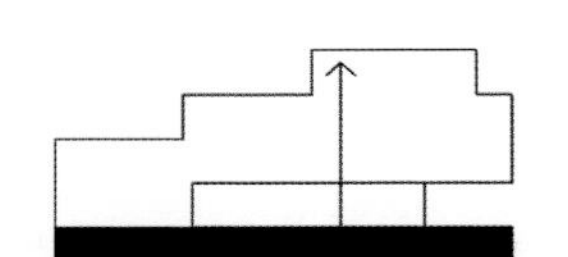

地下停车场
APARCAMIENTO SUBTERRÁNEO
UNDERGROUND PARKING

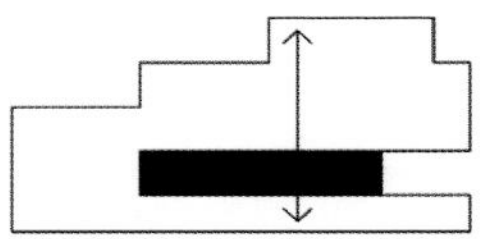

入口区
ÁREA DE ACCESO
ENTRANCE AREA

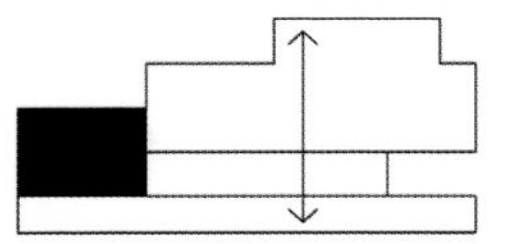

电影播放室 · 制作工作室
CINE · ESTUDIO DE PRODUCCIÓN
CINEMA · PRODUCTION STUDIO

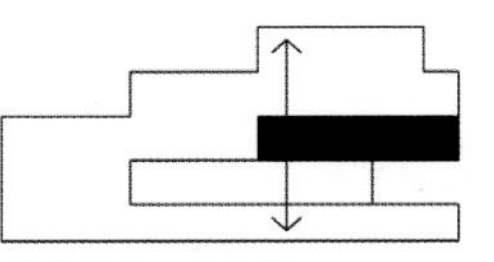

系主任室 · 行政区
DECANATO · ADMINISTRACIÓN
DEANERY · ADMINISTRATION

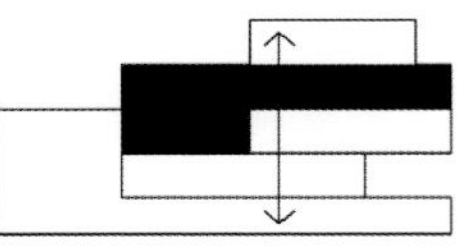

教学区 · 礼堂
ENSEÑANZA · AUDITORIOS
TRAINING · AUDITORIUMS

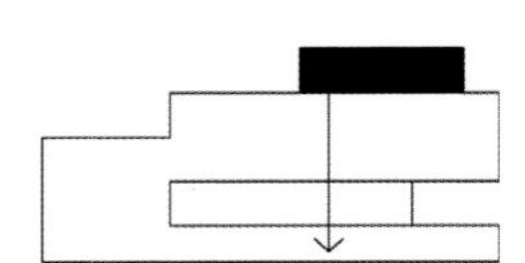

摄影工作室 · 图书馆
ESTUDIO FOTOGRAFÍA · BIBLIOTECA
PHOTOGRAPHIC STUDIO · LIBRARY

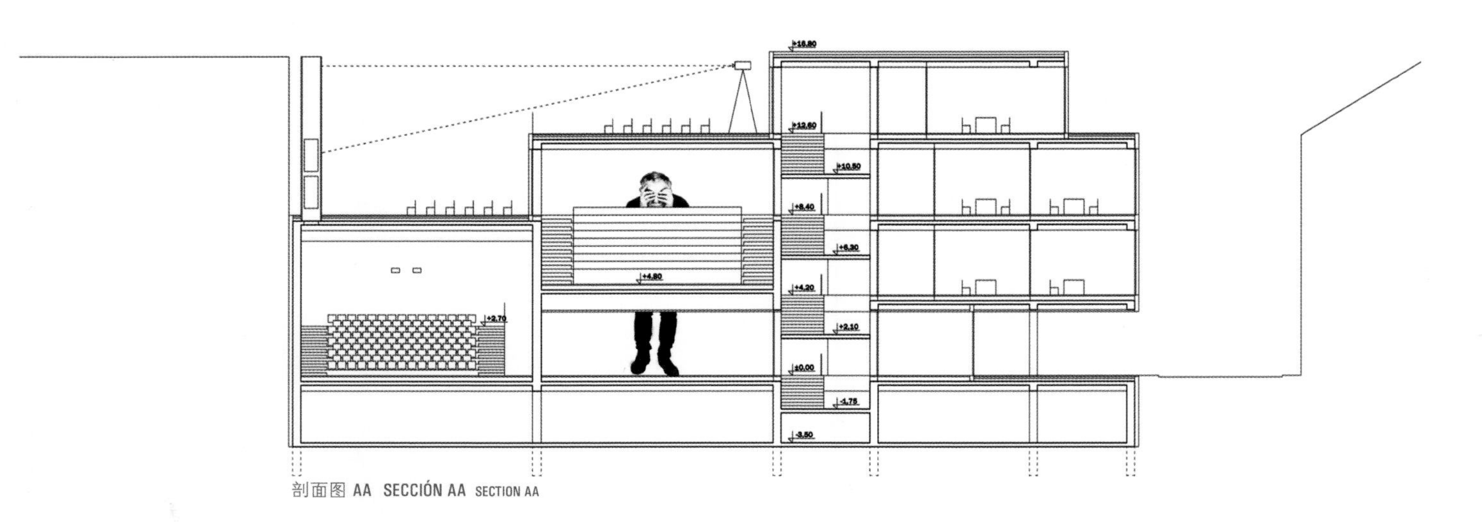

剖面图 AA **SECCIÓN AA** SECTION AA

立面图 **ALZADO** ELEVATION

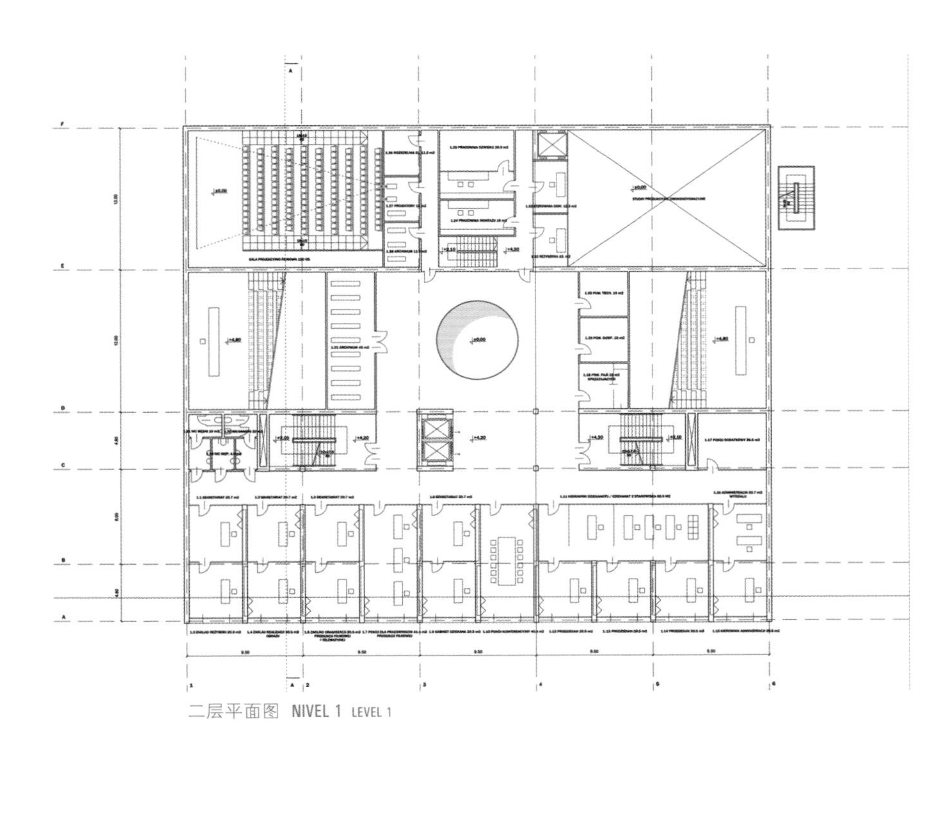

二层平面图 NIVEL 1 LEVEL 1

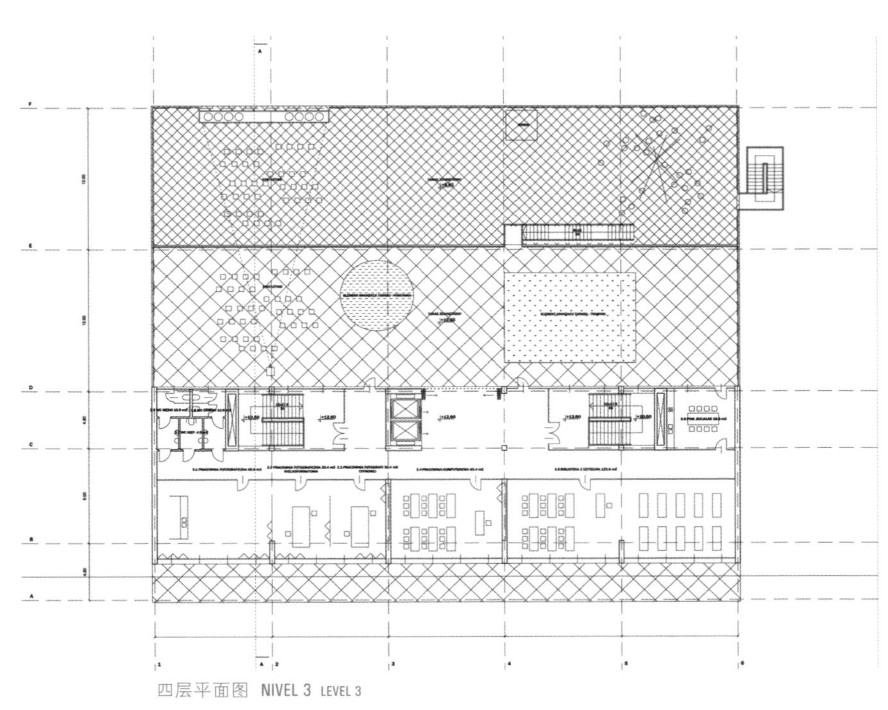

四层平面图 NIVEL 3 LEVEL 3

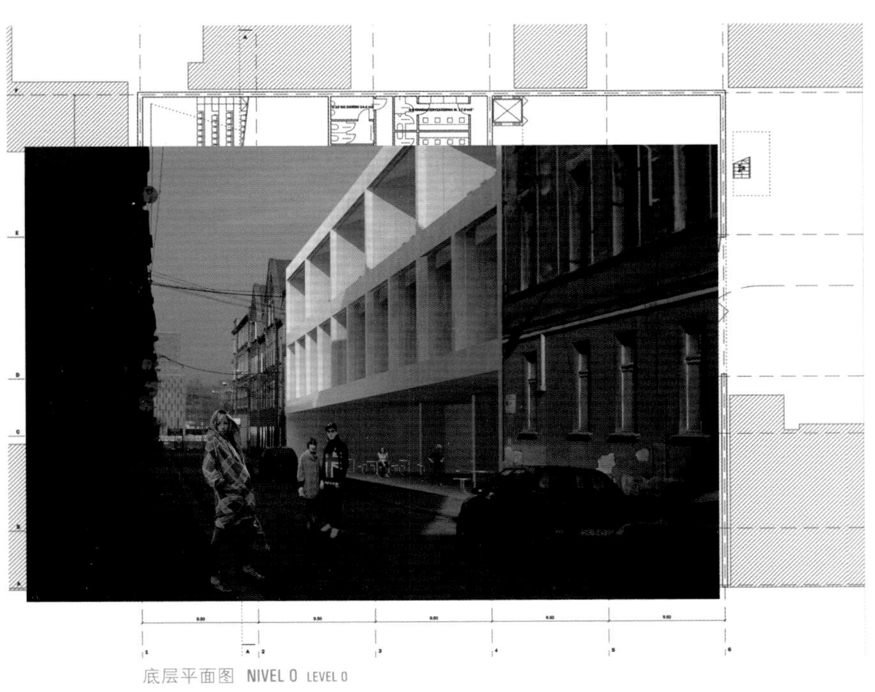

底层平面图 NIVEL 0 LEVEL 0

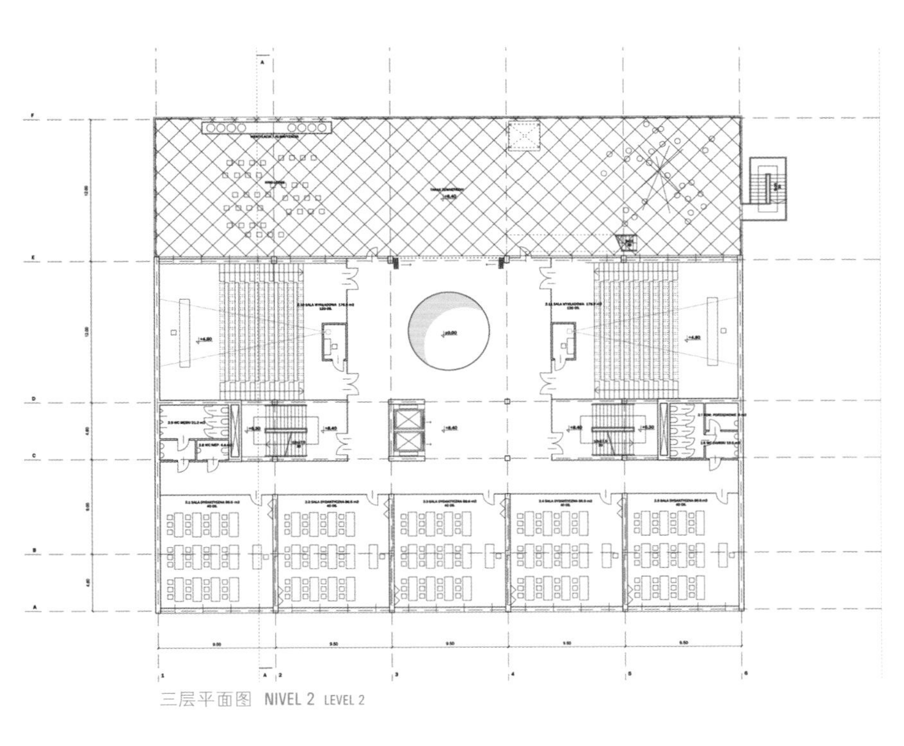

三层平面图 NIVEL 2 LEVEL 2

广电系新大楼 · 卡托维兹 · 波兰

Nueva Facultad de Radio y Televisión · Katowice

New Radio and TV Faculty · Poland

三等奖 · **Tercer Premio** · Third Prize

PPA / Płaskowicki + Partnerzy Architekci (建筑师事务所)

Piotr Płaskowicki (建筑师)

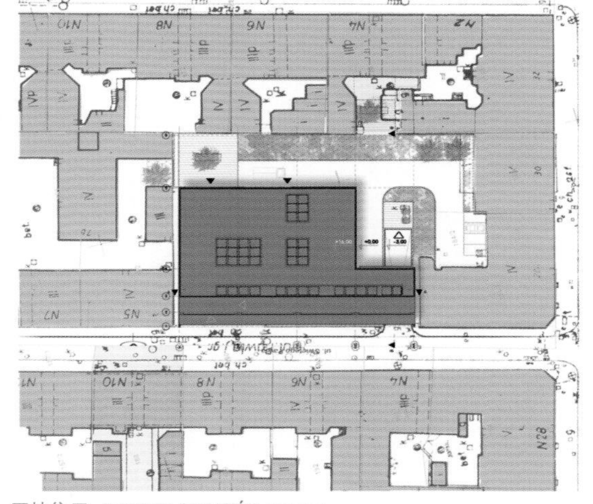

区块位置 PLANO DE SITUACIÓN SITE PLAN

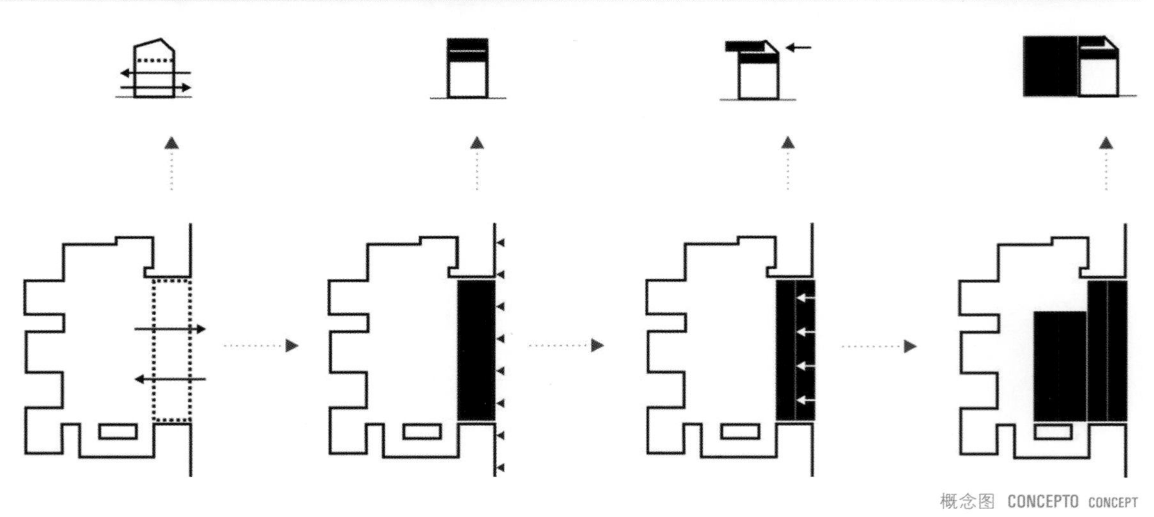

概念图 CONCEPTO CONCEPT

采光

从功能上讲，建筑分为两个主要区域——行政区(前)和教学区(后)，从而最大限度地减少了街道带来的负面影响。行政区由一组预制钢构件组成。教学区是一个完整的、矩形立方结构，窗口与邻近建筑物的规模一致，与行政区的玻璃钢窗形成鲜明的对比。新设计建筑与现有建筑之间的预留空间确保了良好的采光条件。

LIGEREZA

Funcionalmente, el edificio se divide en dos áreas principales – la administrativa situada en el frente y la educativa en la parte trasera, y se minimiza los efectos negativos de la calle. La parte administrativa se proyecta como un conjunto de elementos prefabricados de acero. En contraste al frente de vidrio, la parte educativa es un cubo rotundo, rectangular con ventanas que recuerdan la escala de los edificios del entorno. El espacio entre el nuevo edificio y los existentes permite mantener unas buenas condiciones de aislamiento.

LIGHTNESS

Functionally the building is divided into two main zones – administrative located at the front and educational at the back, which minimizes negative effects of the street. The administrative part was designed as a set of prefabricated steel elements. In contrast to the glazed front, the educational part is a full, rectangular cubic with window openings resembling the scale of neighboring buildings. The space left between newly designed building and the existing ones allows maintaining good insolation conditions.

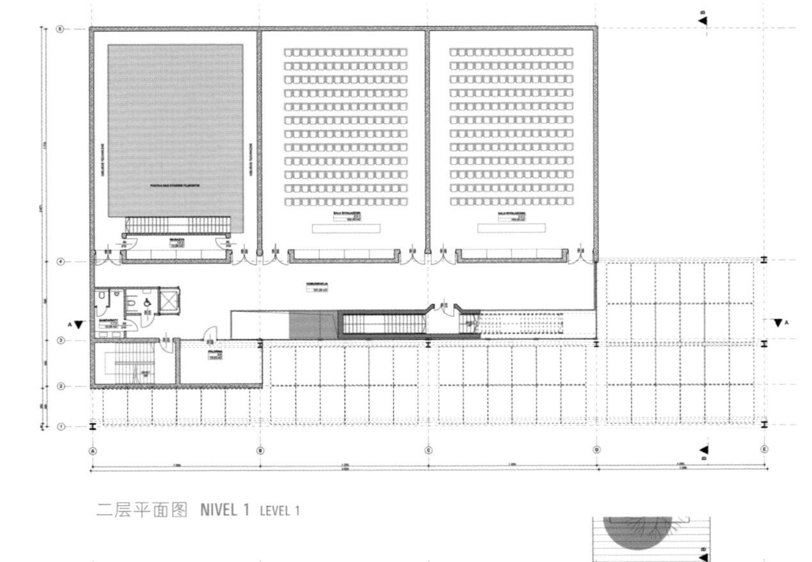

二层平面图 NIVEL 1 LEVEL 1

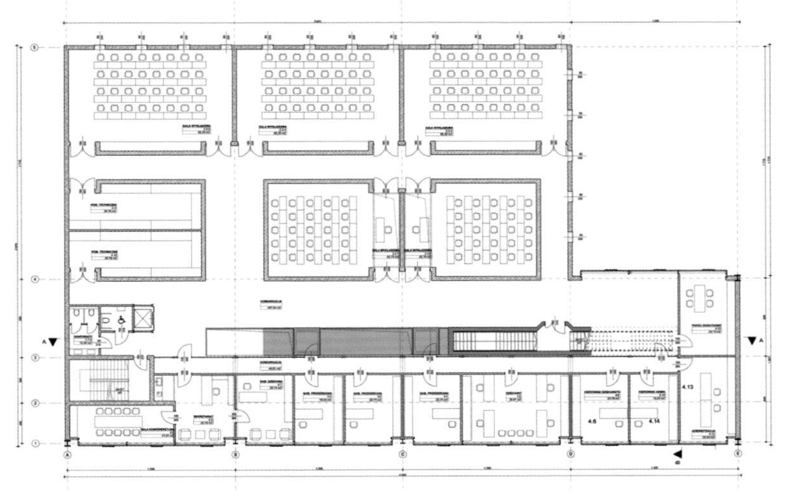

四层平面图 NIVEL 3 LEVEL 3

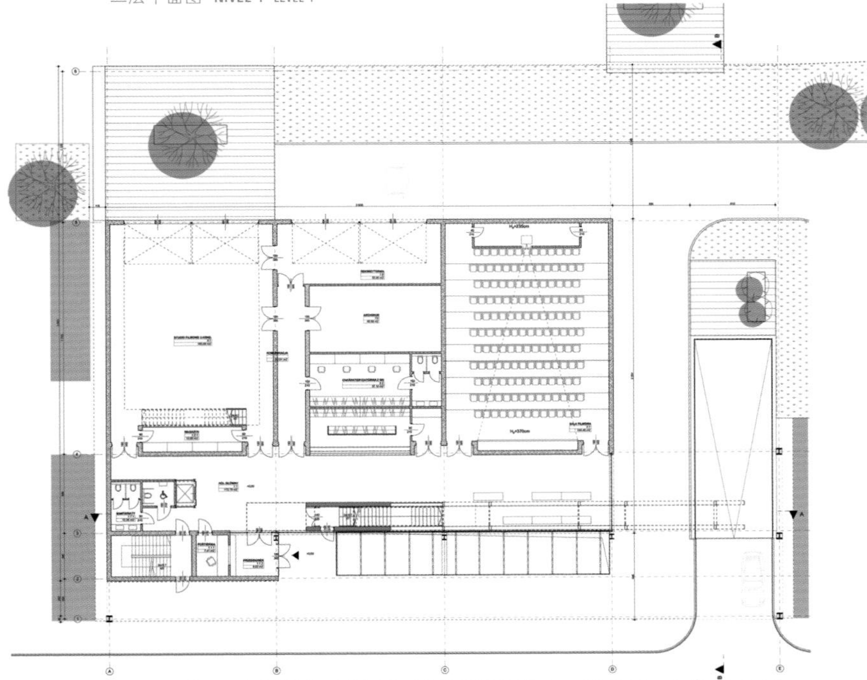

底层平面图 NIVEL 0 LEVEL 0

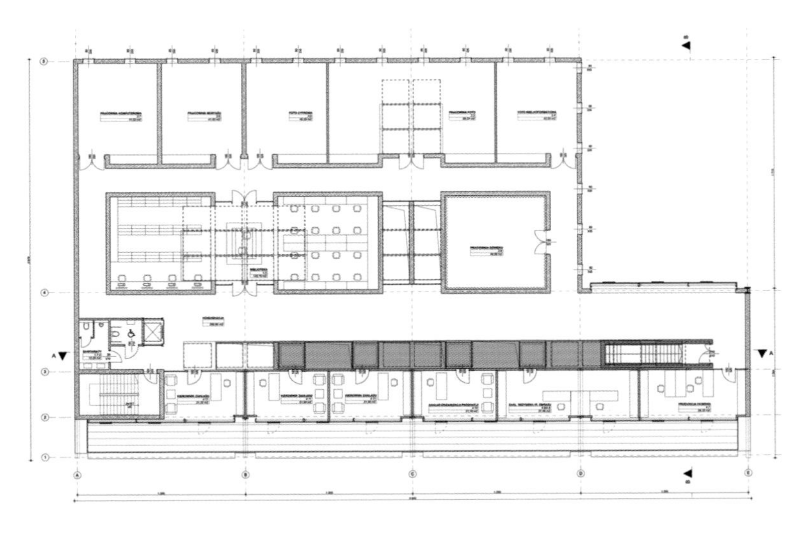

三层平面图 NIVEL 2 LEVEL 2

广电系新大楼 · 卡托维兹 · 波兰

Nueva Facultad de Radio y Televisión · Katowice

New Radio and TV Faculty · Poland

荣誉提名奖 · **Mención Honorífica** · Honourable Mention

AD Artis Emerla Jagiełłowicz Wojda (建筑师事务所)

Arkadiusz Emerla · Maciej Wojda · Wojtek Kasinowicz · Magdalena Golenia · Artur Wnek · Kamil Raczak (建筑

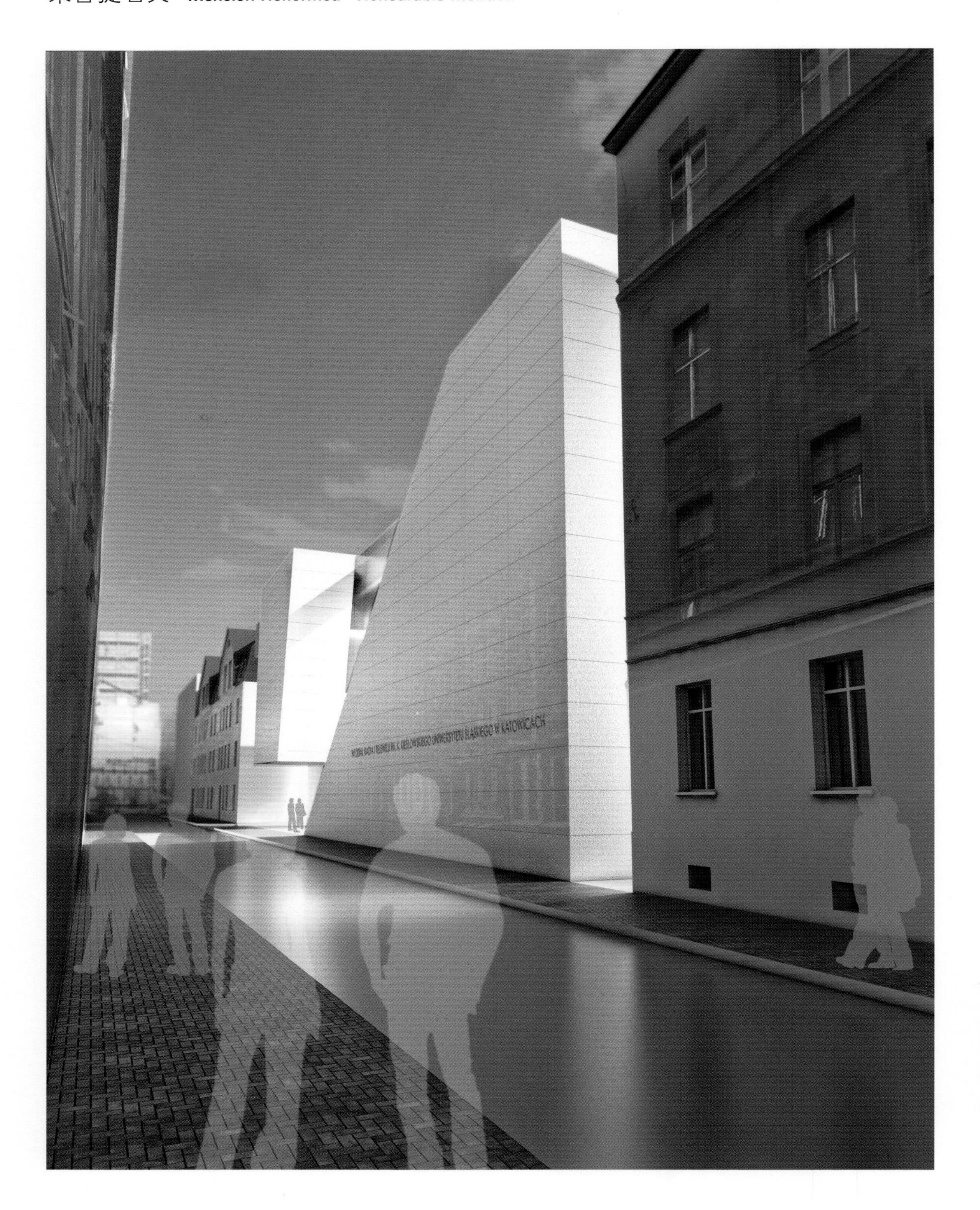

现代与巧妙

该项目拟建一个光与影并存的空间。建筑中庭光线将形成一个大型摄影棚,这样的话就有可能直接或间接地利用光线了。如果予以必要的控制，还可以实现反射。街道开放庭院的开口是在为广场内部创建一个空间。此创意是为了创建一种目标建筑，既能与已建区域形成互补，又具自身特色。

MODERNO Y SUTÍL

La idea detrás de este proyecto fue crear un espacio con luces y sombras. El atrio de luz dentro del edificio conformará un gran estudio cinematográfico, con la posibilidad de utilizar luz directa e indirecta, reflectada y si es necesario, controlada. El corte en forma de patio abierto a la calle crea un espacio dentro de la plaza. La idea fue crear un objeto que complementara la manzana construida y sin embargo distinto.

MODERN AND SUBTLE

The idea behind the project was to create a space with light and shadow. The light atrium inside the building will shape a big film studio, giving the possibility to use direct and indirect light, reflected, and if necessary controlled. The cut in the form of an open courtyard to the street creates a space inside the square. The idea was to create an object which complements the built-quarter and yet distinctive.

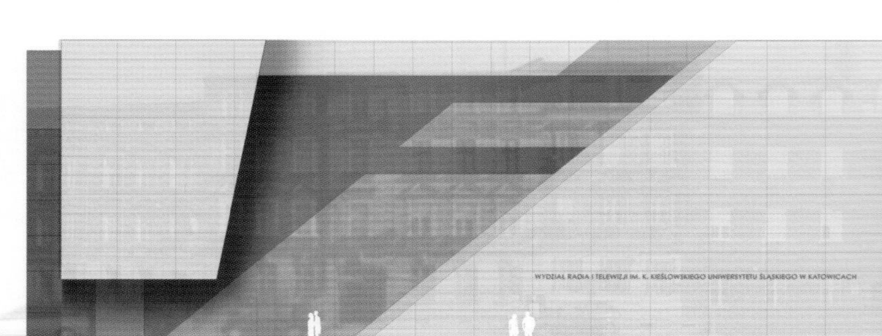

正立面图 FACHADA FRONTAL FRONT FAÇADE

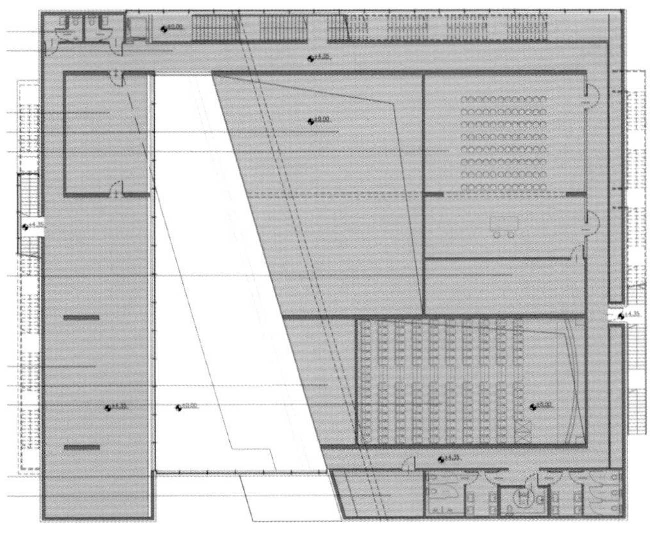

二层平面图 PLANTA 1 FLOOR PLAN 1

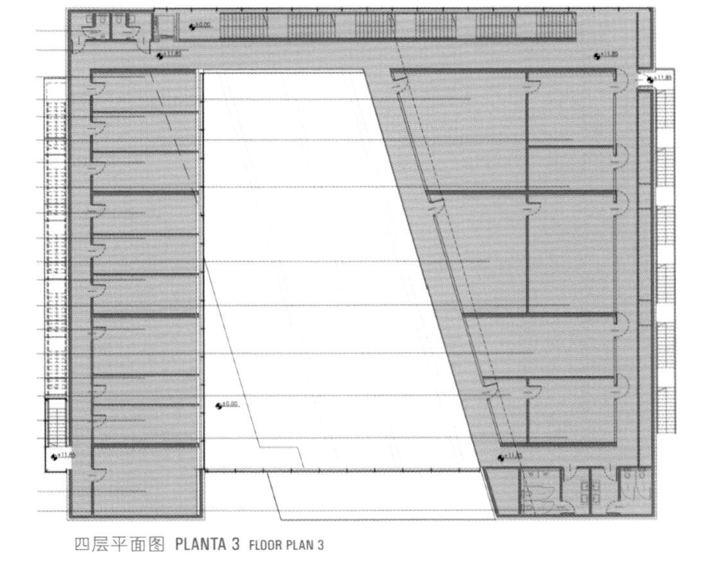

四层平面图 PLANTA 3 FLOOR PLAN 3

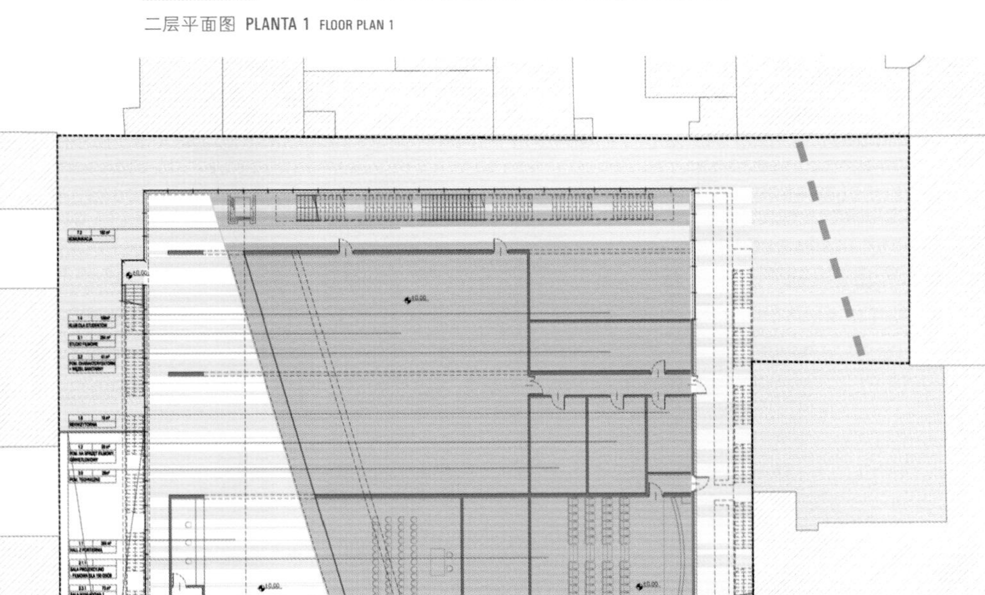

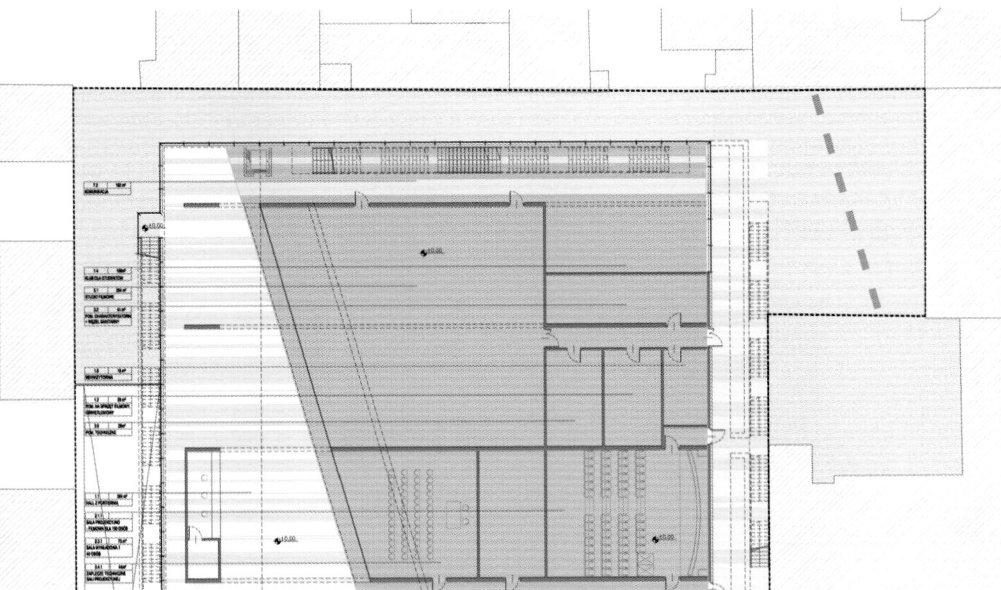

底层平面图 PLANTA BAJA GROUND FLOOR PLAN

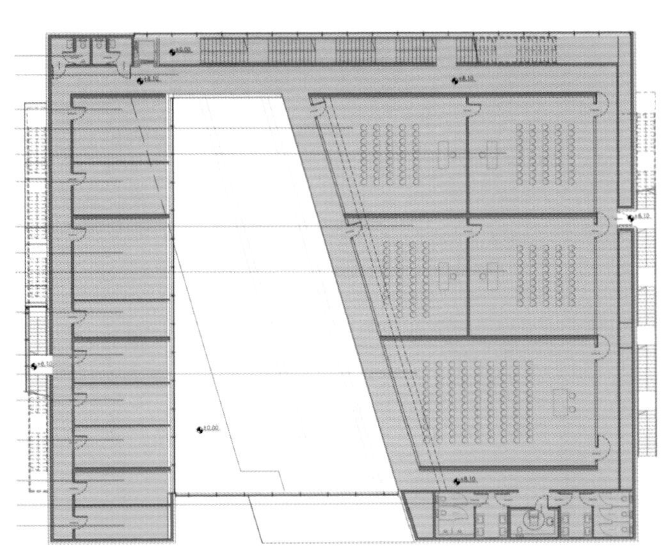

三层平面图 PLANTA 2 FLOOR PLAN 2

南立面图 FACHADA SUR SOUTH FAÇADE

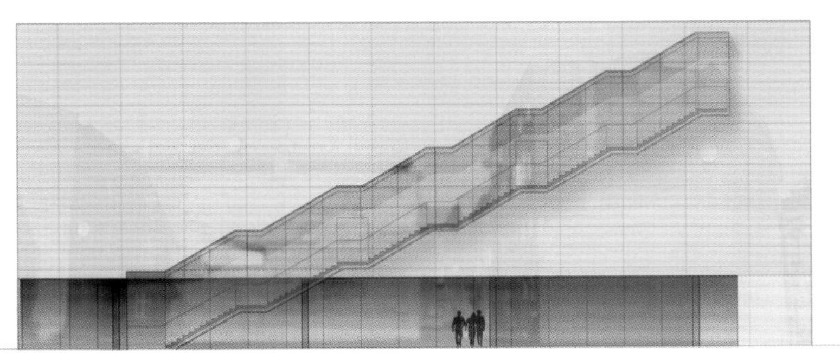

北立面图 FACHADA NORTE NORTH FAÇADE

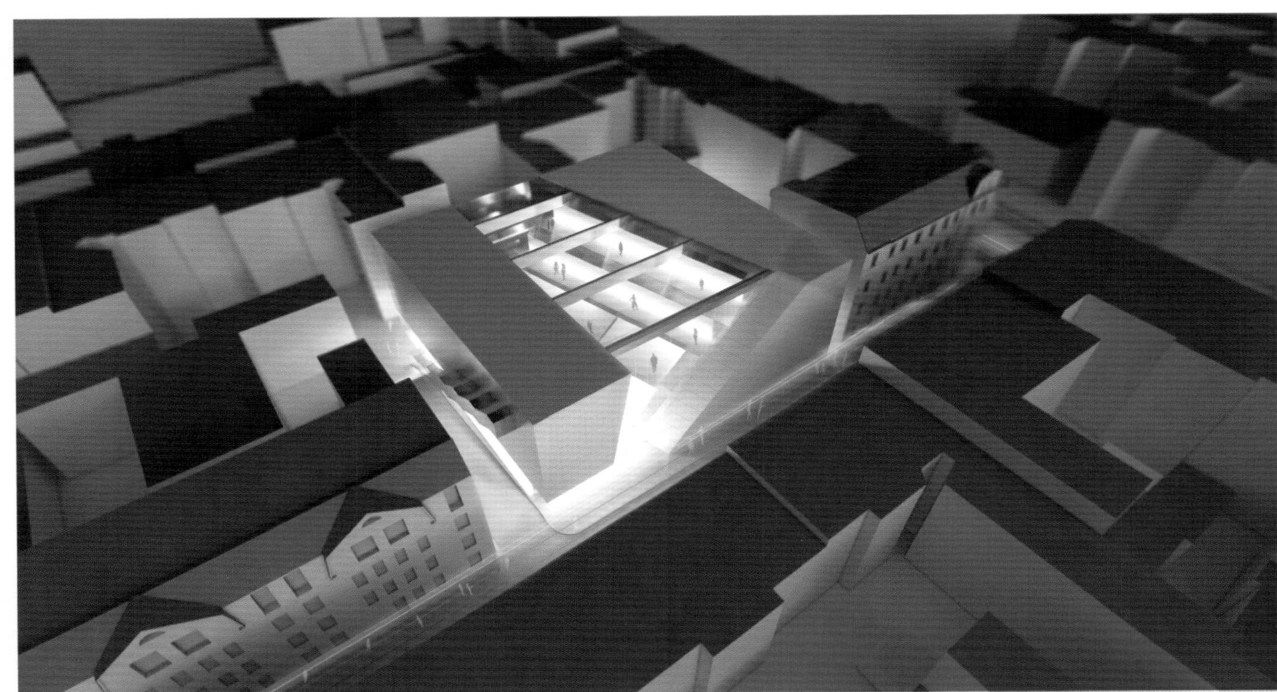

广电系新大楼 · 卡托维兹 · 波兰

Nueva Facultad de Radio y Televisión · Katowice

New Radio and TV Faculty · Poland

荣誉提名奖 · **Mención Honorifica** · Honourable Mention

012617 (竞标代码)

medusa group (建筑师事务所)

Przemo Łukasik · Łukasz Zagała (建筑师)

静态映像

建筑是历史上的一种暂停，也是周围意象的映像，以"暗室"形式存在。它是框架的静态叠加，并提醒业主其存在的背景，即使最后会因为重建、现代化而消失，但是这些框架在室内确实营造了历久弥新的氛围。

IMAGEN CONGELADA

El edificio es una especie de pausa en la historia y en la imagen del barrio en la forma de una "cámara oscura". Es una superposición congelada de marcos – que recuerdan a los usuarios el contexto en el que están presentes aun cuando pueda desaparecer en el tiempo como resultado de la reconstrucción y modernización. Estos marcos crean una atmósfera inolvidable en el interior.

FROZEN IMAGE

The building is a kind of a pause in the history and the image of the neighborhood image in the forms of "dark chamber". It is a frozen superposition of frames – reminding the users the context in which they are present even if it disappears in time as a result of following rebuilding and modernization. These frames create an unforgettable atmosphere in the interior.

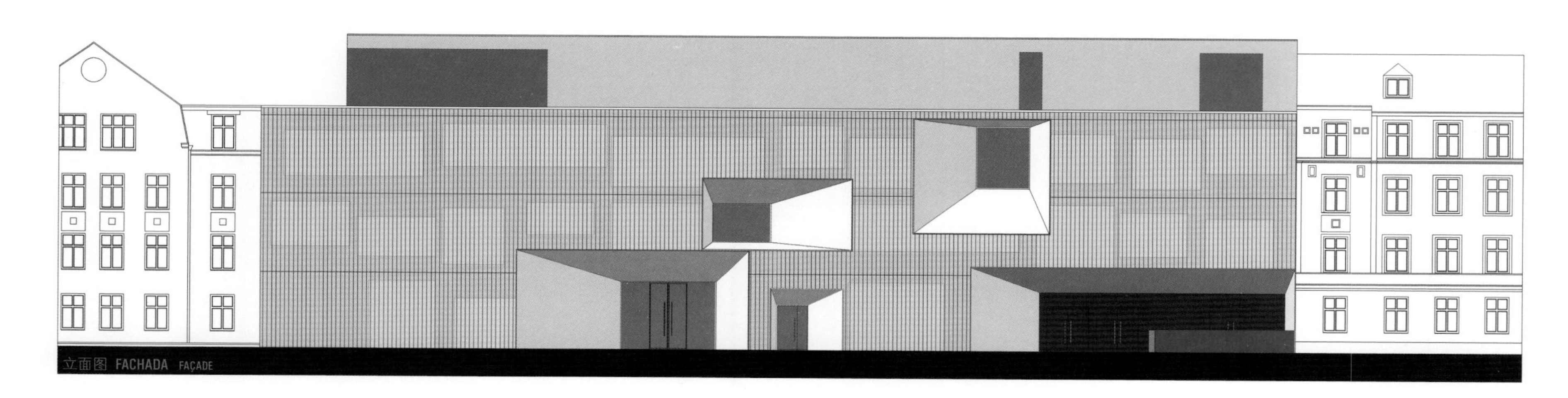

立面图 FACHADA FAÇADE

区块位置 **PLANO DE SITUACIÓN** SITE PLAN

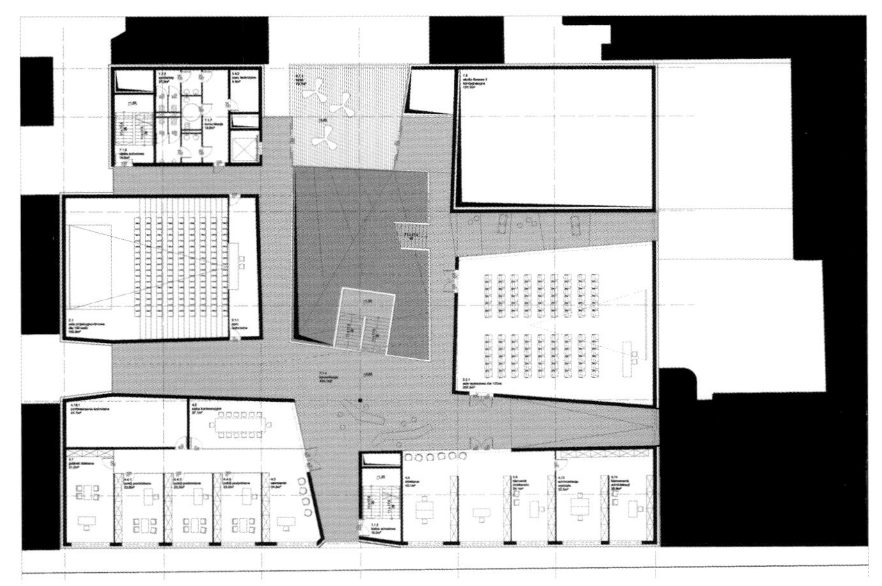

二层平面图 **PLANTA 1** FLOOR PLAN 1

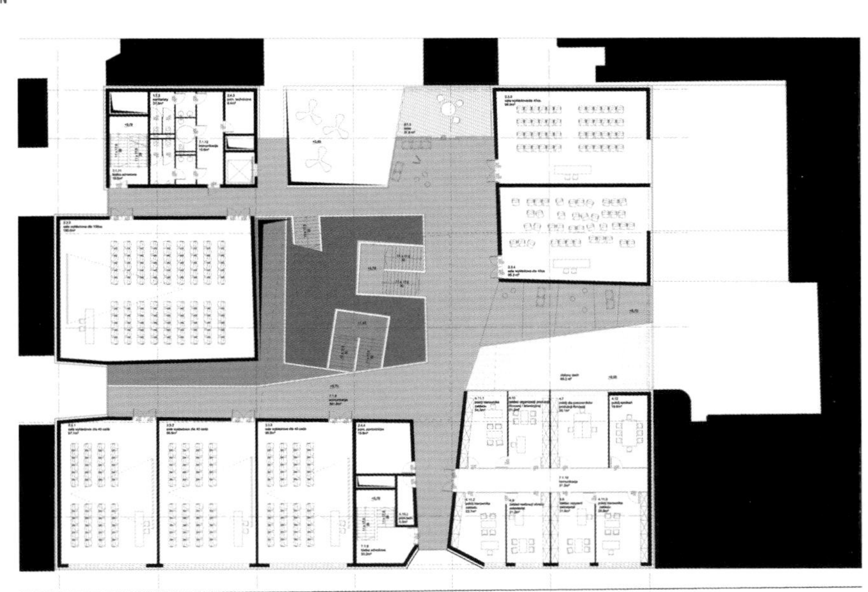

四层平面图 **PLANTA 3** FLOOR PLAN 3

底层平面图 **PLANTA BAJA** GROUND FLOOR PLAN

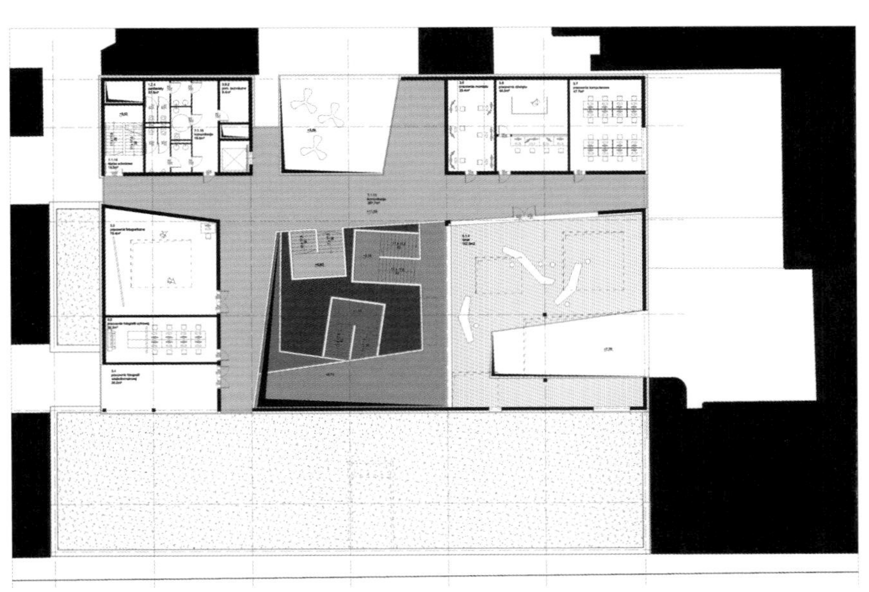

三层平面图 **PLANTA 2** FLOOR PLAN 2

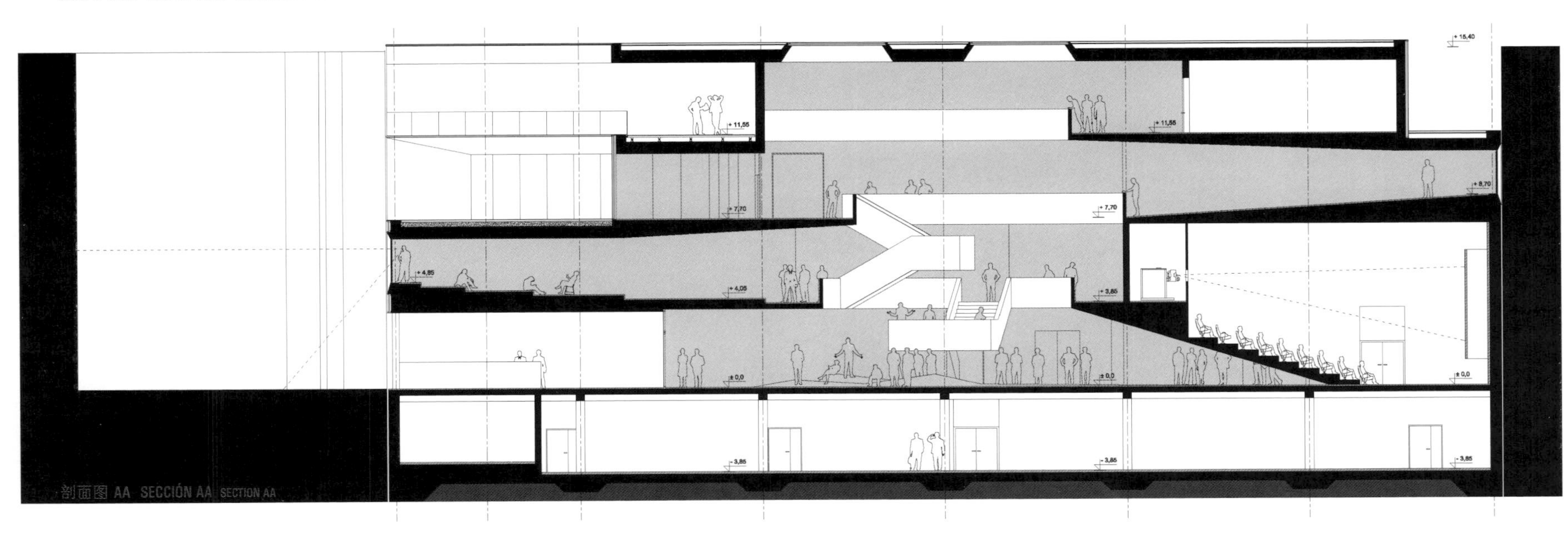

剖面图 AA **SECCIÓN AA** SECTION AA

釜山歌剧院 · 釜山 · 韩国
Opera de Busan · Busan
Busan Opera House · Korea

竞标 · concurso · competition
釜山歌剧院
Opera de Busan
Busan Opera House

竞标类型 · tipo de concurso · competition type
国际概念竞标
concurso de ideas internacional
international ideas competition

项目地点 · localización · site area
釜山 · 韩国 Busan · Korea

主办方 · órgano convocante · promoter
釜山市
Busan Metropolitan City

获奖者 · premios · awards

一等奖 · primer premio · **first prize**
Snøhetta (建筑师事务所)
Robert Greenwood · Thomas Fagernes
Karsten Huitfeldt · Rikard Jaucis · Frode Degvold Andreas Nygård (建筑师)
本地合伙人 Local Partner: Ilshin Architects
顾问 Consultants: Arup · acoustics & engineering / TPC · theatre design & planning

二等奖 · segundo premio · **second prize**
DMP designcamp moonpark (建筑师事务所)
建筑师 Architect : Seunghong Park
设计 Design: Seunghong Park · Hokeun Oh
主案建筑师 Project Architect: Hanjae Zo · Seungcheul Han · Sehwan Park
项目经理 Project Manager: Jongin Park
项目团队 Project Team: Byounghie Lee · Hyungeun Park · Hojun Lee · Jeongwoo Jang
Jaeho Jang · Hyunsoo Kim · Jinauh Jeon · Siheon Lee · Sungwoo Moon · Eunyoung Choi
Junghyuk Seo · KyungKyo Lee
声学 Acoustics: ARUP
结构工程 Structural Engineer: Noori structural Eng.
机械工程 Mechanical Engineer: HIMEC
电力/通讯 Electricity / Telecommunication: Jung Woo Eng. & Nara Eng.
土木工程师 Civil engineer: Jinyoung E&C
灾害预防研究 Disaster Prevention: Namdo TEC
交通规划研究 Traffic Research: Hyunsung TeRI.
室外照明 Exterior Lighting: bitzro.
室内 Interior: Min Associates
C程序 CG : 201 studio
文本设计 Editorial Design : Godo Design
建筑视频 Architectural Video : dstove
建筑模型 Architectural Model : Daerim

三等奖 · tercer premio · **third prize**
Henning Larsen Architects
Tomoon Architects
(建筑师事务所)
团队 Team: Henning Larsen Architects · Tomoon Architects · Arup · Theatre Plan
Speirs + Major

荣誉提名奖 · mención honorífica · **honourable mention**
FORMA arquitectural studio (建筑师事务所)
Oleksiy Petrov · Irina Miroshnykova · Dmytro Prutkin · Alice Magirovskaya
Anton Izhakevich (建筑师)

荣誉提名奖 · mención honorífica · **honorable mention**
Matteo Cainer architects (建筑师事务所)
Matteo Cainer (建筑师)
设计团队 Design team: Caroline Finstad · Etienne Gozard · Charles Guerton
Mélanie Jaulin · Nike Vogrinec

参标 · propuesta · **proposal**
Kubota & Bachmann Architects (建筑师事务所)
Yves Bachmann · Toshihiro Kubota (建筑师)
景观建筑师 Landscape Architect: Bassinet Turquin Paysage
环境工程师 Environmental Engineer: Øyvind VESSIA
透视图 Perspectives: JIGEN.fr
建筑师 Architects: Ikbal BOUAITA
合作艺术家 Artist Collaboration: Clement Valla

参标 · propuesta · **proposal**
Orproject (建筑师事务所)
设计团队 Design Team: Ho-Ping Hsia · Christoph Klemmt · Rolando Rodriguez-Leal
Rajat Sodhi · Natalia Wrzask · Christine Wu
结构工程师 Structural Engineers: Arups Structural Engineering, London
剧院顾问 Theater Consultants: Arups Theatre Consulting, Hong Kong

釜山歌剧院坐落于韩国釜山北部海港**Jung-gu**改造区内的海洋文化区。我们致力于将釜山歌剧院打造成地标性建筑——世界级旅游中心。

El emplazamiento se ubica en la región cultural marina dentro del nuevo distrito del puerto del norte, Jung-gu, Busan, Corea del Sur. El edificio se proyectará para convertirse en un icono que simbolice la importancia de la ciudad como **centro turístico mundial**.

The site is located in the marine cultural region inside the re-development district in the northern seaport, Jung-gu, Busan, the Republic of Korea. The building will be designed to stand as a landmark symbolizing the city's rise as a **world class tourism center**.

釜山歌剧院 · 釜山 · 韩国

Ópera de Busan · Busan

Busan Opera House · Korea

一等奖 · **Primer Premio** · First Prize

Snøhetta (建筑师事务所)

Robert Greenwood · Thomas Fagernes · Karsten Huitfeldt

Rikard Jaucis · Frode Degvold Andreas Nygård (建筑师)

行云流水

剧院的设计基于“乾(天)接坤(地)接坎(水)”之理念，即天地交泰、地水相连。从传统八卦的角度来讲，其选址甚佳，凸显历史与哲学的关系，在韩国文化中占有举足轻重的地位。建筑的几何图形包含两条对立弧线。下拱弧形在临水一边使建筑固定于地面。上拱弧形环绕于上空，经过这些曲面的相互作用勾勒出剧院的框架，形成“大地拥抱天空，群山偎依大海”的壮观景象。

FLUJOS SENCILLOS

La base del proyecto se refiere al Kun (Cielo) que se encuentra con el Kon (Tierra) que a su vez se encuentra con el Kam (Agua). El clásico trigrama de estos elementos describe perfectamente el emplazamiento, mientras se centra en las relaciones históricas y filosóficas de gran importancia para la cultura coreana. La geometría del edificio consiste de dos curvas opuestas. La curva más baja describe un puente sobre el lugar y ancla el proyecto a la tierra. La superior abraza el cielo y la ópera se crea con el juego de estas superficies, donde la tierra toca el cielo y las montañas tocan el mar.

EASY FLOWS

The basis for the lay-out refers to Kun (Heaven) meeting Kon (Earth) which again meets Kam (Water). The classical trigrams of these elements both describe this site exceptionally well, whilst they refer to the historical and philosophical relationships that are of great importance to Korean culture. The geometry of the building consists of two opposing curves. The lower arching curve bridges the site and anchors the project in the ground. The upper embraces the sky and the Opera House is created within the interplay of these surfaces, where the earth touches the sky and the mountains touch the sea.

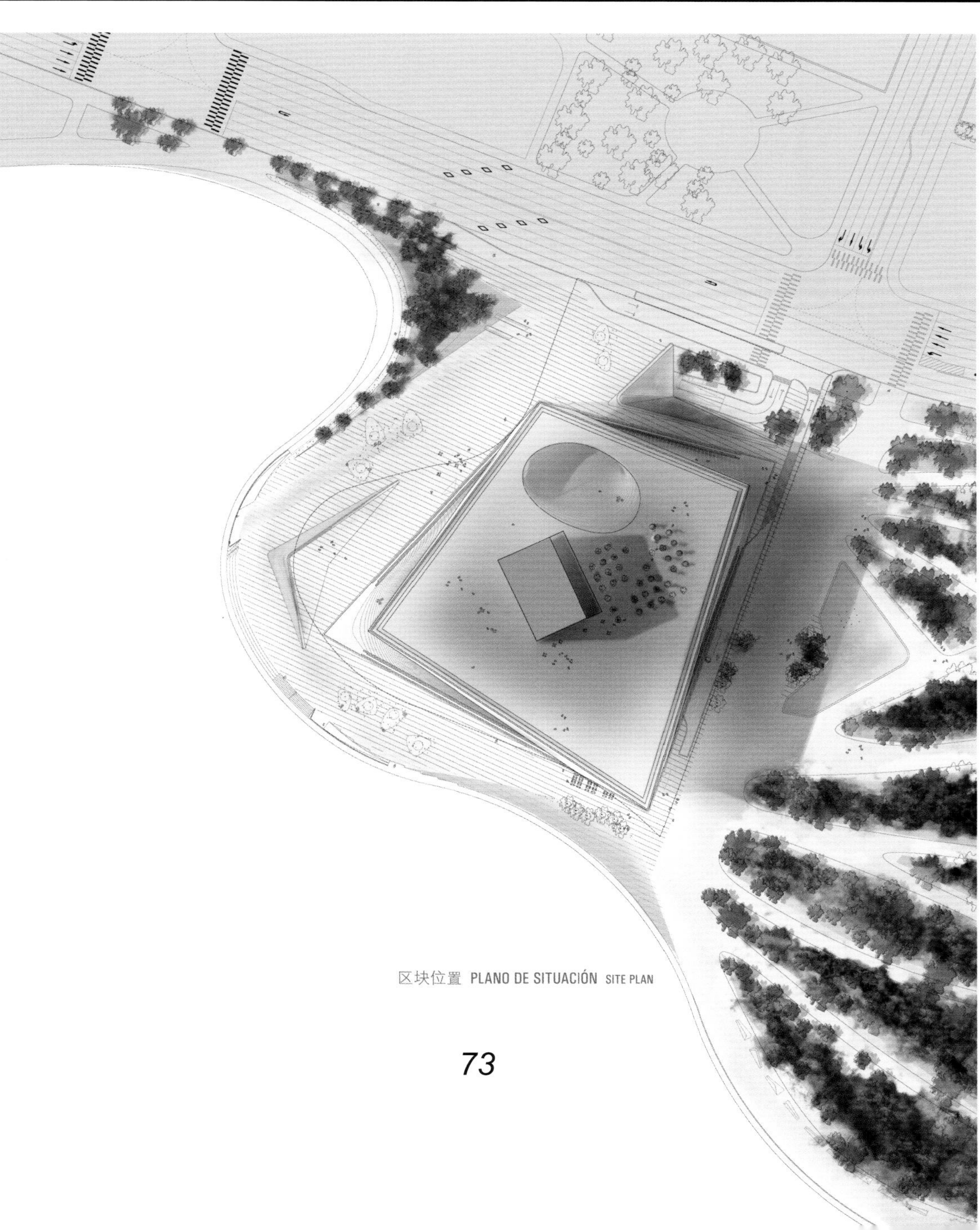

区块位置 PLANO DE SITUACIÓN SITE PLAN

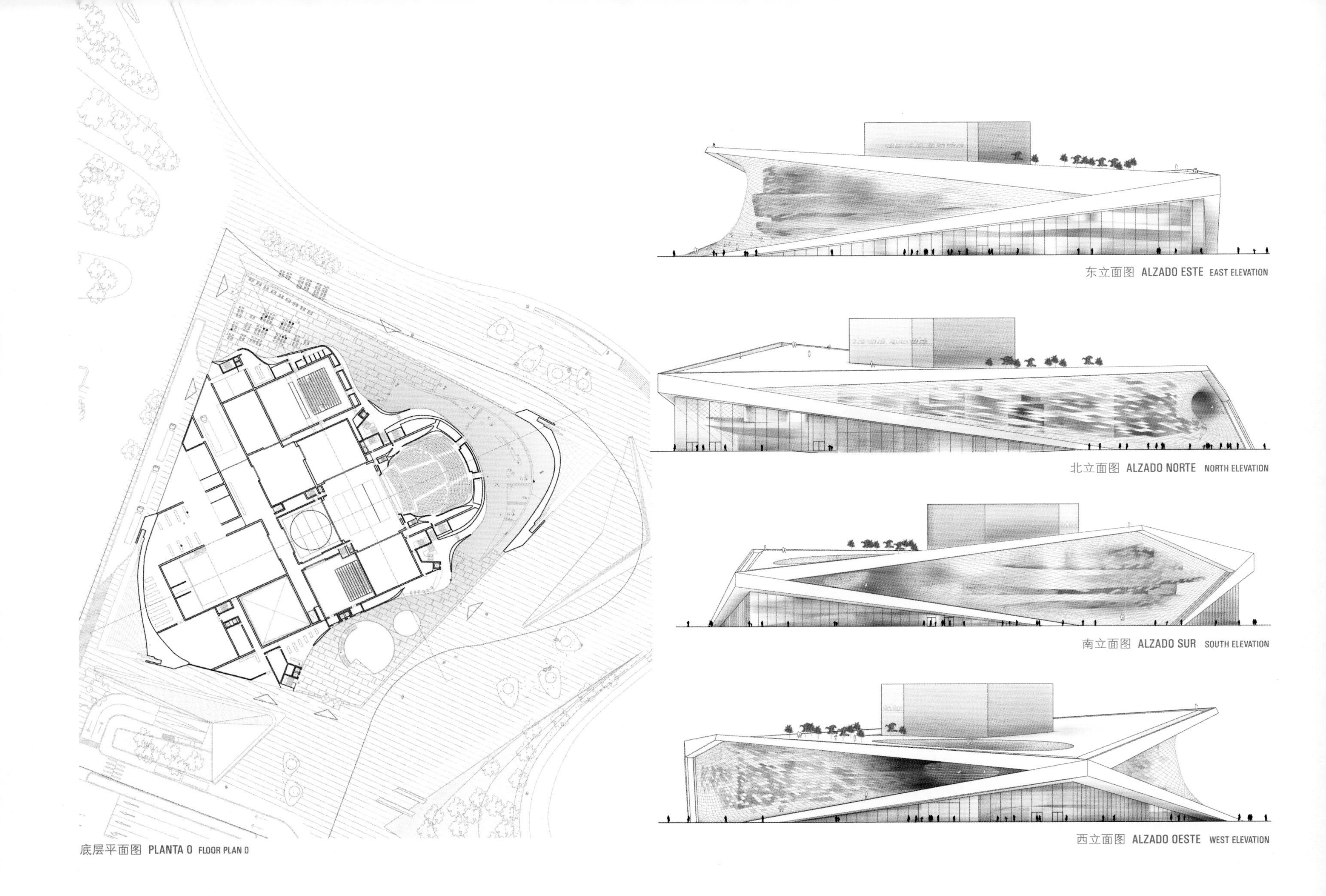

东立面图 ALZADO ESTE EAST ELEVATION

北立面图 ALZADO NORTE NORTH ELEVATION

南立面图 ALZADO SUR SOUTH ELEVATION

底层平面图 PLANTA 0 FLOOR PLAN 0

西立面图 ALZADO OESTE WEST ELEVATION

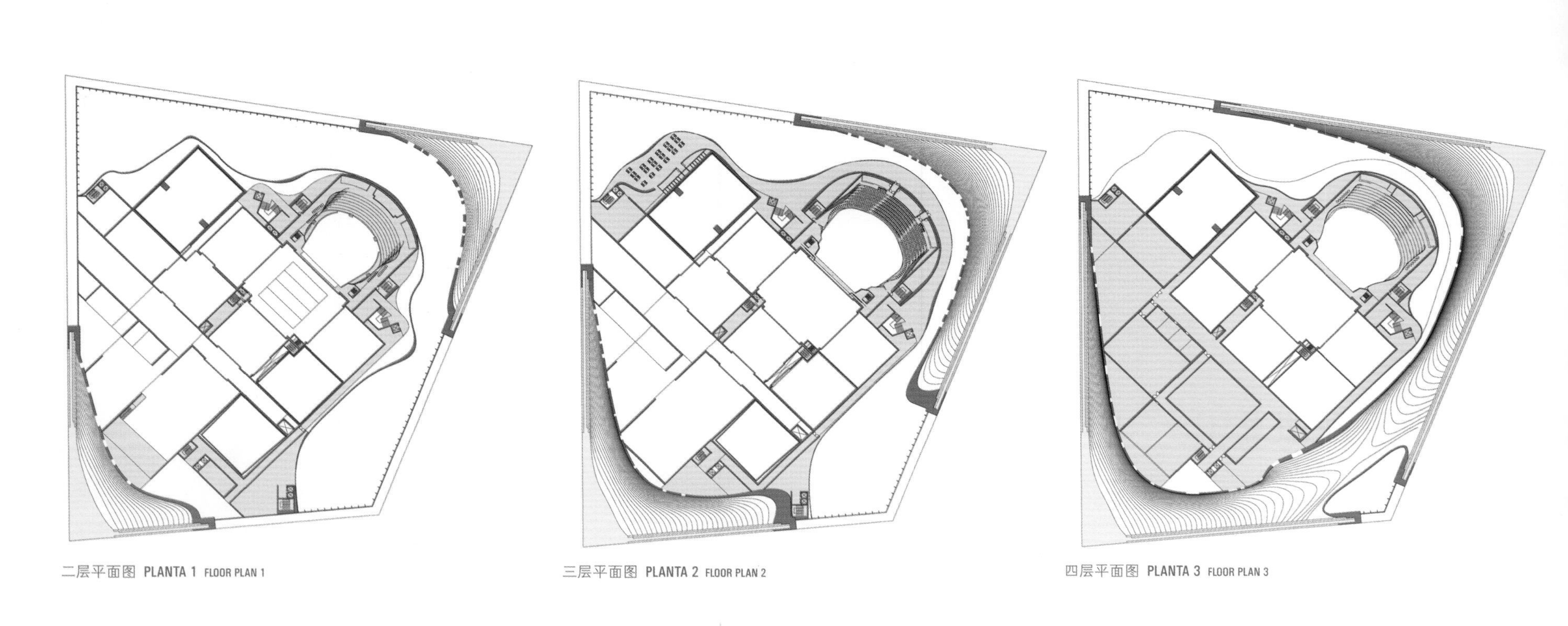

二层平面图 PLANTA 1 FLOOR PLAN 1

三层平面图 PLANTA 2 FLOOR PLAN 2

四层平面图 PLANTA 3 FLOOR PLAN 3

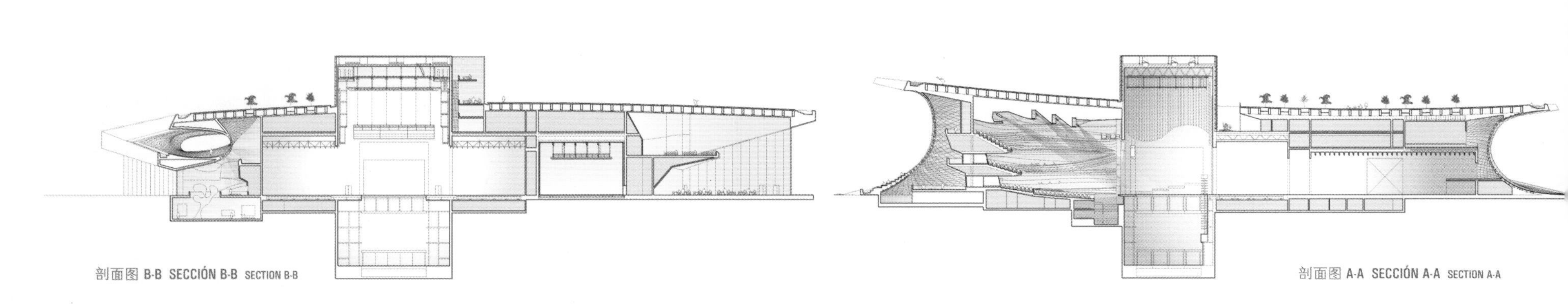

剖面图 B-B SECCIÓN B-B SECTION B-B

剖面图 A-A SECCIÓN A-A SECTION A-A

釜山歌剧院 · 釜山 · 韩国

Ópera de Busan · Busan

Busan Opera House · Korea

DMP designcamp moonpark (建筑师事务所)

二等奖 · **Segundo Premio** · Second Prize

独创性

从自然特征的角度讲，基础设施(如铁轨)成了海滨与城市之间的分割线。蜿蜒曲折的海滨虽然加强了城市的航运业，却导致人们可用以散步及进行海边娱乐活动的公共空间变得极度狭窄。釜山歌剧院将使市民有机会重返海滨。剧院的设计灵感源自剧院本身及巧妙的布景透视，港口、城市和群山浑然天成。

NUNCA ANTES EXPERIMENTADO

La infraestructura, como las vías férreas, aíslan físicamente el borde del agua del resto de la ciudad. El frente marítimo serpenteante se alinea con las funciones de la industria naval produciéndose la falta del requerido espacio público donde la gente pueda disfrutar de la actividad del paseo marítimo. La ópera es una oportunidad para devolverle el frente marítimo a los ciudadanos. Inspirado por la ópera en sí misma y sus espectaculares escenografías, la instalación se proyecta para crear fantásticas viñetas del puerto, la ciudad y las montañas.

NEVER EXPERIENCED BEFORE

Infrastructure, such as the railroad tracks, physically isolates the water's edge from the rest of the city. The winding waterfront is lined with the functions of the shipping industry resulting in a lack of much needed public space where people can stroll and enjoy the waterfront activity. The Opera House is an opportunity to give this water's edge back to the citizens. Inspired by opera itself and its dramatic scenographies, the facility is designed to create dramatic vignettes of the harbor, the city and the mountains.

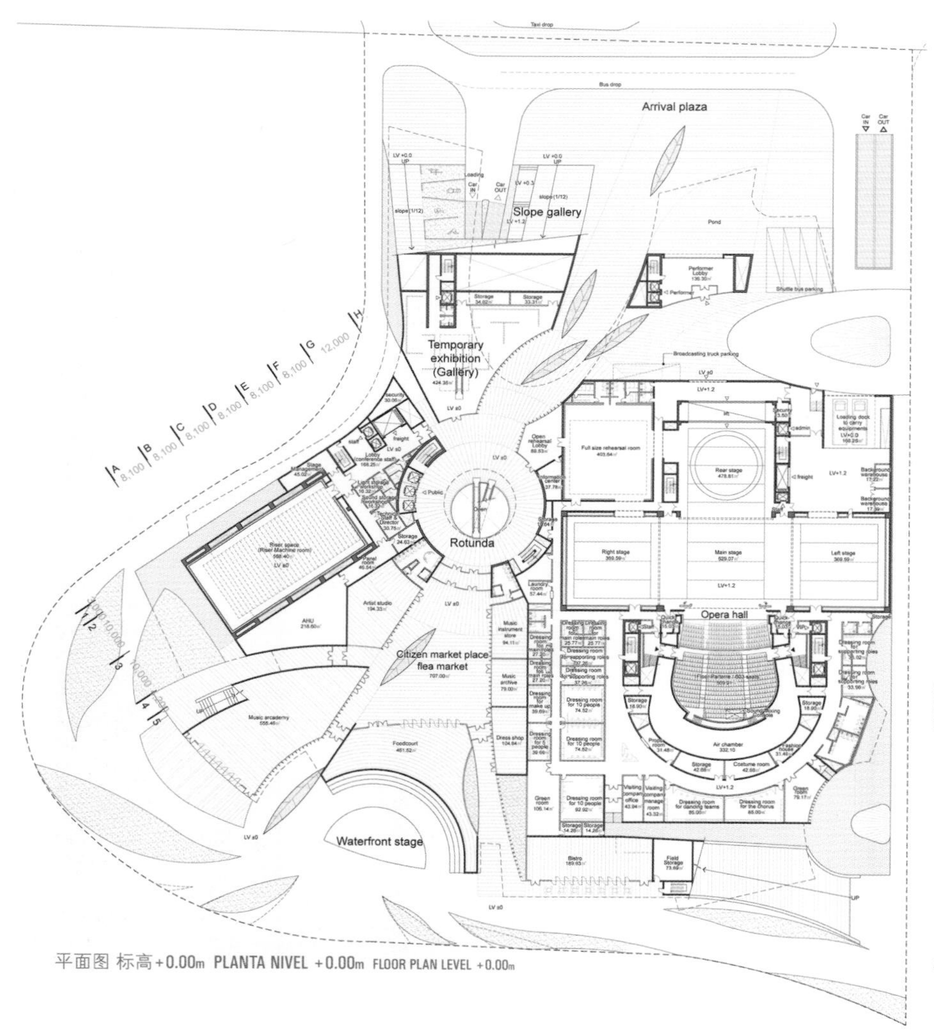

平面图 标高+0.00m PLANTA NIVEL +0.00m FLOOR PLAN LEVEL +0.00m

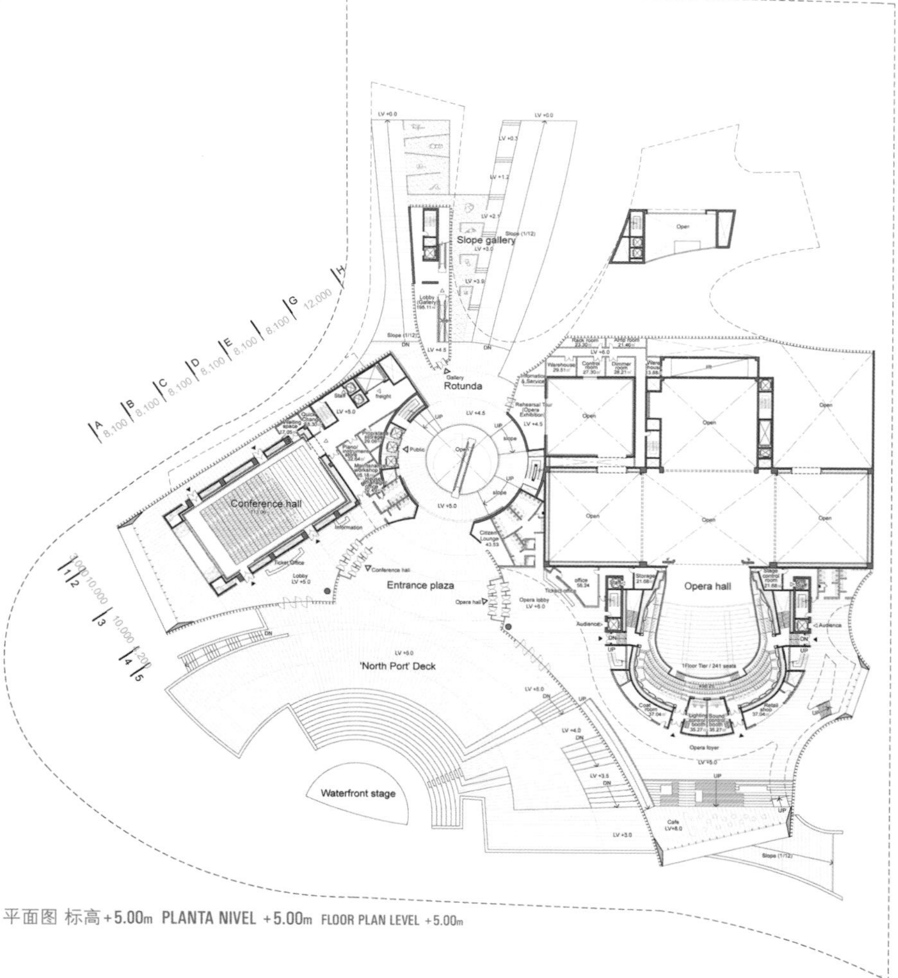

平面图 标高+5.00m PLANTA NIVEL +5.00m FLOOR PLAN LEVEL +5.00m

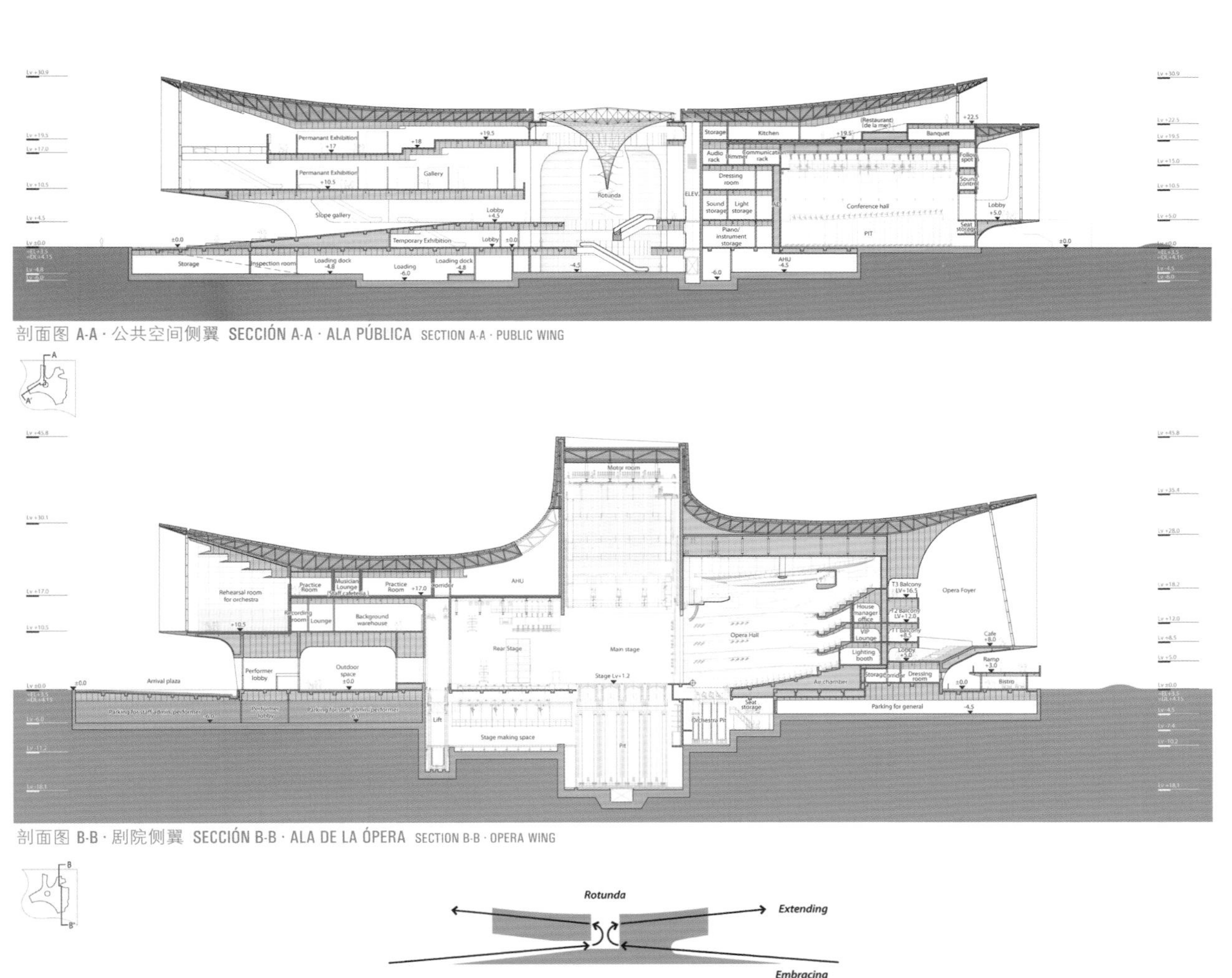

剖面图 A-A · 公共空间侧翼 **SECCIÓN A-A · ALA PÚBLICA** SECTION A-A · PUBLIC WING

剖面图 B-B · 剧院侧翼 **SECCIÓN B-B · ALA DE LA ÓPERA** SECTION B-B · OPERA WING

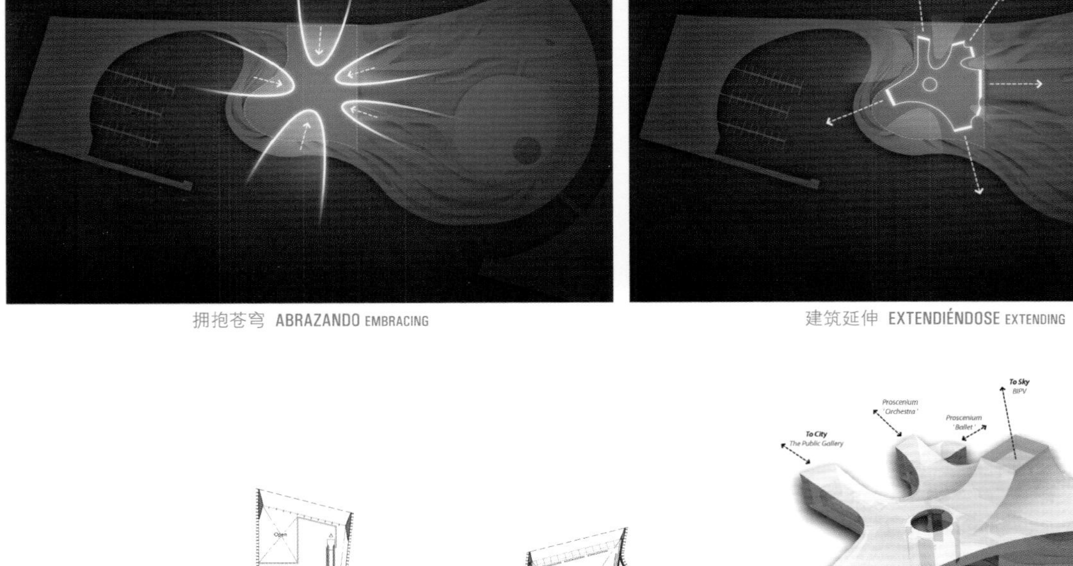

拥抱苍穹 **ABRAZANDO** EMBRACING

建筑延伸 **EXTENDIÉNDOSE** EXTENDING

与城市对话 **DIÁLOGO CON LA CIUDAD** DIALOGUE WITH CITY

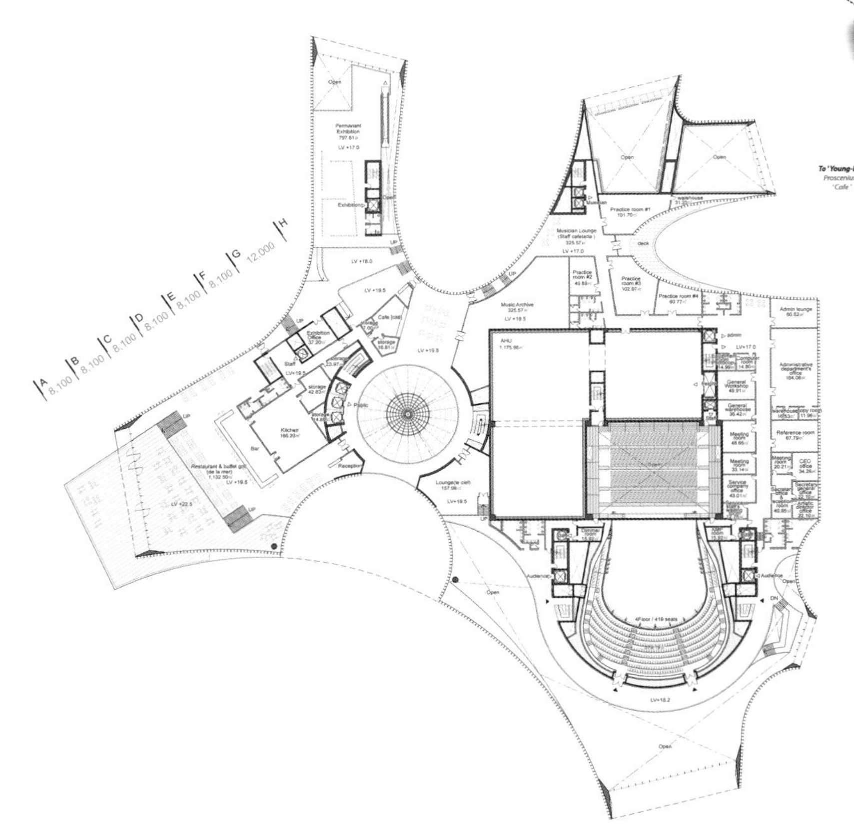

平面图 标高 +17.00m / 18.20m / 19.50m **PLANTA NIVEL +17.00m / 18.20m / 19.50m** FLOOR PLAN LEVEL +17.00m / 18.20m / 19.50m

釜山歌剧院 · 釜山 · 韩国

Ópera de Busan · Busan

Busan Opera House · Korea

三等奖 · **Tercer Premio** · Third Prize

Henning Larsen Architects + Tomoon Architects (建筑师事务所)

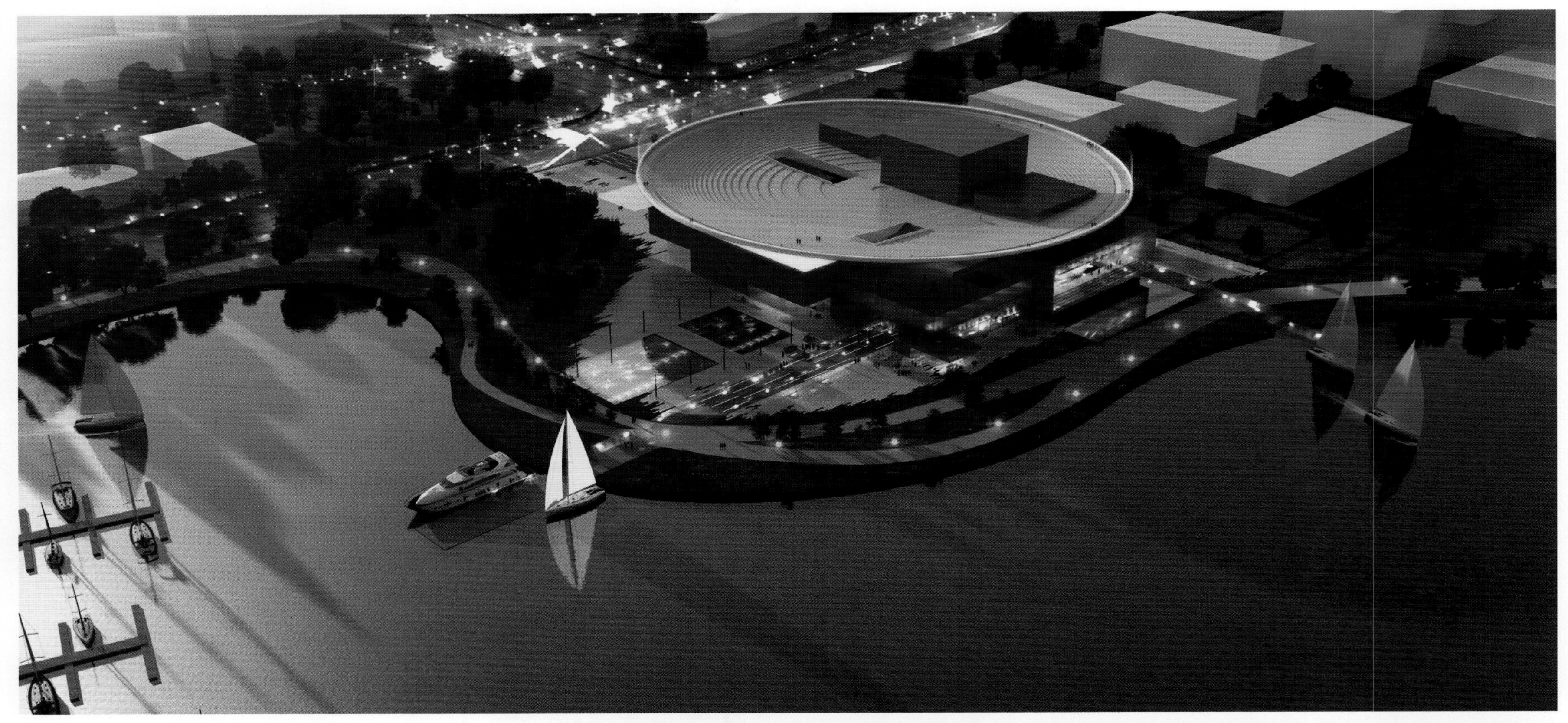

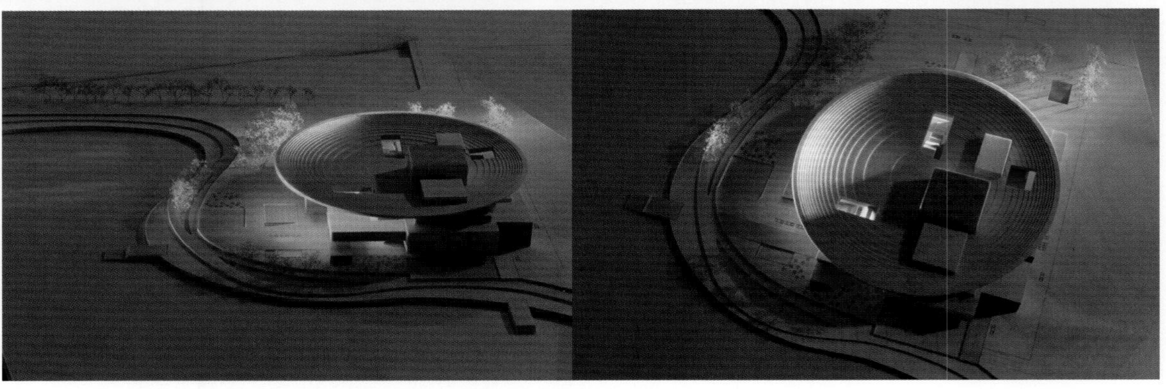

圆形屋顶

建筑灵感源自釜山独特的地理位置。巨型屋顶的清晰轮廓使其在高楼大厦与巍峨群山的垂直背景下依然能成为一个宏伟的地标。与此同时，它将海洋与地平线巧妙地连接起来。文化中心的多功能在巨型屋顶下的房屋和城市街区中得以体现。礼堂位于剧院的中心位置，具有代表性，犹如一颗巨大的珍珠镶嵌于木盒之间。屋顶可作为一个圆形露天剧场。

EL CÍRCULO

La arquitectura toma su inspiración de su particular emplazamiento en Busan. La forma clara de la gran cubierta crea un magnífico icono dentro del contexto vertical de los edificios en altura y las montañas. Al mismo tiempo crea una sutil unidad con el océano y el horizonte. Las diferentes funciones del centro cultural se conciben como viviendas y bloques urbanos bajo la gran cubierta. El auditorio es un corazón simbólico de la vivienda concebido como una perla gigante colocada entre las cajas de madera. La cubierta funciona como un anfiteatro.

THE CIRCLE

The architecture takes its inspiration from the particular location in Busan. The clear shape of the grand roof creates a magnificent icon in the vertical context of high-rises and mountains. At the same time it creates a subtle unity with the ocean and the horizon. The different functions of the cultural center are conceived as houses and city blocks under the grand roof. The auditorium is the symbolic heart of the house conceived as a giant pearl set between the wooden boxes. The roof functions as an amphitheater.

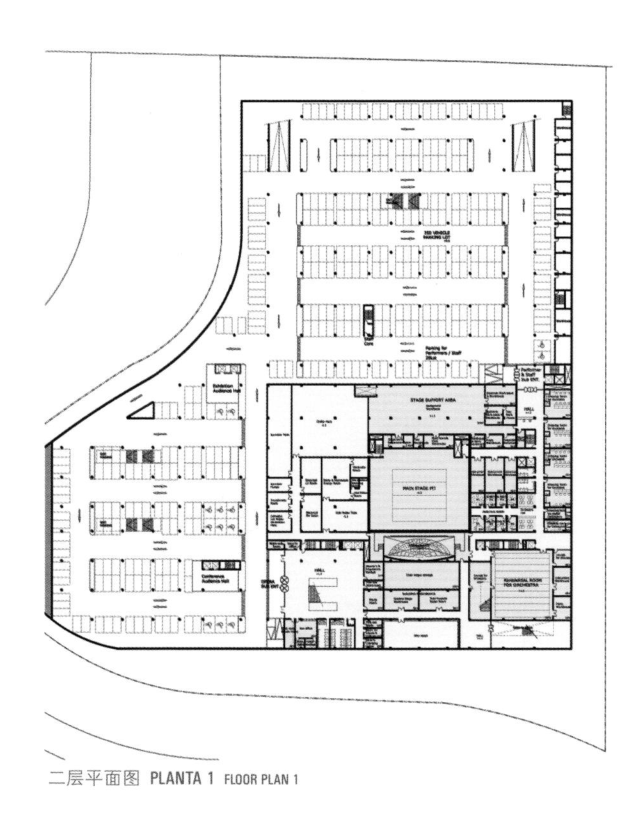

二层平面图 **PLANTA 1** FLOOR PLAN 1

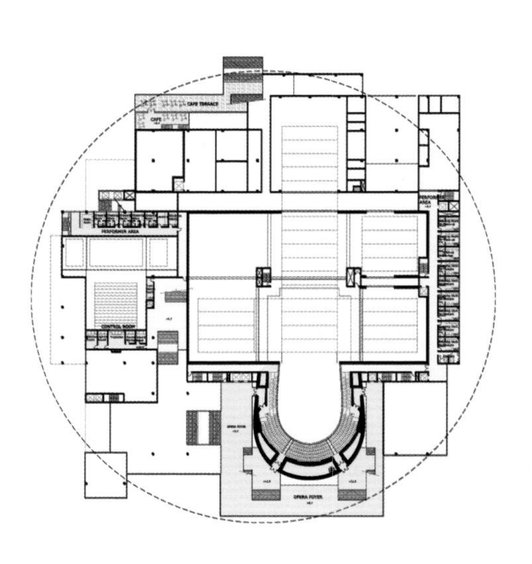

四层平面图 **PLANTA 3** FLOOR PLAN 3

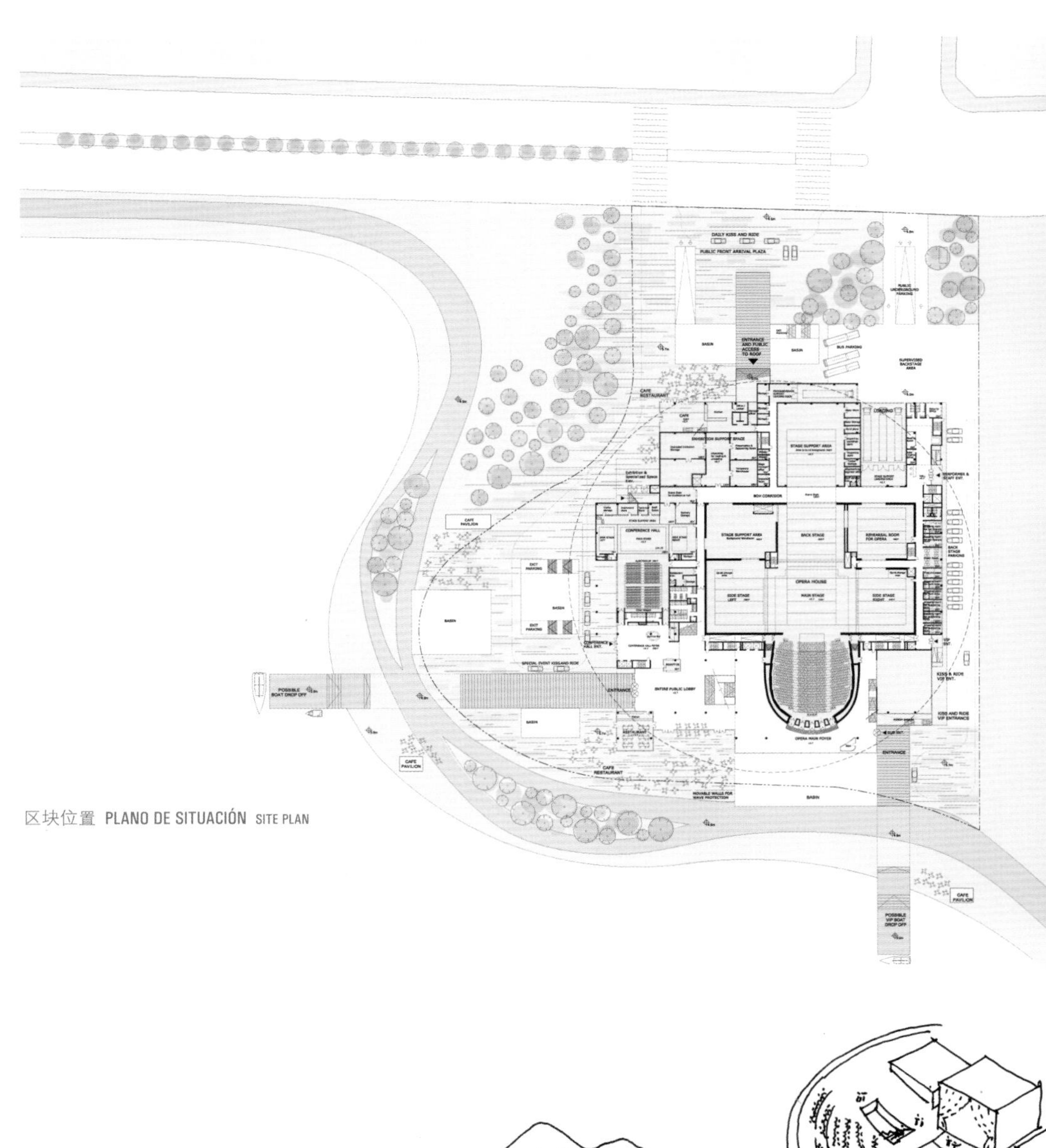

区块位置 PLANO DE SITUACIÓN SITE PLAN

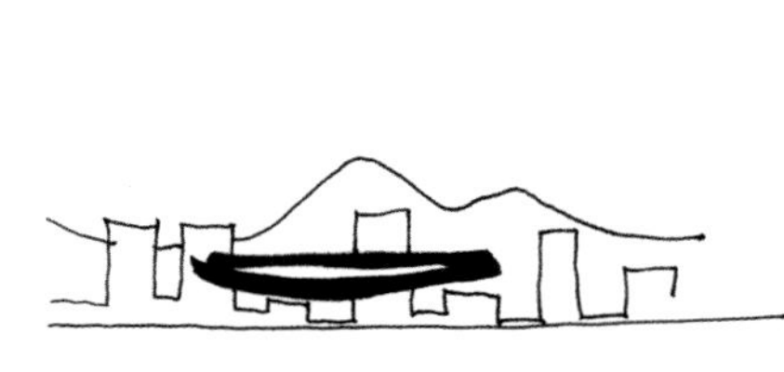

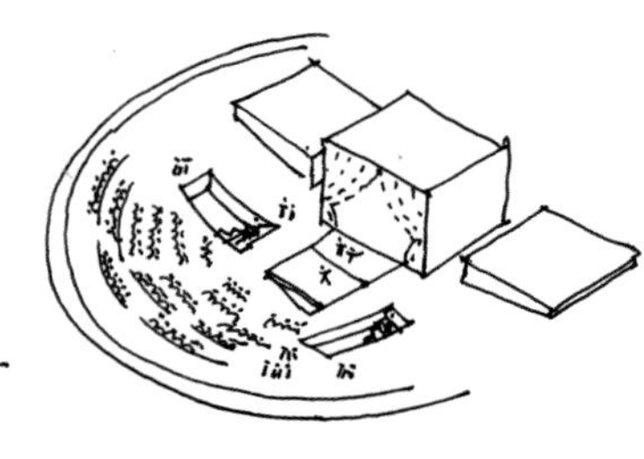

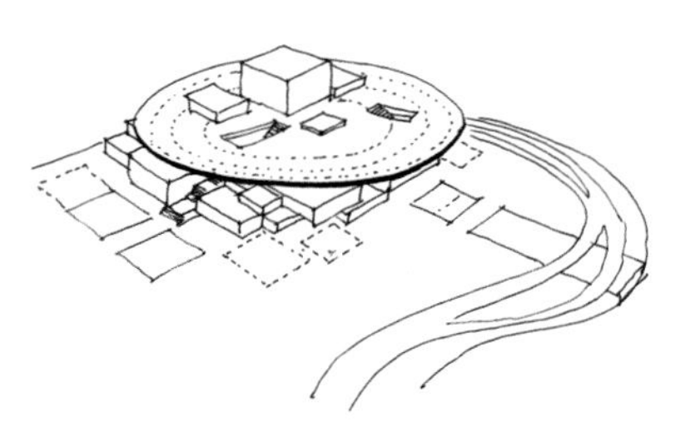

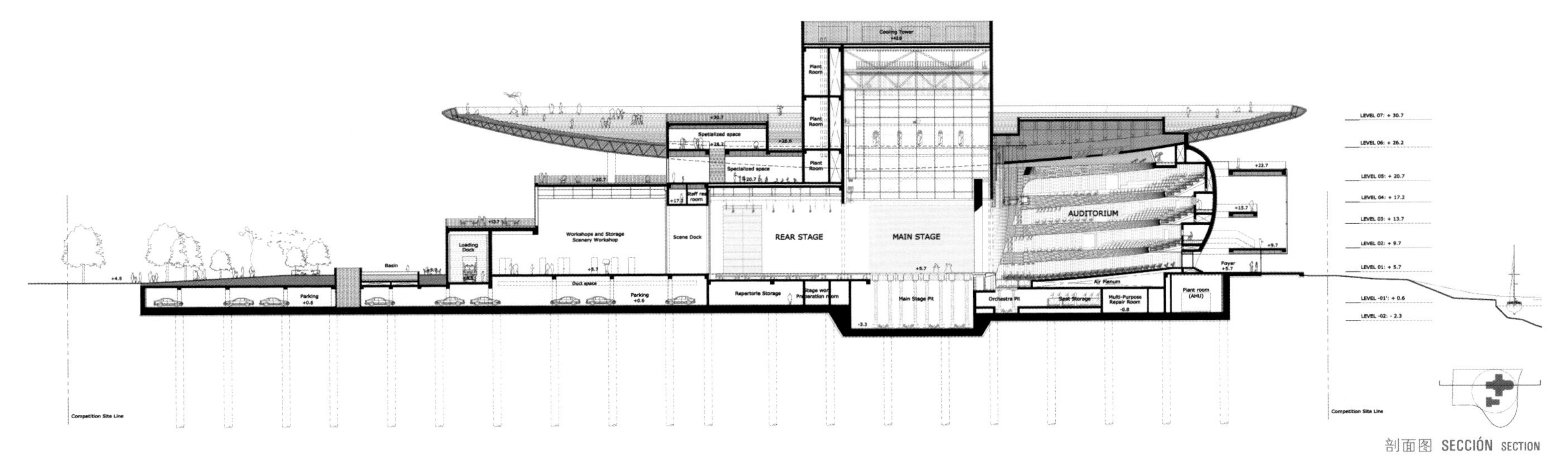

剖面图 SECCIÓN SECTION

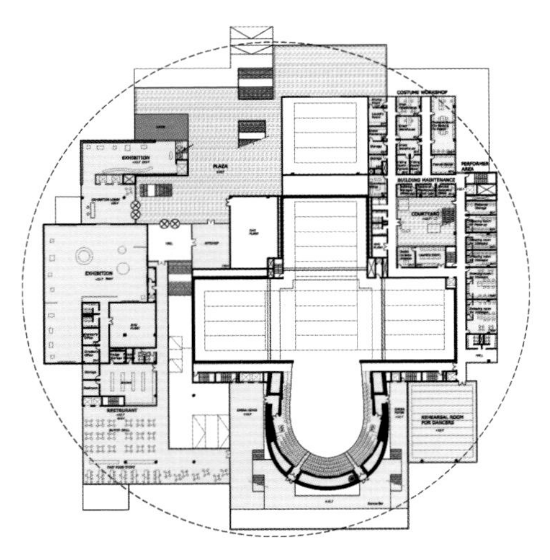

五层平面图 PLANTA 4 FLOOR PLAN 4

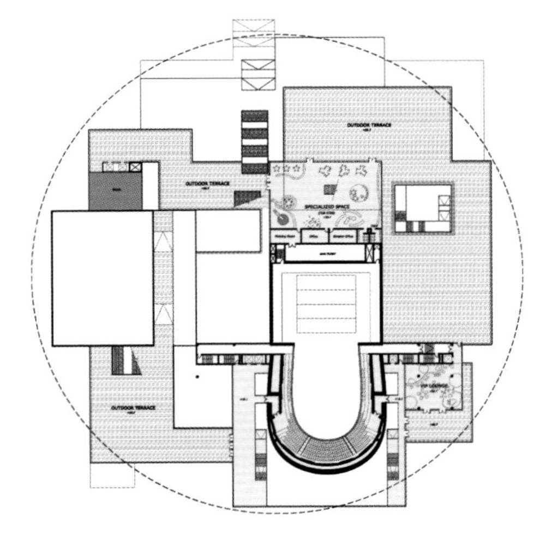

七层平面图 PLANTA 6 FLOOR PLAN 6

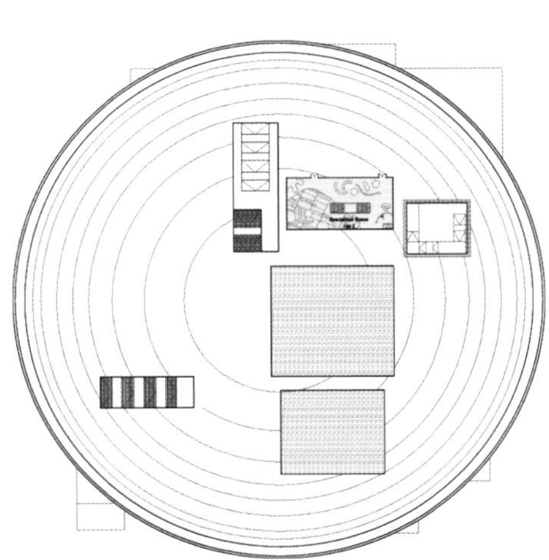

九层平面图 PLANTA 8 FLOOR PLAN 8

釜山歌剧院 · 釜山 · 韩国

Ópera de Busan · Busan

Busan Opera House · Korea

荣誉提名奖 · **Mención Honorífica** · Honourable Mention

FORMA architectural studio (建筑师事务所)

Oleksiy Petrov · Irina Miroshnykova · Dmytro Prutkin · Alice Magirovskaya · Anton Izhakevich (建筑师)

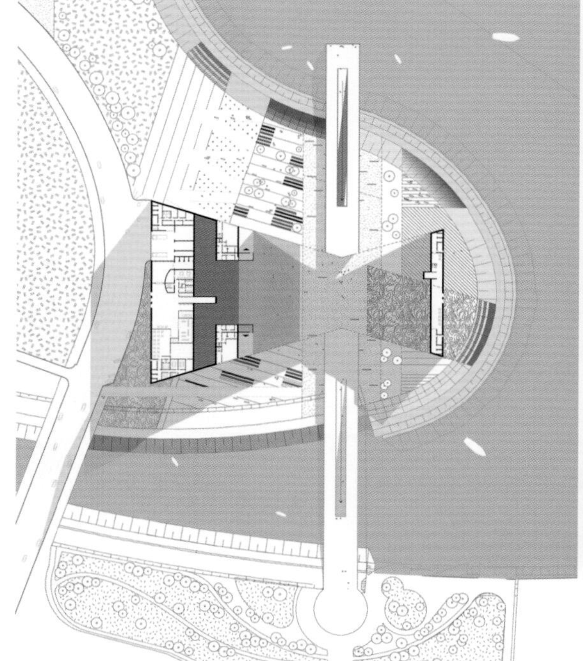

区块位置 PLANO DE SITUACIÓN SITE PLAN

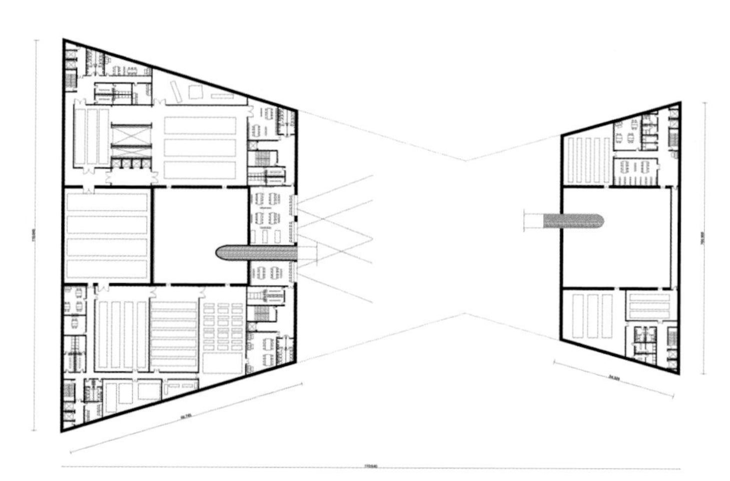

平面图 标高 +8.40m PLANTA NIVEL +8.40m FLOOR PLAN LEVEL +8.40m

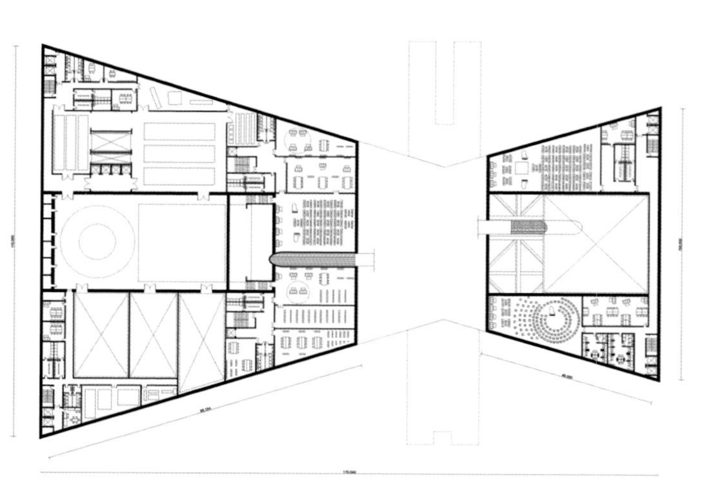

平面图 标高 +12.60m PLANTA NIVEL +12.60m FLOOR PLAN LEVEL +12.60m

主体量(布局) GRANDES VOLÚMENES MAYOR FORMAT VOLUMES

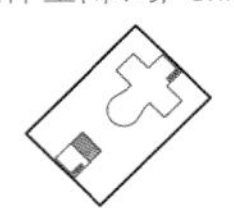

大厅体量 VOLUMEN ALREDEDOR DE LAS SALAS VOLUME AROUND THE HALLS

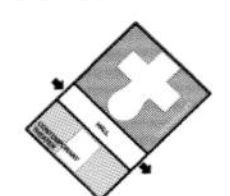

分区 ZONIFICACIÓN ZONING

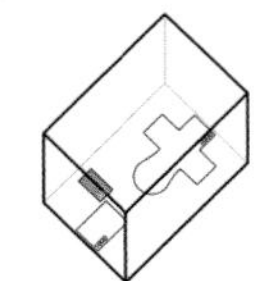

体积空间 CAJA VOLUMÉTRICA VOLUME BOX

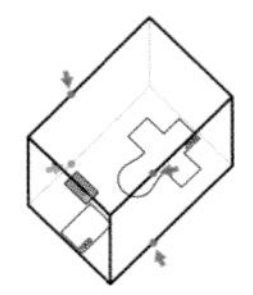

矢量坐标变换 VECTORES DE TRANSFORMACIÓN TRASNFORMATION VECTORS

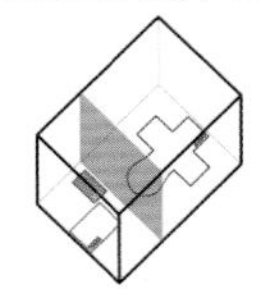

平面坐标变换 PLANO DE TRANSFORMACIÓN PLANE TRANSFORMATION

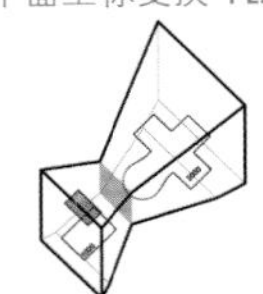

外形挤压 CONTRACCIÓN DE FORMAS CONTRACTION FORMS

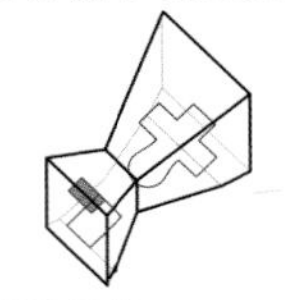

最终形状 FORMA FINAL FINAL FORM

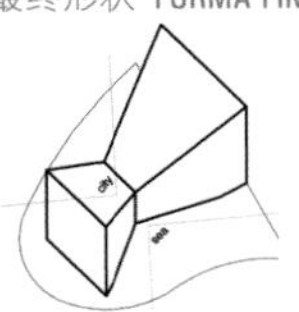

基本视觉传播 COMUNICACIÓN VISUAL BÁSICA BASIC VISUAL COMMUNICATION

容积率
COEFICIENTE DE EDIFICABILIDAD
BUILDING RATIO

人行道与流通
CAMINOS PEATONALES+CIRCULACIÓN
PEDESTRIAN PATHS+CIRCULATION

紧急特殊通道
ACCESOS ESPECIALES Y DE EMERGENCIA
SPECIAL AND EMERGENCY ACCESS ROADS

剧场区
TEATRAL
THEATRIC

绿化区
ÁREA VERDE
GREEN AREA

露天剧院广场
TEATRO Y PLAZA AL AIRE LIBRE
OPEN THEATER PLAZA

横向剖面图 SECCIONES TRANSVERSALES CROSS SECTIONS

两个椎体结构

从建筑和艺术的角度来讲，"歌剧艺术"堪称"技术"和"艺术"的完美结合。现代歌剧院这栋建筑，更像一台拥有舞台布景技术和装备的机器。反过来，"歌剧"作为一种舞台艺术的含义可追溯至"劳动"、"活动"、"exertion"(拉丁语中意为"歌剧")。而未来的建筑规划将会考虑未来交通流的疏导问题。人行天桥、汽车通道相结合的交通连接通道将成为观众进入歌剧院的主要通道。通向中心区的人行天桥将充当城市海岸线与建筑区域之间的重要纽带。

DOS PIRÁMIDES

"El arte de la ópera" en su sentido arquitectónico y artístico recuerda una fina conexión entre técnica y arte. Una ópera moderna como edificio es más una máquina llena de tecnología propia del escenario e instalaciones. Por el contrario "ópera" como género de arte escénica vuelve atrás al significado de "trabajo", "actividad", "esfuerzo" (que significa "ópera" en Latín). El planteamiento de la parcela para la futura construcción ha tomado como referencia el futuro flujo de transporte. Las conexiones de transporte en combinación con los puentes peatonales y rodados proporcionan el flujo entrante principal de los visitantes a la ópera. La conexión principal de la costa urbana y el emplazamiento es el puente peatonal que conduce al centro de la parcela.

TWO PYRAMIDS

"The art of opera" in its architectural and artistic sense resembles a fine connection between "techne" and "ars". Modern opera as a building is more like a machine filled with scenery technology and equipment. In its turn "opera" as a genre of scenic art goes back to the meaning of "labor", "activity", "exertion" (meaning of the word "opera" in Latin). Planning of the plot for future construction was carried out with distribution of future transport flow in mind. Transport connections in combination with pedestrian and car bridges provide the main inflow of the visitors to the Opera House. The key connection between the city coastline of the city and construction plot is the pedestrian bridge leading to the center of the plot.

平面图 标高 +21.00m PLANTA NIVEL +21.00m FLOOR PLAN LEVEL +21.00m

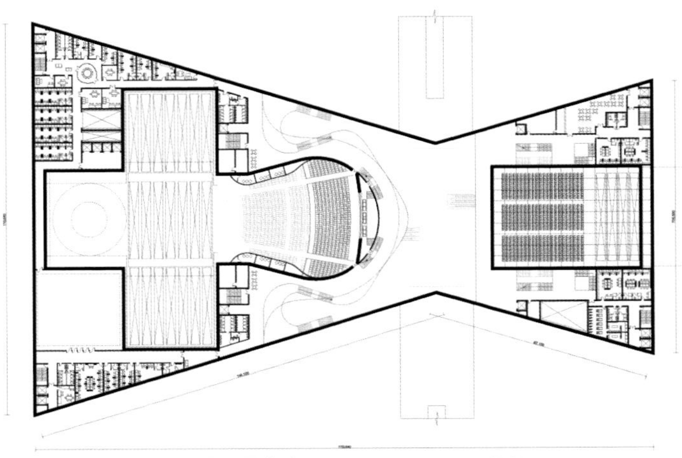

平面图 标高 +25.20m PLANTA NIVEL +25.20m FLOOR PLAN LEVEL +25.20m

釜山歌剧院 · 釜山 · 韩国

Ópera de Busan · Busan

Busan Opera House · Korea

荣誉提名奖 · **Mención Honorífica** · Honourable Mention

Matteo Cainer Architects (建筑师事务所)

Matteo Cainer (建筑师)

照明与波浪形

隐藏于波浪形的围护结构之下，建筑在所有景观中脱颖而出，以浓密的构造花瓣造型，连接市区与大海、城市与景观，形成一个大型文化中心。该项目通过山茶花及其苍翠繁茂、深绿色叶子凸显城市及其文化背景，象征着釜山市民良好的精神面貌。

LIGERO + SINUOSO

Camuflado bajo su cerrada envolvente, emana del paisaje en forma de pétalos tectónicos plantados de forma densa que conectan mar y ciudad, urbanidad y paisaje, proporcionando un gran centro cultural. El proyecto en si mismo responde a la ciudad y su pasado cultural a través de las flores de camelias y sus exuberantes hojas de color verde intenso que simbolizan a los ciudadanos de Busan.

LIGHT + SINUOUS

Camouflaged beneath its contoured envelope, it erupts from the landscape in the form of densely planted tectonic petals that connect city and sea, urbanity and landscape, providing a major cultural hub. The project itself responds to the city and its cultural background through the camellia flower and its lush, deep green leaves, symbolizing the citizens of Busan.

区块位置 PLANO DE SITUACIÓN SITE PLAN

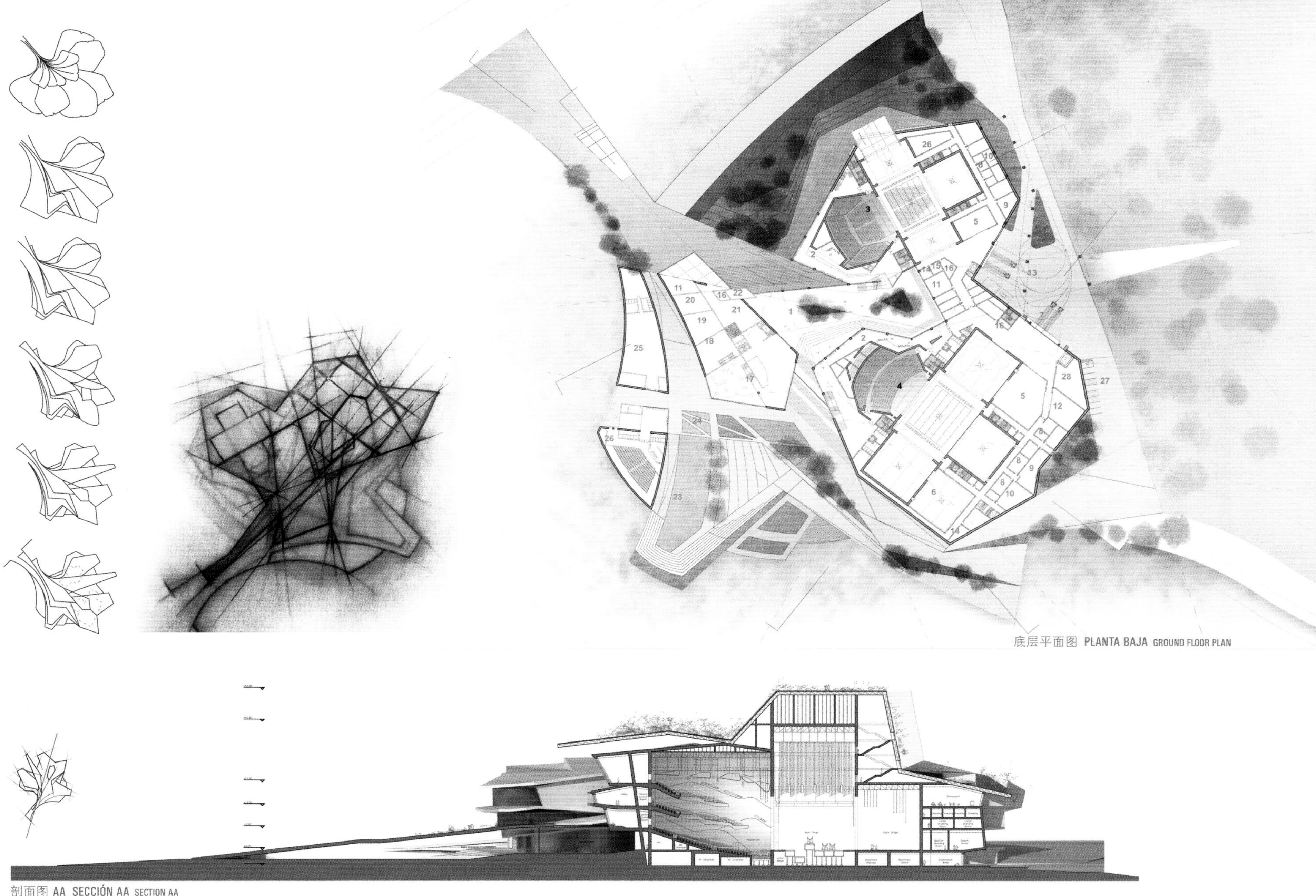

底层平面图 PLANTA BAJA GROUND FLOOR PLAN

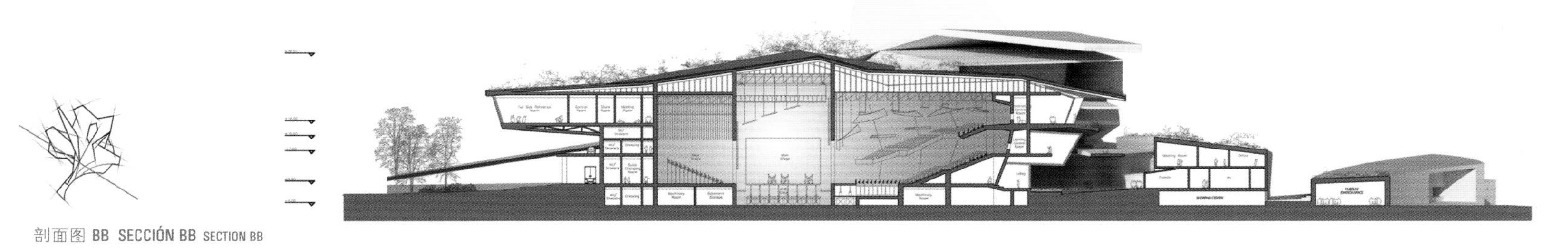

剖面图 AA SECCIÓN AA SECTION AA

剖面图 BB SECCIÓN BB SECTION BB

釜山歌剧院 · 釜山 · 韩国

Ópera de Busan · Busan

Busan Opera House · Korea

参标 · **Propuesta** · Proposal

Kubota & Bachmann Architects (建筑师事务所)

Yves Bachmann · Toshihiro Kubota (建筑师)

总平面图 PLANTA GENERAL MASTER PLAN

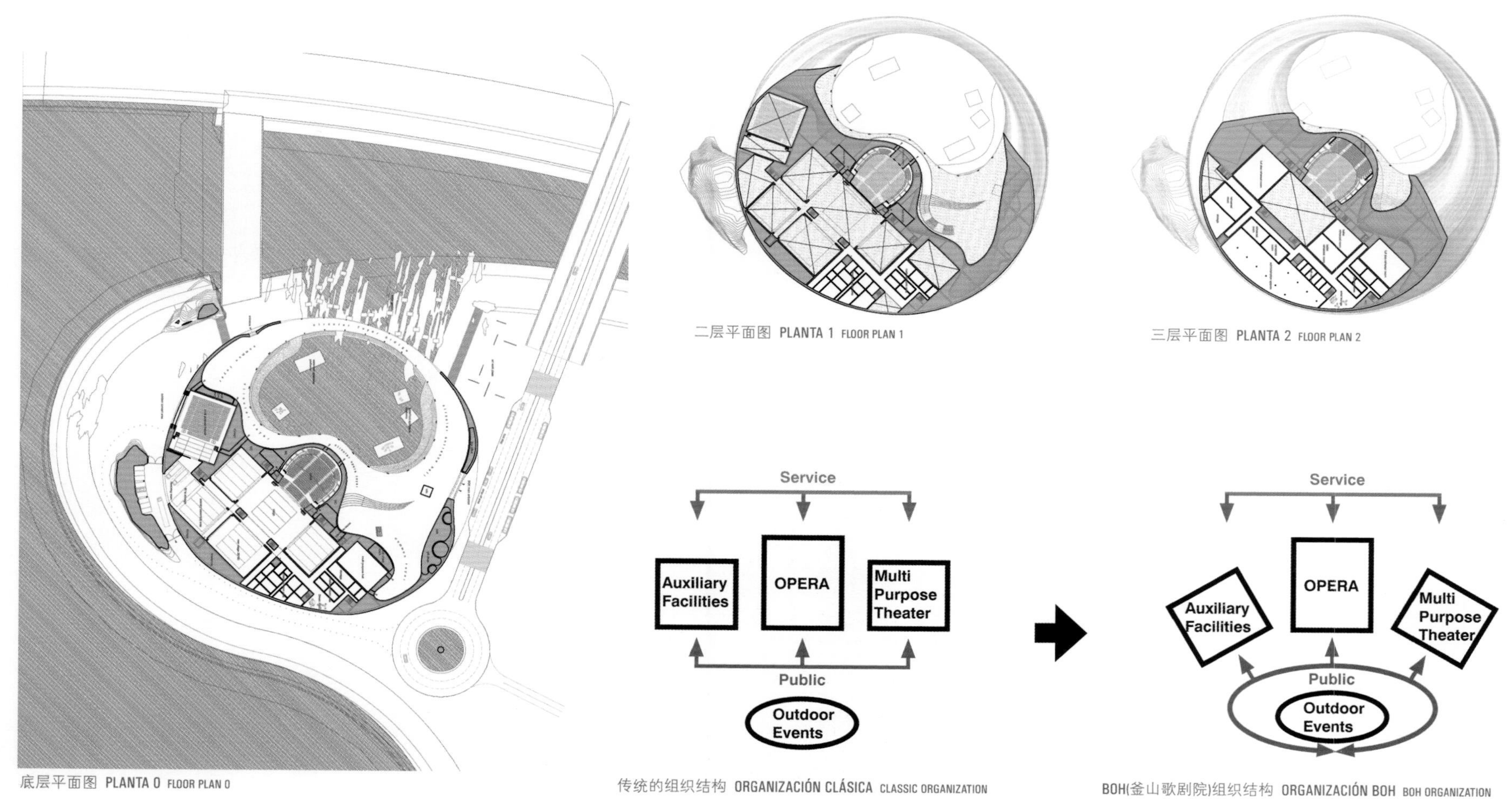

底层平面图 PLANTA 0 FLOOR PLAN 0

二层平面图 PLANTA 1 FLOOR PLAN 1

三层平面图 PLANTA 2 FLOOR PLAN 2

传统的组织结构 ORGANIZACIÓN CLÁSICA CLASSIC ORGANIZATION

BOH(釜山歌剧院)组织结构 ORGANIZACIÓN BOH BOH ORGANIZATION

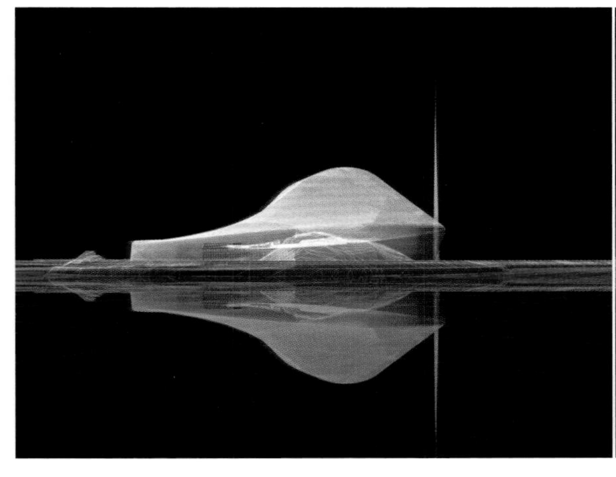

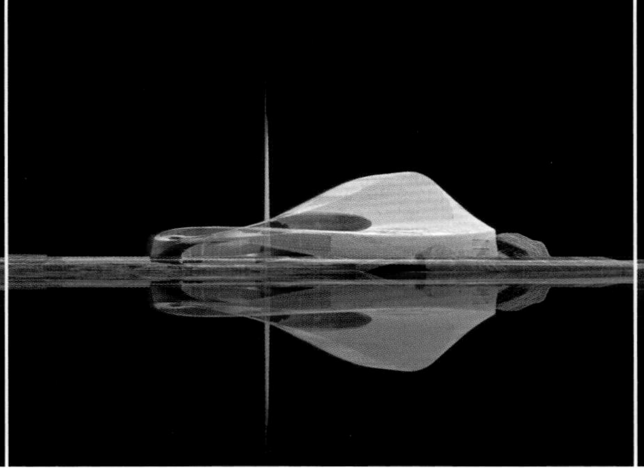

协调与平衡

拟建项目外观直接取决于场地条件：一方面，该方案基于岛屿轮廓而创作；另一方面，釜山歌剧院的外观让人联想到城市周围的群山。圆形设计暗示太极和传统的陶瓷衬底。平滑的外形则是对韩国传统文化元素的当代版解释。

ARMONÍA + EQUILIBRIO

La forma del proyecto es el resultado directo de las condiciones del lugar: por un lado, el plano es la respuesta del perfil de la isla, y por otro lado, la forma de la Ópera recuerda la silueta de las montañas que rodean la ciudad. La forma circular también se proyecta para recordar los Taegeuk y la cerámica tradicional. La delicada forma trata de ser una interpretación contemporánea de estos elementos de la cultura coreana.

HARMONY + BALANCE

The form of the proposed project is a direct result of the site conditions: on the one hand, the plan is a response to the island's outline, and on the other hand, the form of the BOH recalls the silhouette of the mountains surrounding the city. The circular form is also designed to allude to the Taegeuk and the traditional ceramic base. The smooth shape is meant to be a contemporary interpretation of these elements of traditional Korean culture.

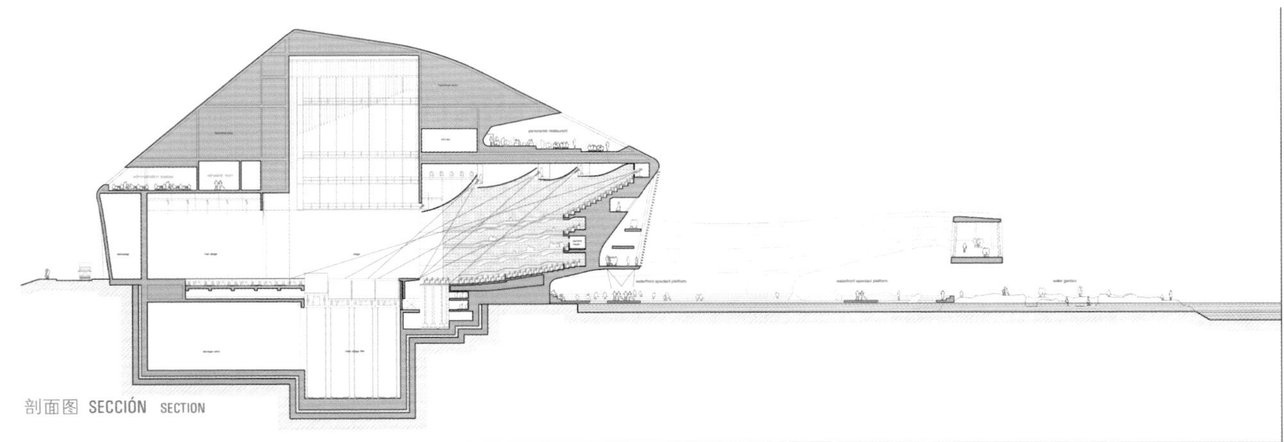

剖面图 SECCIÓN SECTION

釜山歌剧院·釜山·韩国

Ópera de Busan · Busan

Busan Opera House · Korea

参标 · **Propuesta** · Proposal

Orproject (建筑师事务所)

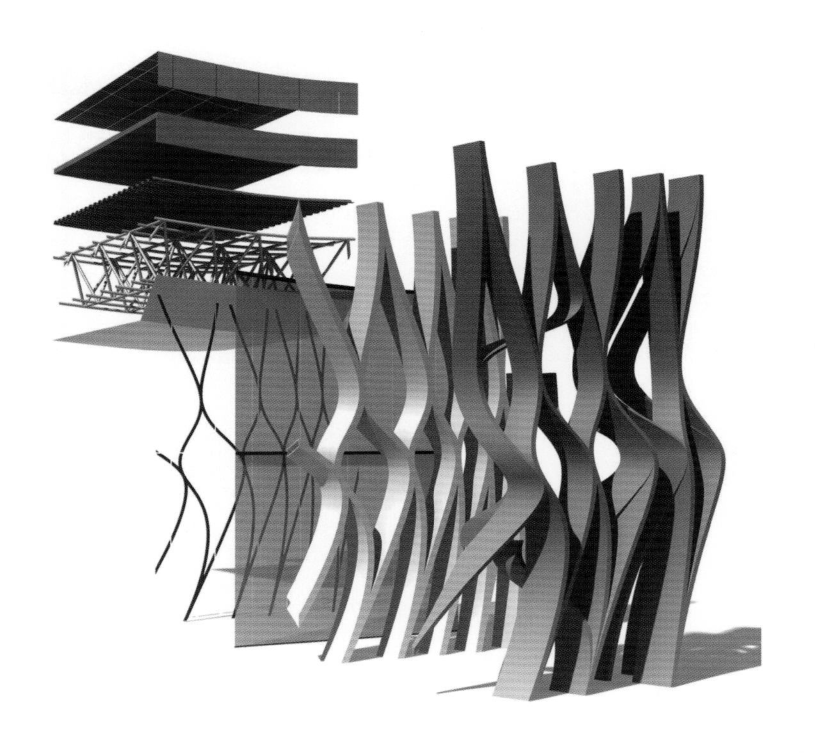

凝固的音乐

该建筑的设计基于钢琴曲**Klavierstück I**而创作，由**Orproject**的主创**Christoph Klemmt**作曲，开创了复杂的节奏模式。设计基于简单的带状形态，并非12个音阶排列而成，内部是立面、结构和节奏的创造，是空间上的重复，而非时间上的重复。带状条形图形呈立面结构，其模式的变化和交替形成复杂的建筑节奏，用以控制光线、视图和立面的明暗属性。

ANISOTROPÍA

El proyecto se basa en Klavierstück I, una composición para piano del director de Orproject, Christoph Klemmt, creando un complejo patrón rítmico. El proyecto se basa en una simple banda morfológica en vez de una fila de doce tonos, que crea la fachada, estructura y ritmo; con una repetición que sucede en el espacio en vez de en el tiempo. Las capas de las bandas conforman la estructura de la fachada, y el cambio y alteración de estos patrones da lugar a la formación de ritmos arquitectónicos que se usan para controlar la luz, vistas y mecanismos de sombra de las fachadas.

ANISOTROPY

The design is based on Klavierstück I, a composition for piano by Orproject director Christoph Klemmt, creating complex rhythmic patterns. The design is based on simple strip morphology instead of a twelve tone row, which creates the façade, structure and rhythm within itself, its repetition happening in space instead of time. Layers of the strips form the façade structure, and the shifting and alteration of these patterns results in the formation of complex architectural rhythms which are used to control the light, view and shading properties of the façade.

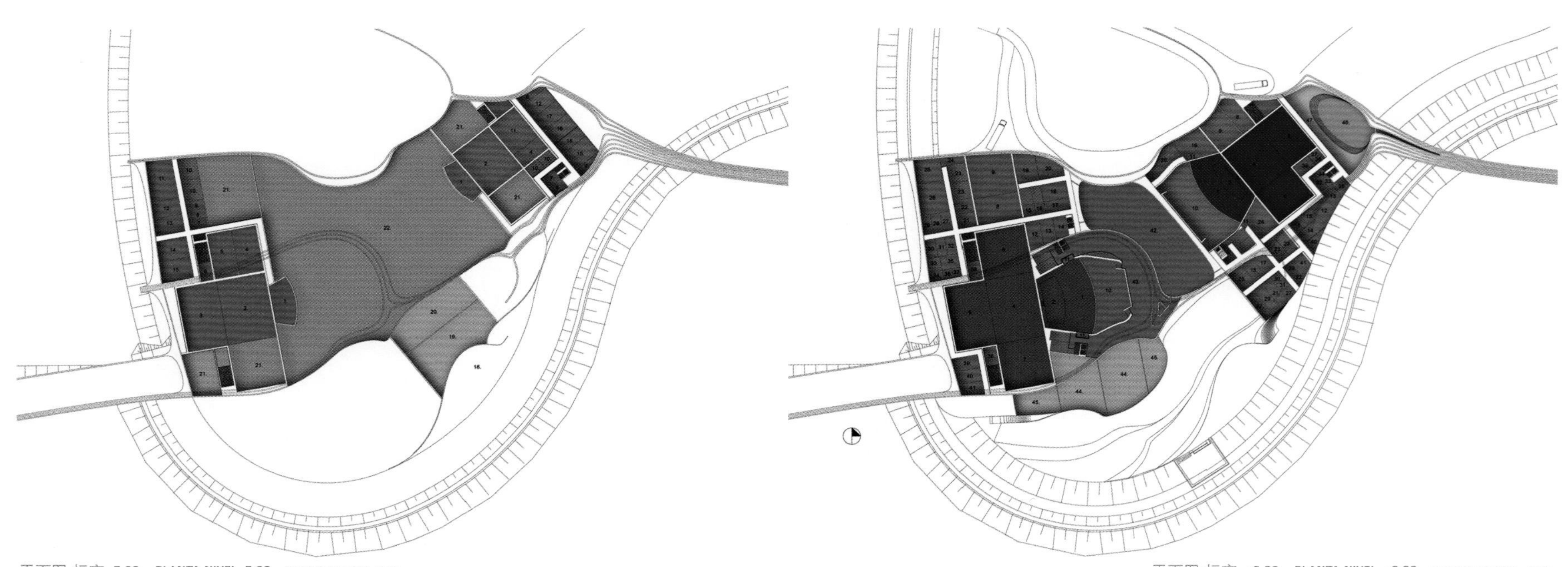

平面图 标高 -5.00m **PLANTA NIVEL -5.00m** FLOOR PLAN LEVEL -5.00m

平面图 标高 +0.00m **PLANTA NIVEL +0.00m** FLOOR PLAN LEVEL +0.00m

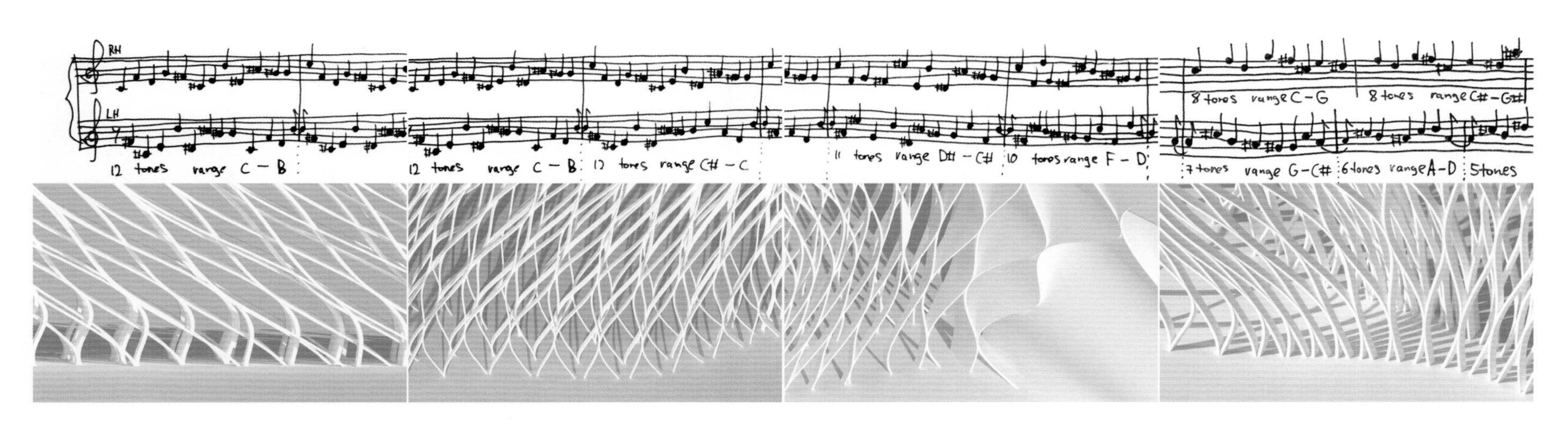

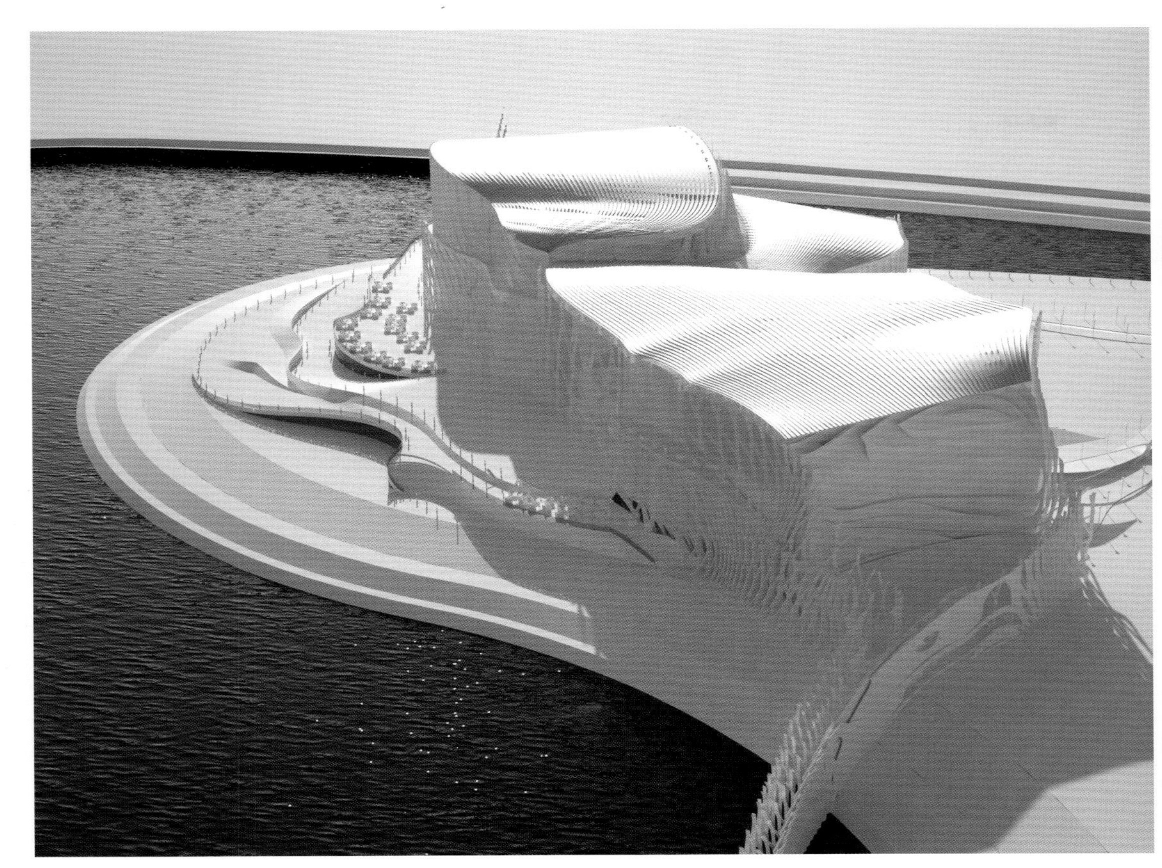

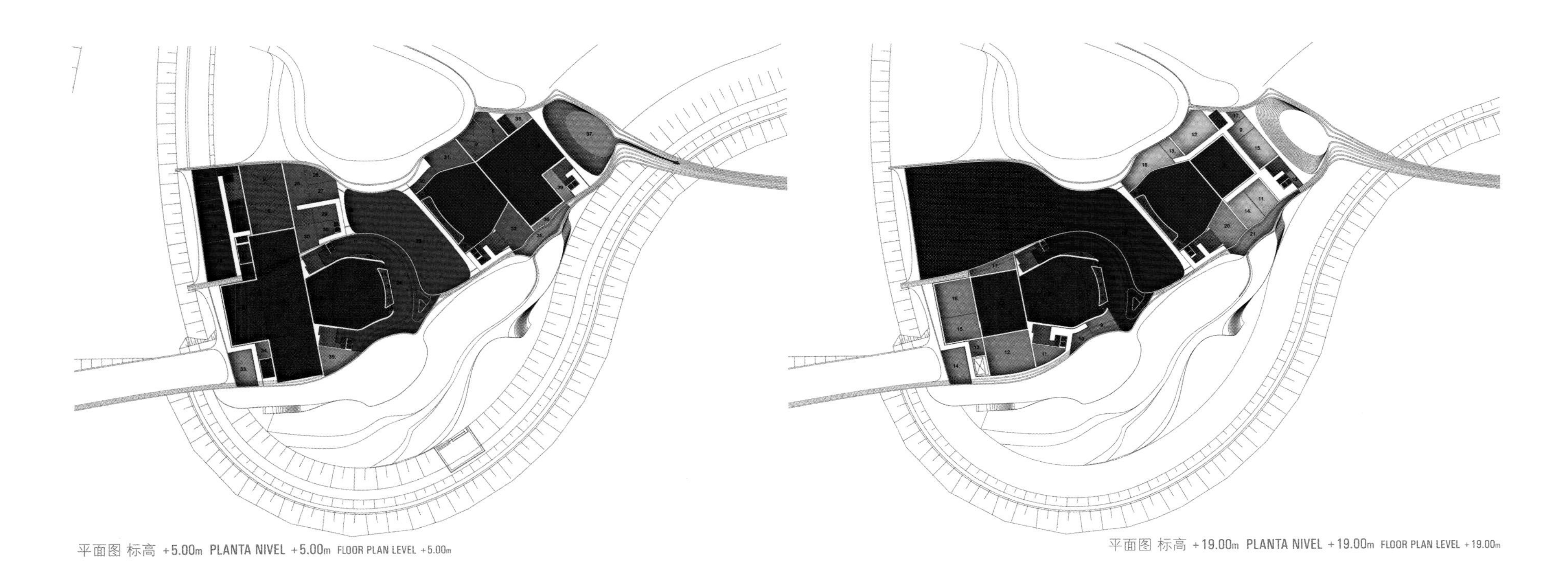

平面图 标高 +5.00m PLANTA NIVEL +5.00m FLOOR PLAN LEVEL +5.00m

平面图 标高 +19.00m PLANTA NIVEL +19.00m FLOOR PLAN LEVEL +19.00m

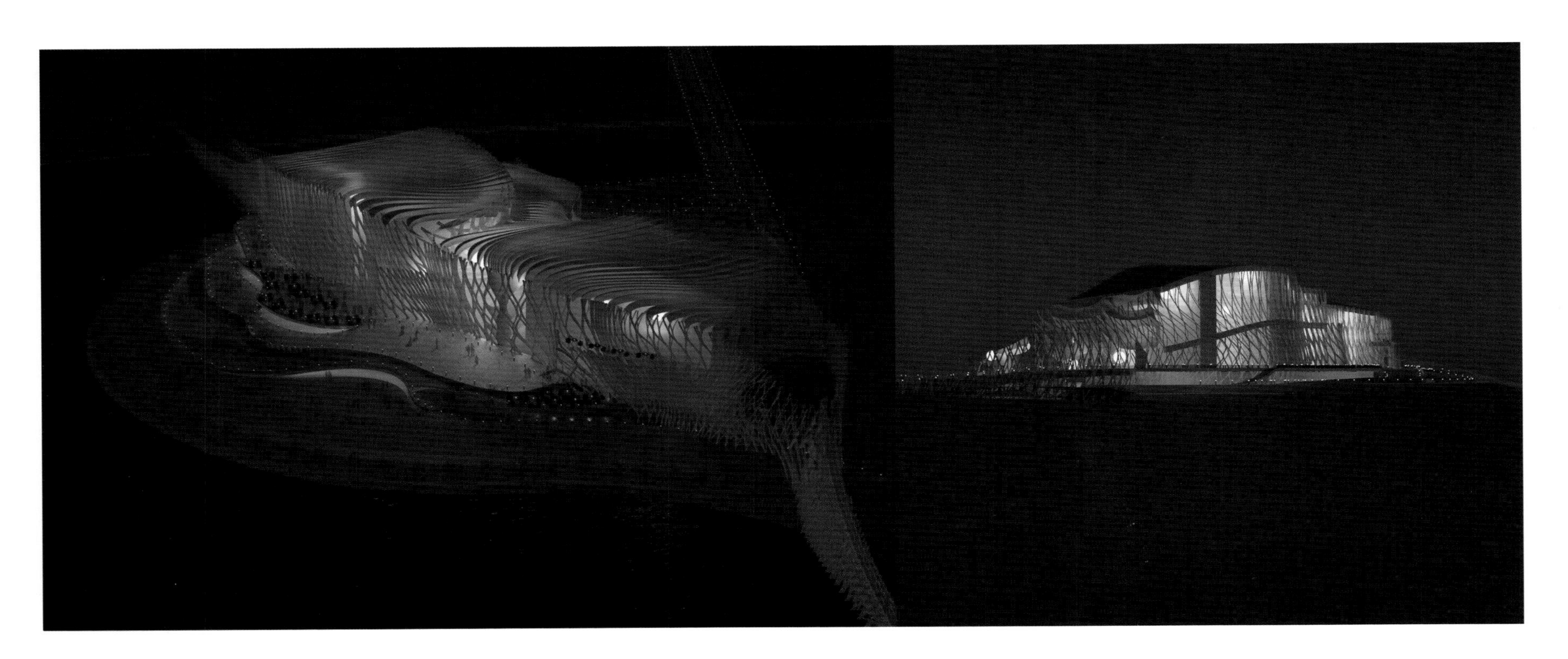

Liesma酒店 · 尤尔马拉 · 拉脱维亚
Hotel Liesma · Jurmala
Hotel Liesma · Latvia

竞标 · concurso · competition
Liesma酒店
Hotel Liesma
Hotel Liesma

竞标类型 · tipo de concurso · competition type
国际公开概念设计竞标
concurso de ideas abierto internacional
open international design ideas competition

项目地点 · localización · site area
尤尔马拉 · 拉脱维亚 Jurmala · Latvia

主办方 · órgano convocante · promoter
Liesma酒店 Hotel Liesma

日程安排 · fechas · schedule
招标 · Convocatoria · Announcement 08.2011
评审结果 · Fallo de jurado · Jury´s results 10.2011

评审团 · jurado · jury

Jury:
Janis Dripe
Matti Rautiola
Endrik Mänd
Dace Putnina
Svetlana Egorova
Janis Alksnis
Technical Jury:
Uldis Balodis
Dainis Berzins

获奖者 premios · awards

一等奖 · primer premio · first prize
VENTURA TRINDADE ARQUITECTOS（建筑师事务所）
João Maria de Paiva Ventura Trindade（建筑师）

并列二等奖 · segundo premio ex aequo · second prize ex aequo
BETILLON / DORVAL-BORY（建筑师事务所）
Nicolas Dorval-Bory & Raphaël Bétillon（建筑师）

助理 Assistants : Erin Durno · Julie Arnaud

并列二等奖 · segundo premio ex aequo · second prize ex aequo
ARQX ARQUITECTOS + CARLOS LOBÃO（建筑师事务所）
Pedro Lopes · Miguel Meirinhos (ARQX arquitectos)
Carlos Lobão（建筑师）

团队 Team: Pedro Oliveira
图形 Images: Carlos Lobão + ARQX

并列三等奖 · tercer premio ex aequo · third prize ex aequo
FBRK（建筑师事务所）
Colin Franzen · Laura Belevica
Aaron Robin · Zane Karpova（建筑师）

并列三等奖 · tercer premio ex aequo · third prize ex aequo
ROBINSON MCILWAINE ARCHITECTS（建筑师事务所）
Jason Arthur · Karson Tong · Stephen Miskelly
Ian Shek · Mark Reihill（建筑师）

合作艺术家 Collaborative Artist: Mark Reihill

荣誉提名奖 · mención honorífica · honourable mention
HELIO ARCHITECTS（建筑师事务所）
Odelya Bar-Yehuda · Ilan Behrman（建筑师）

荣誉提名奖 · mención honorífica · honourable mention
JACO BOTHA（建筑师）

入围 · finalista · shortlisted
TIAGO CARDOSO TOMÁS ARCHITECT（建筑师事务所）
Tiago Cardoso Tomás（建筑师）

入围 · finalista · shortlisted
AGATE ENINA（建筑师事务所）
合作 (c) Anita Jeka

参标 · propuesta · proposal
SURE ARCHITECTURE（建筑师事务所）

尤尔马拉是波罗的海沿岸的海滨城市，因其**音乐传统**而闻名。因此在建筑设计竞标通告中明确要求参标者应在对该酒店的设计概念中融入与音乐相关的元素。

La ciudad se ubica en la costa de Mar Báltico y es conocida por su **patrimonio musical**. Las bases del concurso también pedían que el hotel debía expresar elementos dentro de su concepto relacionados con la música.

The city is located on the coast of the Baltic Sea and well known for its **musical heritage**. It was also stated in the competition brief that the hotel should express elements related to music in its design concept.

Liesma酒店 · 尤尔马拉 · 拉脱维亚
Hotel Liesma · Jurmala
Hotel Liesma · Latvia
一等奖 · **Primer Premio** · First Prize

00835 (竞标代码)

Ventura Trindade arquitectos (建筑师事务所)
João Maria de Paiva Ventura Trindade (建筑师)

酒店标准图示
DIGRAMA TÍPICO DE HOTEL
TYPICAL HOTEL DIAGRAM

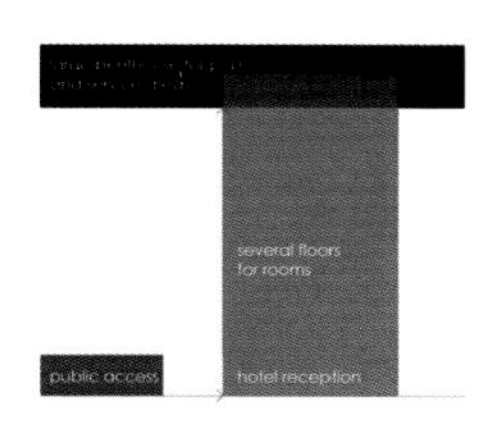

本案图示
DIGRAMA PROPUESTO
PROPOSED DIAGRAM

犹如一个助声箱

尤尔马拉有一些甚至比最近的新建项目都更为重要的历史遗产：传统的木质建筑、扬名海内外的音乐、广袤的森林、美丽的海岸线，以及波罗的海的屏障——里加湾。这个酒店项目秉承了"古老讲台"的概念以及由具有声罩的舞台和前方的平面观众席构成的、造型简约的室外建筑物风格。尽管尤尔马拉、里加拥有各种各样的音乐厅，但室外活动仍一直延续至今，并成为一个深深扎根于本土文化的传统。拟建建筑基于一个60平方米的架空层而造，同时在入口处的上方打造一个屋顶，形成酒店中尤为重要的一片公共区域，在这里可俯瞰壮观的波罗的海和里加。

COMO UNA CAJA ACÚSTICA

Existe en Jurmala un legado histórico casi más importante que el espectáculo de sus recientes proyectos: las construcciones tradicionales de madera, la importancia que la música ha adquirido recientemente local e internacionalmente, la riqueza de sus áreas de bosques, la belleza de sus costas, oculta del Báltico por el Golfo de Riga. El proyecto del hotel recupera el viejo concepto de "estrãdês", sencilla construccion exterior conformada por un escenario con una concha acústica y una audiencia plana justo en frente. Aunque existan varias salas de concierto en Jurmala y Riga, los eventos exteriores siguen siendo una tradición enraizada localmente. La estructura propuesta se basa en la creación de una planta de 60mx60m metros elevada, que forma simultáneamente una cubierta sobre el acceso exterior y organiza los espacios públicos más importantes del hotel, con vistas magníficas sobre el Báltico y Riga.

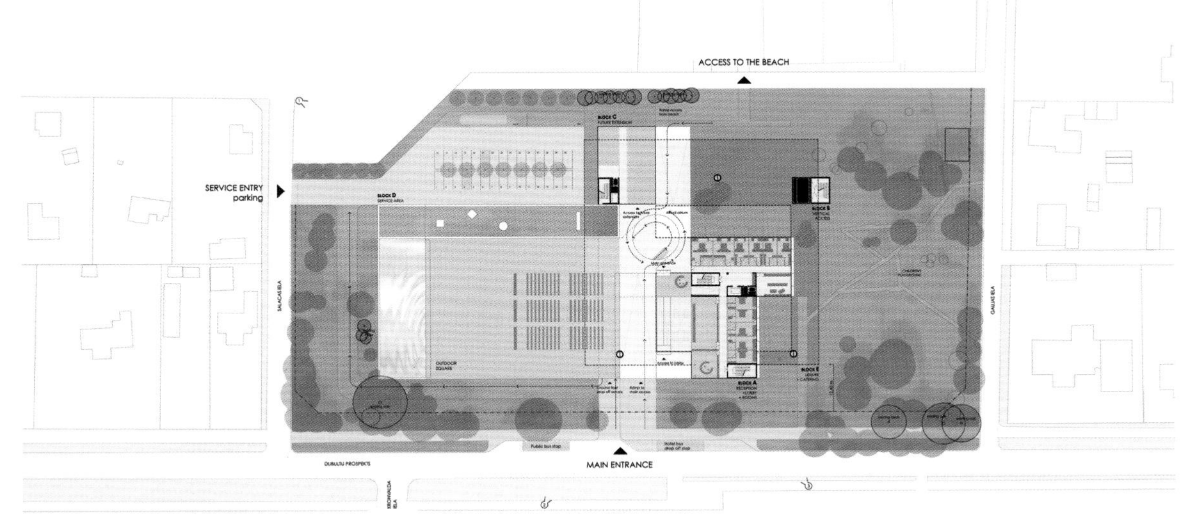

底层平面图 **PLANTA BAJA** GROUND FLOOR PLAN

LIKE AN ACOUSTIC BOX

In Jurmala there is a historical legacy even more important than the spectacle of its recent projects: the traditional wooden constructions, the importance which music acquired locally and internationally, the richness of its forest area, the beauty of its coastline, sheltered from the Baltic by the Gulf of Riga. The project of the hotel recovers the concept of old "estrãdês", simple outdoor structures formed by a stage with an acoustic shell and a flat audience, in front. Despite the existence of various concert halls in Jurmala and Riga, the outdoor events continue to be a tradition strongly rooted in the local culture. The proposed structure is based on the creation of a 60m×60m elevated floor, simultaneously forming a roof over the exterior access spaces and organizing the more important public spaces of the hotel, with a magnificent view of the Baltic and Riga.

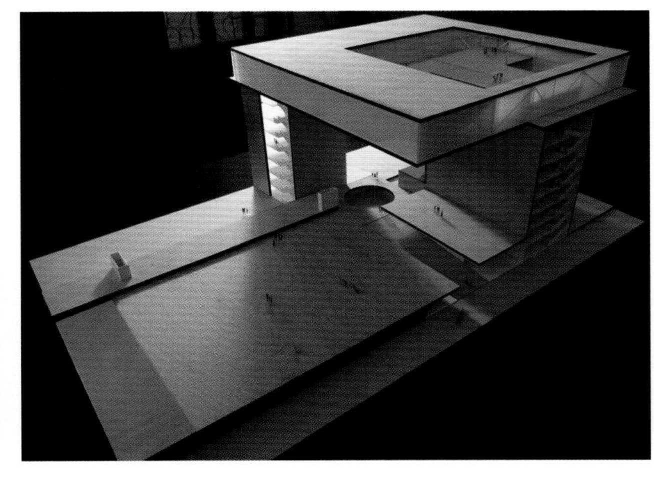

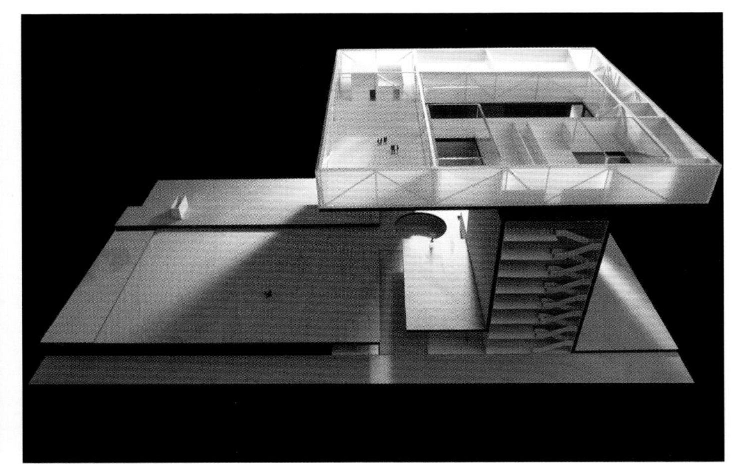

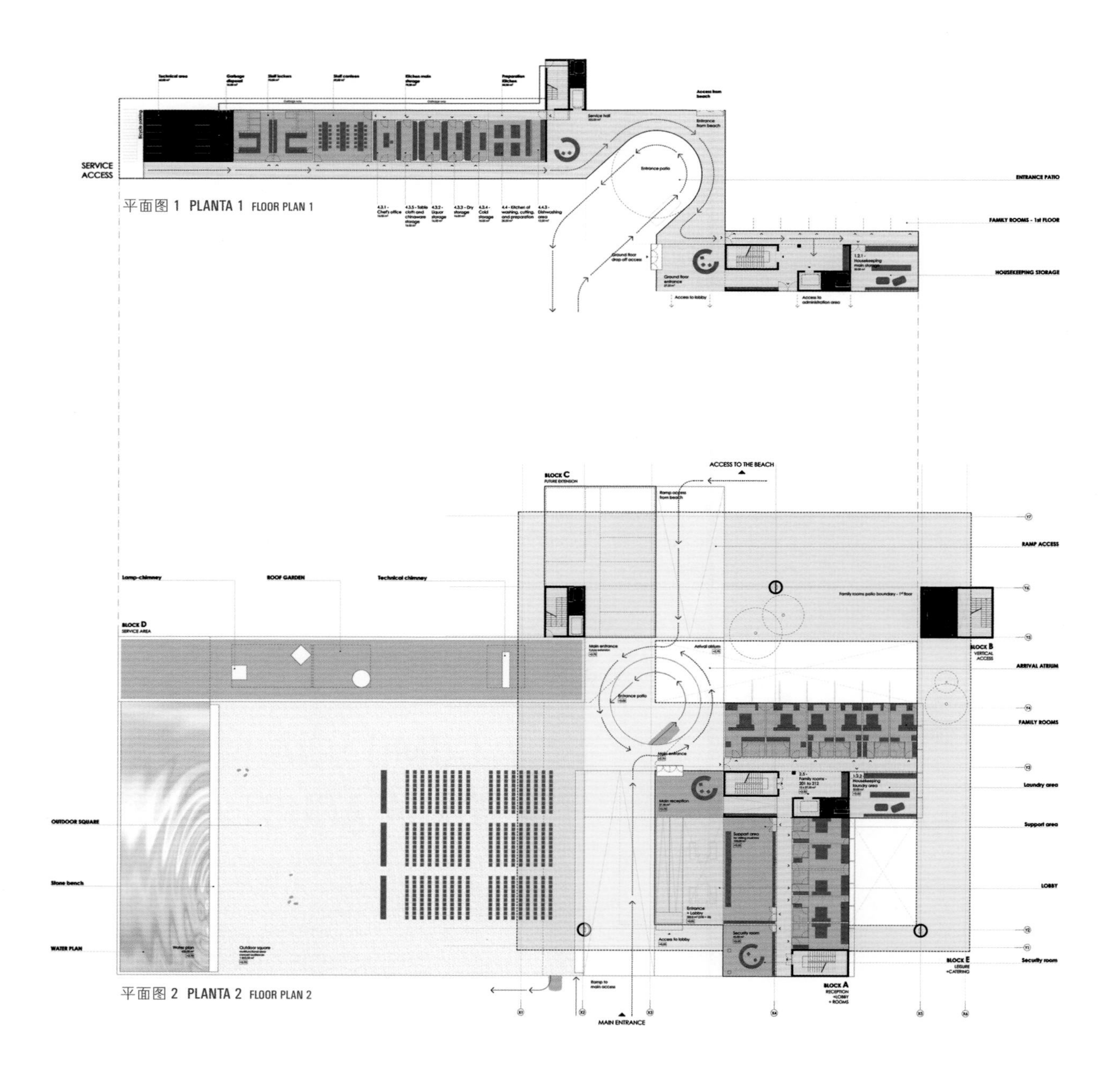

平面图 1 PLANTA 1 FLOOR PLAN 1

平面图 2 PLANTA 2 FLOOR PLAN 2

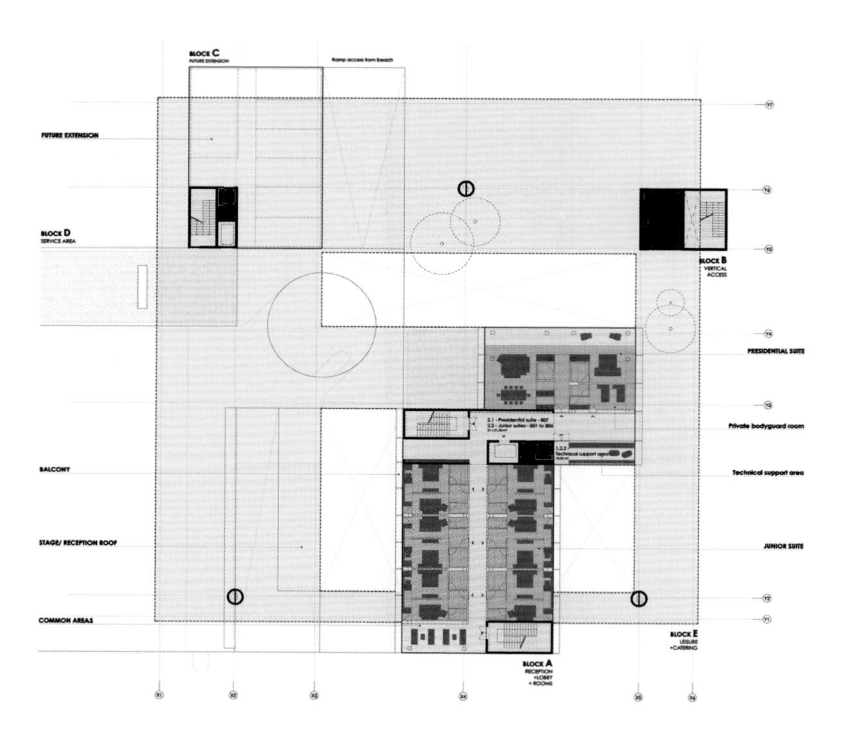

平面图 3～6 PLANTAS 3-6 FLOOR PLANS 3-6

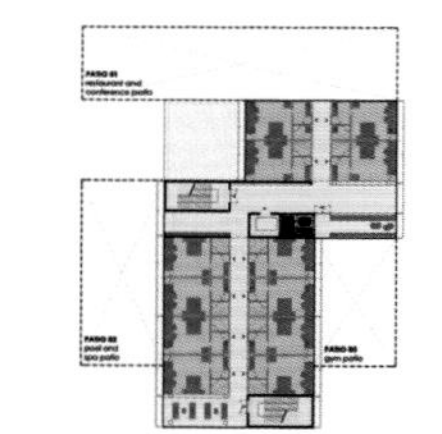

平面图 7 PLANTA 7 FLOOR PLAN 7

平面图 8 PLANTA 8 FLOOR PLAN 8

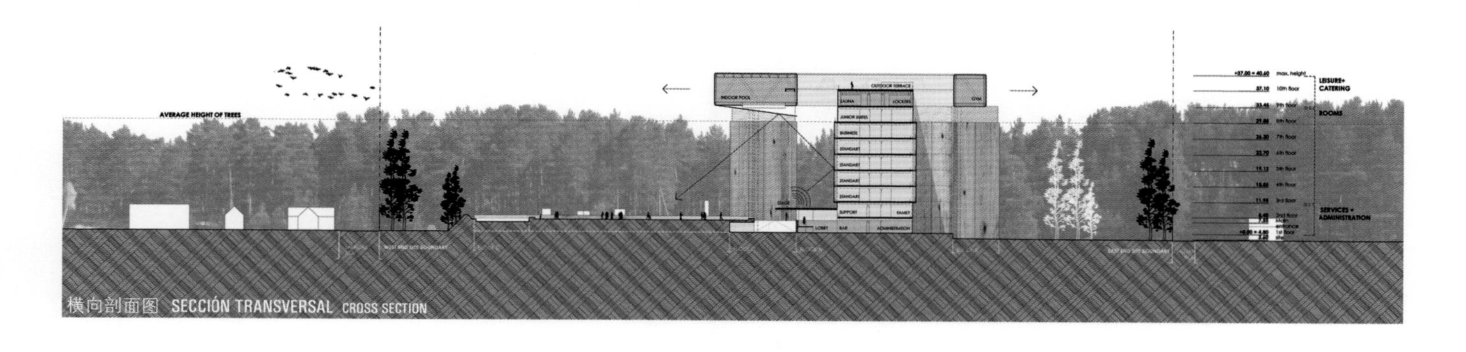

横向剖面图 SECCIÓN TRANSVERSAL CROSS SECTION

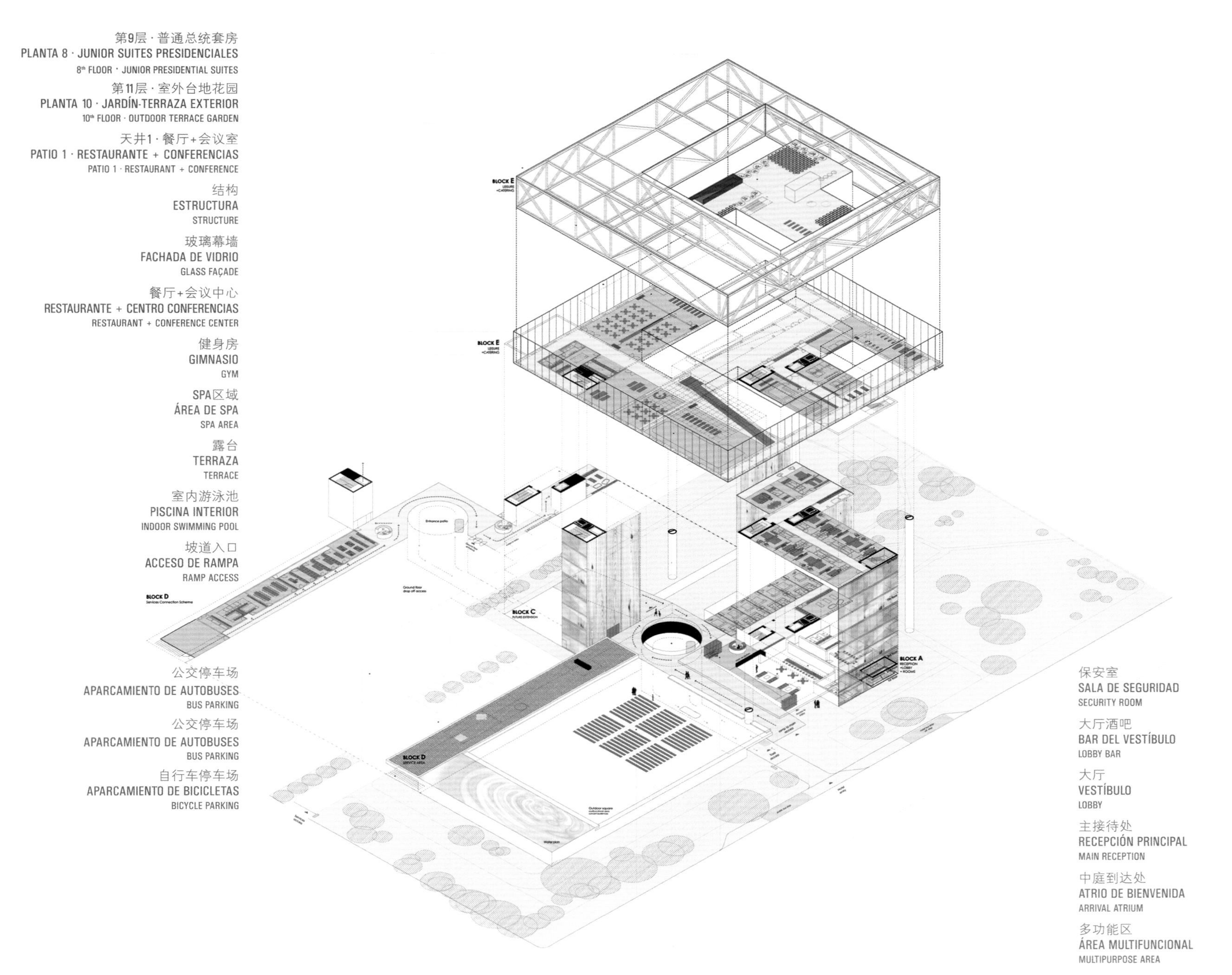

第9层 · 普通总统套房
PLANTA 8 · JUNIOR SUITES PRESIDENCIALES
8th FLOOR · JUNIOR PRESIDENTIAL SUITES
第11层 · 室外台地花园
PLANTA 10 · JARDÍN-TERRAZA EXTERIOR
10th FLOOR · OUTDOOR TERRACE GARDEN
天井1 · 餐厅+会议室
PATIO 1 · RESTAURANTE + CONFERENCIAS
PATIO 1 · RESTAURANT + CONFERENCE
结构
ESTRUCTURA
STRUCTURE
玻璃幕墙
FACHADA DE VIDRIO
GLASS FAÇADE
餐厅+会议中心
RESTAURANTE + CENTRO CONFERENCIAS
RESTAURANT + CONFERENCE CENTER
健身房
GIMNASIO
GYM
SPA区域
ÁREA DE SPA
SPA AREA
露台
TERRAZA
TERRACE
室内游泳池
PISCINA INTERIOR
INDOOR SWIMMING POOL
坡道入口
ACCESO DE RAMPA
RAMP ACCESS
公交停车场
APARCAMIENTO DE AUTOBUSES
BUS PARKING
公交停车场
APARCAMIENTO DE AUTOBUSES
BUS PARKING
自行车停车场
APARCAMIENTO DE BICICLETAS
BICYCLE PARKING
BLOCK E
BLOCK E
BLOCK D
BLOCK C
BLOCK A
BLOCK D
保安室
SALA DE SEGURIDAD
SECURITY ROOM
大厅酒吧
BAR DEL VESTÍBULO
LOBBY BAR
大厅
VESTÍBULO
LOBBY
主接待处
RECEPCIÓN PRINCIPAL
MAIN RECEPTION
中庭到达处
ATRIO DE BIENVENIDA
ARRIVAL ATRIUM
多功能区
ÁREA MULTIFUNCIONAL
MULTIPURPOSE AREA

Liesma酒店 · 尤尔马拉 · 拉脱维亚

Hotel Liesma · Jurmala

Hotel Liesma · Latvia

并列二等奖 · **Segundo Premio ex aequo** · Second Prize ex aequo

03248 (竞标代码)

BETILLON / DORVAL-BORY (建筑师事务所)

Nicolas Dorval-Bory & Raphaël Bétillon (建筑师)

声音

尤尔马拉的历史与音乐和声音有着密不可分的联系。这个城市提供了一个独特的声环境，营造出原始的声学氛围。声音可分成三种：乐曲的文化抽象性、建筑中音乐元素的扩散性和自然声音构成的背景乐。因此，声音具有渐变性的特点——从最具结构性的音乐到自然声音，从文化设计中的音乐到杂乱无序的自然声音的混合低吟。基于这一原则，我们将从建筑的角度实践这种渐变性。

SONIDOS

La historia de la ciudad de Jurmala, está estrechamente ligada a la música y el sonido. El emplazamiento ofrece un entorno particular de sonidos, una atmósfera acústica original. Existen sonidos en tres contextos diferentes: la abstracción cultural de la composición musical, la difusión de esta música estructurada, y finalmente ruido natural como fondo. Consecuentemente existe una gradación del sonido, desde el más estructurado hasta el caos acústico natural, desde el diseño cultural hasta el murmullo de elementos con su absoluto desorden. Siguiendo este principio, nuestro proyecto trata de experimentar esta gradación desde un punto de vista arquitectónico.

SOUNDS

The history of the city of Jurmala is closely related to music and sound. The site offers a particular sound environment, an original acoustic atmosphere. There are sounds in three different contexts: the cultural abstraction of musical composition, the diffusion of this structured music, and finally natural noise as a background. Consequently there is a gradation of sound, from the most structured one to nature acoustic chaos, from cultural design to the murmur of the elements with their absolute disorder. Following this principle, our project wishes to experiment this gradation from an architectural point of view.

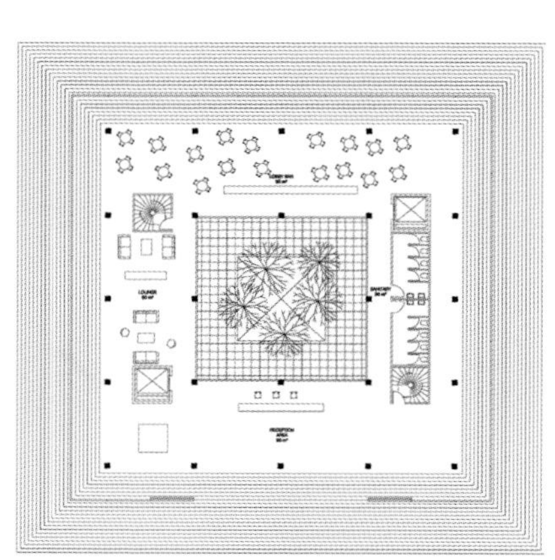

底层平面图 PLANTA BAJA GROUND FLOOR PLAN

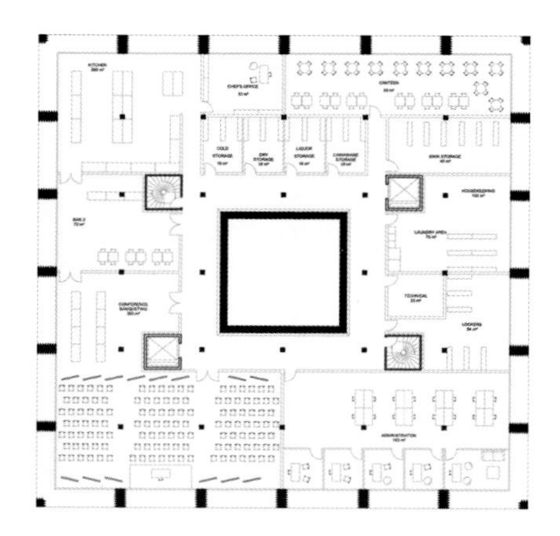

平面图 3 PLANTA 3 FLOOR PLAN 3

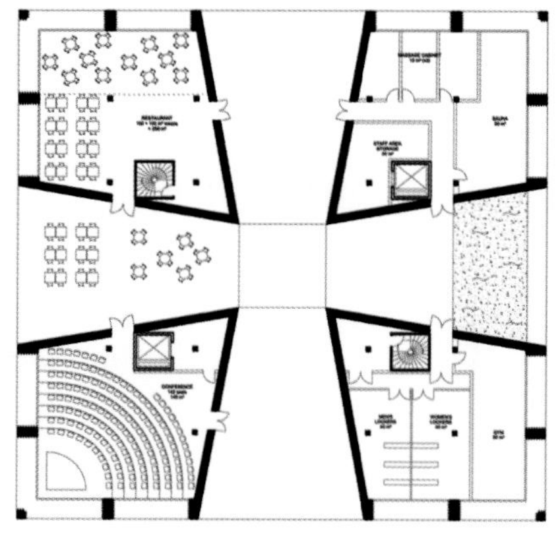

平面图 4 PLANTA 4 FLOOR PLAN 4

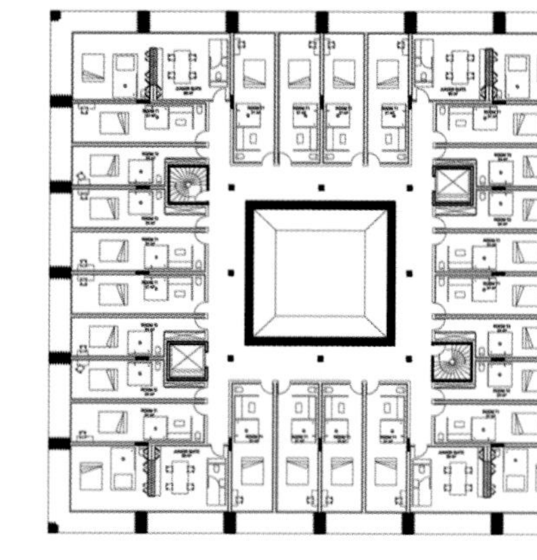

平面图 7 PLANTA 7 FLOOR PLAN 7

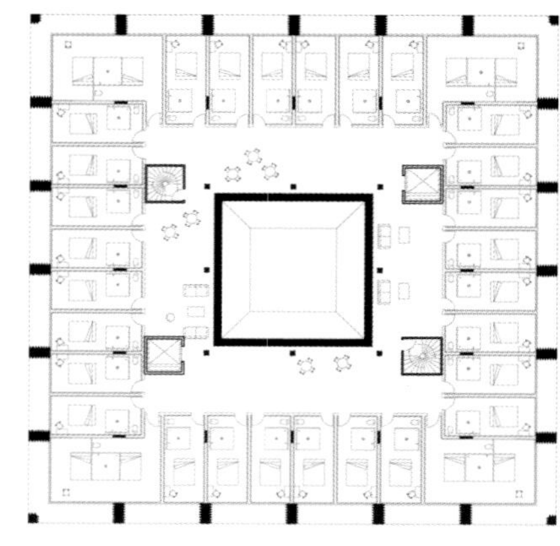

平面图 8 PLANTA 8 FLOOR PLAN 8

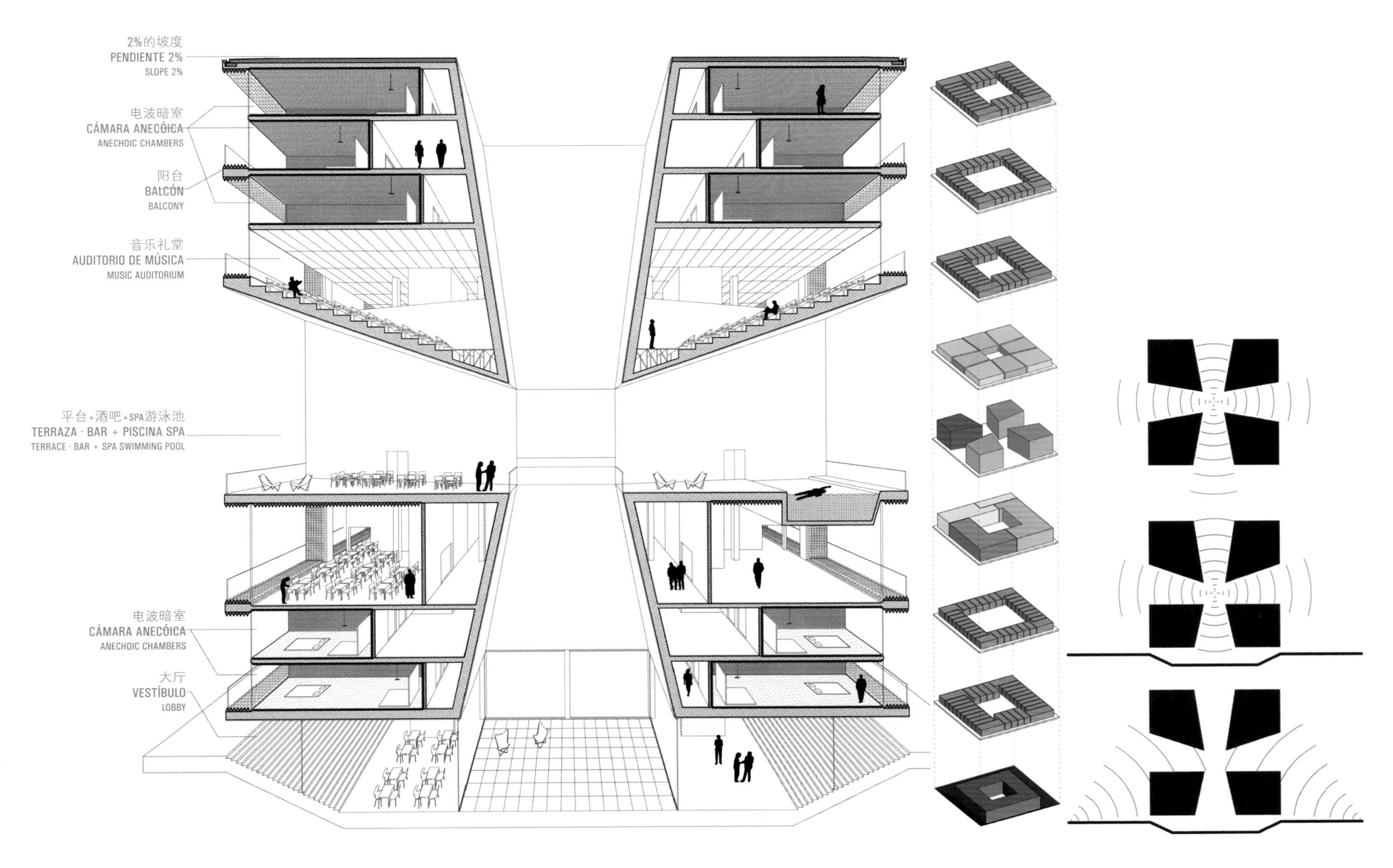
2%的坡度
PENDIENTE 2%
SLOPE 2%
电波暗室
CÁMARA ANECÓICA
ANECHOIC CHAMBERS
阳台
BALCÓN
BALCONY
音乐礼堂
AUDITORIO DE MÚSICA
MUSIC AUDITORIUM
平台+酒吧+SPA游泳池
TERRAZA · BAR + PISCINA SPA
TERRACE · BAR + SPA SWIMMING POOL
电波暗室
CÁMARA ANECÓICA
ANECHOIC CHAMBERS
大厅
VESTÍBULO
LOBBY

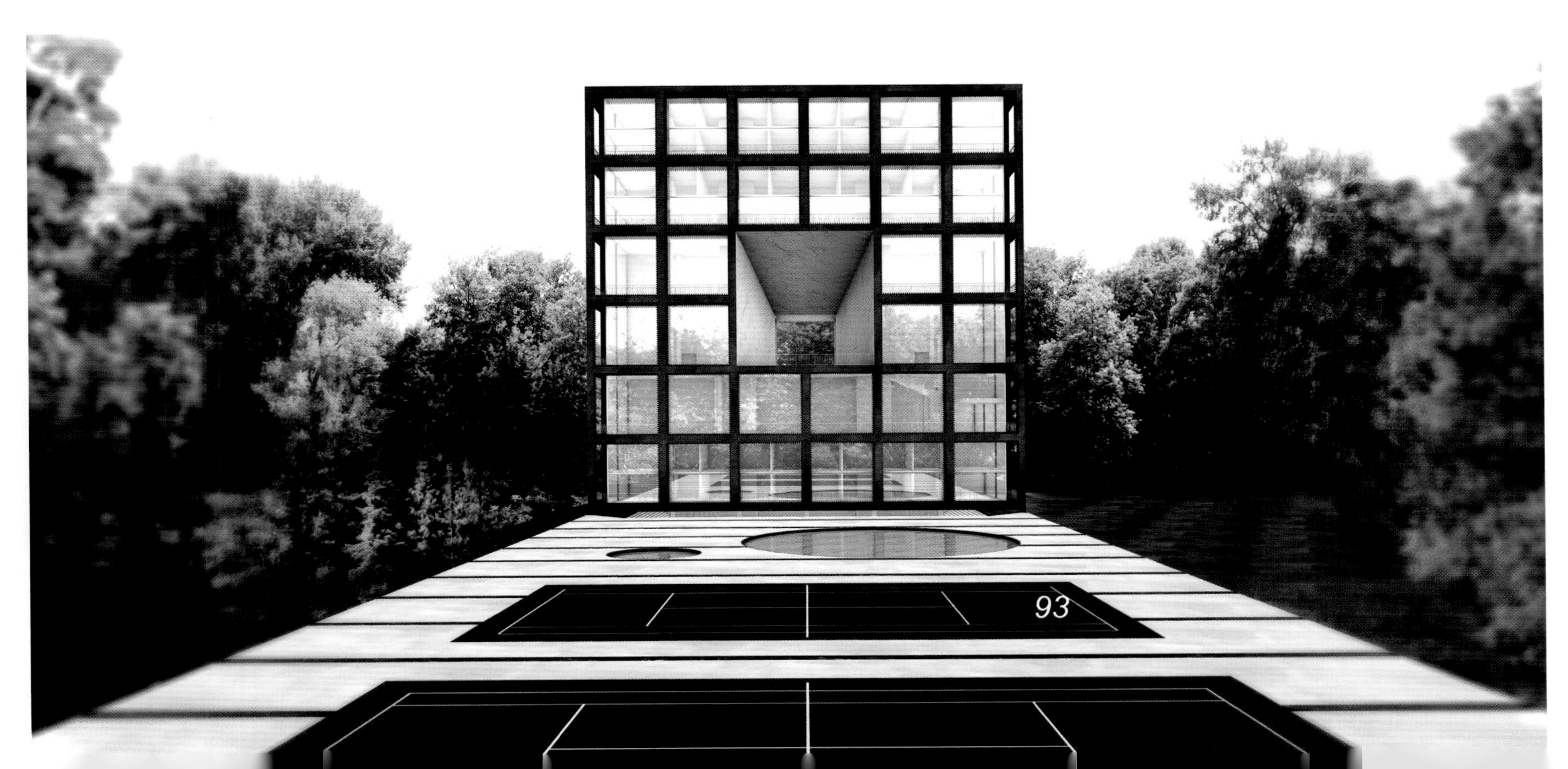

Liesma酒店 · 尤尔马拉 · 拉脱维亚
Hotel Liesma · Jurmala
Hotel Liesma · Latvia
并列二等奖 · **Segundo Premio ex aequo** · Second Prize ex aequo

00910 (竞标代码)

ARQX arquitectos + Carlos Lobão (建筑师事务所)
Pedro Lopes · Miguel Meirinhos (ARQX arquitectos) · Carlos Lobão (建筑师)

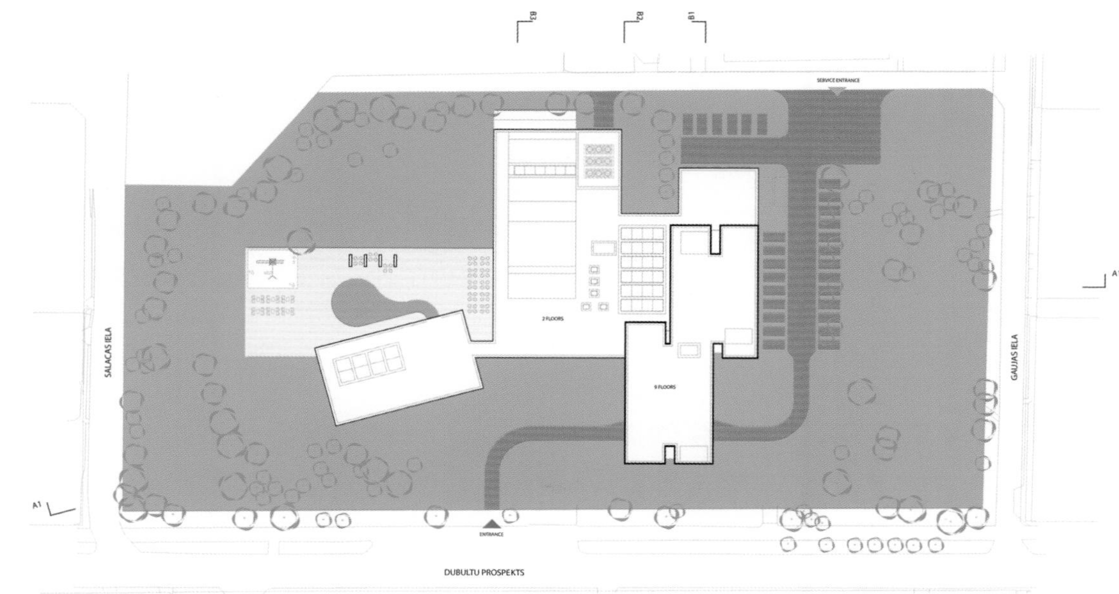

区块位置 PLANO DE SITUACIÓN SITE PLAN

有节奏的立面

基于保留既有塔楼的前提，我们对项目的设计理念基于其与场地的关系、太阳光的采光度及空间质量而形成。Liesma酒店在该区域具有强大的气势，垂直的结构超拔于绿树之上，与独立居住区形成对比。其关键在于连接体量形态(高、垂直对比低、水平)和项目(单元空间的重复对比受污染的大空间)。

FACHADA RÍTMICA

Con la premisa de conservar la actual torre nos acercamos al concepto del proyecto basándonos en: la relación con el lugar, la exposición solar y la calidad espacial. El Hotel Liesma tiene una fuerte presencia en el paisaje. La presencia vertical, emergiendo de la masa verde de los árboles, contrasta con los domésticos volúmenes más discretos. La clave es articular las formas volumétricas (alto y vertical vs bajo y horizontal) y los programas (repetición de la celda vs grandes espacios contaminados).

RHYTHMIC FAÇADE

Having the premise of preserving the existing tower building we approached the project concept based in: relationship with the site, solar exposition and spatial quality. Hotel Liesma has a very strong presence in the landscape. The vertical presence, arising from the green mass of trees, contrasts with the more discrete domestic volumes. The key is to articulate the volumetric shapes (high and vertical vs. low and horizontal) and programs (cell repetition vs. large contaminated spaces).

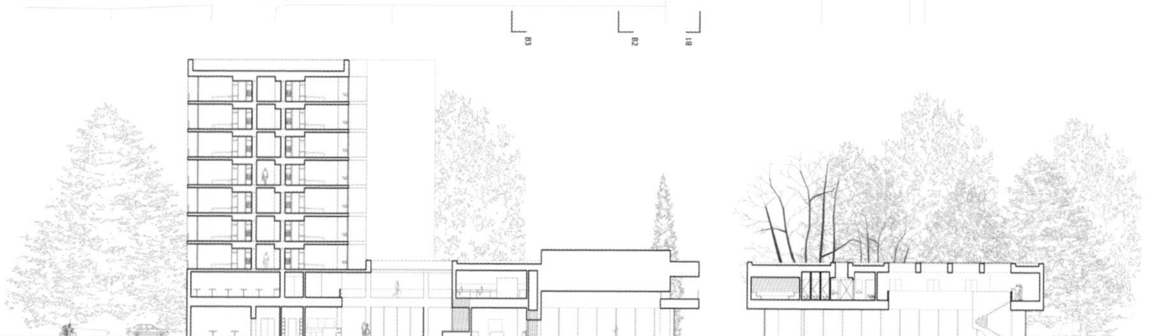

剖面图 A1 SECCIÓN A1 SECTION A1

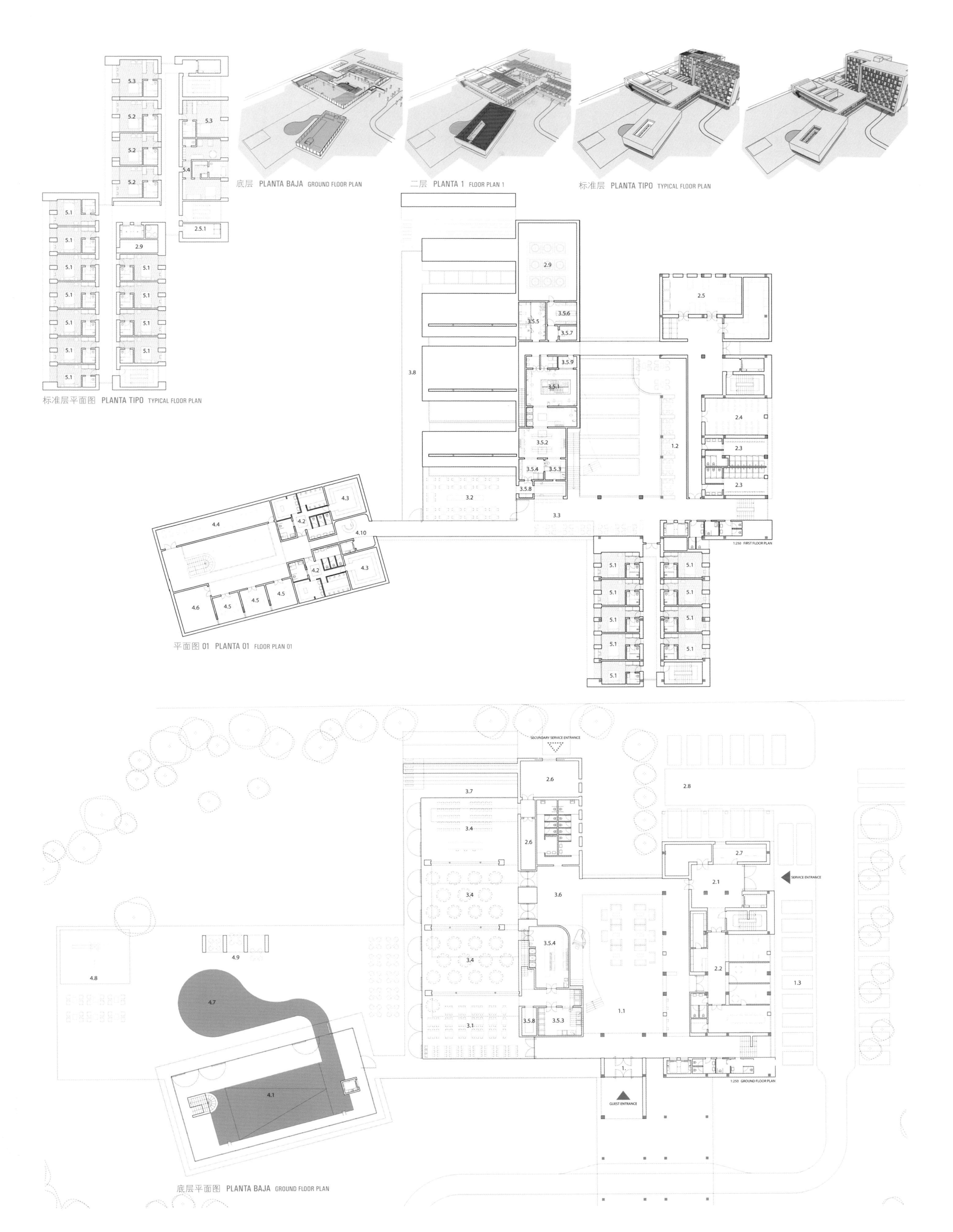
底层 PLANTA BAJA GROUND FLOOR PLAN
二层 PLANTA 1 FLOOR PLAN 1
标准层 PLANTA TIPO TYPICAL FLOOR PLAN
标准层平面图 PLANTA TIPO TYPICAL FLOOR PLAN
平面图 01 PLANTA 01 FLOOR PLAN 01
1:250 FIRST FLOOR PLAN
SECONDARY SERVICE ENTRANCE
SERVICE ENTRANCE
GUEST ENTRANCE
1:250 GROUND FLOOR PLAN
底层平面图 PLANTA BAJA GROUND FLOOR PLAN

Liesma酒店 · 尤尔马拉 · 拉脱维亚
Hotel Liesma · Jurmala
Hotel Liesma · Latvia
并列三等奖 · **Tercer Premio ex aequo** · Third Prize ex aequo

01358 (竞标代码)

FBRK (建筑师事务所)
Colin Franzen · Laura Belevica · Aaron Robin · Zane Karpova (建筑师)

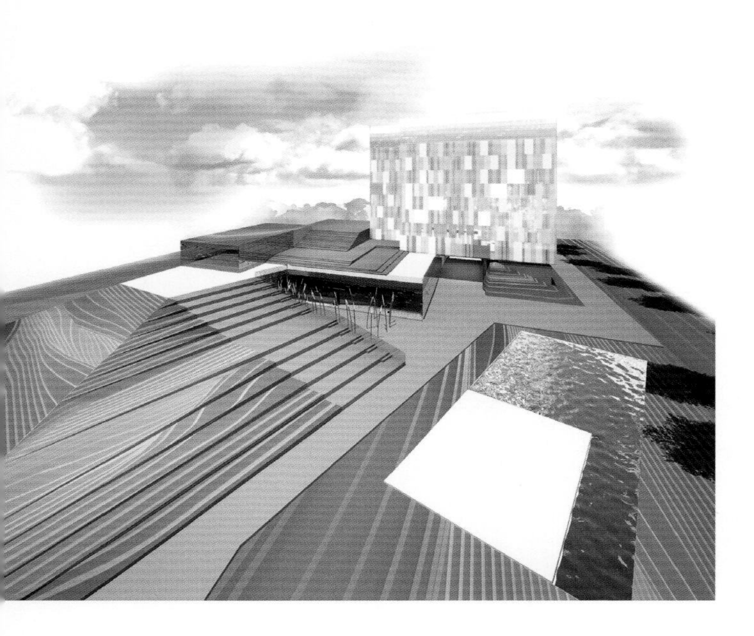

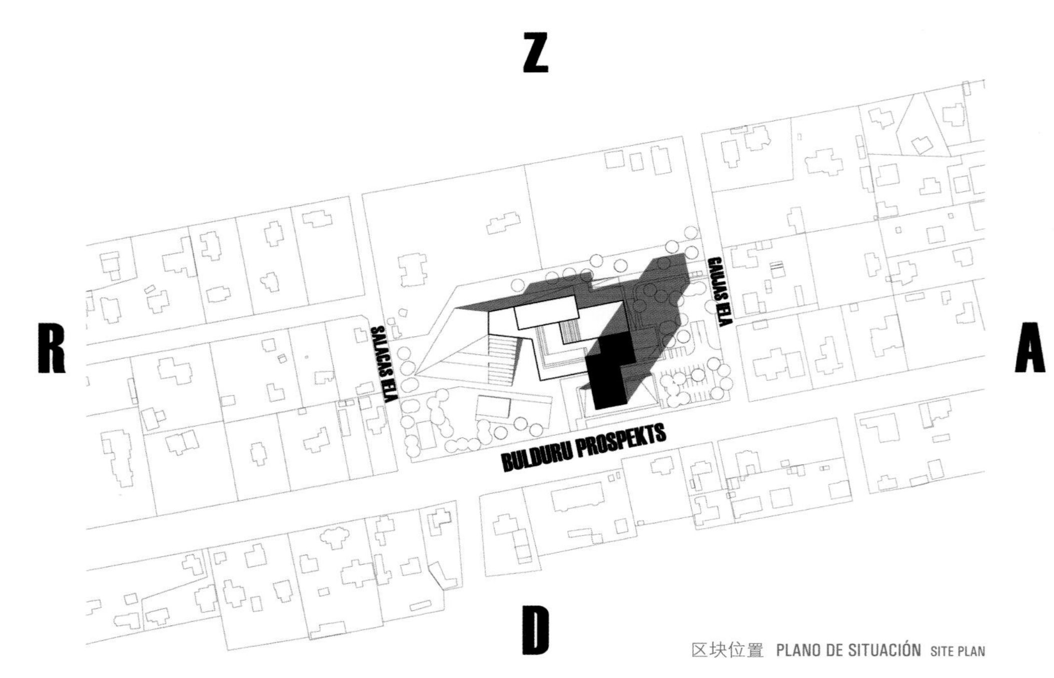

区块位置 PLANO DE SITUACIÓN SITE PLAN

与城市景观形成互补

艺术形式可以通过时空而表达。显然，音乐蕴于时间之中；静态艺术(绘画、雕塑等)蕴于空间之中，然而建筑是少有的同时蕴于时间与空间之中的艺术形式之一。在建筑领域，有三种艺术表达方式：体量、空间和节奏。在该项目中，这三种形式均已用到：新的体量类似于艺术形式——尤尔马拉海景，节奏体现于建筑立面和内部，而自然与音乐则是所有酒店建筑设计、酒店设施和周边景观的关键元素。

UN COMPLEMENTO PARA EL PAISAJE DE LA CIUDAD

Las formas de arte se pueden expresar en espacio y tiempo. La música claramente se percibe en el tiempo; el arte estático (pintura, escultura, etc) – en espacio, pero la arquitectura es una de las pocas formas artísticas expresada tanto en tiempo como espacio. En la arquitectura existen tres formas de expresión artística: volumen, espacio y ritmo. En el proyecto se utilizan las tres. Los nuevos volúmenes se crean a semejanza de la formas de la naturaleza – el paisaje marino de Jurmala. El ritmo se utiliza para desarrollar la fachada del edificio e interior. La naturaleza y la música son los elementos clave de todos los elementos de diseño de un hotel, sus anexos y el paisaje circundante.

A COMPLEMENT TO THE CITY LANDSCAPE

Art forms can be expressed in space and time. Music clearly is perceived in time; static art (painting, sculpture, etc.) – in space, but architecture is one of the few art forms that is expressed in both space and time. In architecture there are three artistic means of expression: volume, space and rhythm. In this project all three are used: The new volumes are created in resemblance to forms of nature – the Jurmala seascape. Rhythm is used to develop the building façade and interior. Nature and music are the key elements in all hotel building design elements, hotel accessories and the surrounding landscape.

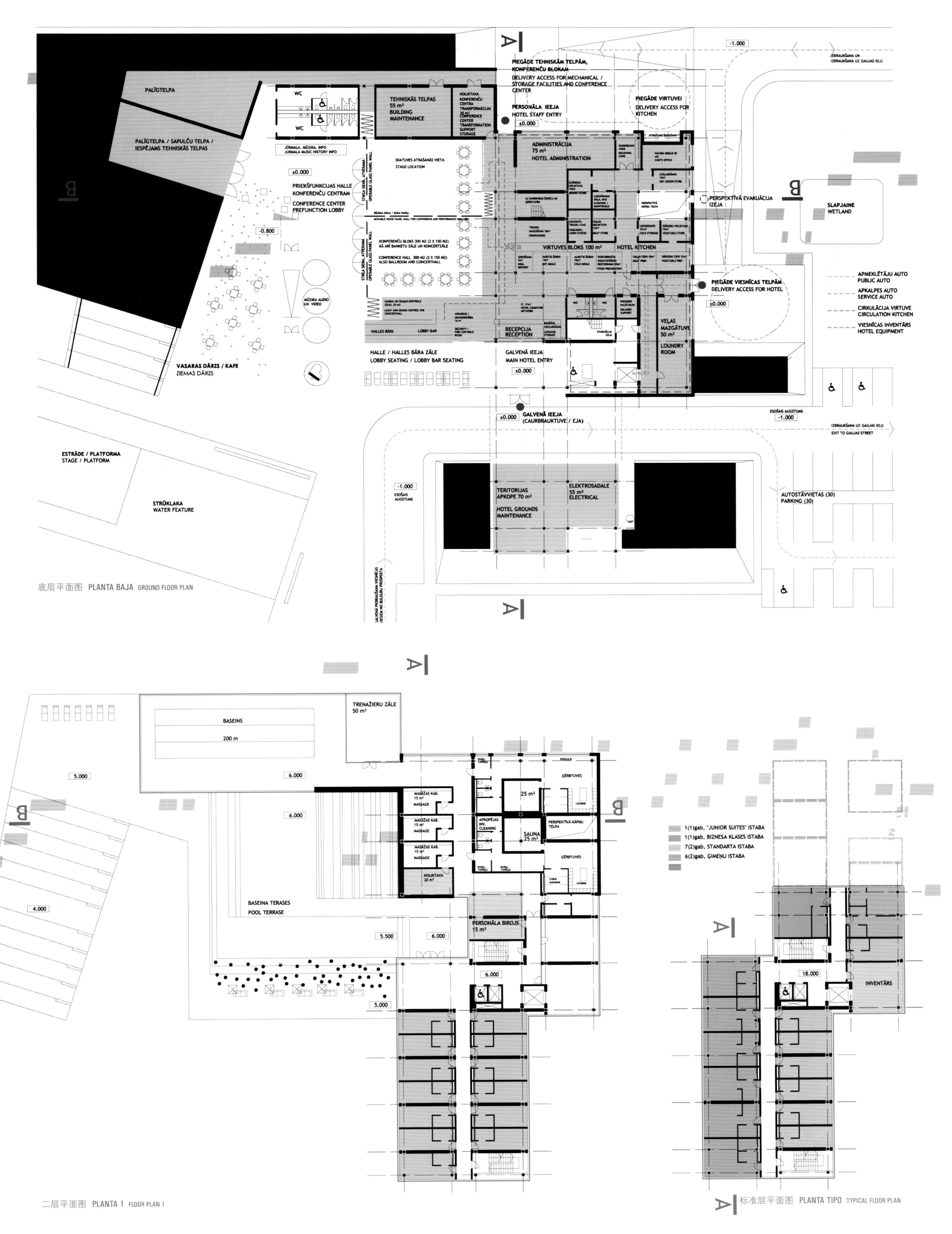

底层平面图 PLANTA BAJA GROUND FLOOR PLAN

二层平面图 PLANTA 1 FLOOR PLAN 1

标准层平面图 PLANTA TIPO TYPICAL FLOOR PLAN

Liesma酒店 · 尤尔马拉 · 拉脱维亚
Hotel Liesma · Jurmala
Hotel Liesma · Latvia
并列三等奖 · Tercer Premio ex aequo · Third Prize ex aequo

02282 (竞标代码)

Robinson McIlwaine Architects (建筑师事务所)
Jason Arthur · Karson Tong · Stephen Miskelly · Ian Shek · Mark Reihill (建筑师)

波浪

一系列的模型分析结果表明，保留高层建筑是可行的，可以以三倍高的体量建筑取代低层建筑。现有的大树和成型景观也因此而得以保留。利用底层建筑的通透性和渗透性将内部空间与花园连接起来，为宾客和民众提供休闲的空间。建筑的外部以乐器的颜色进行表达：乌木色，象牙色和原木色。钢琴键主题以保留的既有建筑为基础，自东向西延伸开来，形成一系列花园、亭子、表演空间和游乐区。

OLAS

Una serie de estudios confirman la viabilidad de conservar las estructuras de altura mientras el edificio de baja altura se sustituye por una serie de volúmenes de triple altura. Los árboles maduros existentes y las áreas paisajísticas del emplazamiento se conservan. La transparencia y permeabilidad del edificio en el nivel de planta baja conecta los espacios interiores con los jardines y da la bienvenida a clientes y al público. La envolvente exterior del edificio se expresa mediante colores de instrumentos musicales; ébano, marfil y madera. El símbolo del Teclado de un Piano es la base de la huella del edificio existente que se conserva y se extiende por el solar de este a oeste para crear una serie de jardines, pabellones, espacios de representación y de juegos.

WAVES

A series of model studies have confirmed the viability of retaining the tall structures while the low level building is replaced with a series of new triple height volumes. The existing mature trees and landscape areas on the site have been identified for retention. The transparency and permeability of the building at ground level links the internal spaces with the gardens and provides a welcome to guests and the public. The external massing of the building is expressed in the colors of musical instruments; ebony, ivory and wood. The Piano Key motif springs from the footprint of the existing retained building and extends across the site from east to west to create a series of gardens, pavilions, performance spaces and play areas.

区块位置 PLANO DE SITUACIÓN SITE PLAN

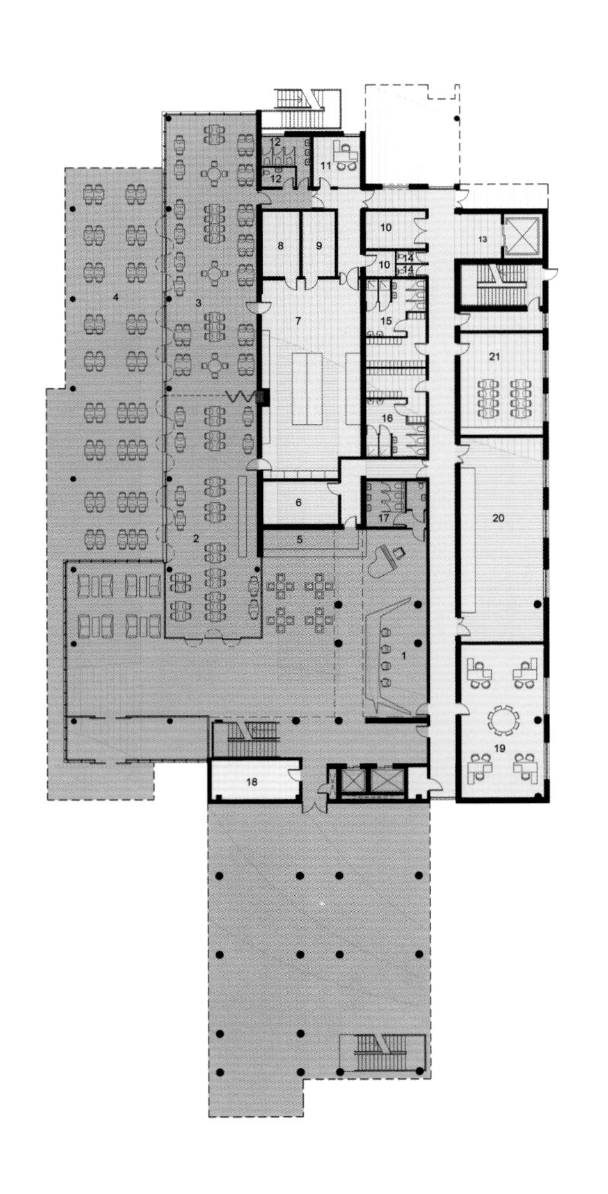

底层平面图 PLANTA BAJA GROUND FLOOR PLAN

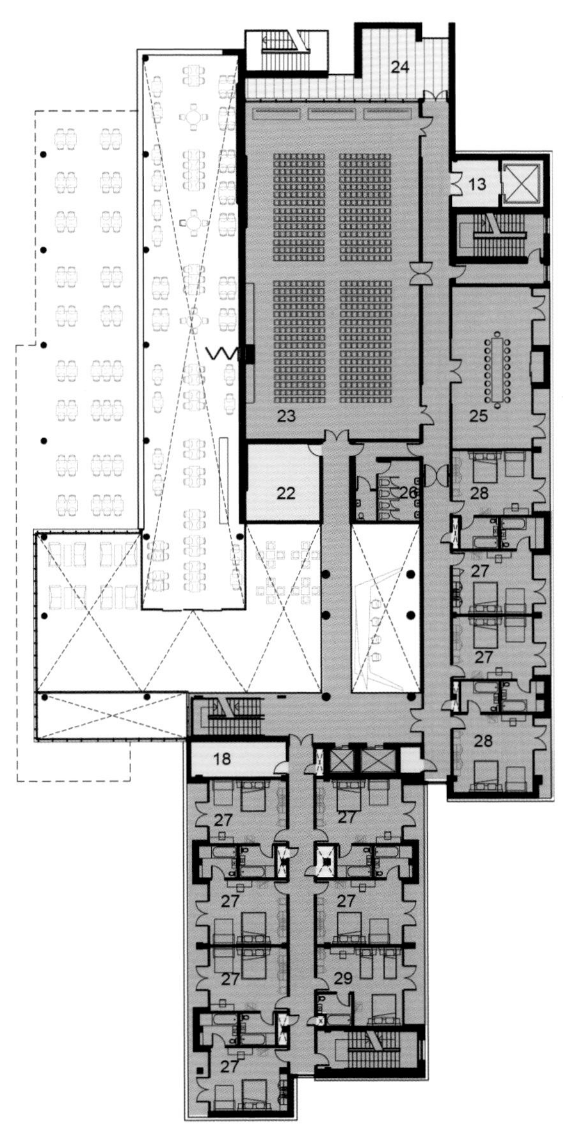

二层平面图 PLANTA 1 FLOOR PLAN 1

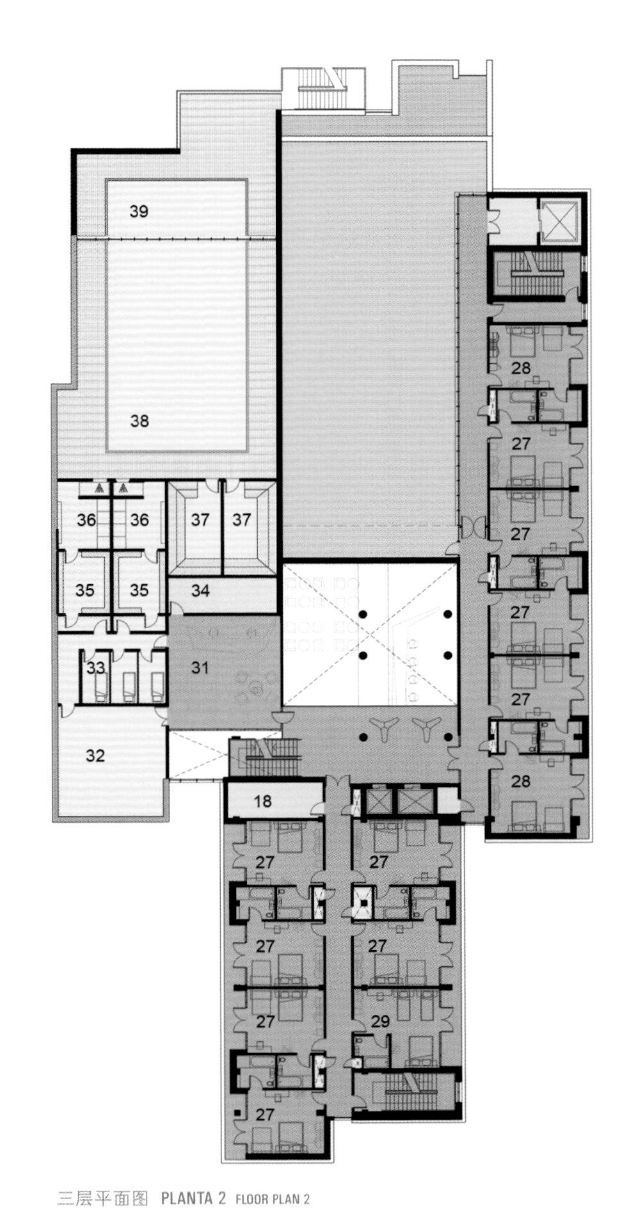

三层平面图 PLANTA 2 FLOOR PLAN 2

公共入口 ACCESO PÚBLICO PUBLIC ACCESS

管制入口 ACCESO CONTROLADO CONTROLLED ACCESS

员工通道 SÓLO PERSONAL STAFF ONLY

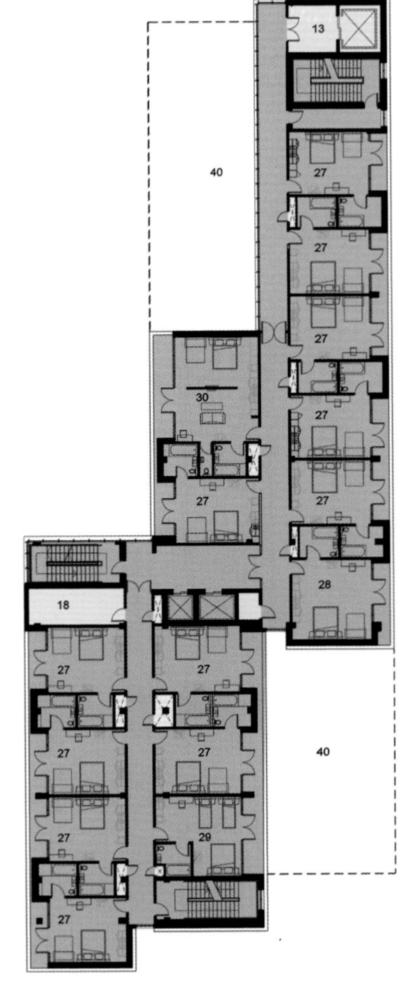

四至九层平面图 PLANTAS 3-8 FLOOR PLANS 3-8

Liesma酒店 · 尤尔马拉 · 拉脱维亚
Hotel Liesma · Jurmala
Hotel Liesma · Latvia
荣誉提名奖 · **Mención Honorífica** · Honourable Mention

02874 (竞标代码)

helio architects (建筑师事务所)
Odelya Bar-Yehuda · Ilan Behrman (建筑师)

创新

公共区域均设置于山顶、山腰及其周边，以使区域与区域之间的距离最小化。项目还设计了一个囊括餐馆、咖啡厅、商店、礼堂、音乐史展馆等功能的新广场，所有设施均位于酒店前，不仅可为酒店宾客所用，而且还是一个充满活力的公共场所。休闲放松的私人游泳池和SPA馆仅向酒店宾客开放，与大厅相连，前面以玻璃立面作为屏障。其目的在于为宾客带来惊喜，让其沉迷并享受探索、出其不意所带来的魅力，正如音乐一样。

INNOVACIÓN

Las áreas públicas se disponen sobre, dentro y adosadas a la montaña, permitiendo sólo pequeñas divisiones entre ellas. El proyecto ofrece una nueva plaza pública con restaurante, café, tiendas, auditorio y una galería de la historia de la música, todas en frente del hotel, convirtiéndose en un espacio público vivo, no sólo para los clientes del hotel. El área privada y relajante, sólo accesible para clientes, se ubica de forma adyacente al vestíbulo, detrás de una fachada de vidrio. El objetivo es sorprender a clientes, fascinarlos, y hacerles disfrutar de los momentos de descubrimiento y magia, igual como hace la música.

INNOVATION

The public areas are all arranged on, inside and by the hill, allowing only minimum divisions between them. The design offers a new public square with restaurant, café, shops, auditorium and music history gallery, all in front of the hotel, making it a lively public space, not only for the hotel guests. The private, relaxing, pool and SPAarea, available for hotel guests only, is located adjacent to the lobby, behind a glass façade. The aim is to surprise the guests, fascinate them, and make them enjoy moments of discovery and magic, just like music.

区块位置 PLANO DE SITUACIÓN SITE PLAN

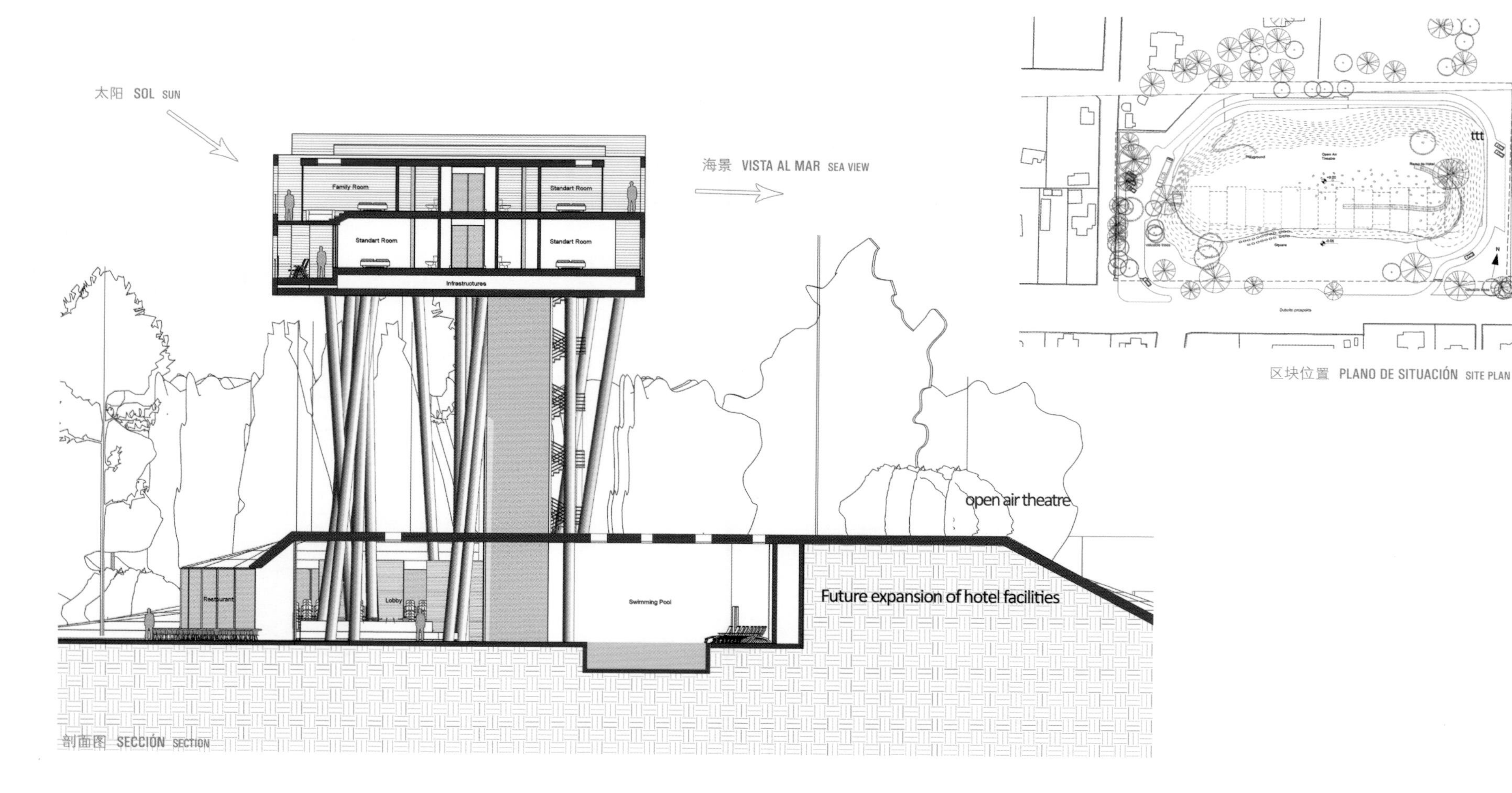

剖面图 SECCIÓN SECTION

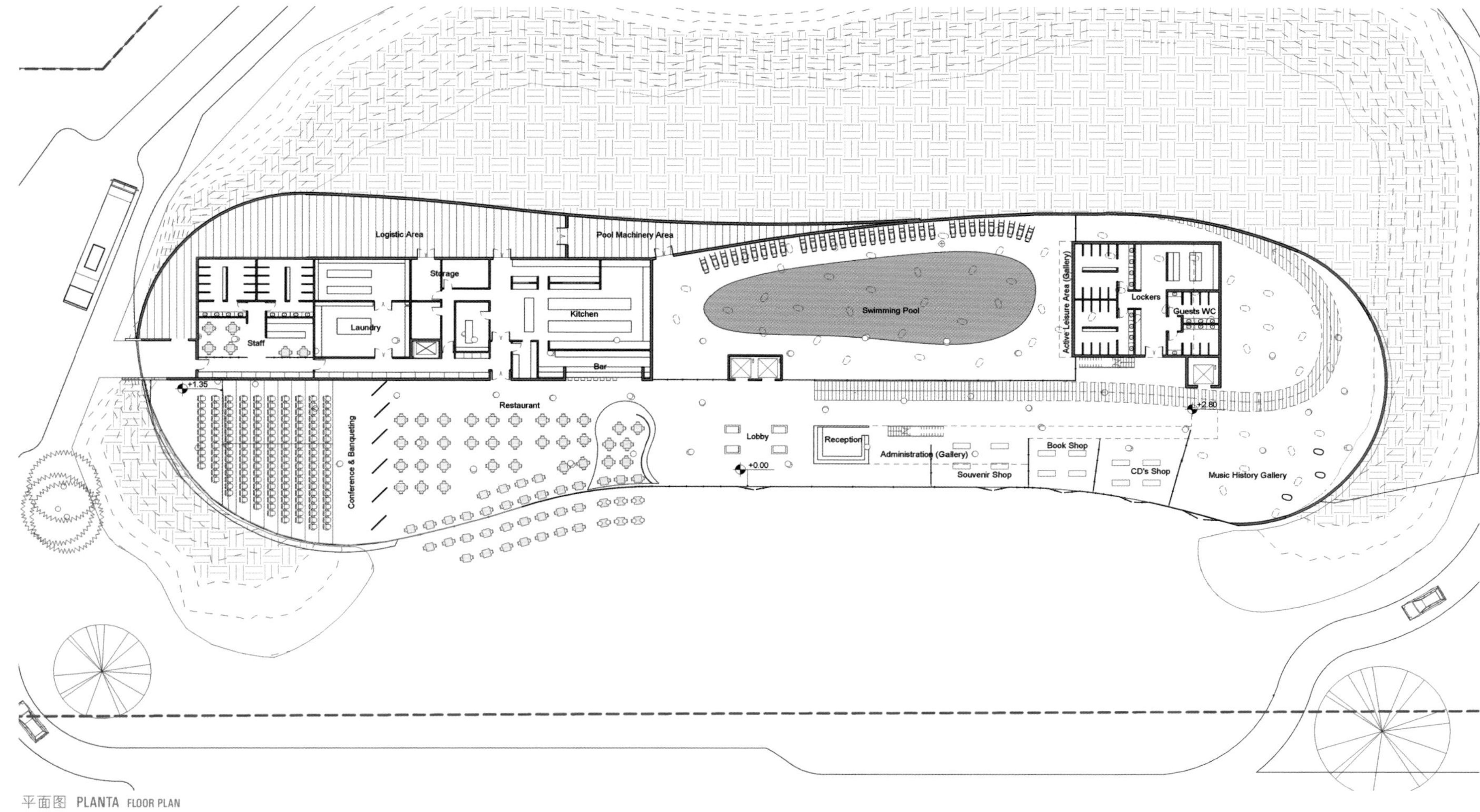

平面图 PLANTA FLOOR PLAN

标准层平面图 PLANTA TIPO TYPICAL FLOOR PLAN

Liesma酒店 · 尤尔马拉 · 拉脱维亚
Hotel Liesma · Jurmala
Hotel Liesma · Latvia
荣誉提名奖 · **Mención Honorífica** · Honourable Mention

03584 (竞标代码)

Jaco Botha (建筑师事务所)

打破体量

既有的Liesma酒店坐落于郊区，其当前的体量与印记及周边精致、敏感的建筑结构并不相称。既有架构的重复利用具有良好的经济效益，并且在一定程度上，可作为当地的地标性建筑。从概念上看，其宗旨在于将整个公寓的体量分成三个更小的、比例更相称的部分。拆除既有的中庭和循环塔，不仅有助于打破体量，而且还可实现新的斜视觉。另外，施工场所范围内的项目需求均可得到满足，为主建筑提供更直接的环境，即在规模和体量上均与周边村庄相符。从概念上看，该建筑旨在创造一系列具有不同特性的空间类型。

ROMPIENDO LA MASA

El hotel Liesma existente se sitúa en un emplazamiento suburbano y sus actuales propiedades volumétricas y huella no se relacionan bien con la trama edificatoria delicada y sensible que lo rodea. La reutilización del marco urbano existente tiene muchos beneficios económicos y hasta cierto grado – constituye un icono en la ciudad. Conceptualmente la intención fue romper la masa del bloque principal en tres más pequeños, fragmentos de proporciones más esbeltas. Se elimina el atrio principal y la torre circulatoria, que no sólo rompe la masa sino que también facilita nuevos vínculos en el lugar. Se ha distribuido nuevos programas a lo largo de la longitud del solar, que dotan a los edificios de un contexto inmediato – que responde al entorno en escala y volumen. Conceptualmente el edificio trata de crear diversidad de espacios, todos con diferentes cualidades.

BREAKING THE MASS

The existing Liesma hotel is situated in a sub-urban setting and its current volumetric properties and footprint does not relate well to the fine and sensitive surrounding building fabric. The re-use of the existing frame has many economical benefits and to a certain degree – it sets up a landmark in the village. Conceptually the aim was to break the mass of the main block into three smaller, more slender proportioned fragments. The existing main atrium and circulation tower is removed, which not only assists in breaking the mass, but also facilitates new diagonal visual links over the site. Additional programmatic requirement has been spread across the length of the site, which gives the main buildings an immediate context – responding to the surrounding village in scale and volume. Conceptually the building aims to create an array of spatial types, all with differing qualities.

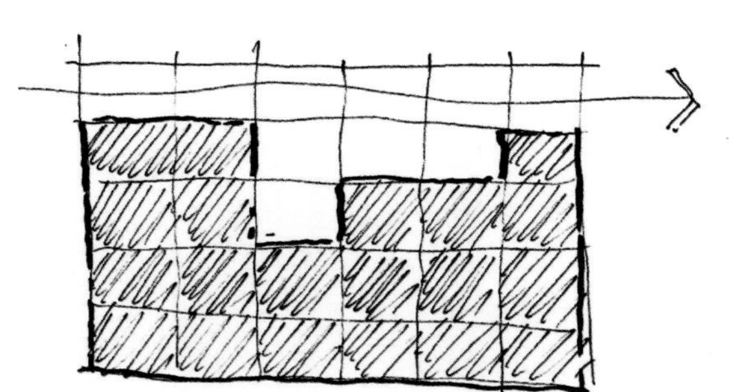

结构非物质化 LA ESTRUCTURA SE DESMATERIALIZA STRUCTURE DEMATERIALIZATION

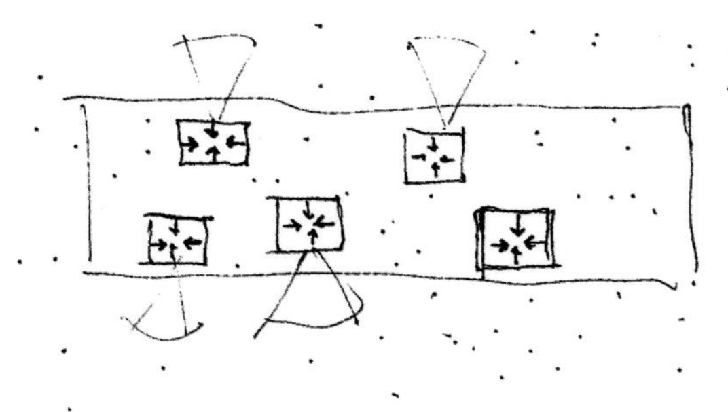

向内的客房 HABITACIONES INTROSPECTIVAS INTROSPECTIVE ROOMS

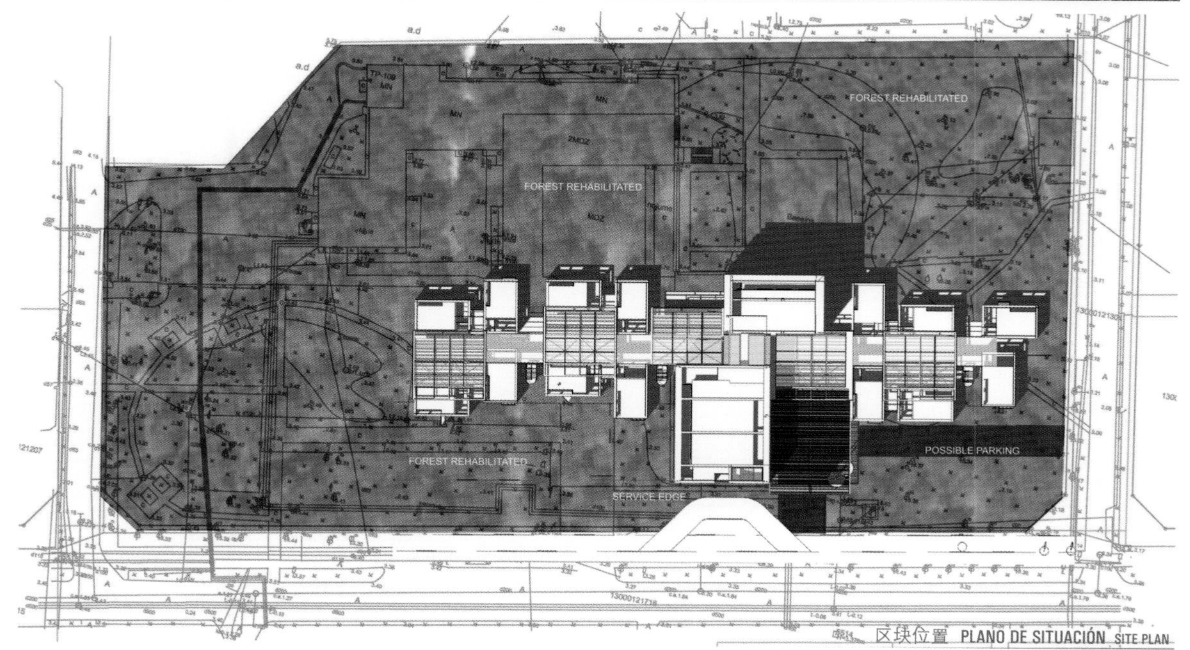

区块位置 PLANO DE SITUACIÓN SITE PLAN

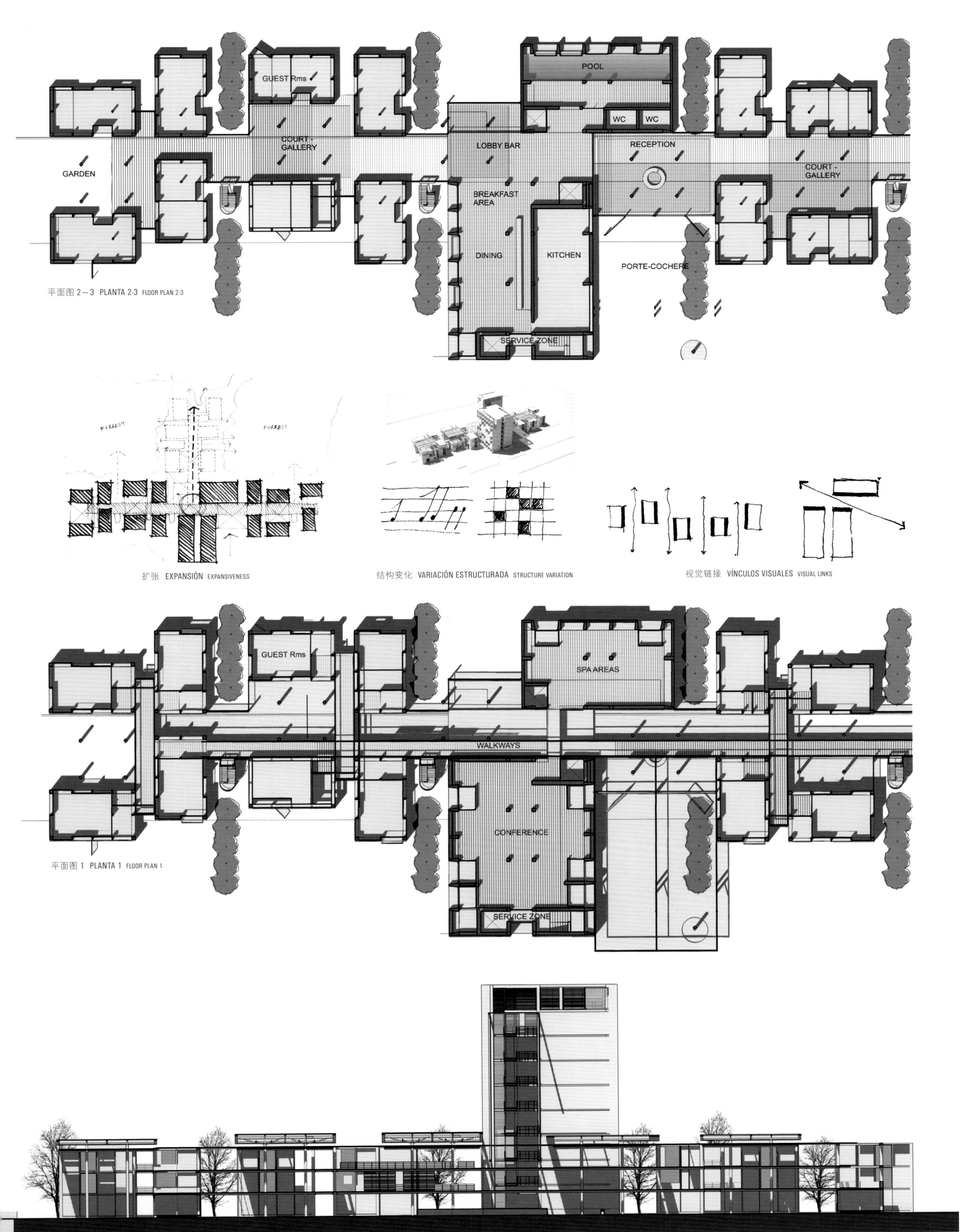

平面图 2～3 PLANTA 2-3 FLOOR PLAN 2-3

扩张 EXPANSIÓN EXPANSIVENESS

结构变化 VARIACIÓN ESTRUCTURADA STRUCTURE VARIATION

视觉链接 VÍNCULOS VISUALES VISUAL LINKS

平面图 1 PLANTA 1 FLOOR PLAN 1

塔楼剖面图 SECCIÓN DESDE DE LA TORRE SECTION THROUGH TOWER

Liesma酒店 · 尤尔马拉 · 拉脱维亚
Hotel Liesma · Jurmala
Hotel Liesma · Latvia
入围 · **Finalista** · Shortlisted

02478 (竞标代码)

Tiago Cardoso Tomás architect (建筑师事务所)

表层的木质雕刻

该项目的主要目的在于创建特定的环境——倾听。在酒店内，所有元素融为一体，使宾客处于最佳的心理/知觉状态，尽享来自酒店和尤尔马拉景观的多重音乐体验。新建酒店是一系列可以捕捉并再现酒店周边建筑自然天籁之音的音乐盒。

SUAVEMENTE ESCULPIDO EN MADERA

El objetivo principal es crear ambientes específicos PARA ESCUCHAR. Dentro del hotel, todos los elementos se combinan para permitir que los clientes adquieran un estado refinado mental y sensorial para poder percibir las múltiples experiencias musicales ofrecidas por el hotel y la ciudad/paisaje de Jurmala. El nuevo hotel es un conjunto de cajas de música capaces de capturar y revelar los preciosos sonidos naturales que fluyen alrededor de la estructura existente del hotel.

GENTLY CARVED IN WOOD

The main goal is the creation of specific environments TO LISTEN. Inside the hotel, all elements are to be combined in order to allow its guests to achieve their finest mind/sensorial state in order to be able to receive the multiple musical experiences offered by the hotel and the city/landscape of Jurmala. The new hotel is a set of music boxes capable to capture and reveal the precious natural sounds that flow around the existing hotel structure.

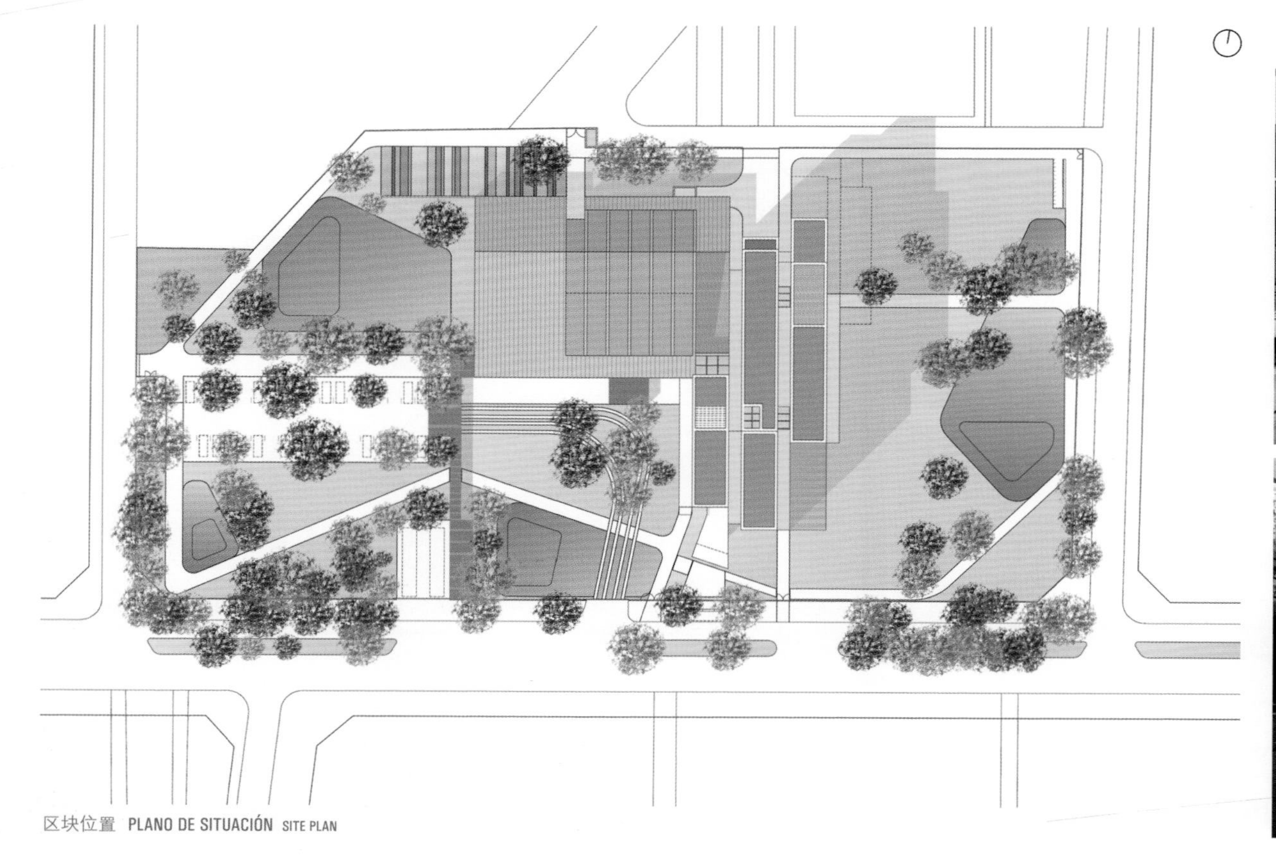

区块位置 **PLANO DE SITUACIÓN** SITE PLAN

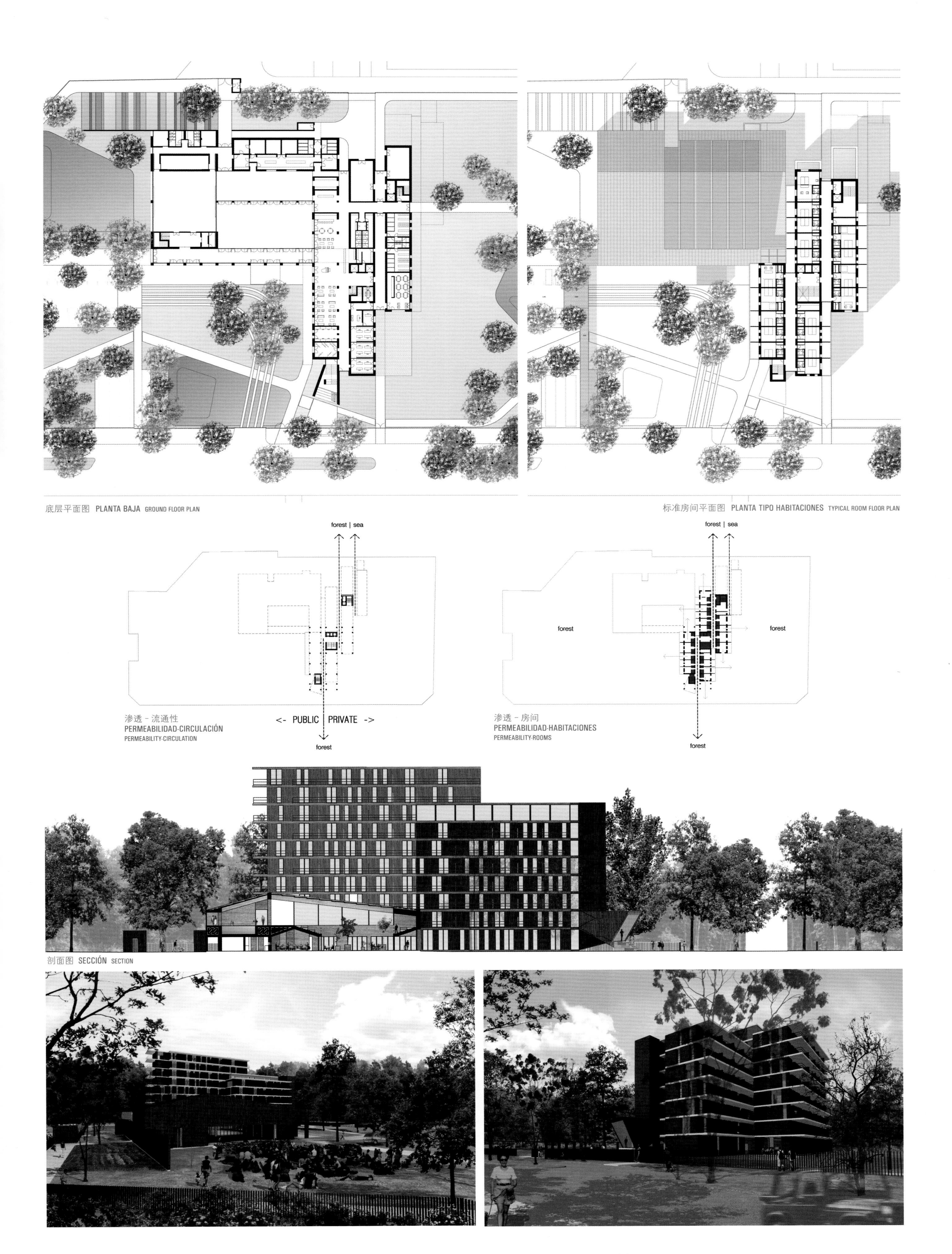

底层平面图 PLANTA BAJA GROUND FLOOR PLAN

标准房间平面图 PLANTA TIPO HABITACIONES TYPICAL ROOM FLOOR PLAN

渗透－流通性
PERMEABILIDAD-CIRCULACIÓN
PERMEABILITY-CIRCULATION

渗透－房间
PERMEABILIDAD-HABITACIONES
PERMEABILITY-ROOMS

剖面图 SECCIÓN SECTION

Liesma酒店 · 尤尔马拉 · 拉脱维亚
Hotel Liesma · Jurmala
Hotel Liesma · Latvia
入围 · **Finalista** · Shortlisted

03313 (竞标代码)

Agate Enina (建筑师)

创新

在概念设计中引入音符，我们如何才能确保其可持续性和可变性?
–通过建造凸显并丰富音乐的建筑。
–将两种不同的建筑方式融为一体：摩天大楼+景观建筑

INNOVACIÓN

¿Cómo podemos asegurar la sostenibilidad y la posibilidad de cambios, mediante la introducción de notas musicales en el diseño conceptual?
- mediante la creación de arquitectura que potencie y enriquezca la música.
- mediante la integración de dos aproximaciones arquitectónicas distintas en un mismo cuerpo: {rascacielos vertical + rascacielos horizontal}

INNOVATION

How can we ensure sustainability and the possibility of changes, by introducing musical notes within the conceptual design?
- By creating architecture which highlights and enriches the music.
- By integrating two different architectural approaches in one body:{ skyscraper + landscaper}

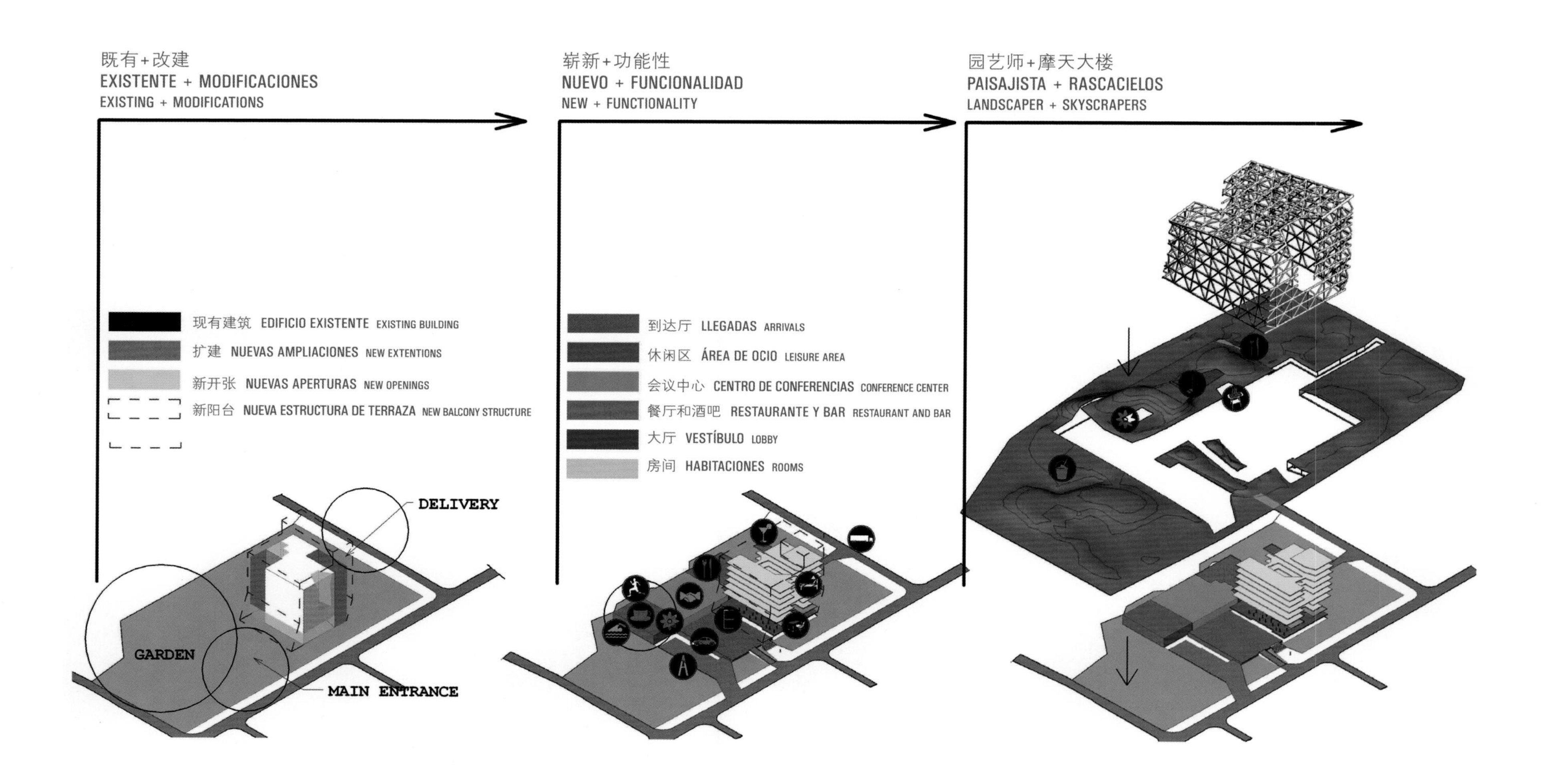

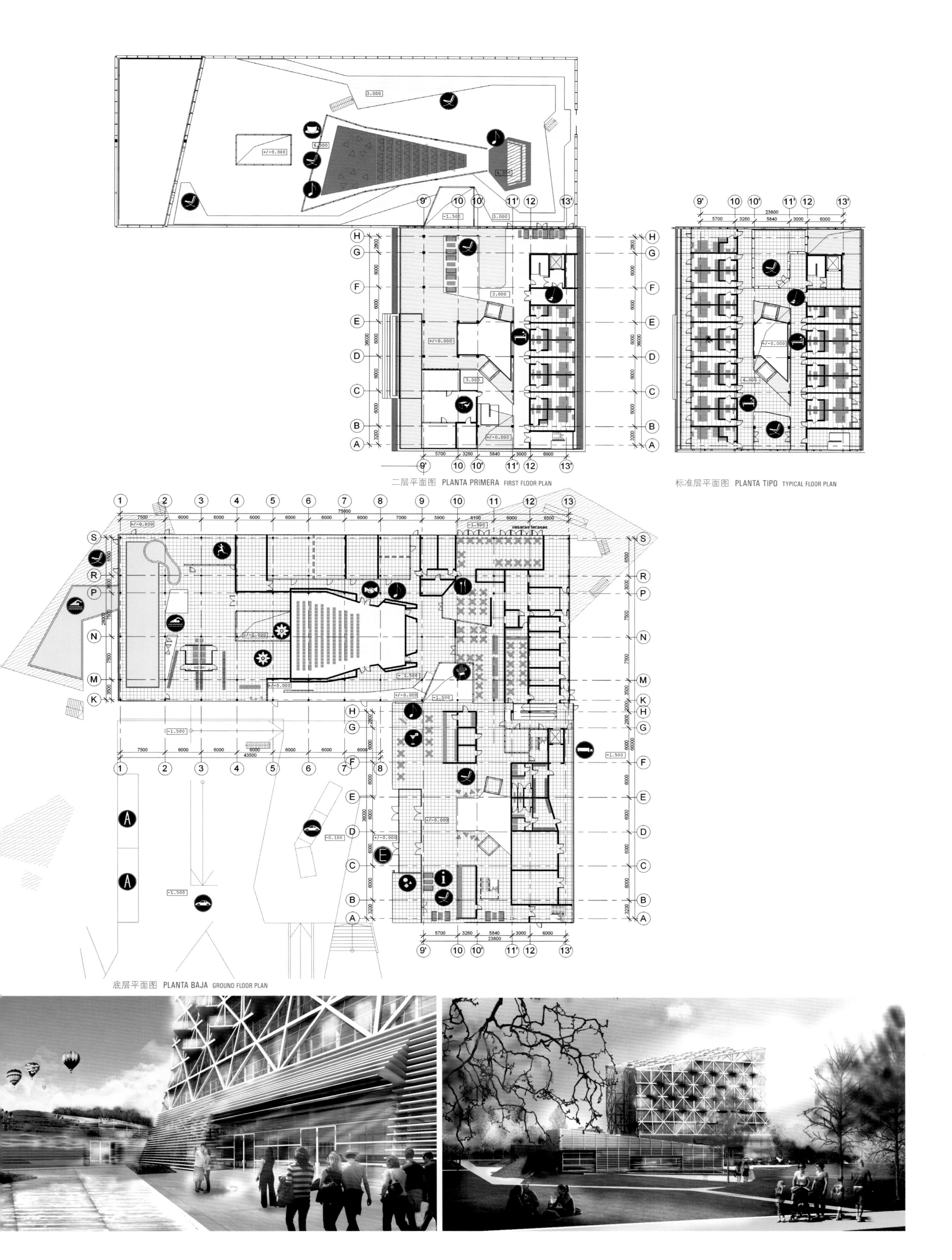
二层平面图 PLANTA PRIMERA FIRST FLOOR PLAN
标准层平面图 PLANTA TIPO TYPICAL FLOOR PLAN
底层平面图 PLANTA BAJA GROUND FLOOR PLAN

Liesma酒店 · 尤尔马拉 · 拉脱维亚

Hotel Liesma · Jurmala

Hotel Liesma · Latvia

参标 · **Propuesta** · Proposal

03313 (竞标代码)

SURE Architecture (建筑师事务所)

诗意

如果将音乐与建筑融为一体，你会发现两者有许多共同之处：节奏、艺术、诗意、爱情、文字等。我们旨在为旧建筑谱写一首新“歌曲”，新的建筑外观可使旧建筑焕然一新。旧与新不能分开理解，因为旧与新使得水与光、空间与材料、自然与人造、景观与建筑之间展开对话。

POESÍA

Al mezclar Música y Arquitectura, encontramos mucho en común; Ritmo, Arte, Poesía, Amor, Palabras. Nuestro Objetivo fue crear una nueva letra, una nueva música para el edificio ya existente. Para esto usamos una nueva piel, la cual le daría una nueva cara o nueva imagen al ya "Viejo edificio". De esta forma no pudimos separar "Viejo y Nuevo"; conceptos que no pudimos entender de forma separada, creando un dialogo entre agua, luz, espacios, materiales, naturaleza, construcción y paisaje. Conceptos que traerán una nueva vida al olvidado edificio.

POETRY

When Music and Architecture are mixed, find a lot in common; Rhythm, art, poetry, love, words. Our Idea was to create a new letter; a new song for the existing building. To get this idea, we use a new skin, which is going to bring a new face, a new image for the "old building". Old and new cannot be understood separately, creating a dialogue between water, light, space, materials, nature, construction and landscape. Concepts that would bring a new life to the forgotten building.

区块位置 PLANO DE SITUACIÓN SITE PLAN

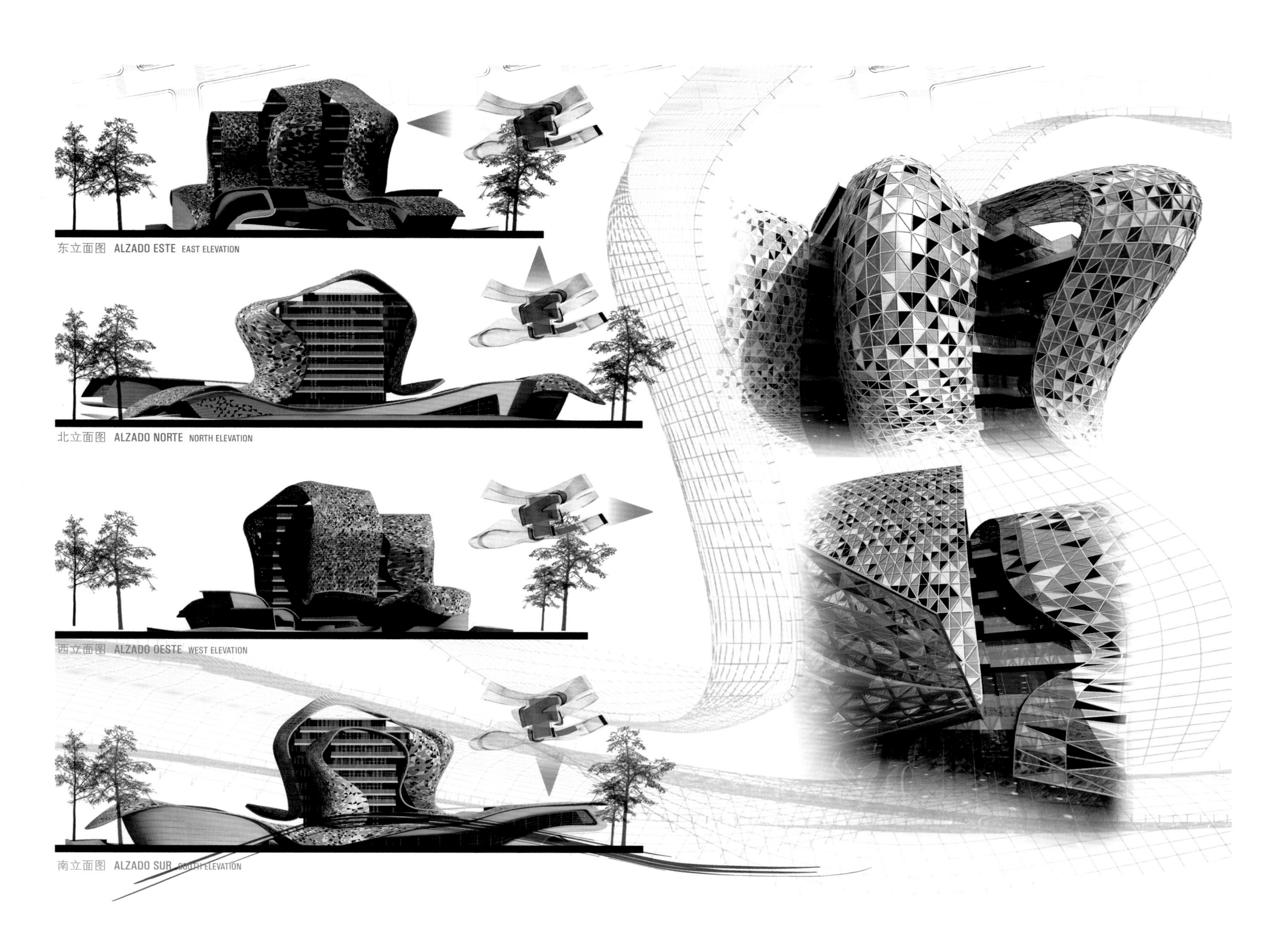
东立面图 ALZADO ESTE EAST ELEVATION
北立面图 ALZADO NORTE NORTH ELEVATION
西立面图 ALZADO OESTE WEST ELEVATION
南立面图 ALZADO SUR SOUTH ELEVATION

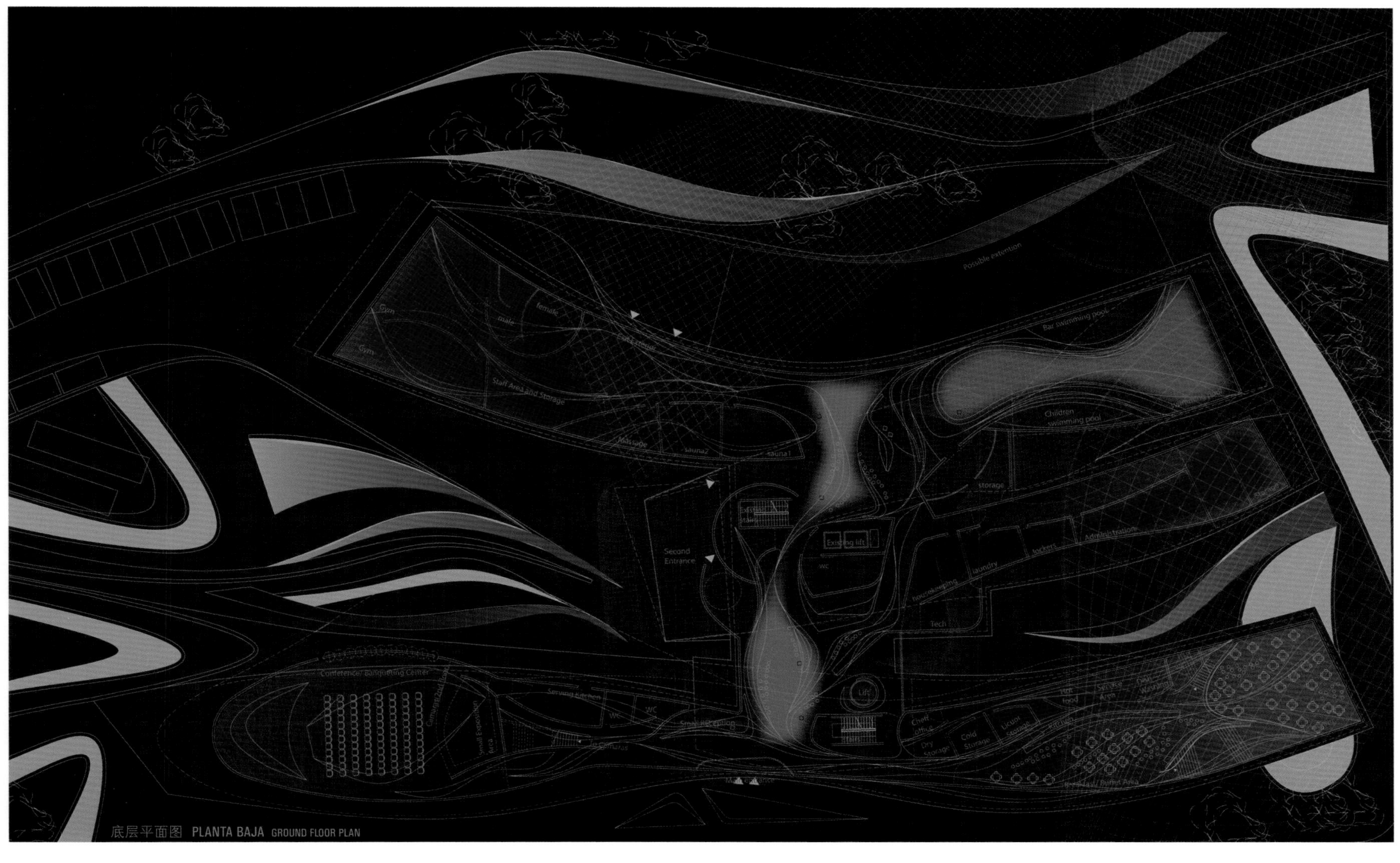
底层平面图 PLANTA BAJA GROUND FLOOR PLAN

蒂森克虏伯大厦 · 柏林 · 德国
Edificio de ThyssenKrupp Haus · Berlin
ThyssenKrupp Haus Building · Germany

竞标 · concurso · competition
蒂森克虏伯大厦
Edificio de Thyssenkrupp Haus
Thyssenkrupp Haus Building

竞标类型 · tipo de concurso · competition type
两阶段国际竞标
concurso internacional en dos fases
two-stage international competition

项目地点 · localización · site area
柏林 · 德国 Berlin· Germany

主办方 · órgano convocante · promoter
ThyssenKrupp AG 蒂森克虏伯公司

日程安排 · fechas · schedule
招标 · Convocatoria · Announcement 05.2011
评审结果 · Fallo de jurado · Jury´s results 01.2012

评审团 · jurado · jury

Mels Crouwel
Dietrich Fink
Ulrike Lauber
Manuel Scholl
Jürgen Claassen
Ralph Labonte
Regula Lüscher
Martin Grimm
Ephraim Gothe

获奖者 · premios · awards

一等奖 · primer premio · **first prize**
SCHWEGER & PARTNER ARCHITEKTEN
(建筑师事务所)

设计 design: Jens-Peter Frahm · Peter Schweger · Mark Schüler

二等奖 · segundo premio · **second prize**
ATELIER D'ARCHITECTURE CHAIX & MOREL ET ASSOCIÉS
JSWD ARCHITEKTEN
(建筑师事务所)

项目负责人 project leaders: Frederik Jaspert, Walter Grasmug,
项目助理 project assistants: Carolin Amann · Fabien Barthelemy · Jan Horst · Till Jaeger
Linh Le · Christian Mammel · Cecile Rivière · Yohanna Vogt · Maximilian Wetzig
实习生 interns: Bogna Przybylska, Svea Gerland
顾问 consultants:
结构工程师 structure engineer, 立面 façade: Werner Sobek
可持续性 sustainability, 环境 Environment: Werner Sobek Green Technologies
消防安全 fire security: BFT Cognos
景观设计师 landscape architects: KLA Kipar
图形 images: Eddie Young
模型 model: Martin Oehme · Thomas Halfmann

二等奖 · segundo premio · **second prize**
KASPAR KRAEMER ARCHITEKTEN
(建筑师事务所)

建筑师 architects: Hans-Günter Lübben · Marcel Jansen · Daniel Böger · Nina Schilling
静力学 statics: Pirlet & Partner Ingenieurgesellschaft, Cologne
家政工程 domestic engineering: Pfeil & Koch Ingenieurgesellschaft, Cologne

入选 · seleccionado · **selected**
WINGÅRDH ARKITEKTKONTOR AB
(建筑师事务所)

团队 team: Gert Wingårdh · Anders Olausson · David Regestam · Elsa Magnusson
Filip Rem · Frida Wallner · Gunilla Murnieks Andersson · Joakim Stenby
Leon De Sousa e Brito · Mats Bengtsson · Monika Pitura · Pieter Sierts · Rasmus Waern
Robert Hendberg · Therese Ahlström

入选 · seleccionado · **selected**
DEGELO ARCHITEKTEN
(建筑师事务所)

"蒂森克虏伯大厦"的规划建筑总面积达5000平方米，这种多功能相通式建筑能将**开放性**元素融入建筑之中。蒂森克虏伯大厦将成为公司的接待及行政楼。

La "Casa Thyssenkrupp" acomodará, en una superficie de 5.000m², varias funciones que una arquitectura comunicativa debe integrar para formar un **edificio abierto**. Thyssenkrupp utilizará el edificio para funciones representativas y administrativas.

The "ThyssenKrupp House" is to accommodate, on up to 5,000m² of gross floor area, various functions which a communicative architecture should integrate so as to form an **open-house building**. ThyssenKrupp will use the building for representational and administrative purposes.

蒂森克虏伯大厦 · 柏林 · 德国

Edificio ThyssenKrupp House · Berlin

ThyssenKrupp House Building · Germany

一等奖 · **Primer Premio** · First Prize

Schweger & partner architekten (建筑师事务所)

Jens-Peter Frahm · Peter Schweger · Mark Schüler (建筑师)

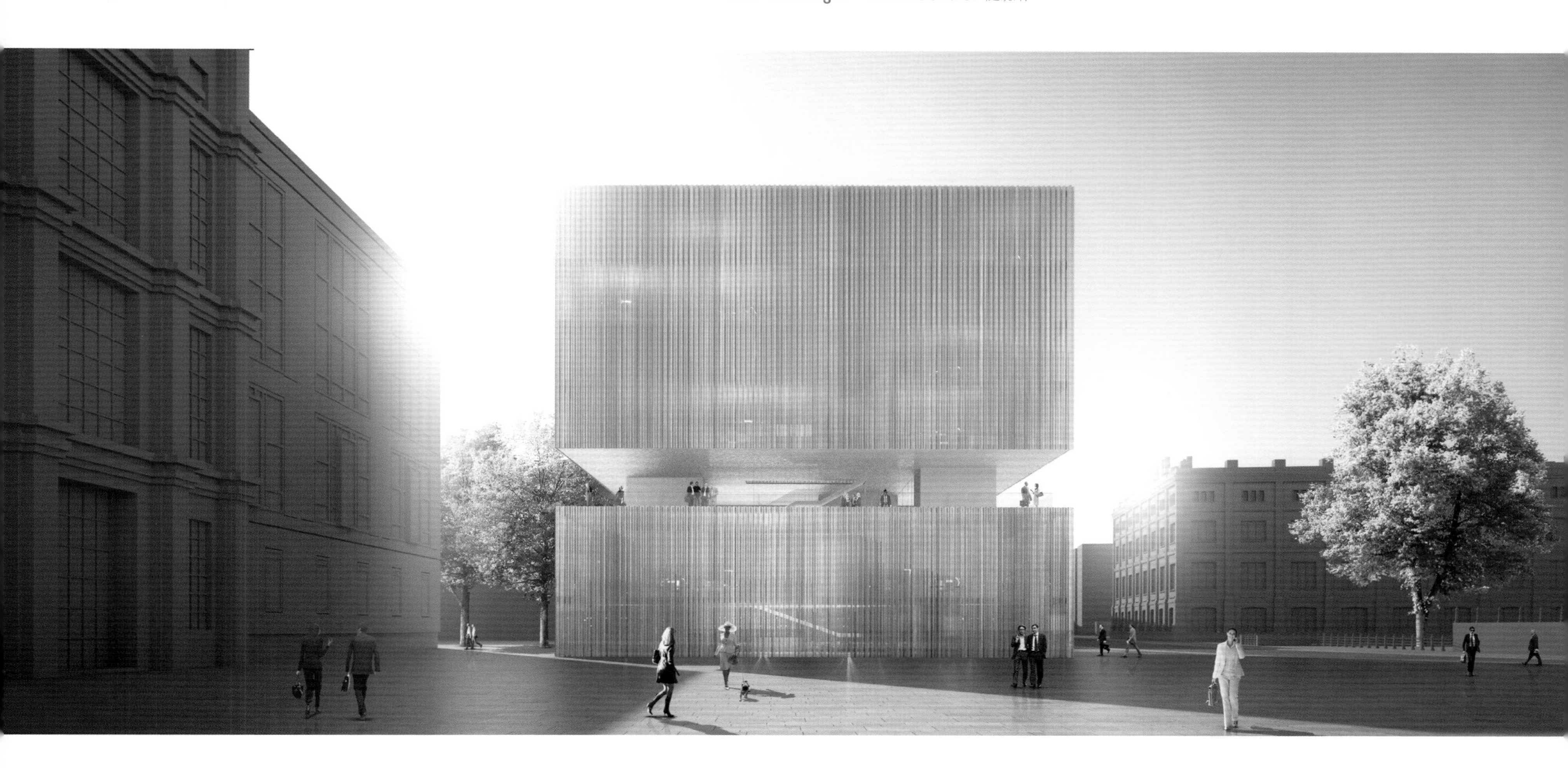

都市露台

该"建筑"将成为创意灵感的结晶，与宫殿广场众多已建或拟建公共设施楼宇形成和谐的整体效果。该地段拥有保存完好的大型历史建筑，因此该"建筑"的目的不仅仅在于融入这样的背景环境之中。嵌入空间之间的露台可用作室外座位区，举办专业性活动，还可改建成封闭式的内部空间。里德里希·申克尔"辩证式图景"雄伟壮观、别具一格，可将露台打造成为举办各种活动的理想场所，伴您度过一个难忘的时刻。

UNA TERRAZA URBANA

La "Casa"– destinada a ser un espacio de reunión para la gente con nuevas ideas – entra en diálogo con los muchos edificios institucionales existentes o futuros de Schlossplatz. La intención de esta "Casa" dentro de esta área urbana con múltiples edificios históricos no puede ser sólo integrarse dentro del contexto. Un nivel de terraza que se inserta entre espacios será utilizado para eventos especiales, área para sentarse al aire libre y puede también transformarse en un espacio interior cerrado. Esta maravillosa y única vista hacia "la vista dialéctica" de Friedrich Schinkel, hace que el nivel de la terraza sea atractivo y un espacio memorable para distintos eventos.

AN URBAN TERRACE

The "House"– destined to be a meeting place for people with new ideas – enters into dialogue with many already existing or future institutional buildings on Schlossplatz. The aim of this "House"in this urban area with its big historic buildings cannot only be to integrate with its context. A terrace level inserted between the spaces will be used for special events, open-air seating area, and can also be transformed into an enclosed interior space. This wonderful, unique view towards Friedrich Schinkel's"dialectic vista", makes the terrace level an attractive and memorable venue for various events.

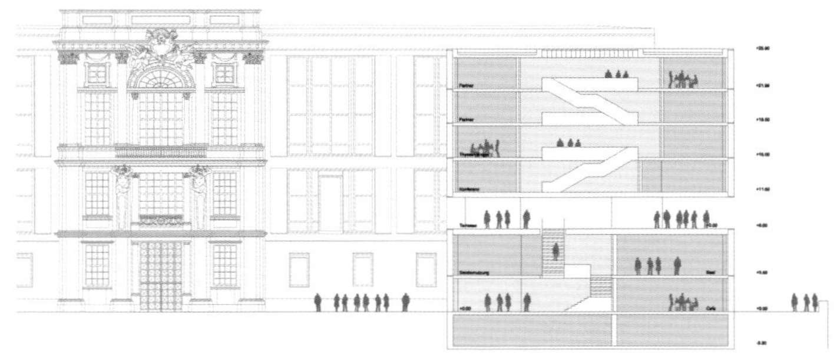

东西剖面图 **SECCIÓN OESTE-ESTE** WEST-EAST SECTION

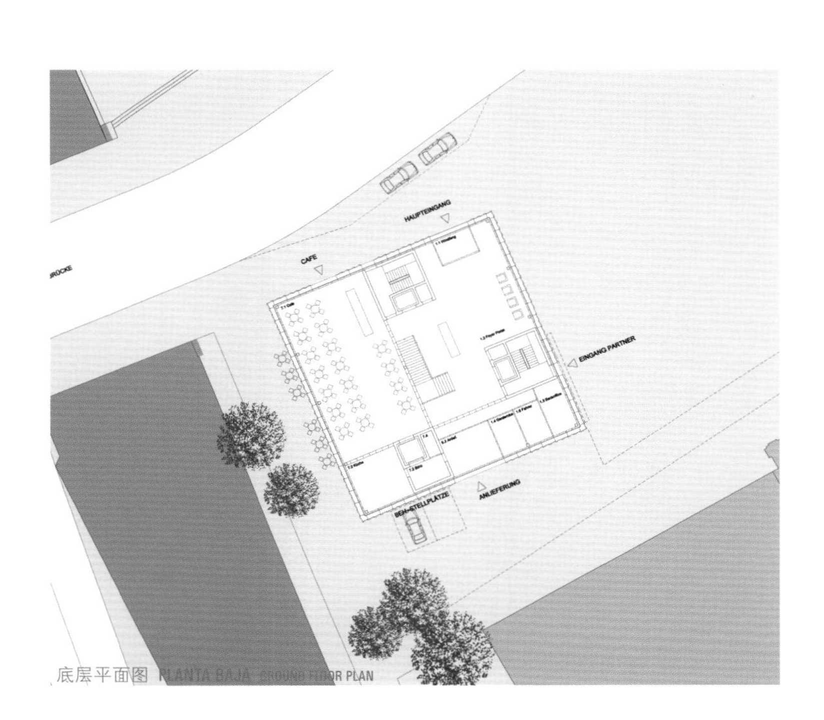

底层平面图 PLANTA BAJA GROUND FLOOR PLAN

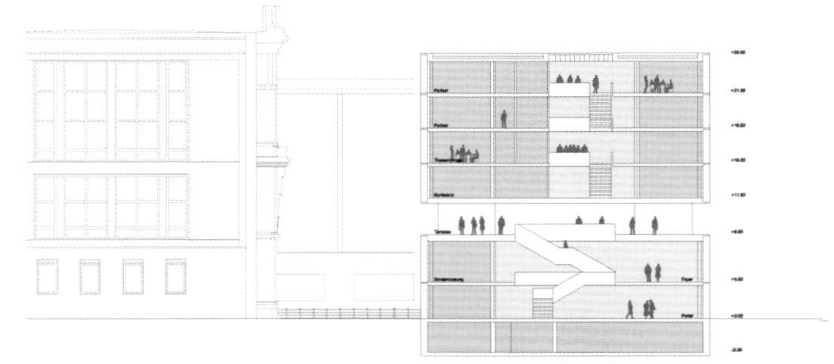

南北剖面图 **SECCIÓN NORTE-SUR** NORTH-SOUTH SECTION

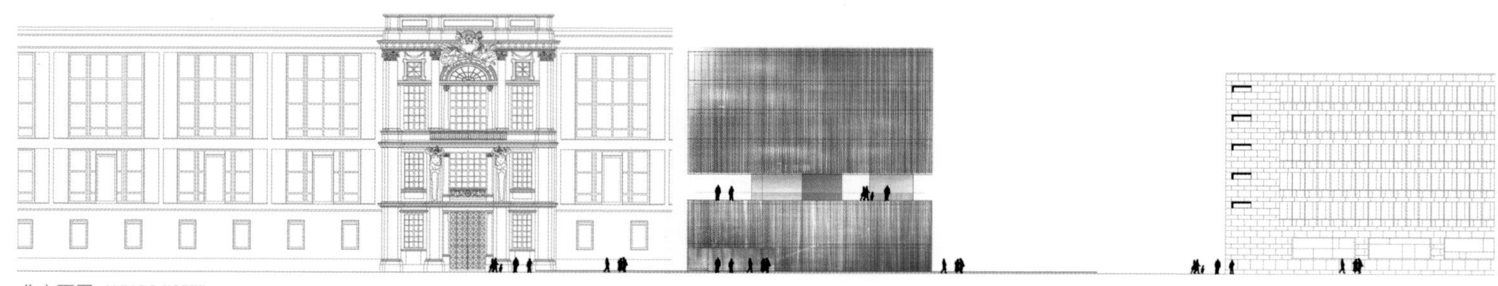

北立面图 ALZADO NORTE NORTH ELEVATION

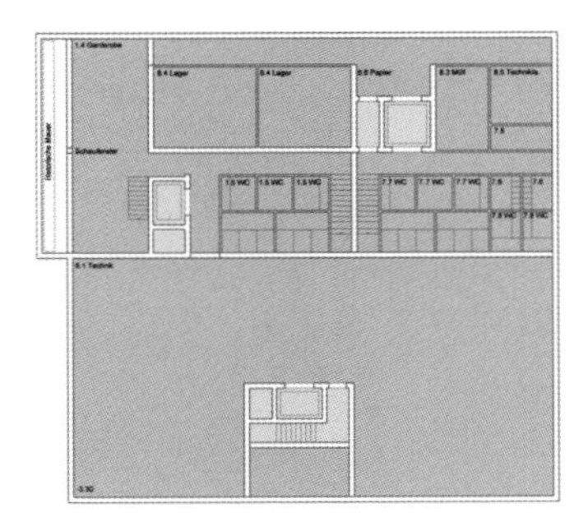

地下层平面图 NIVEL -1 LEVEL -1

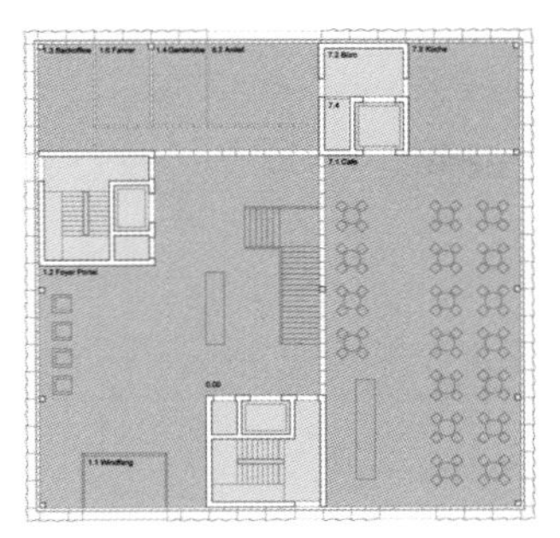

底层平面图 NIVEL 0 LEVEL 0

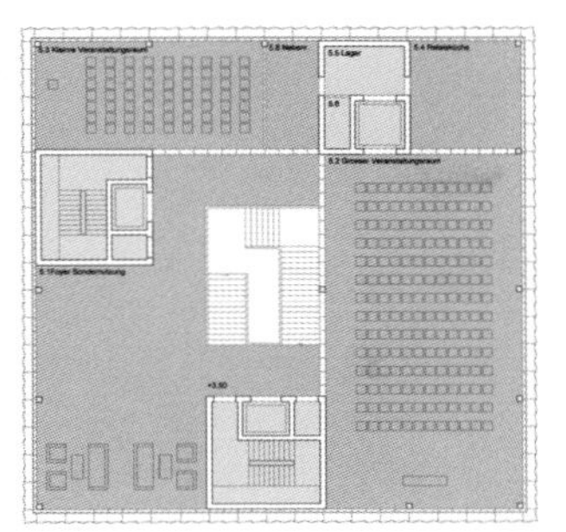

二层平面图 NIVEL 1 LEVEL 1

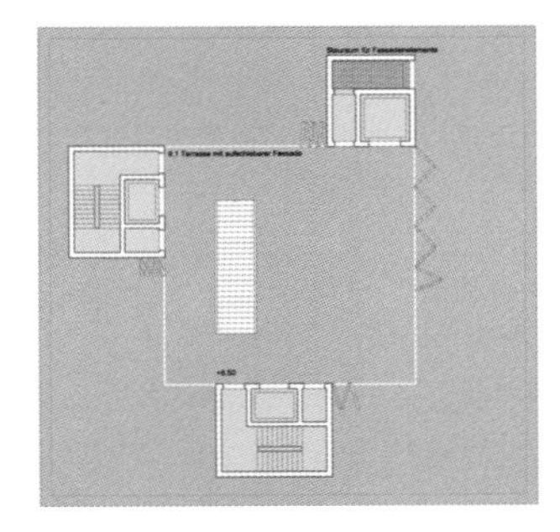

三层平面图 NIVEL 2 LEVEL 2

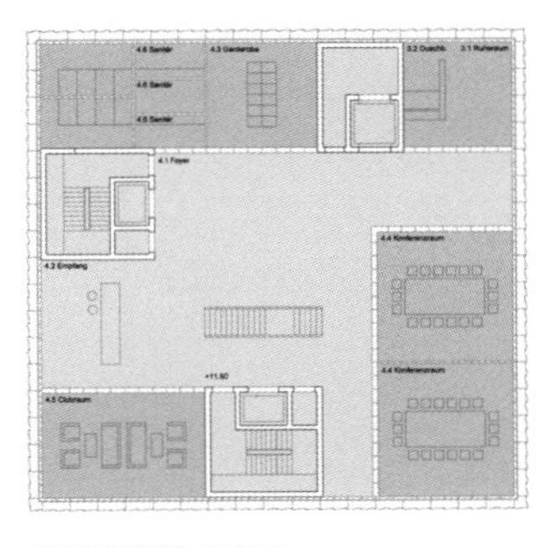

四层平面图 NIVEL 3 LEVEL 3

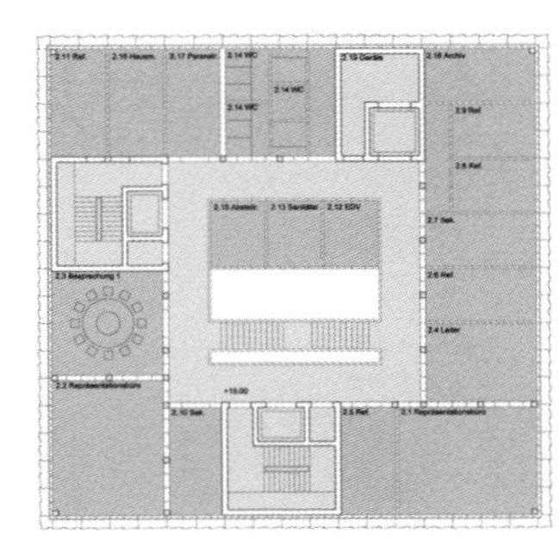

五层平面图 NIVEL 4 LEVEL 4

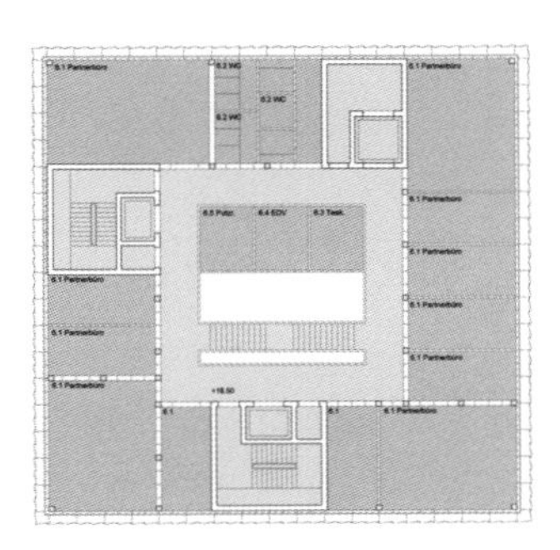

六层平面图 NIVEL 5 LEVEL 5

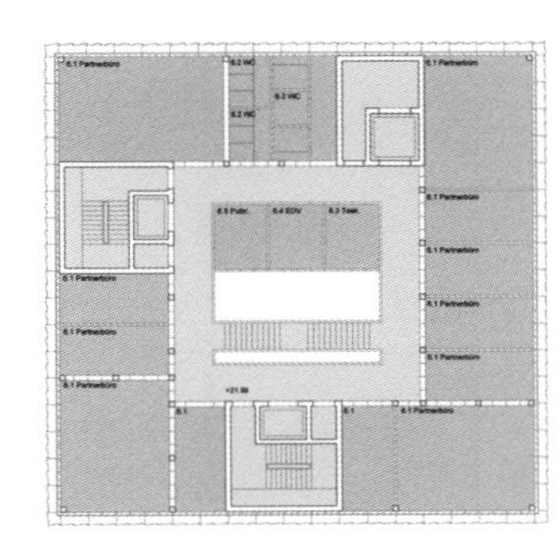

七层平面图 NIVEL 6 LEVEL 6

优化方案 PROGRAMA DE OPTIMIZACIÓN OPTIMIZATION PROGRAM

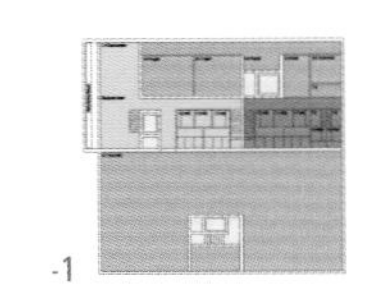

-1 技术部 TECNOLOGÍA TECHNOLOGY

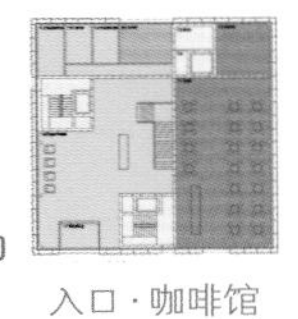

0 入口 · 咖啡馆 ENTRADA · CAFÉ ENTRANCE · CAFE

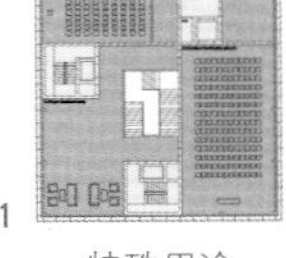

+1 特殊用途 USO ESPECIAL SPECIAL USE

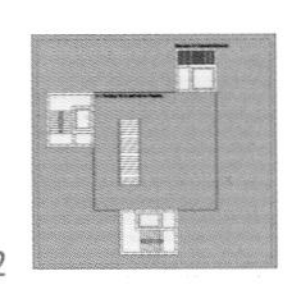

+2 平台 TERRAZA TERRACE

+3 会议室 SALA DE CONFERENCIAS CONFERENCE ROOM

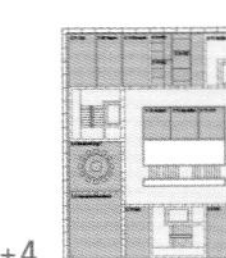

+4 办公室 OFICINA OFFICE

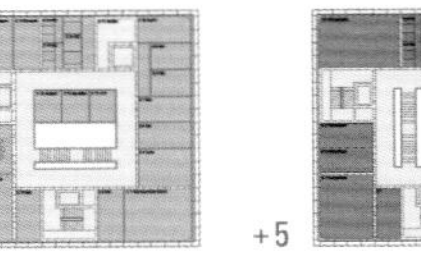

+5 办公室 OFICINA OFFICE

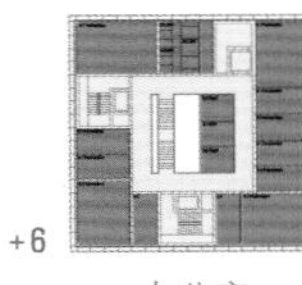

+6 办公室 OFICINA OFFICE

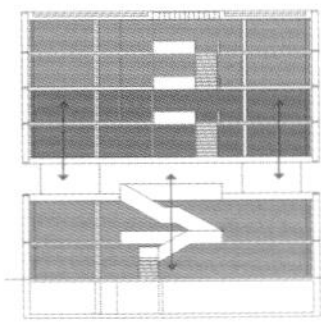

流线理念 CONCEPTO DE CIRCULACIÓN CIRCULATION CONCEPT

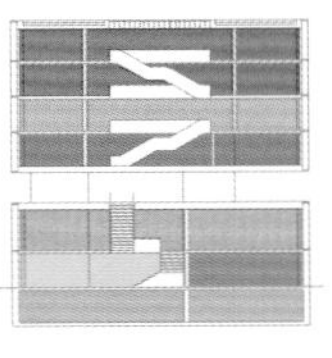

功能概念 CONCEPTO DE USO USE CONCEPT

蒂森克虏伯大厦·柏林

Edificio ThyssenKrupp House · Berlin

ThyssenKrupp House Building · Germany

二等奖 · Segundo Premio · Second Prize

Atelier D'architecture Chaix & Morel et Associés · JSWD Architekten (建筑师事务所)

透明的矿物外层

底层的敞开式空间将建筑与周边地区融为一体。立体雕塑上方为直立式石质百叶窗立面。随之，一个抽象、流动的体量空间随之形成，并促进实体建筑与周边环境的融合，借以成为城市空间的一部分。这种直立式建筑的层叠式单元通过“空中通道”相连，并配以全景观光电梯。

UNA FACHADA MINERAL PERO TRANSPARENTE

La planta baja se abre y atrae al entorno dentro del edificio. La escultura espacial se cubre con una fachada de lamas verticales de piedra. Como resultado, un volumen abstracto y flotante que absorbe el entorno con su materialidad, mientras se convierte en parte del área urbana. El edificio se organiza verticalmente. Las unidades apiladas se conectan mediante las "juntas de aire" y se accede a través de los ascensores panorámicos.

A MINERAL BUT TRANSPARENT ENVELOPE

The ground floor is opened widely and is attracting the surrounding urban area into the building. The spatial sculpture is covered with a façade of vertical stone louvers. As a result, an abstract and floating volume, which is absorbing the environment through its materiality, thus it becomes part of the urban area. The building is organized vertically. The stacked units are connected through the "air-joints" and can be reached through the panorama lifts.

剖面图 AA SECCIÓN AA SECTION AA

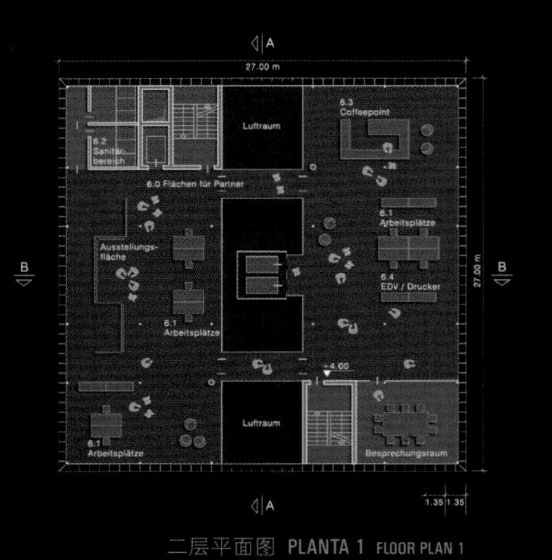

二层平面图 PLANTA 1 FLOOR PLAN 1

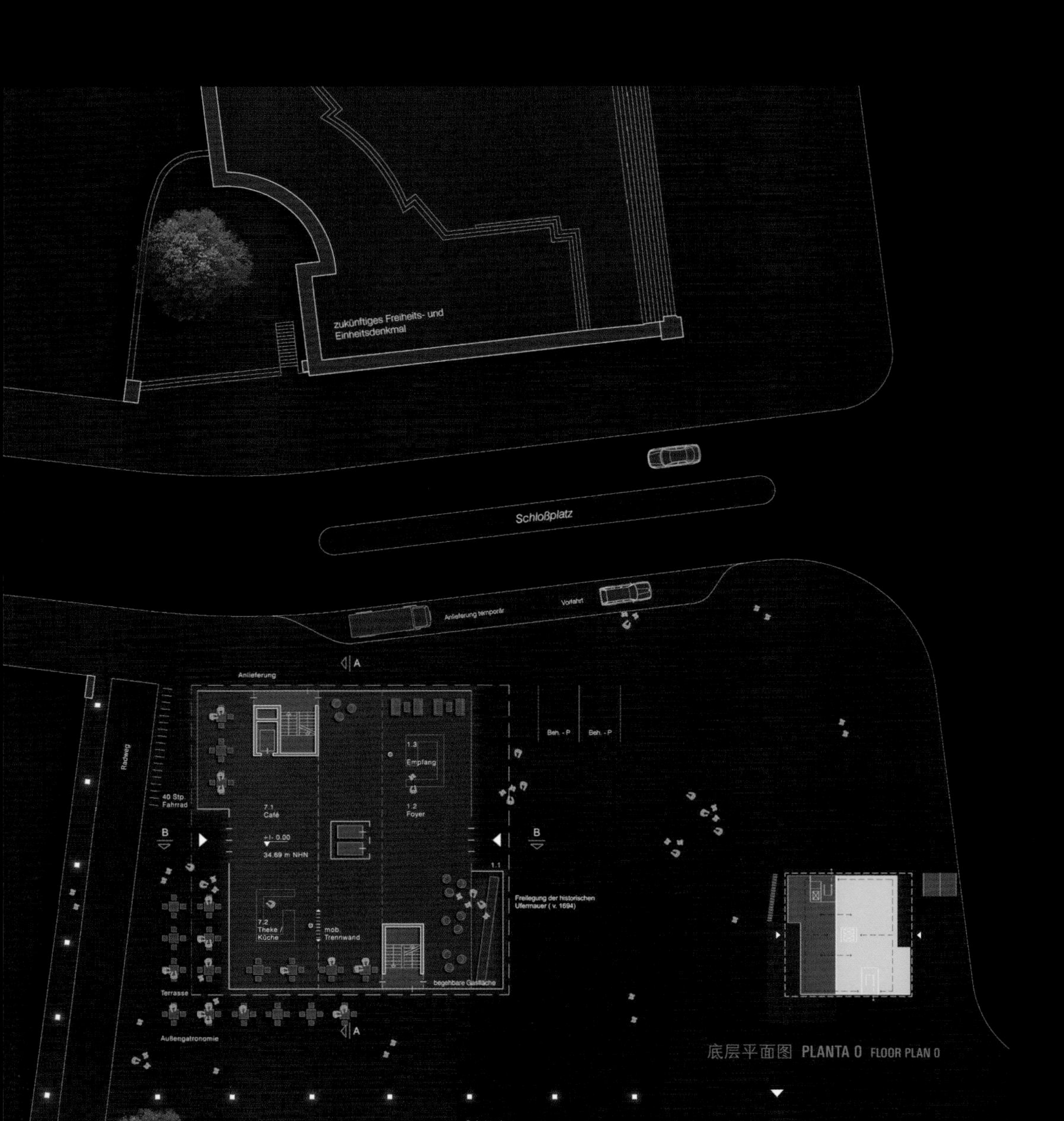

底层平面图 PLANTA 0 FLOOR PLAN 0

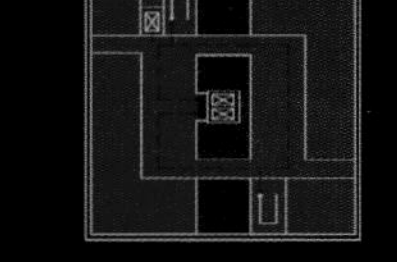

三层平面图 PLANTA 2 FLOOR PLAN 2

剖面图 BB SECCIÓN BB SECTION BB

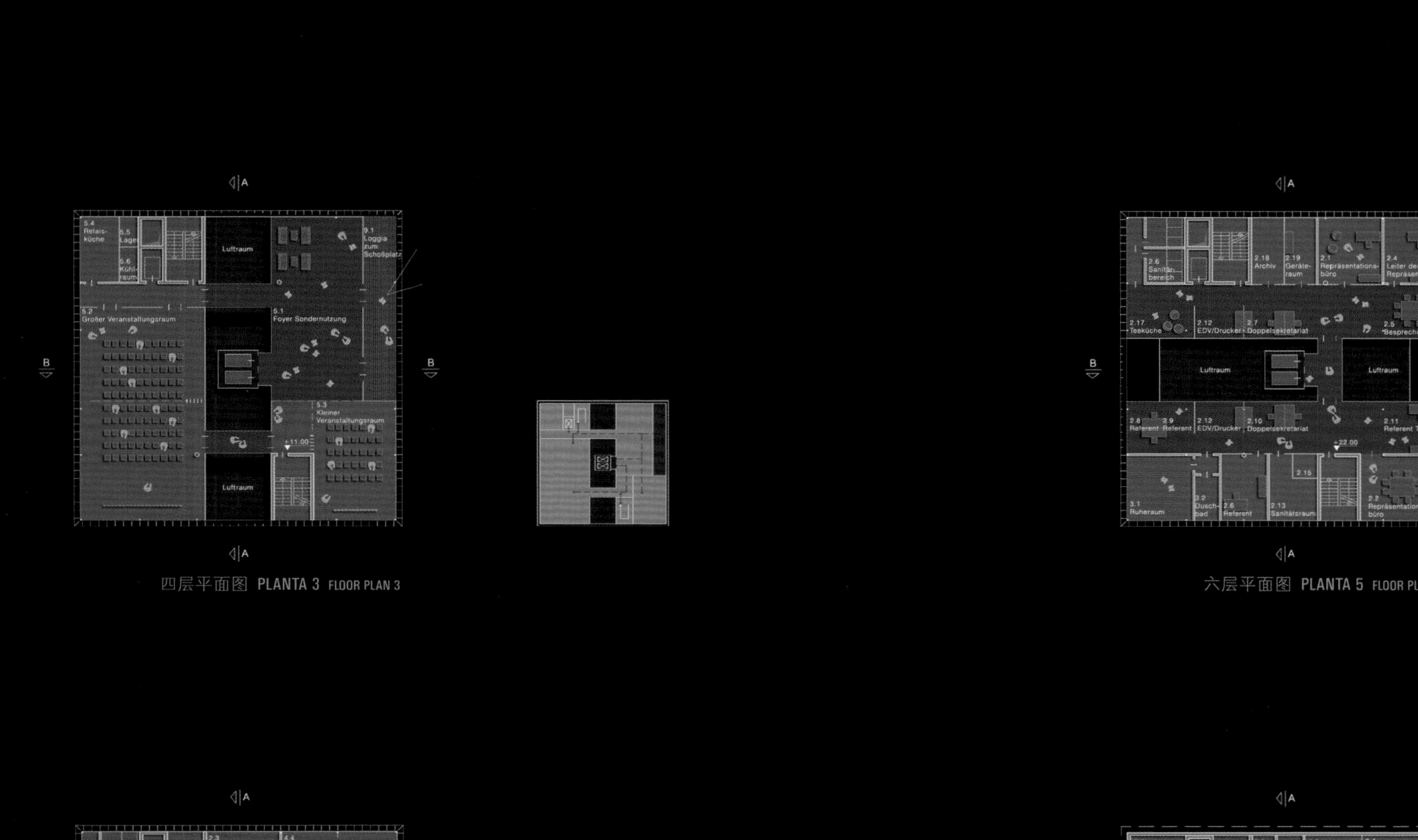

四层平面图 PLANTA 3 FLOOR PLAN 3

六层平面图 PLANTA 5 FLOOR PLAN 5

五层平面图 PLANTA 4 FLOOR PLAN 4

七层平面图 PLANTA 6 FLOOR PLAN 6

蒂森克虏伯大厦·柏林·德国

Edificio ThyssenKrupp House · Berlin

ThyssenKrupp House Building · Germany

Kaspar Kraemer Architekten (建筑师事务所)

二等奖 · **Segundo Premio** · Second Prize

5.4mx5.4m的布局

我们提倡结构简单的建筑体——方形地基、楼层高度相同的八层楼建筑。以两层为单位对建筑进行对接，形成匀称的立面棋盘式布局，使其与周边建筑成一定的比例。"都市长廊"在建筑内部形成一种空间元素，而5.4米见方的棋盘式布局构成内部结构的基本要素。

CUADRÍCULA 5.4 m X 5.4 m

Se sugiere un sencillo cuerpo edificatorio que conforma una planta cuadrada con 8 plantas de alturas idénticas. Mediante la unión de plantas, en grupos de dos plantas cada una, se obtiene una cuadrícula regular en la fachada, que tiene el potencial de relacionar la escala de los edificios del entorno. En el interior, la "loggia urbana" es el elemento constitutivo espacial y la cuadrícula 5.4 m x 5.4 m constructiva conforma la base para la composición interior.

5.4 m X 5.4 m GRID

We suggest an easy construction body which shapes a square footprint and eight stories of equal floor-to-floor heights. By joining the stories, in groups of two levels each, we obtain a regular façade grid, which has the potential to relate to the scale of the neighboring buildings. In the interior, the "city loggia" is the constituting spatial element and the construction 5.4 m by 5.4 m grid forms the basis for the interior composition.

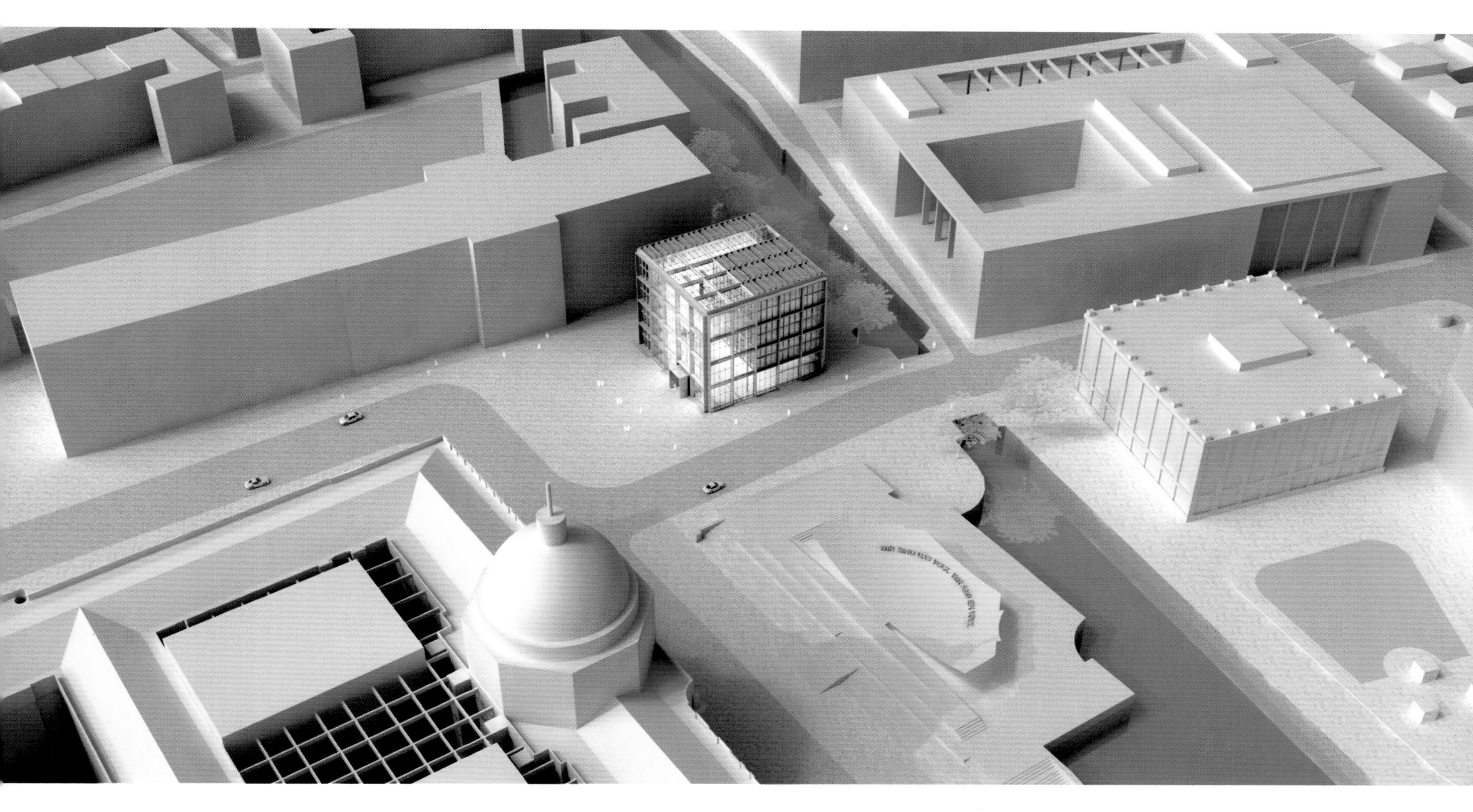

蒂森克虏伯大厦 · 柏林 · 德国

Edificio ThyssenKrupp House · Berlin

ThyssenKrupp House Building · Germany

Wingårdh Arkitektkontor AB (建筑师事务所)

入选 · **Seleccionado** · Selected

功能性和模块化

牢固的紧凑型立面与融入时代气息、富有创意的内部设计形成强烈的反差。立体建筑体量是镶嵌于城市空间的自然体。该方案的核心创意是垂直循环，并覆盖薄层曲面玻璃表面，以便建筑内部人员可以自由走动。

FUNCIONAL Y MODULAR

La expresión del edificio está marcada por el contraste entre la fachada ajustada y atemporal y el interior juguetón y creativo. El volumen edificatorio en forma de cubo es un cuerpo natural que descansa sobre un espacio urbano. La idea principal de la propuesta es la circulación vertical que envuelve una fina piel curva donde todos los usuarios del edificio pueden moverse libremente.

FUNCTIONAL AND MODULAR

The expression of the building is marked by the contrast between the tight, timeless façade and a playful, creative interior design. The cube-like building volume is a natural body which rests on an urban space. The main idea of the proposal is the vertical circulation which encloses a thin, curved glass skin where all users of the building can move freely.

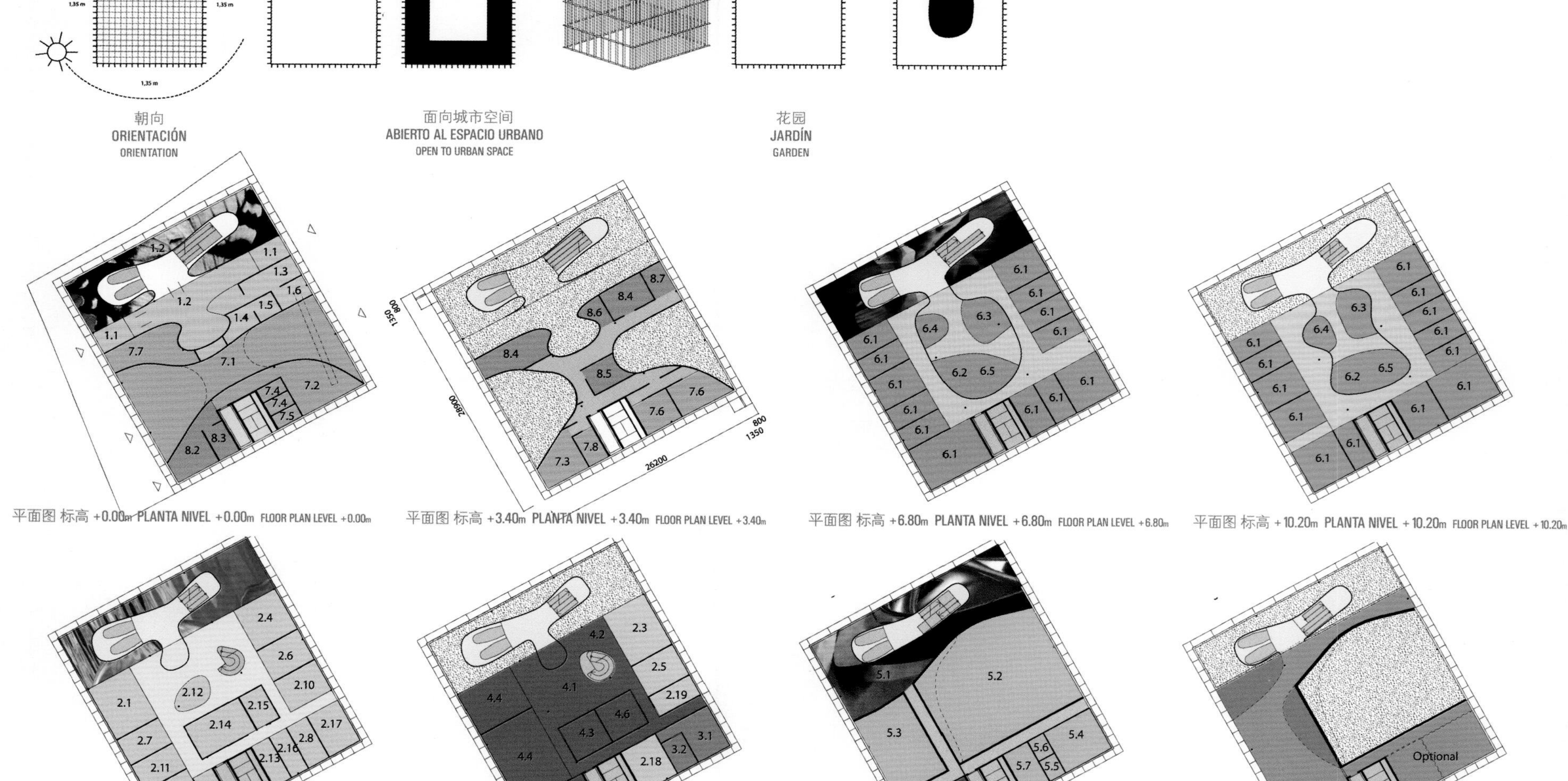

平面图 标高 +0.00m PLANTA NIVEL +0.00m FLOOR PLAN LEVEL +0.00m

平面图 标高 +3.40m PLANTA NIVEL +3.40m FLOOR PLAN LEVEL +3.40m

平面图 标高 +6.80m PLANTA NIVEL +6.80m FLOOR PLAN LEVEL +6.80m

平面图 标高 +10.20m PLANTA NIVEL +10.20m FLOOR PLAN LEVEL +10.20m

平面图 标高 +13.60m PLANTA NIVEL +13.60m FLOOR PLAN LEVEL +13.60m

平面图 标高 +17.00m PLANTA NIVEL +17.00m FLOOR PLAN LEVEL +17.00m

平面图 标高 +20.40m PLANTA NIVEL +20.40m FLOOR PLAN LEVEL +20.40m

平面图 标高 +23.80m PLANTA NIVEL +23.80m FLOOR PLAN LEVEL +23.80m

剖面图 SECCIÓN SECTION

区块位置 PLANO DE SITUACIÓN SITE PLAN

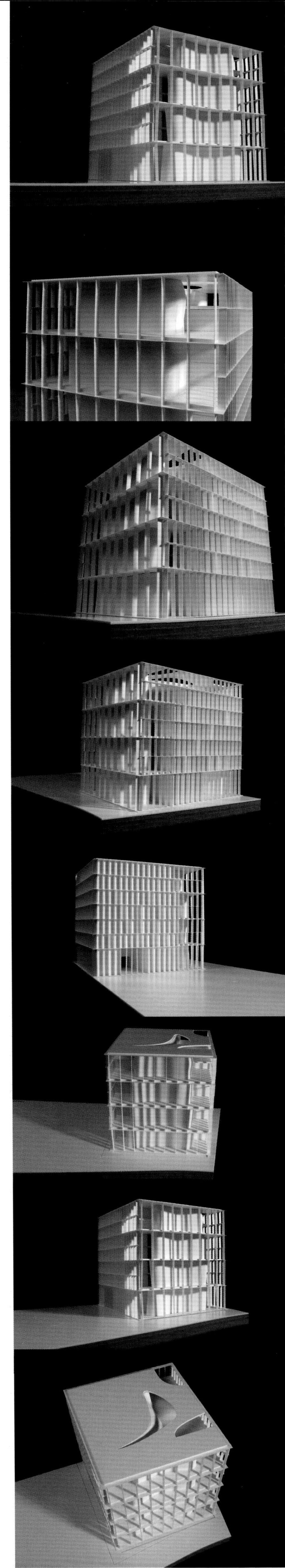

帝森克虏伯大厦·柏林·德国

Edificio ThyssenKrupp House · Berlin

ThyssenKrupp House Building · Germany

Degelo Architekten (建筑师事务所)

入选 · **Seleccionado** · Selected

交流

蒂森克虏伯集团充分诠释了力量、开放、动态与透明的特性。因此，坐落于德国柏林的蒂森克虏伯大厦基于渐变螺旋法的理念而建。螺旋结构可促进直观式交流，使建筑与观察者之间形成一种可持续的和谐之美。

INTERCAMBIO

El Grupo Thyssenkrupp representa fuerza y apertura, dinámica y transparencia. El concepto del Edificio Thyssenkrupp House de Berlín sigue por tanto las leyes del desarrollo de una espiral. La espiral por tanto promueve un intercambio intuitivo, un diálogo sostenible entre la compañía y su audiencia.

EXCHANGE

The ThyssenKrupp Group embodies strength and openness, dynamics and transparency. The concept for the ThyssenKrupp House in Berlin follows therefore the laws of an evolving spiral. The spiral thereby promotes an intuitive exchange, a sustainable dialogue between the company and viewers.

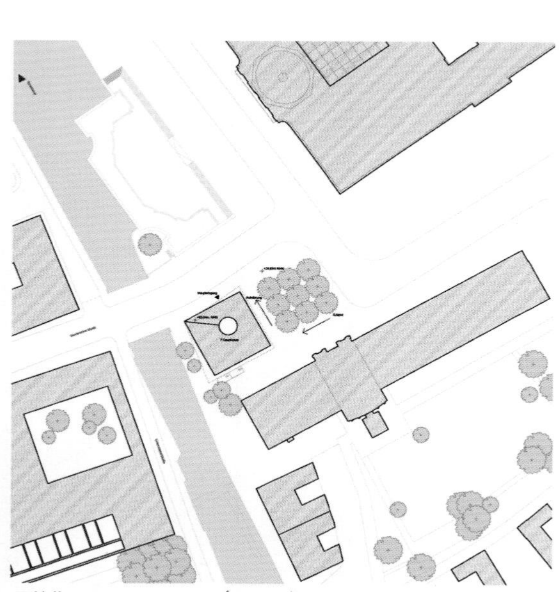

区块位置 PLANO DE SITUACIÓN SITE PLAN

概念 CONCEPTO CONCEPT

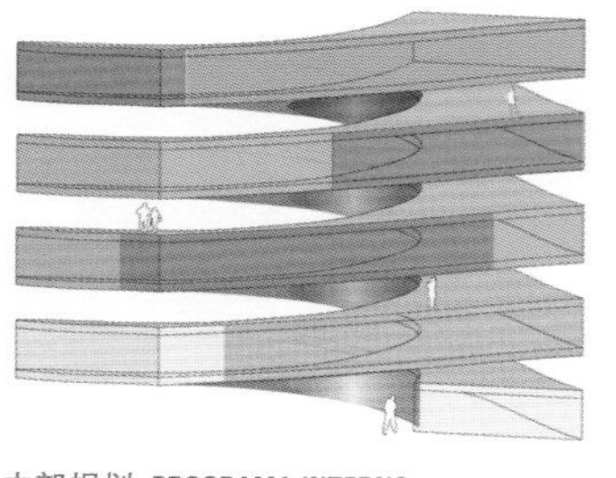

内部规划 PROGRAMA INTERNO INTERNAL PROGRAM

入口 ENTRADA ENTRANCE
办公室 OFICINA OFFICE
休闲区 ZONA DE RELAJACIÓN RELAXATION AREA
会议 CONFERENCIA CONFERENCE
特殊用途区 ZONAS DE USO ESPECIAL SPECIAL USE AREAS
客户区 ÁREA PARA SOCIOS CLIENT AREA
酒吧 BAR BAR
物流区 ÁREA DE LOGÍSTICA LOGISTICS AREA

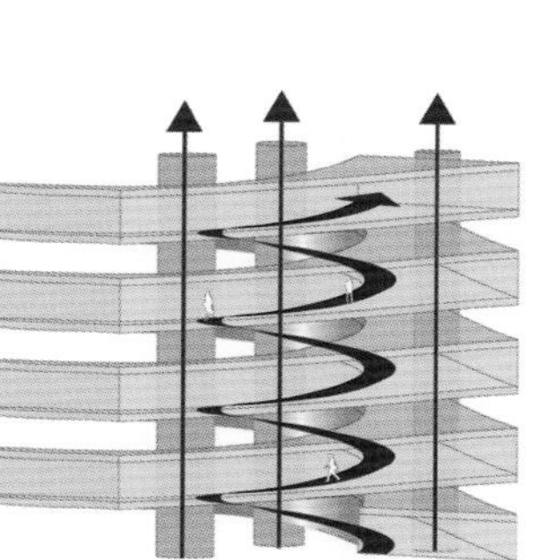

内部流线 CIRCULACIÓN INTERNA INTERNAL CIRCULATION

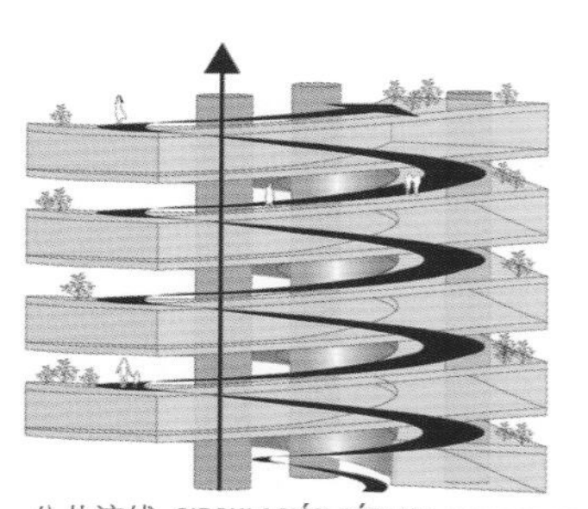

公共流线 CIRCULACIÓN PÚBLICA PUBLIC CIRCULATION

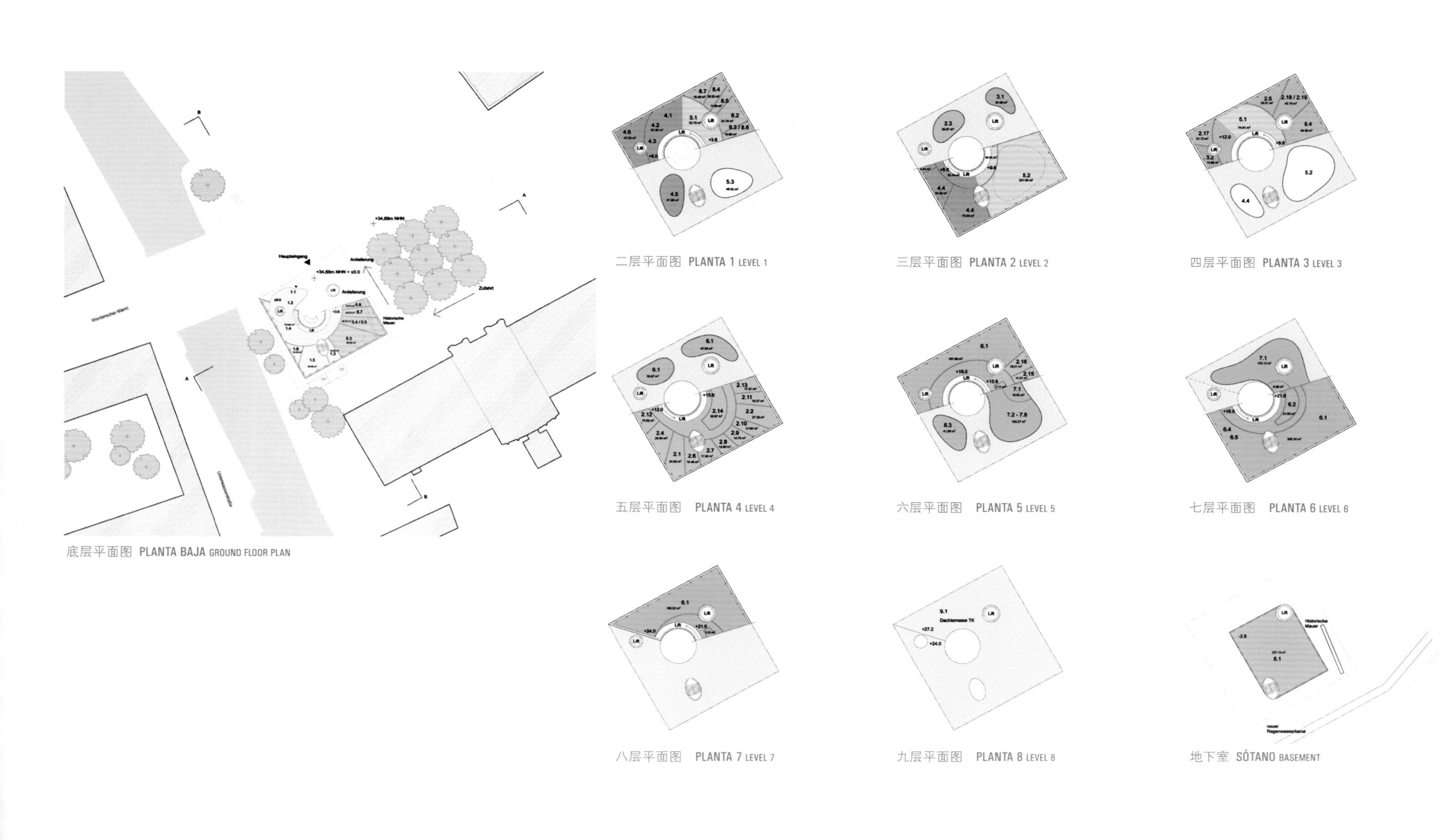

底层平面图 PLANTA BAJA GROUND FLOOR PLAN

二层平面图 PLANTA 1 LEVEL 1

三层平面图 PLANTA 2 LEVEL 2

四层平面图 PLANTA 3 LEVEL 3

五层平面图 PLANTA 4 LEVEL 4

六层平面图 PLANTA 5 LEVEL 5

七层平面图 PLANTA 6 LEVEL 6

八层平面图 PLANTA 7 LEVEL 7

九层平面图 PLANTA 8 LEVEL 8

地下室 SÓTANO BASEMENT

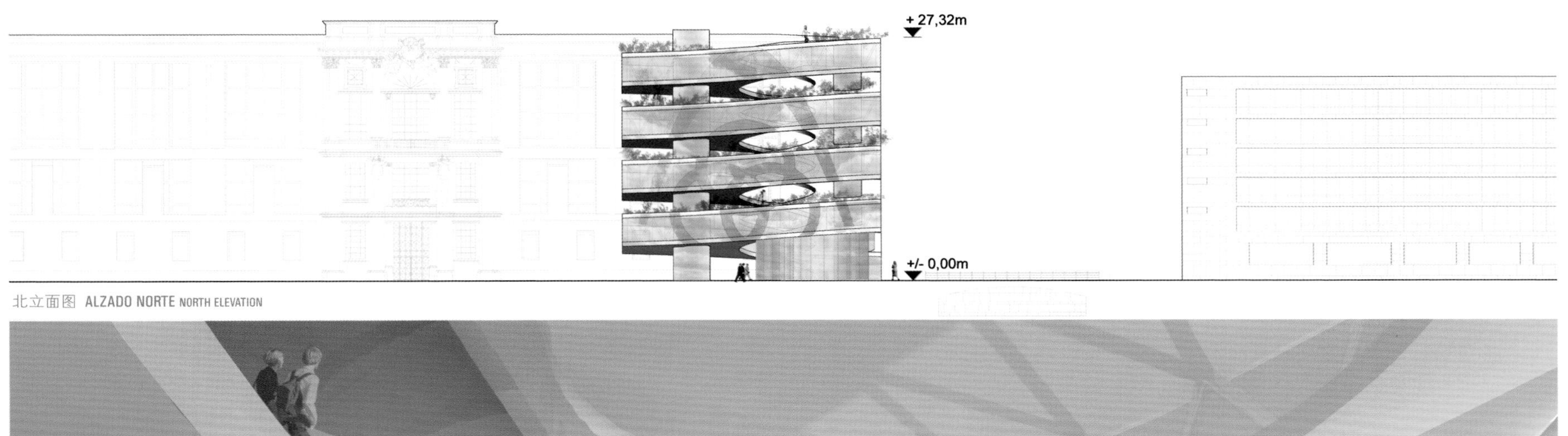

北立面图 ALZADO NORTE NORTH ELEVATION

巴黎中央理工学院·萨克莱，巴黎·法国
Nueva Escuela de Ingeniería École Centrale · Saclay, Paris
École Centrale Engineering School · France

竞标 · concurso · competition
巴黎中央理工学院工程学院
Nueva Escuela de Ingeniería École Centrale
École Centrale Engineering School

竞标类型 · tipo de concurso · competition type
限制性竞标
concurso restringido
restricted competition

项目地点 · localización · site area
萨克莱，巴黎 · 法国 Saclay, Paris · France

主办方 · órgano convocante · promoter
巴黎中央理工学院+巴黎萨克莱公共管委会(EPPS)
École Centrale Paris+Etablissement Public Paris-Saclay

日程安排 · fechas · schedule
招标 · Convocatoria · Announcement 02.2012
评审结果 · Fallo de jurado · Jury´s results 07.2012

获奖者 premios · awards

一等奖 · primer premio · first prize
OMA（建筑师事务所）

入围 · finalista · finalist
Cruz y Ortiz Arquitectos（建筑师事务所）
合作建筑师 collaborator architects: Aurore Bailly · Héctor Salcedo · Isabel Muñoz
Javier Monge · Rocío Peinado
本地建筑师 local architect: Jean-Pierre Pranlas Descours
结构工程师 structural engineer: EVP ingénierie
设备 facilities: INEX · Yves Hernot · Tugec
城市化 urbanism: Architects Cruz and Ortiz · Jean-Pierre Pranlas Descours
景观 landscaping: Christine Dalnoky
模型 model: Christine Dalnok
渲染 renders: Cruz y Ortiz arquitectos: Alejandro Álvarez · Giordano Baly

入围 · finalista · finalist
Dominique Perrault Architecture（建筑师事务所）

©Domus China

入围 · finalista · finalist
Dietmar Feichtinger Architectes（建筑师事务所）
Architect Dipl.-Ing. Dietmar Feichtinger, mandataire

团队 team: Matthieu Miclot · Camille Crépin-Déborah Blaise · Laura Ulloa
Francisco Castellanos · Ricardo Lovelace · Gerardo Rosenzweig
工程师 engineers: INGEROP CONSEIL & INGENIERIE · BET TCE · VRD
副主管 asoociate director: Yves Le Men
主案建筑师 chief architect: Carmelo Ballacchino
其他规划师 other planners: EMPREINTE landscape

2008年，23所高等院校与研究机构就共建巴黎萨克莱校园达成一致意向，致力于将其打造成**全球最顶尖的大学校园之一**。

En 2008, 23 entidades educativas y organizacion de investigación de nivel, decidieron unir sus fuerzas para crear el Campus Paris-Saclay. El objetivo es convertir el campus en **uno de los mejores campus universitarios del mundo**.

In 2008, 23 higher education establishments and research organizations decided to join forces to create the Paris-Saclay Campus. The objective is to make the campus **one of the top university campuses in the world**.

巴黎中央理工学院工程学院·萨克莱，巴黎·法国

Nueva Escuela de Ingeniería École Centrale · Saclay, Paris

École Centrale Engineering School · France

OMA（建筑师事务所）

一等奖 · **Primer Premio** · First Prize

棋盘式布局

该项设计为一个含有开敞式平面的棋盘式布置的低层超大型区域，采用玻璃屋顶，在这里，各种活动相互关联，并可在屋顶俯瞰远眺。这与典型实验室的线性走廊、房间形成鲜明的对比。这种布局具有灵活性，不仅可形成一种新的教学模式，而且有利于促进协作以及维护工程学院的主要教学功能的稳定性。矗立于项目中央的论坛区，为学校开展活动提供一个重要的平台。

UNA CUADRÍCULA

En contraste con la linealidad del corredor/salas del típico laboratorio, el proyecto es un superbloque de baja altura y con una cubierta de vidrio que contiene una cuadrícula abierta en su interior, donde pueden interactuar varias actividades que pueden observarse simultáneamente. La cuadrícula ofrece la libertad para generar una nueva tipología para la enseñanza, cultivando la colaboración mientras se mantiene las condiciones básicas de las funciones pedagógicas de una escuela de ingeniería. En el centro del proyecto, una tribuna emerge por encima de la cuadrícula, como punto focal de la actividad de la escuela.

A GRID

In contrast to the corridor/room linearity of the typical laboratory, the design is a low level, glass-roofed superblock containing an open plan grid inside, where various activities can interact and be overlooked simultaneously. The grid offers the freedom to generate a new typology for learning, cultivating collaboration while maintaining the stable conditions of the engineering school's primary pedagogical function. In the center of the project, a forum rises above the grid, offering a focal point of activity for the school.

带有分散岛屿的现有场所 SITUACIÓN EXISTENTE CON ISLAS DISPERSAS EXISTING SITE WITH LOOSE ISLANDS

实验城的科学实验厅，中心区域的整合区
SALA EXPERIMENTAL DEL LABCITY E INTEGRACIÓN DEL BLOQUE CENTRAL
THE EXPERIMENTAL HALL OF LABCITY AND INTEGRATION OF THE CENTRAL BLOCK

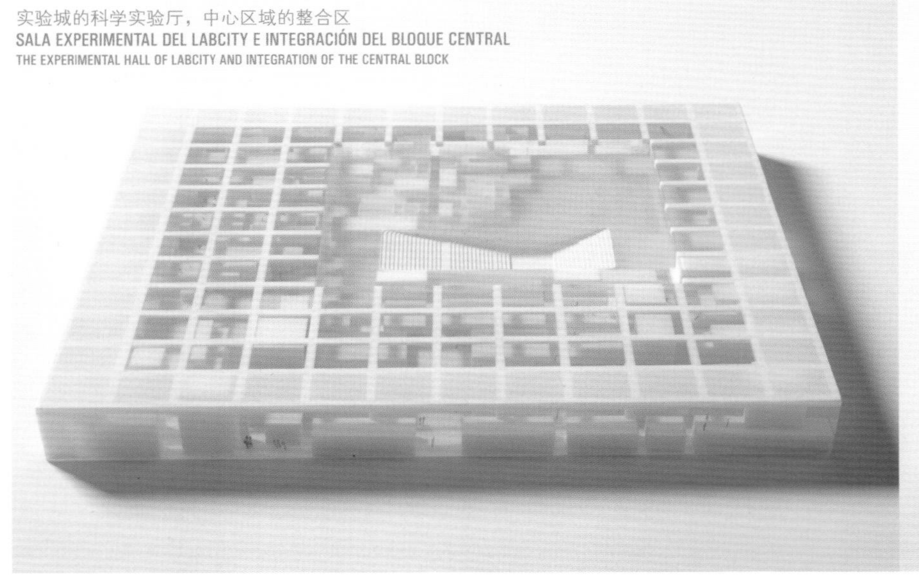

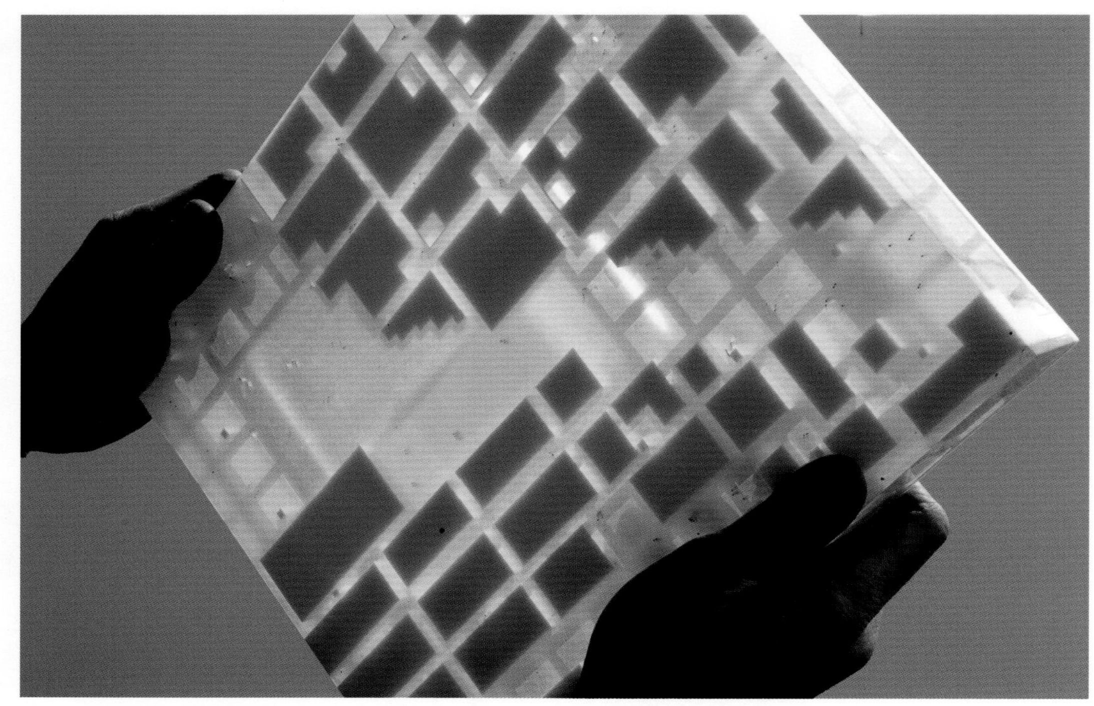

公共对角线相交于实验城模块化体系
SISTEMA MODULAR DE LABCITY INTERSECSIONADO POR LA DIAGONAL PÚBLICA
MODULAR SYSTEM OF LABCITY INTERSECTED BY THE PUBLIC DIAGONAL

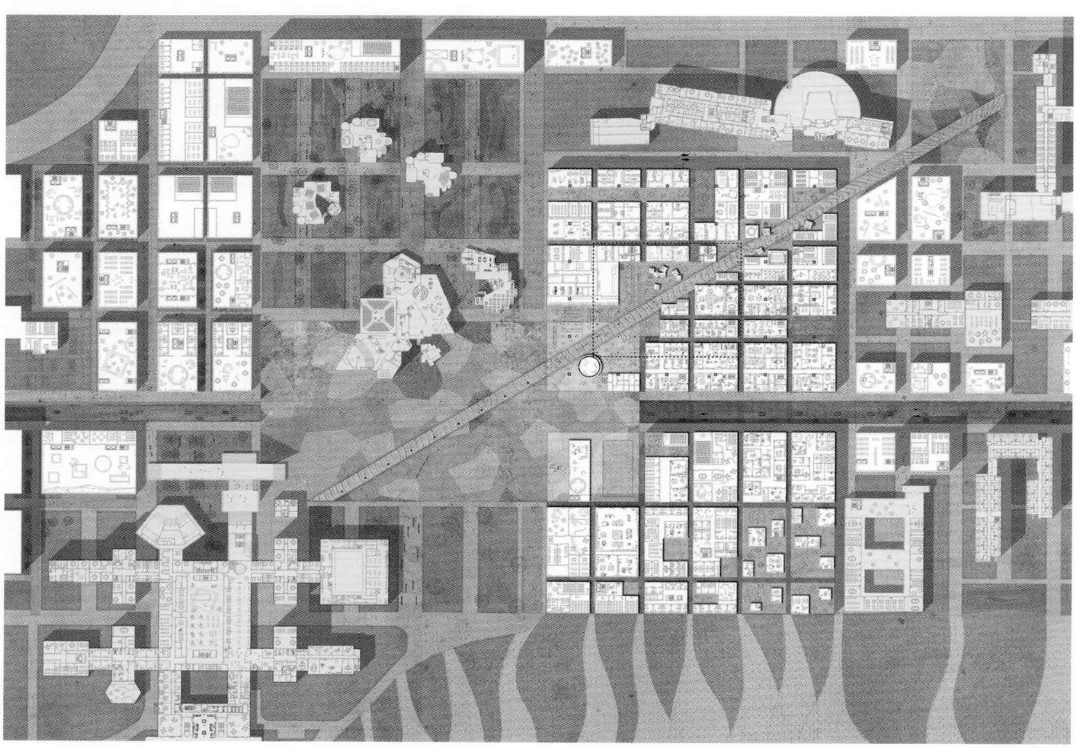

都市风格创建者 **GENERADOR DE URBANIDAD** GENERATOR OF URBANITY

可俯瞰实验城中心区域整合区的截面图
SECCIÓN QUE MUESTRA LA INTEGRACIÓN DEL BLOQUE CENTRAL MIRANDO SOBRE EL LABCITY
SECTION SHOWING THE INTEGRATION OF THE CENTRAL BLOCK OVERLOOKING THE LABCITY

巴黎中央理工学院工程学院·萨克莱，巴黎·法国

Nueva Escuela de Ingeniería École Centrale · Saclay, Paris

École Centrale Engineering School · France

Cruz y Ortiz Arquitectos (建筑师事务所)

入围 · **Finalista** · Finalist

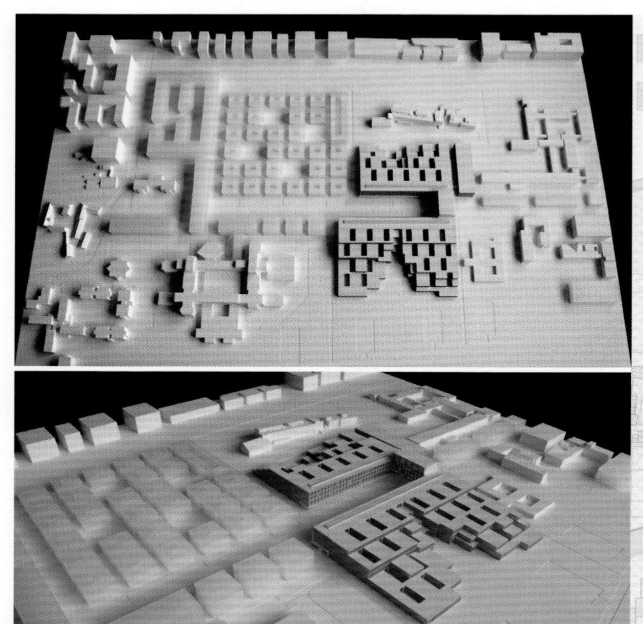

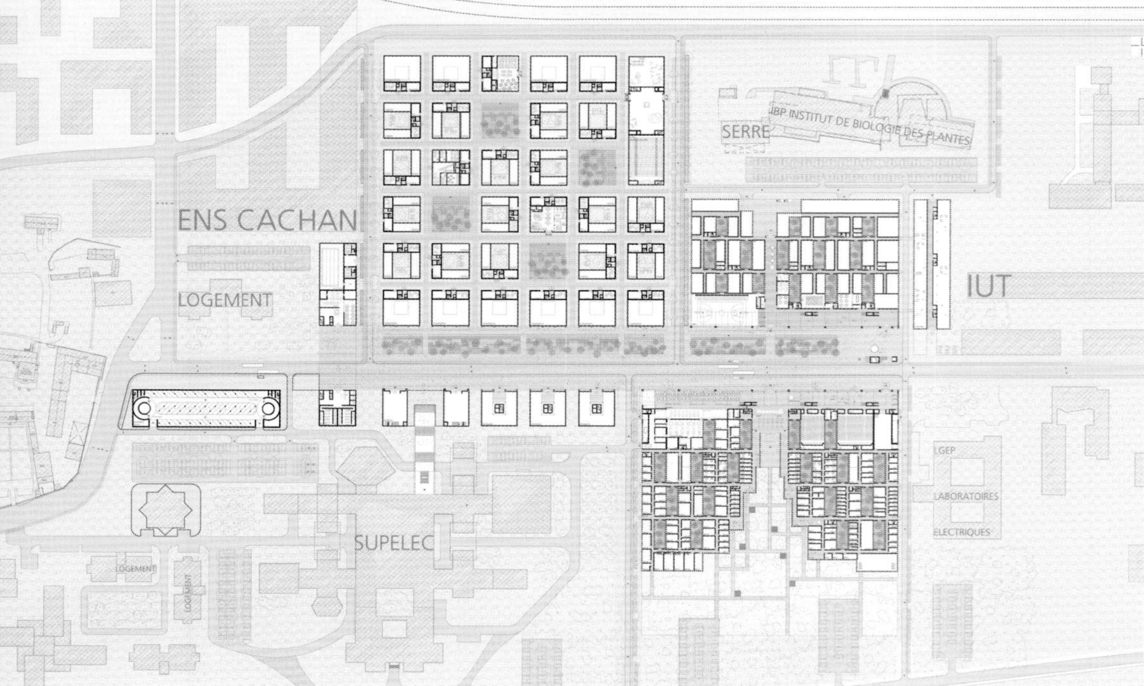

校区底层平面图 PLANTA BAJA CAMPUS CAMPUS GROUND FLOOR PLAN

双重性

目前，部分萨克莱高原地区为多家机构的所在地，其中大多数为科研和教学机构。其建筑独立、分散，并未考虑建筑密度或城市连贯性。中央理工学院的建筑采用了双重体系。这种建筑占据了新的城市外围近50%的空间，并以建筑型桥梁将两部分予以衔接。主要的流通与公共区域坐落于外围地区。以第一个区域为起点，项目更具灵活性，各建筑体量更加随机，体现功能的自由性。

DUAL

En la actualidad, la meseta de Saclay se encuentra parcialmente ocupada por una serie de instituciones, la mayoría de ellas dedicadas a la investigación y a la docencia. Sus edificios son totalmente aislados y dispersos, sin que, en ningún momento, se haya pretendido generar entre ellos un cierto grado de intensidad o coherencia urbana. El edificio de la Ècole Centrale responde a un esquema dual. De una parte, constituirá casi el 50% del perímetro del nuevo espacio urbano, conectadas sus dos partes por uno de los edificios puente. En el perímetro se concentrarán las circulaciones principales y los usos más públicos. Tras esta primera zona, la edificación se hace más libre, los volúmenes más aleatorios, de acuerdo con la libertad de programa.

DUAL

Currently, the Saclay plateau is partially occupied by a series of institutions, and most of them dedicated to research and teaching. Its buildings are totally isolated and scattered, without any intention to create a certain degree of intensity or urban coherence among them. The building of the ÉcoleCentralerepsonds to a dual scheme. It will constitute nearly 50% of the new urban perimeter, connecting its two parts by a building-bridge. On the perimeter the main circulations and public uses will be located. From this first area onwards, the building transforms into free spaces with random volumes, according to the freedom of the program.

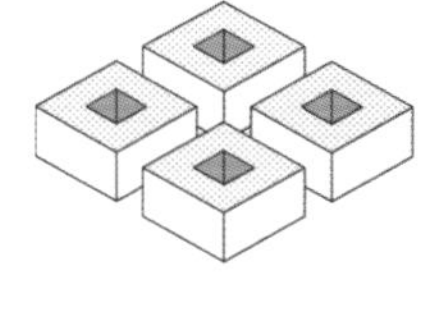
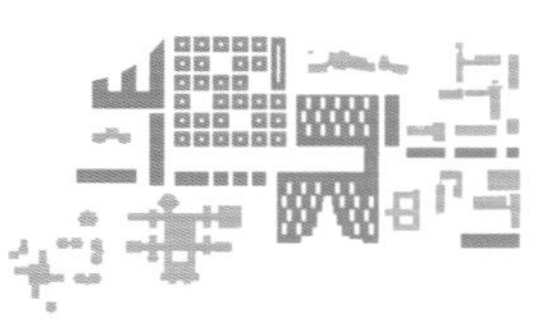

住宅 1 VIVIENDAS 1 HOUSING 1

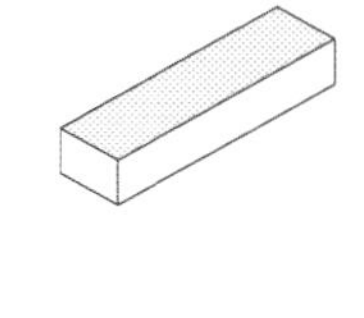

住宅 2 VIVIENDAS 2 HOUSING 2

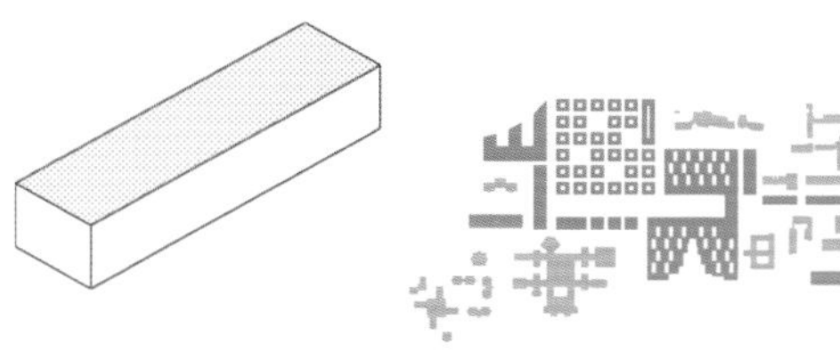

停车场 APARCAMIENTO PARKING

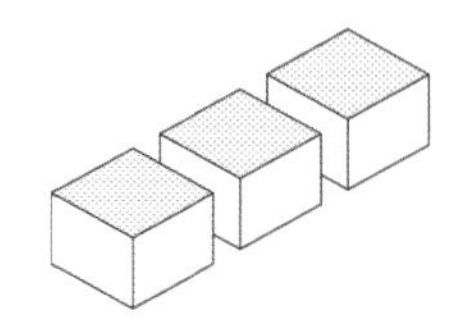

办公室 OFICINAS OFFICES

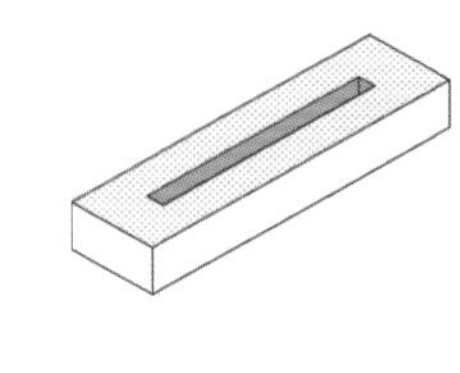

教室 CLASES CLASSROOMS

体育设施场地 DEPORTES SPORTS

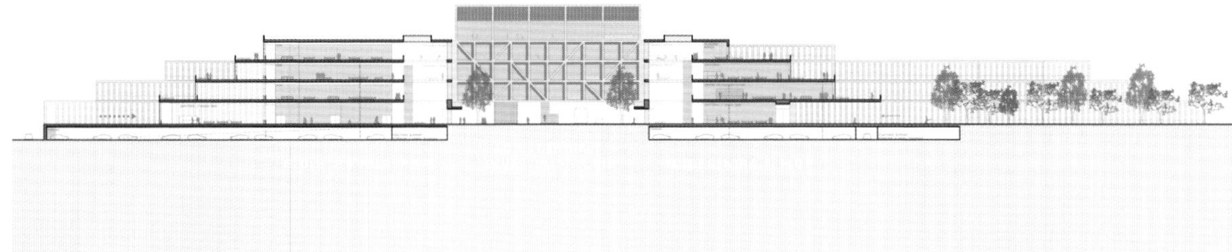

PPP剖面图——中央理工学院——MOP SECCIÓN PPP · ECOLE CENTRAL · MOP SECTION PPP · ÉCOLE CENTRAL – MOP

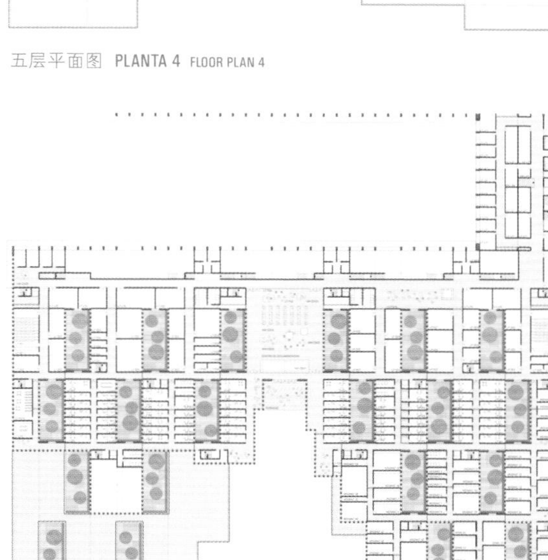

五层平面图 PLANTA 4 FLOOR PLAN 4

二层平面图 PLANTA 1 FLOOR PLAN 1

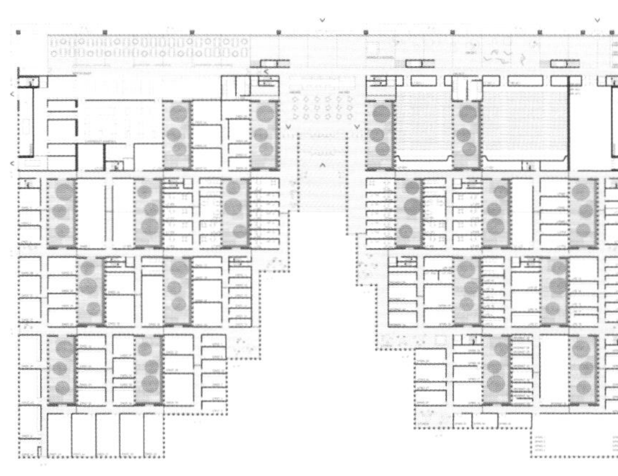

底层平面图 PLANTA BAJA GROUND FLOOR PLAN

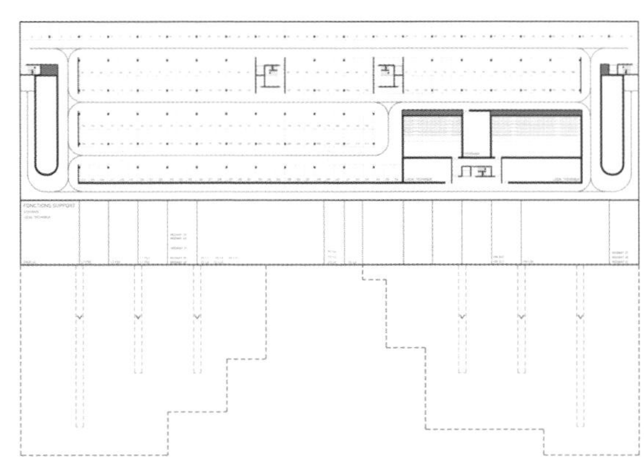

地下层平面图 PLANTA SOTANO UNDERGROUND FLOOR PLAN

校园 CAMPUS UNIVERSITARIO SCHOOL CAMPUS

巴黎中央理工学院工程学院 · 萨克莱，巴黎 · 法国

Nueva Escuela de Ingeniería École Centrale · Saclay, Paris

École Centrale Engineering School · France　　Dominique Perrault Architecture（建筑师事务所）

入围 · **Finalista** · Finalist

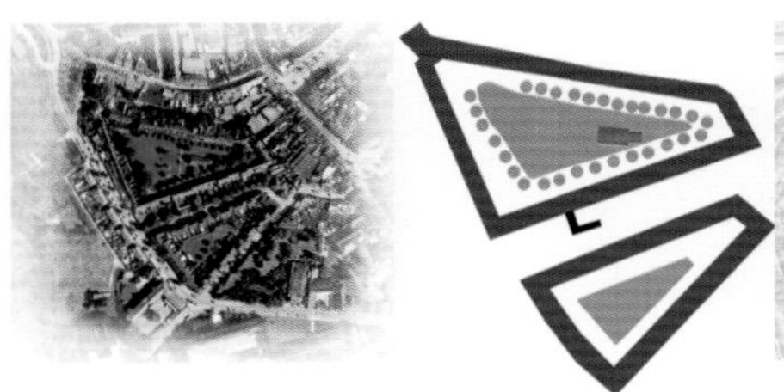

参考1：东佛兰德的登德尔蒙德贝居安会院
REFERENCIA 1: BEGUINAGE DE THERMONDE AL ESTE DE FLANDES
REFERENCE 1: BEGUINAGE OF TERMONDE IN EAST FLANDERS

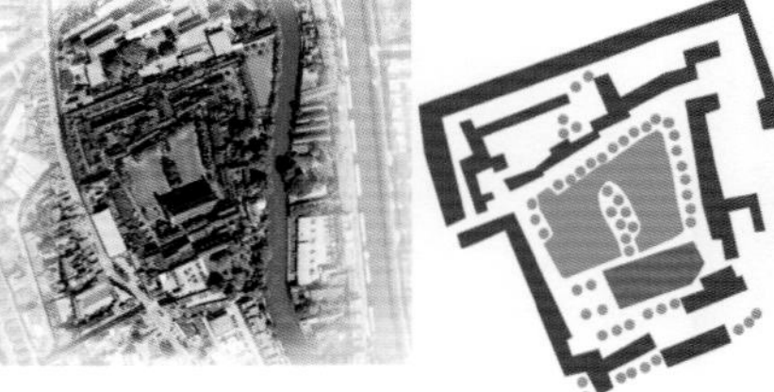

参考2：根特的小贝居安会院
REFERENCIA 2: PEQUEÑO BEGUINAGE EN GANTE
REFERENCE 2: SMALL BEGUINAGE IN GHENT

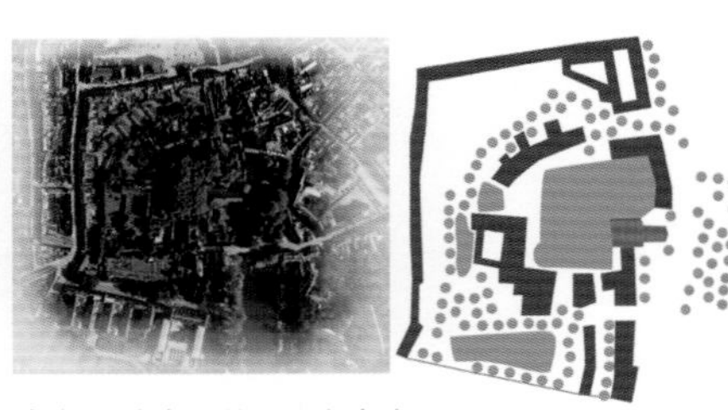

参考3：布鲁日的贝居安会院
REFERENCIA 3: BEGUINAGE EN BRUJAS
REFERENCE 3: BEGUINAGE IN BRUGES

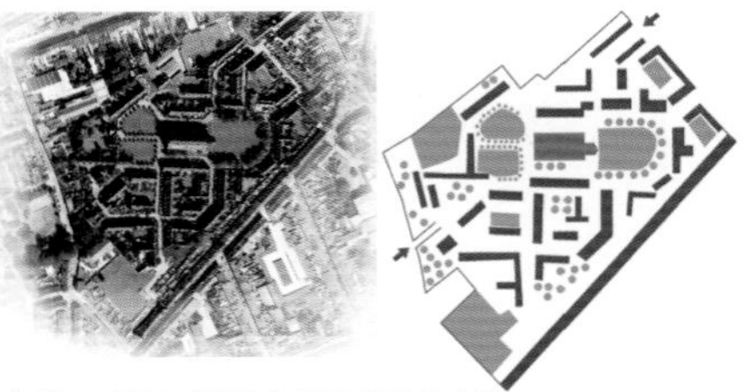

参考4：圣阿芒蒙特龙县的贝居安会院
REFERENCIA 4: BEGUINAGE EN SAINT-AMAND-MONTROND
REFERENCE 4: BEGUINAGE OF THE SAINT-AMAND-MONTROND

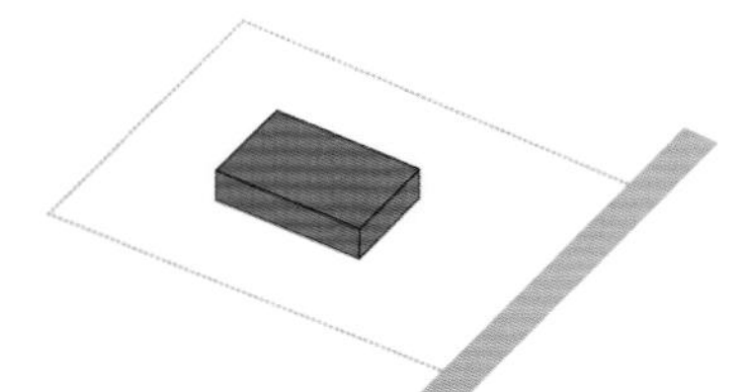

1. 起点：区块＋中央建筑（已建或新建）
PUNTO DE PARTIDA: UN BLOQUE＋UN EDIFICIO CENTRAL, EXISTENTE O NUEVO
THE STARTING POINT: A BLOCK ＋ A CENTRAL BUILDING, EXISTING OR NEW

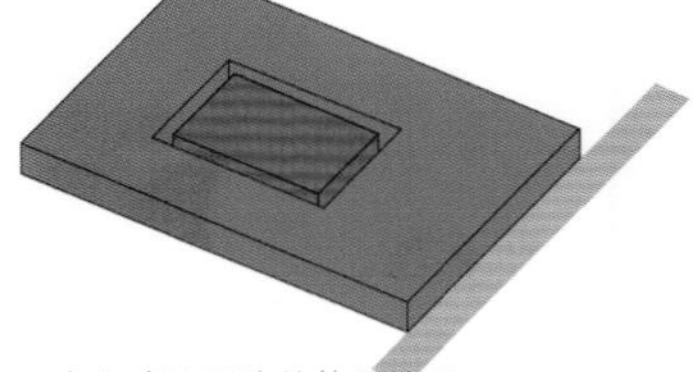

2. 中央建筑周边的体量挤压
EXTRUSIÓN DE UN VOLUMEN ALREDEDOR DEL EDIFICIO CENTRAL
EXTRUSION OF A VOLUME AROUND THE CENTRAL BUILDING

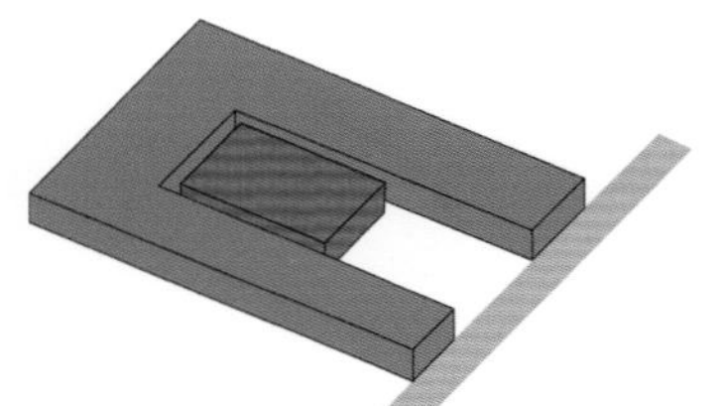

3. 与约里奥居里街相连的区域
CREACIÓN DE UN LUGAR EN CONEXIÓN CON LA CALLE JOLIOT-CURIE
CREATION OF A PLACE IN CONNECTION WITH STREET JOLIOT-CURIE

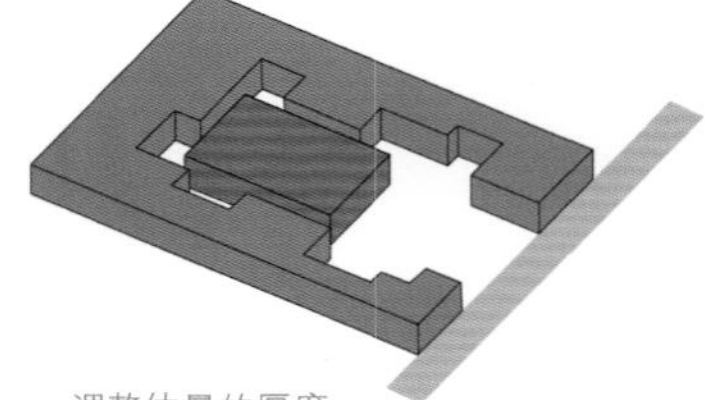

4. 调整体量的厚度
AJUSTE DE LA ANCHURA DE LOS VOLÚMENES
ADJUSTMENT OF THE VOLUME'S THICKNESS

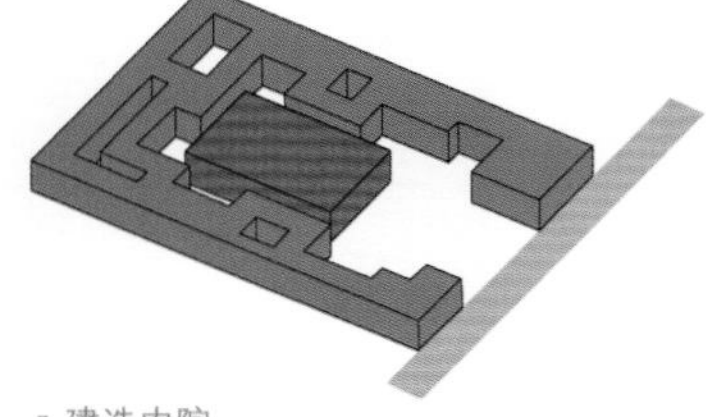

5. 建造内院
CREACIÓN DE PATIOS INTERIORES
CREATION OF INNER COURTYARDS

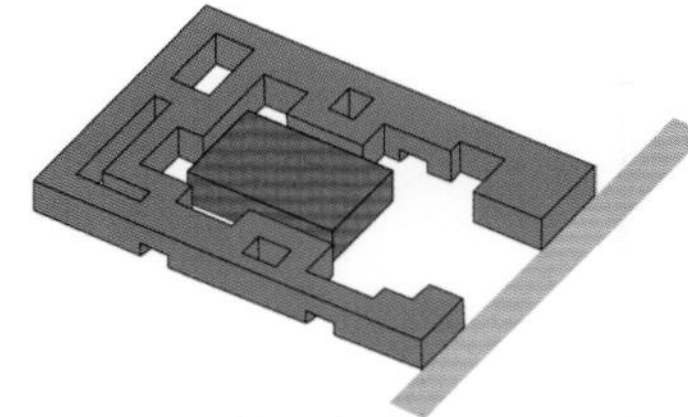

6. 水平多孔结构的打孔与插入
PERFORACIÓN E INTRODUCCIÓN DE POROSIDAD HORIZONTAL
PERFORATION AND INTRODUCTION OF THE HORIZONTAL POROSITY

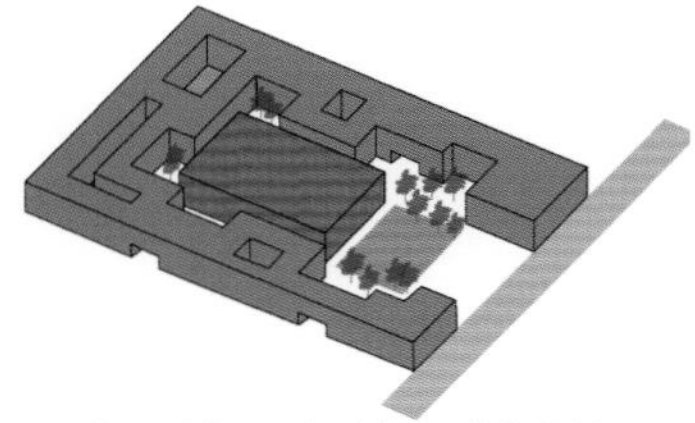

7. 绿化，形成“干燥空间”或大草坪
VEGETALIZACIÓN, CREACIÓN DE "ESPACIOS SECOS" O PRADERAS
VEGETALIZATION, CREATION OF "DRYSPACE" OR PRAIRIES

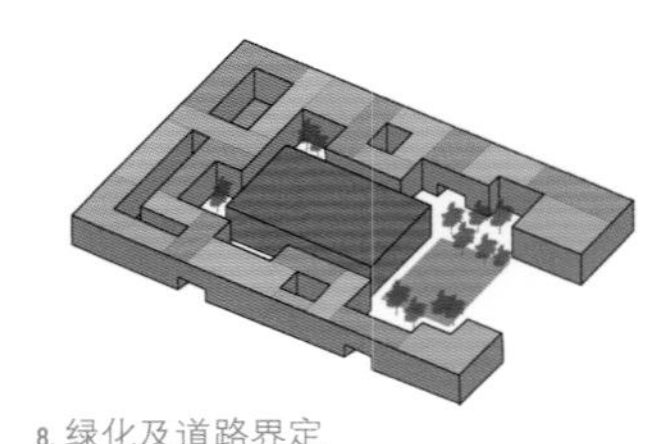

8. 绿化及道路界定
VEGETALIZACIÓN Y DEFINICIÓN DE CAMINOS
VEGETALIZATION AND DEFINITION OF PATHS

新型都市生活

真正的挑战在于，将一个目前只有田野和分散型建筑的区域融入城市的空间之中，并使其成为都市生活的浓缩版。建设一个校园是否能真正实现目标？城市化并非一朝一夕之事，建城大业亦非一蹴而就之事。萨克莱要成为国际大都市巴黎名副其实的科研机构集聚区尚需时日。我们的战略就是在一个有限的场地范围内，以实用主义的方式将具有协同作用的“生活细节”进行渐进性浓缩。

UNA NUEVA VIDA URBANA

El reto consiste en crear un fragmento de ciudad, una versión condensada de vida urbana, en un lugar donde, por el momento, sólo existen campos y edificios dispersos. ¿Puede la creación del campus ser suficiente para realmente configurar un trozo de ciudad? Urbanizar necesita mucho tiempo y la ciudad no será creada necesariamente en su totalidad de golpe. Llevará tiempo antes de que Saclay se convierta en una verdadero núcleo científico del Grand Paris. Nuestra estrategia consiste en condensar, paso a paso, "piezas de vida" en sinergia unas con otras, de una forma pragmática en el lugar.

A NEW URBAN LIFE

The challenge consists in creating a fragment of city, a condensed version of urban life, in a place where, for the moment, there are only fields and scattered buildings. Will the creation of a campus be enough to realistically set up a piece of city? Urbanization takes a long time, and the city will not necessarily be created entirely at once. It will take time before Saclay becomes a real scientific cluster of the Grand Paris. Our strategy consists in condensing, step by step, "pieces of life" in synergy with each other, in a pragmatic way within our site.

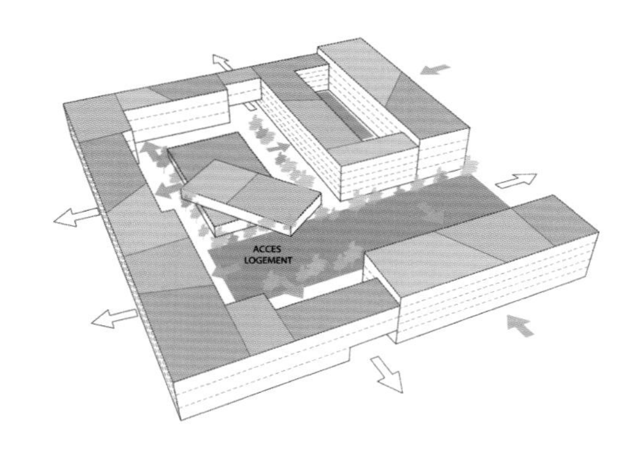

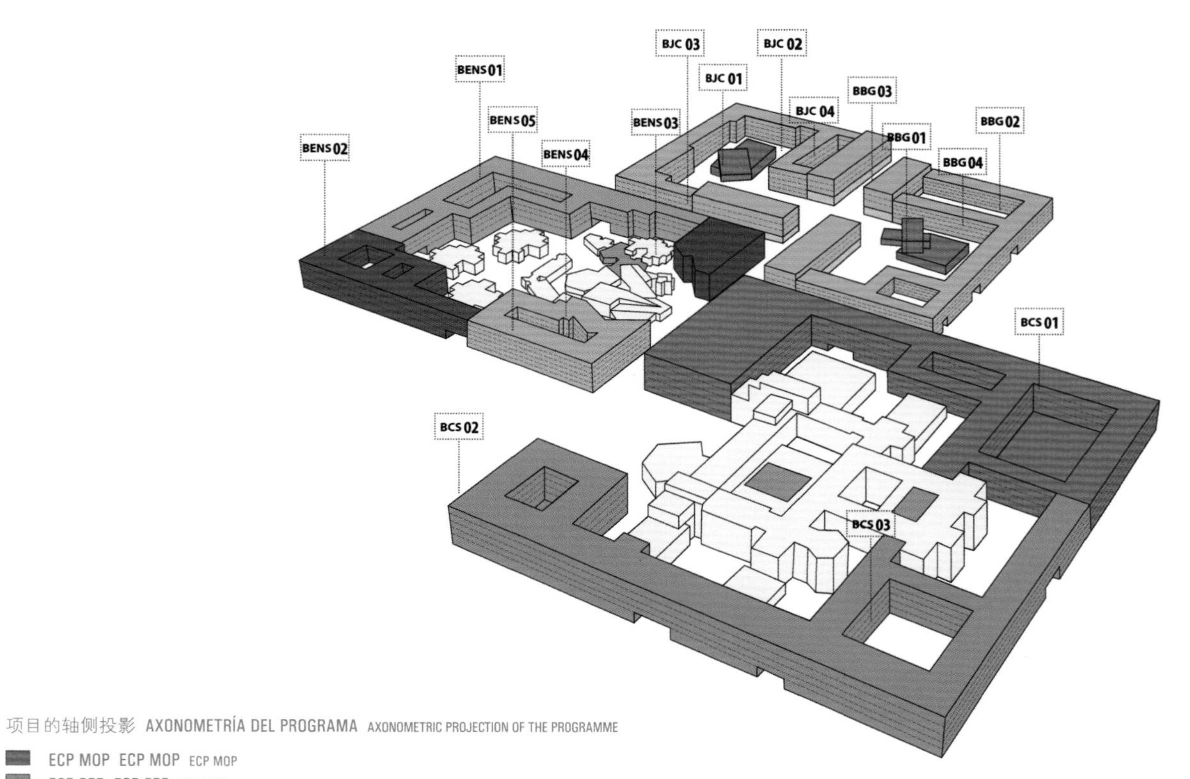

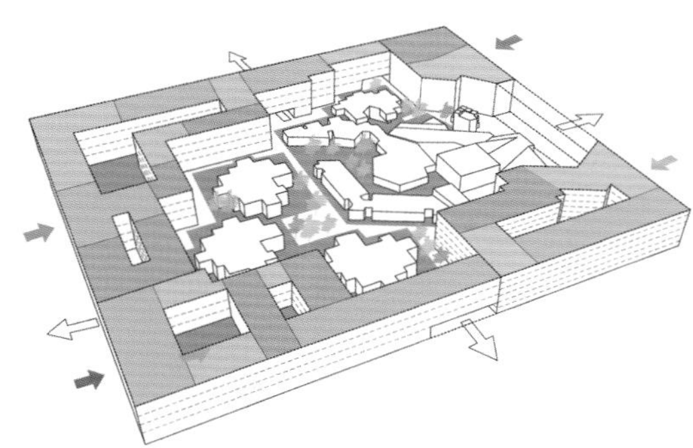

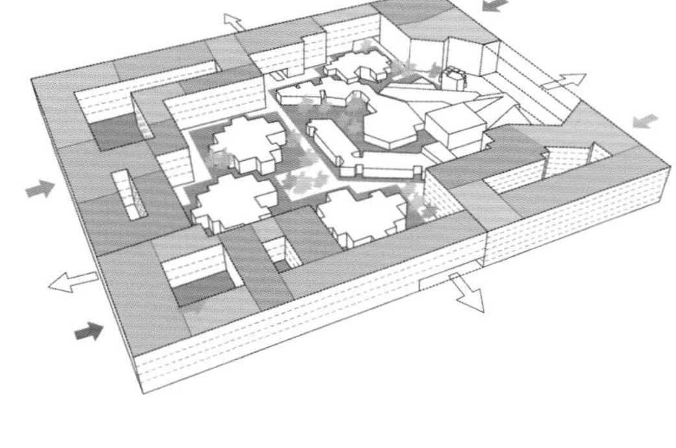

项目的轴侧投影 AXONOMETRÍA DEL PROGRAMA AXONOMETRIC PROJECTION OF THE PROGRAMME

- ECP MOP ECP MOP ECP MOP
- ECP PPP ECP PPP ECP PPP
- 教室 CLASES CLASSROOMS
- ENS ENS ENS
- 体育馆 GIMNASIO GYMNASIUM
- 住宅 VIVIENDAS HOUSING
- 商业和服务业中心 CENTRO DE NEGOCIOS Y SERVICIOS BUSINESS AND SERVICES CENTER
- 现有大学建筑 EDIFICIOS UNIVERSITARIOS EXISTENTES EXISTING UNIVERSITY BUILDINGS
- 现有住宅 VIVIENDAS EXISTENTES EXISTING HOUSING
- 现有起居空间 ESPACIO DE ESTANCIA EXISTENTE EXISTING LIVING SPACE

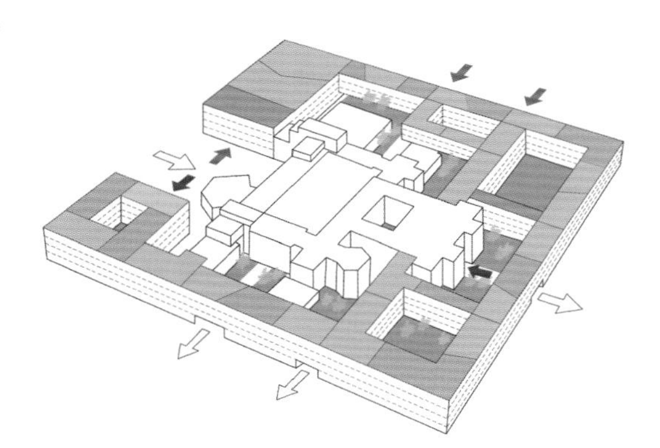

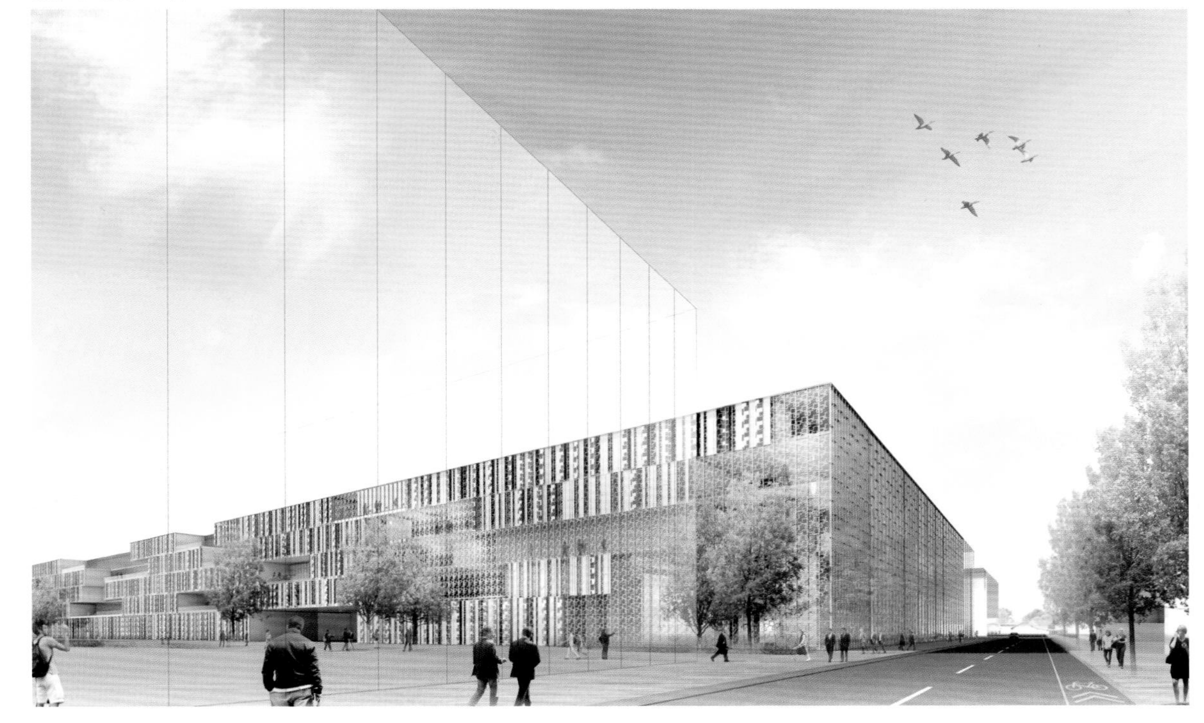

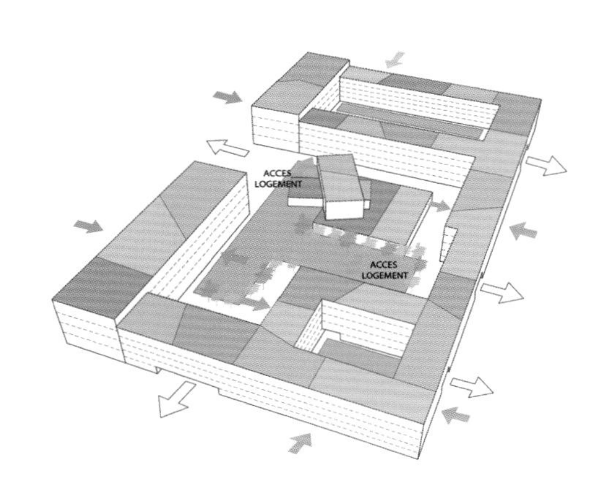

巴黎中央理工学院工程学院 · 萨克莱，巴黎 · 法国

Nueva Escuela de Ingeniería École Centrale · Saclay, Paris

École Centrale Engineering School · France

Dietmar Feichtinger Architectes (建筑师事务所)

入围 · **Finalista** · Finalist

多层式建筑

大量的树木是此地段的标志性景观。风、水是构成环境景观的很重要的自然元素。新建筑分布于周边区域，在既有的框架内形成一种城市空间的连续性。新的建筑密度和功能混合型用途可以确保周边地区的生气与活力。主体量与街道处于同一直线上，形成活动的城市边缘带。该体量通过切割，形成一个有机体。外形紧凑的建筑形成多层叠加式建筑。建筑的几何结构与材料选择使其更加轻盈。

DIFERENTES CAPAS

La extensión del paisaje está marcada por la agrupación de árboles. El viento y el agua son importantes componentes naturales. Los nuevos edificios se organizan alrededor del entorno y conforman una continuidad urbana dentro del marco prexistente. La nueva densidad y la mezcla de usos aseguran la vitalidad del barrio. El volumen principal se alinea con la calle y forman un borde urbano en movimiento. El volumen se esculpe y se hace orgánico. El edificio de apariencia compacta, expresa la superposición de diferentes capas. Su geometría y materialidad confieren ligereza al edificio.

DIFFERENT LAYERS

The extent of the landscape is marked by massive trees. The wind and water are important natural components. The new buildings are organized around the surrounding spaces and shape an urban continuity within the existing frame. The new density and mix of uses ensure the vitality of the neighborhood. The main volume is aligned with the street and forms an urban edge in motion. The volume is carved which makes it organic. The building of compact appearance, expresses the superimposition of different layers. Its geometry and materiality gives lightness to the building.

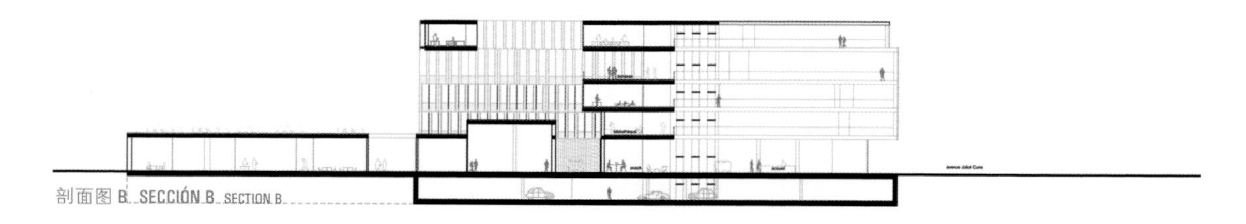

剖面图 B SECCIÓN B SECTION B

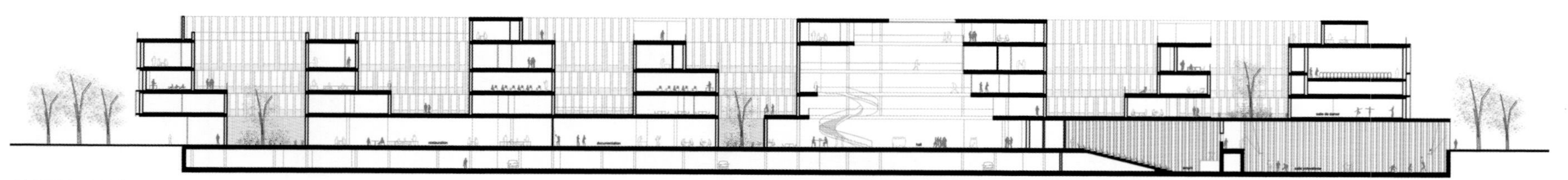

剖面图 A SECCIÓN A SECTION A

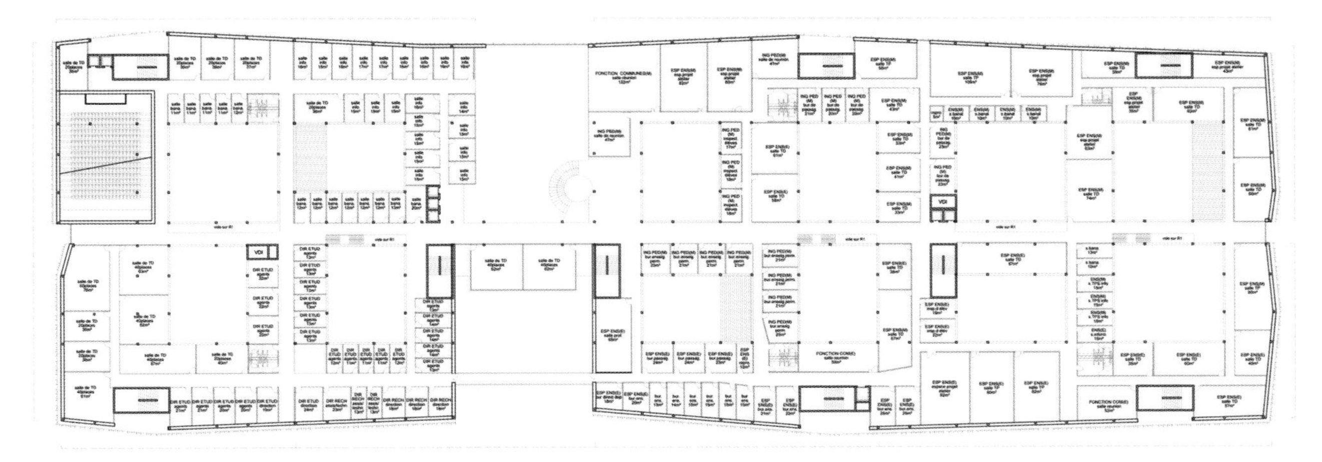

三层平面图 PLANTA 2 FLOOR PLAN 2

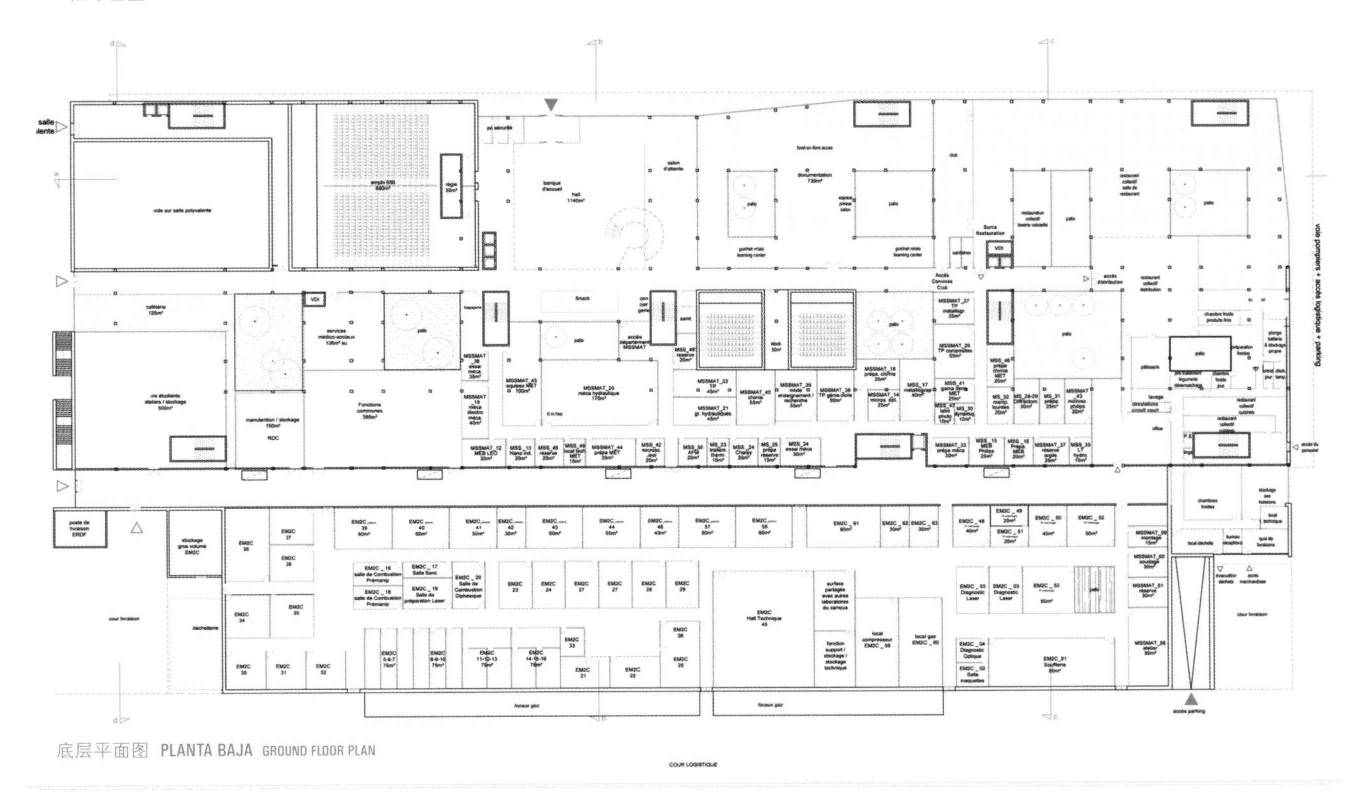

底层平面图 PLANTA BAJA GROUND FLOOR PLAN

concursos en detalle

竞标细部

competitions in detail

Solid arquitectura / Sotomaroto arquitectos (建筑师事务所

Álvaro Soto Aguirre · Javier Maroto Ramos

社会住房单元 · 马德里 · 西班牙

Viviendas sociales · Madrid

Social housing · Spain

一等奖中标 2005年 · 建成 2011年 primer premio concurso 2005 · terminado 2011 competition first prize 2005 · completed 2011

区块位置 PLANO DE SITUACIÓN SITE PLAN

位置 **localización** location: 马德里 · 西班牙 Madrid · Spain
建筑师 **arquitectos** architects: Álvaro Soto Aguirre + Javier Maroto Ramos (Solid arquitectura SLP / Sotomaroto arquitectos)
竞标团队 **equipo concurso** competition team: Frederic Fraeys, Carlos Mínguez, Iris Jiménez, Almudena Mestre, Alejandra Navarrete
项目团队 **equipo proyecto** project team: Carlos Mínguez, Marta A. Bueno, Guillermo García-Badell, Marta Rabazo
监理 **arquitecto técnico** Surveyor: Gabriel López, José Ramón Pérez
景观 **paisajismo** Landscape: Beatriz Lombao (maremoto paisaje s.l.)
结构工程 **estructuras** Structure engineering: IDP Ingenieros de Proyectos y Obras s.l.
设备 **instalaciones** Service engineering: Pedro Pablo Barquilla
现场团队 **equipo obra** construction team: Lidia Fernández
摄影 **fotografía** photography: Javier Callejas
施工单位 **empresa constructora** construction firm: Corsan-Corviam Construcción S.A.
甲方 **promotor** promoter: EMVS Empresa Municipal de Vivienda y Suelo del Ayuntamiento de Madrid

四座
小型塔楼

这栋小型建筑环绕于内侧方形天井，使公寓楼成为具有通用、块状结构体系的一角，而在过去几年，城市这一片的工业区块已被方形天井取而代之。项目善于利用周围建筑的界墙而形成狭窄空间，尽力打开内部空间，提高采光效果，恢复与公共区域的连接。该设计打破了公寓的原有体系，有利于改善城市与居住者之间的关系。

四栋小型公寓临街而建，采光和视觉效果良好，其排列犹如四根手指，立面显得更加整齐。这些小型的开放式天井成了公寓的隔离带，天井的空地扩大了场地的规模，使得新建筑在一个中等规模的城市拔地而起。

前墙、基础和屋顶都用黑色砖块砌成，临街而建的小天井的侧墙用白色砖块砌成，使得墙面具有更好的采光效果，以达到维护费用低廉、可持续性高的标准。

CUATRO
PEQUEÑAS TORRES

Este pequeño edificio conforma la esquina de un masivo sistema de bloques residenciales alrededor de patios cuadrados, que han sustituido, en los últimos años, el asentamiento de bloques industriales, que formaban la imagen de esta parte de la ciudad. El proyecto se aprovecha del estrecho espacio entre los muros medianeros de los edificios colindantes, tratando de abrir el espacio interior e incrementar el contacto de las viviendas con la luz, recuperando su conexión con el espacio público. Por tanto, existe una rotura con el antiguo sistema de bloques mejorando la relación entre la ciudad y los habitantes, dentro del edificio. La alineación de la fachada se transforma con cuatro pequeños bloques, que recuerdan a los dedos de una mano abierta a la calle, a la luz y las vistas. La escala del lugar se transforma mediante la apertura de estos pequeños patios abiertos, que separan los distintos bloques, situando el nuevo edificio dentro de una ciudad indiferente. Se utilizan ladrillos negros en los muros frontales, zócalo y cubiertas, y se utilizan ladrillos claros para iluminar los muros laterales de los pequeños patios que abren hacia la calle con la intención de obtener un bajo mantenimiento y altos estándares sostenibles.

FOUR
SMALL TOWERS

This small building shapes a corner of a general and massive system of housing blocks around interior square courts, which have replaced, in the last years, the former settlement of industrial blocks, which were located in this part of the city. The project takes advantage of the narrow space enclosed by the party walls of the neighboring buildings, trying to open the interior space and to increase the contact of the dwellings with the light, recovering their connection with the public space. Thus, there is a break of the former system of blocks improving the relationship between the city and the dwellers, inside the building.

The façade alignment is transformed with four small blocks, which recall the fingers of a hand open to the street, light and views. The scale of the site is transformed by the opening of these small open courts, which separate the different blocks, setting the new building inside an indifferent city.

Black bricks are used in the front walls, basement and roofs, and white bricks are used to light the side walls of the small courts opened to the street with the aim to obtain a low maintenance and high sustainable standards.

标准层平面图 PLANTA TIPO TYPICAL FLOOR PLAN

底层平面图 PLANTA BAJA GROUND FLOOR PLAN

横向剖面图 **SECCIÓN TRANSVERSAL** CROSS SECTION

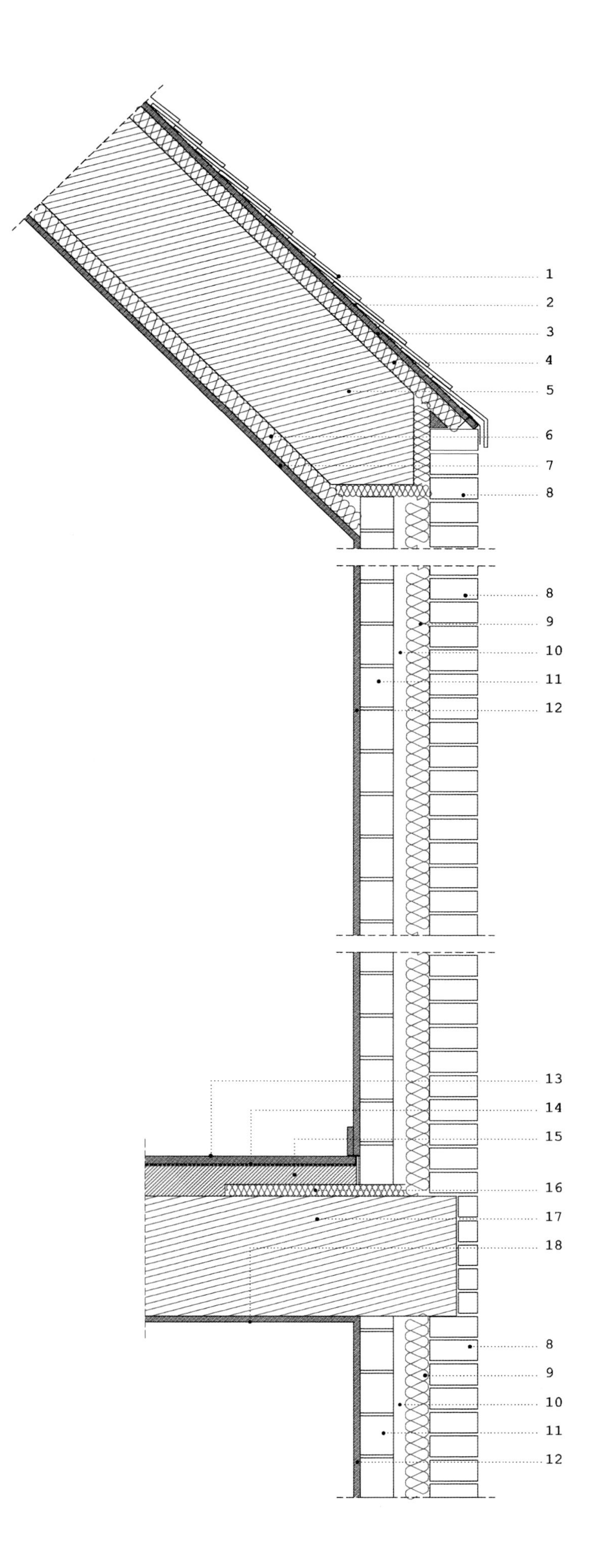

1 平面瓷砖，LCM黑色
TEJA PLANA CERÁMICA TIPO LCM LACER COLOR NEGRO
FLAT CERAMIC TILE TYPE, LCM BLACK COLOR

2 GA-2多层防水膜，由涂层和双层沥青构成
MEMBRANA IMPERMEABLE GA-2 MULTICAPA FORMADA POR UNA IMPRIMACIÓN Y 2 LÁMINAS BITUMINOSAS
MULTILAYERED WATERPROOF MEMBRANE GA-2 MADE UP BY COATING AND 2 BITUMINOUS LAYERS

3 防潮板 16毫米
TABLERO HIDRÓFUGO 16 mm
DAMP-PROOF BOARD 16 mm

4 屋顶高密度隔热材料60毫米
AISLAMIENTO TÉRMICO ROOF MATE ALTA DENSIDAD 60 mm
HIGH DENSITY ROOF MATE THERMAL INSULLATION 60 mm

5 预制搁栅单向板和陶瓷衬块(25+5)
FORJADO UNIDIRECCIONAL DE SEMIVIGUETAS PREFABRICADAS Y BOVEDILLAS CERÁMICAS (25+5)
ONE-WAY SLAB OF PREFABRICATED JOISTS AND CERAMIC FILLER BLOCKS (25+5)

6 石棉隔热板60毫米
AISLAMIENTO DE LANA DE ROCA 60 mm
ROCKWOOL BASED INSULATION 60 mm

7 石膏板15毫米
PLACA DE CARTÓN YESO 15 mm
PLASTERBOARD 15 mm

8 R-40 238x111砖砌体缸砖，黑白色
FÁBRICA DE LADRILLO CARA VISTA TIPO KLINKER R-40 238x111 EN COLORES BLANCO Y NEGRO
BRICK MASONRY TYPE KLINKER R-40 238 x 111 IN BLACK AND WHITE COLORS

9 聚氨酯绝缘漆40毫米
AISLAMIENTO DE POLIURETANO PROYECTADO 40 mm
PROJECTED POLYURETHANE INSULLATION 40 mm

10 空气室30毫米
CÁMARA DE AIRE 30 mm
AIR CHAMBER 30 mm

11 双层砖砌体
FÁBRICA DE LADRILLO HUECO DOBLE
DOUBLE BRICK MASONRY

12 白色石膏30毫米
ENLUCIDO DE YESO 30 mm
WHITE PLASTER 30 mm

13 白色石膏30毫米
ENLUCIDO DE YESO 30 mm
WHITE PLASTER 30 mm

14 复合地板
PAVIMENTO LAMINADO
LAMINATED FLOORING

15 水泥砂浆30毫米
RECRECIDO DE MORTERO DE CEMENTO 30 mm
CEMENT MORTAR FILLING 30 mm

16 预制搁栅单向板和陶瓷衬块(25+5)
FORJADO UNIDIRECCIONAL DE SEMIVIGUETAS PREFABRICADAS Y BOVEDILLAS CERÁMICAS (25+5)
ONE-WAY SLAB OF PREFABRICATED JOISTS AND CERAMIC FILLER BLOCKS (25+5)

17 挤塑聚苯乙烯60毫米
POLIESTIRENO EXTRUIDO XPS 60 mm
EXTRUDED POLYSTYRENE XPS 60 mm

18 白色石膏30毫米
ENLUCIDO DE YESO 30 mm
WHITE PLASTER 30 mm

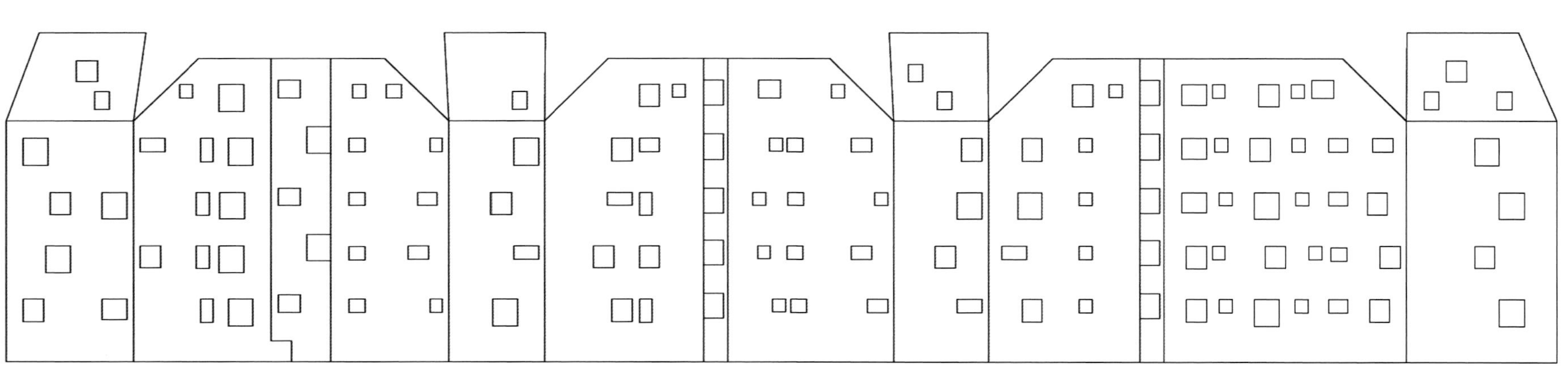

外立面展开图 **DESARROLLO DE FACHADA EXTERIOR** UNFOLDED EXTERIOR ELEVATION

VADO

Olalquiaga Arquitectos (建筑师事务所)

Rafael Olalquiaga Soriano, Pablo Olalquiaga Bescós+Alfonso Olalquiaga Bescós

社会住房单元，Ensanche de Vallecas · 马德里 · 西班牙
Viviendas sociales, Ensanche de Vallecas · Madrid
Social housing, Ensanche de Vallecas · Spain
一等奖中标 2009年 · 建成 2013年 primer premio concurso 2009 · terminado 2013 competition first prize 2009 · completed 2013

减法和替代

Ensanche Vallecas地区几乎由清一色的**75**平方米封闭式公寓群组成，是目前西班牙马德里的主要开发项目。本次竞标地块所占的建筑面积占公寓总面积的**3/4**。

就所征集的方案，参标者应遵从以下几点：

公寓不得为全封闭式公寓**(A)**

设计成开放式分层公寓**(B)**：

- 通过开放空间获得采光。
- 打造不同高度、不同尺寸的空间。
- 提供不同的、可变的交叉视图的内外视角。
- 随光线的变化而变化的对角线，可实现不同的视角和宁静的空间。

区块位置 PLANO DE SITUACIÓN SITE PLAN

位置 **localización** location: 马德里 · 西班牙 Madrid · Spain
建筑师 **arquitectos** architect: Olalquiaga Arquitectos
(Rafael Olalquiaga Soriano, Pablo Olalquiaga Bescós + Alfonso Olalquiaga Bescós)
团队 **equipo** team:
Javier Morales Luchena (建筑师 arquitecto architect)
Jesús Resino (模型 maqueta model)
Luis Cristóbal (摄影 fotografía photography)
结构工程 **estructuras** structure engineering: Arquing (Luis Casas)
设备 **instalaciones** service engineering: JG Ingenieros (Emilio González Gaya, Julián Mingo, Roberto Fernández, María Teresa Píriz)
监理 **aparejador** surveyor: Manuel López Lara
施工单位 **empresa constructora** construction firm: FCC Construcción S.A.
甲方 **promotor** promoter: EMVS Empresa Municipal de la Vivienda y Suelo del Ayuntamiento de Madrid

© Miguel de Guzmán www.imagensubliminal.com

SUSTRACCIÓN Y SUSTITUCIÓN

El Ensanche de Vallecas es el principal desarrollo urbanístico que existe actualmente en la ciudad de Madrid, organizado casi en su totalidad mediante una trama homogénea de manzanas cuadradas cerradas de 75 metros de lado. El solar objeto de concurso ocupa tres cuartos de una manzana.
En la memoria del proyecto presentado a concurso decíamos:
NO a la manzana totalmente cerrada (A)
SI a la manzana abierta y fraccionada que permite (B):
· Búsqueda del asoleamiento y la luz a través de espacios abiertos.
· Espacios de tamaños variables con alturas diferentes.
· Perspectivas interiores y exteriores que proporcionan vistas cruzadas, diferentes y cambiantes.
· Diagonales que varían con la luz y permiten enfoques diversos y estancias tranquilas.

SUBTRACTION AND SUBSTITUTION

The Ensanche Vallecas is the main urban development that currently exists in the city of Madrid, organized almost entirely by a homogeneous network of enclosed 75 meters square blocks. The plot of the competition occupies three quarters of the block.
In the text submitted in the competition, we emphasized the following:
We do not want a fully enclosed block (A)
We want an open and fractional block which allows (B):
· The search for the sunlight and the light through open spaces.
· Spaces of varying sizes with different heights.
· Internal and external perspectives that provide cross views, different and changing.
· Diagonals which vary with the light and allow different approaches and peaceful spaces.

A

B

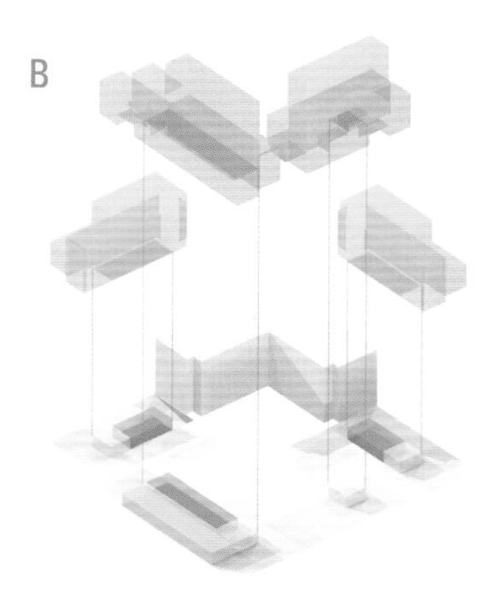

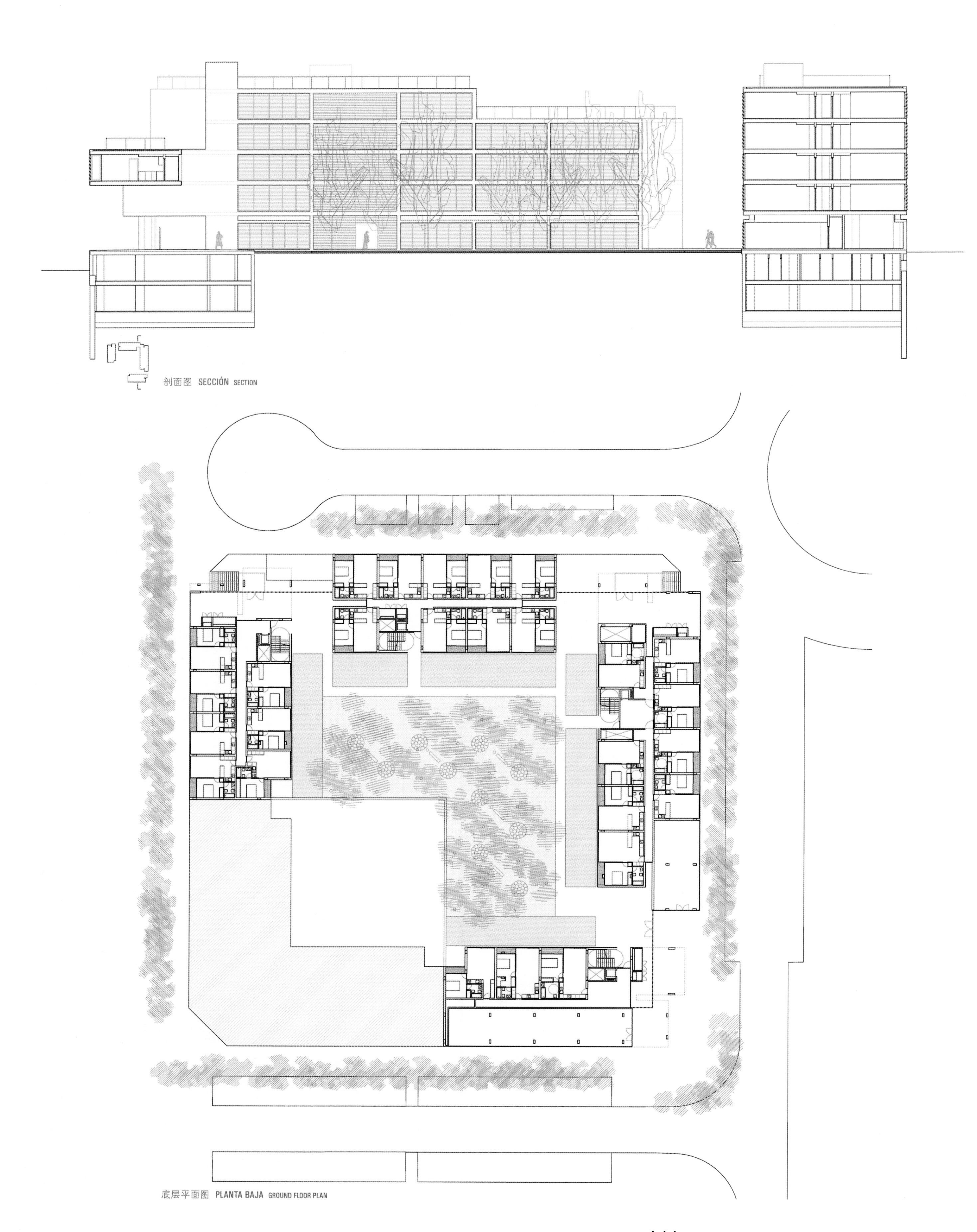
剖面图 SECCIÓN SECTION
底层平面图 PLANTA BAJA GROUND FLOOR PLAN

© Miguel de Guzmán www.imagensubliminal.com

二层平面图 PLANTA 1 FLOOR PLAN 1

1 白色可调的PVC板条(地面灰色)
LAMAS ORIENTABLES DE PVC COLOR BLANCO (GRIS EN PLANTA BAJA)
ADJUSTABLE PVC SLATS WHITE COLOR (GREY IN GROUND FLOOR)

2 CORONA AS60 白色PVC窗口旭格系列
CARPINTERÍA DE PVC DE SCHUCO SISTEMA CORONA AS60 COLOR BLANCO
PVC WINDOW FROM SCHUCO SYSTEM CORONA AS60 WHITE COLOR

3 40毫米x 40毫米白色铝框架
BASTIDOR 40 mm x 40 mm DE ALUMINIO LACADO COLOR BLANCO
ALUMINIUM 40 mm x 40 mm SUPPORTING FRAME WHITE COLOR

4 支撑条板框架和铝质门的框架
CERCO DE SUJECIÓN DEL BASTIDOR DE LAMAS Y PUERTA-VENTANA DE ALUMINO
FRAME TO SUPPORT SLATS FRAME AND ALUMINIUM DOOR

5 陶瓷压顶石
ALBARDILLA DE GRES
CERAMIC COPING STONE

6 Coteterm外隔热墙+细碎石加工
AISLAMIENTO TERMICO POR EL EXTERIOR COTETERM + ACABADO PIEDRA FINO
EXTERIOR THERMAL INSULATION COTETERM + FINE STONE FINISHING

7 支撑条板框架LPN 60.6
LPN 60.6 PARA ANCLAJE DEL CERCO DE LAMAS
LPN 60.6 TO SUPPORT SLATS FRAME

8 10毫米镀锌钢丝条扶手
BARANDILLA DE REDONDO DE ACERO GALVANIZADO 10 mm
HANDRAIL MADE UP OF GALVANIZED STEEL WIRE RODS 10 mm

9 镀锌钢板50.5厚漆
PLETINA 50.5 DE ACERO GALVANIZADO PARA PINTAR
GALVANIZED STEEL PLATE 50.5 TO BE PAINTED

10 CAPOLAM加工
REMATE DE CAPOLAM
CAPOLAM FINISHING

11 连接棒
BANDA DE CONEXIÓN
CONECTION BAND

12 LOSA FILTRON条板60厘米x60厘米
LOSA FILTRÓN 60 cm x 60 cm
FILTRON SLAB 60 cm x 60 cm

13 PVC防水膜
MEMBRANA IMPERMEABILIZANTE PVC
PVC WATERPROOF MEMBRANE

14 分离层土工布
CAPA SEPARADORA GEOTEXTIL
SEPARATING LAYER GEOTEXTIL

15 FLOORMATE绝缘材料3厘米
AISLAMIENTO TIPO FLOORMATE 3 cm
INSULATION TYPE FLOORMATE 3 cm

16 FARBO阶地覆盖绝缘层2厘米
AISLAMIENTO TECHO DE TERRAZAS TIPO FARBO 2 cm
INSULATION FOR TERRACE COVERS TYPE FARBO 2 cm

17 预装配
PRECERCO
PREFRAME

18 石膏
YESO
PLASTER

19 砖砌体
TABICÓN
BRICK MASONRY

20 绝缘
AISLAMIENTO
INSULATION

21 灰浆上方铺设陶瓷护壁板
RODAPIE GRES SOBRE MORTERO
CERAMIC BASEBOARD OVER MORTAR

22 DM护壁板70x13
RODAPIÉ DE DM CHAPADO 70 x 13
DM BASEBOARD 70 X 13

23 AC4悬浮式复合地板
PAVIMENTO LAMINADO FLOTANTE AC4
FLOATING LAMINATED FLOORING AC4

24 3毫米复式防潮层
FOMPEX 3 mm BARRERA DE VAPOR
FOMPEX 3 mm VAPOUR BARRIER

25 机械平整层
SOLERA MECANIZADA
MECHANIZED LEVELLING LAYER

26 3毫米复式板料防潮层
FOMPEX 3 mm LÁMINA ANTIMPACTO
FOMPEX 3 mm SHEET REPELLING IMPACT

27 用水泥固定的陶瓷地板
PAVIMENTO DE GRES ADHERIDO CON CEMENTO COLA
CERAMIC FLOORING FIXED WITH CEMENT

28 防水灰浆
MORTERO IMPERMEABILIZANTE
WATERPROOF MORTAR

29 土工布分离层150g/m²
CAPA SEPARADORA GEOTEXTIL 150g/m²
GEOTEXTIL SEPARATING LAYER 150g/m²

30 FLOORMATE绝缘材料4厘米
AISLAMIENTO TIPO FLOORMATE 4 cm
INSULATION TYPE FLOORMATE 4 cm

31 防水板4千克/平方米
LÁMINA IMPERMEABILIZANTE 4kg/m²
WATERPROOF SHEET 4 kg/m²

32 灰浆粉刷(1%坡度)
MORTERO DE PENDIENTE 1%
MORTAR WITH 1% SLOPE

33 灰色水泥砖40厘米x20厘米x15厘米
BLOQUE DE HORMIGÓN GRIS 40 cm x 20 cm x 15 cm
CONCRETE GREY BLOCK 40 cm x 20 cm x 15 cm

34 防水灰浆15毫米
MORTERO HIDRÓFUGO 15 mm
WATERPROOF MORTAR 15 mm

四层平面图 PLANTA 3 FLOOR PLAN 3

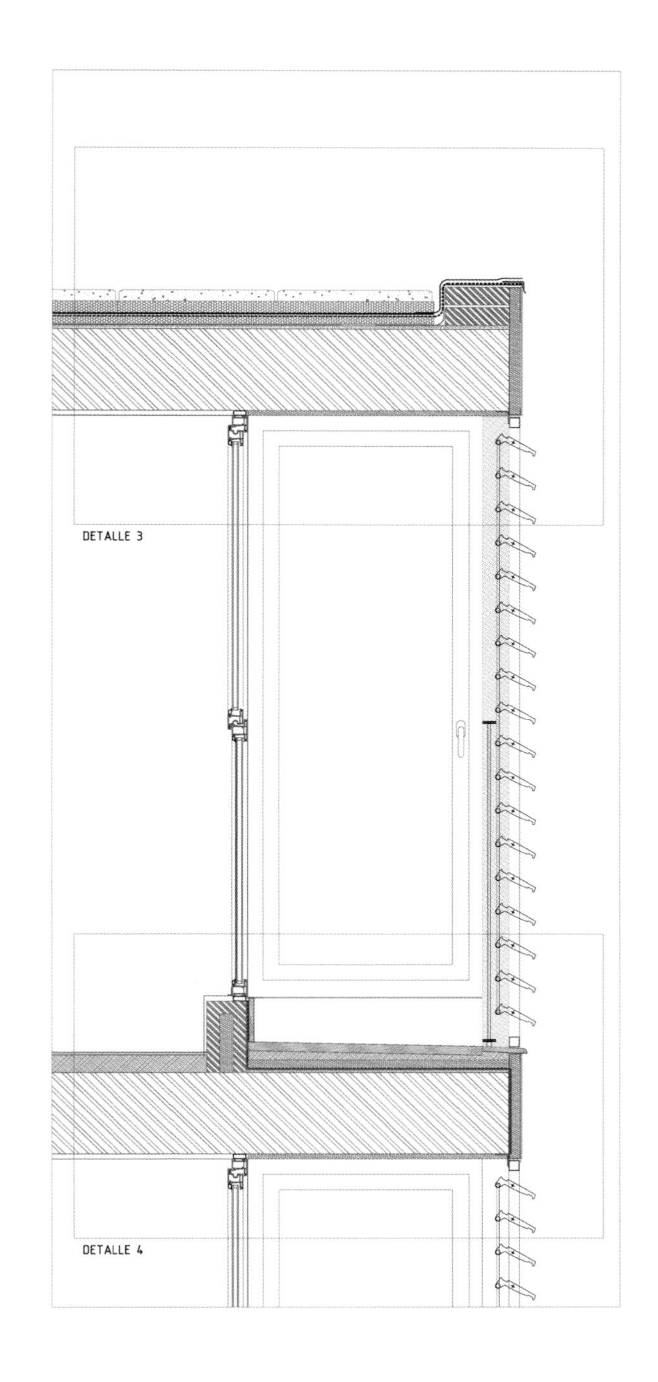

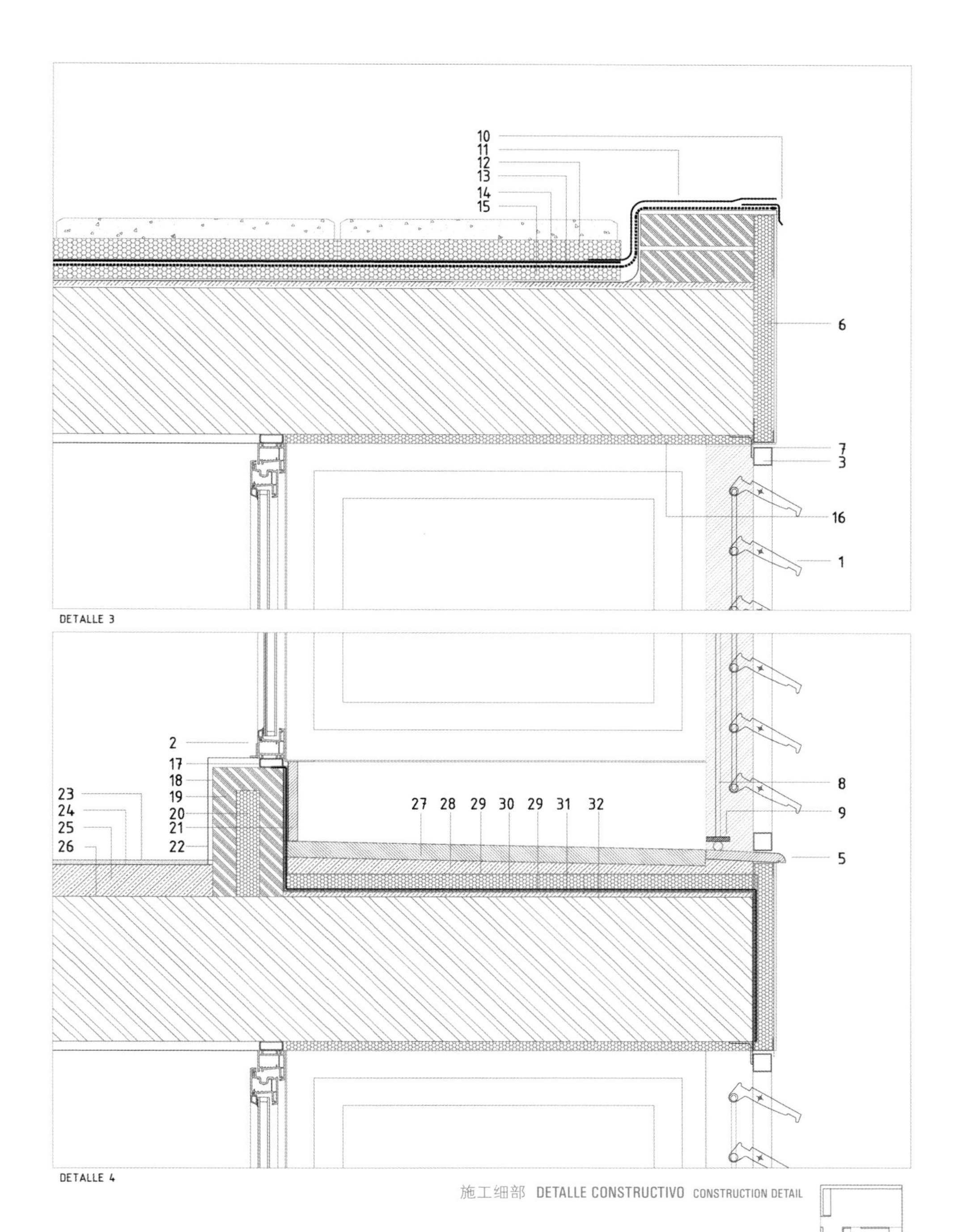

施工细部 DETALLE CONSTRUCTIVO CONSTRUCTION DETAIL

五层平面图 PLANTA 4 FLOOR PLAN 4

圣巴布罗大学
University of San Pablo CEU

马德里 · 西班牙 Madrid · Spain

毕业设计是各个院系目前最受关注的项目之一。对众多生气勃勃并有希望的年轻建筑设计师来说，精彩的人生由此扬帆起航。优秀的毕业设计需要大量的调查研究，处理各种复杂的关系，可激发构思灵感和探究可行的建筑外形。这是一个造就富有创新精神的研究型人才的领土，有利于充分挖掘学生的空间想象力、培养学生严谨的治学态度和实验能力。创新之作固然有丰厚的回报，但并不排除实验研究存在一定的风险性。西班牙圣巴布罗理工学院建筑系的毕业设计作品汇集了多领域的建筑作品，多元化战略是其最宝贵的资产之一。该作品集为我们提供了丰富的资料，包括公共空间、居住方式、生产、施工与结构设计流程、可持续性策略和创新设计语言，对传统的建筑设计论述、景观与感知、城市空间与建筑杂交、老式建筑创新和新型建筑的打造提出了挑战。

我们希望该作品集能迅速融入新一代建筑的设计之中。创意建筑的丰富构思已经凌驾于现有的建筑设计之上。现将作品集样本予以出版。这是圣巴布罗理工学院的相关介绍，可为学生提供建筑设计方面的指导。在此真诚感谢投稿人提供的设计精品。

El Proyecto Final de Carrera, es en la actualidad uno de los ámbitos de reflexión más interesantes de nuestras escuelas. Más que un final, es un comienzo brillante y prometedor de muchos jóvenes arquitectos. Este proyecto, se caracteriza por la amplia investigación que pone en marcha, la complejidad de las relaciones establecidas y el afán por imaginar situaciones y figuraciones arquitectónicas nuevas y posibles. Es el territorio creativo e innovador por excelencia. Un espacio para la imaginación, el rigor, la investigación y la experimentación. Para la invención. Lo que conlleva una experimentación no exenta de riesgo y por eso valiosa. El archivo PFC de la Facultad de Arquitectura de la Escuela Politécnica Superior San Pablo CEU conforma un imaginario coral con diversas líneas de investigación, diversidad que supone una de sus mayores riquezas. En él pueden encontrarse manifiestos sobre espacio público, formas de habitar, procesos productivos, constructivos y estructurales, estrategias de sostenibilidad, lenguajes propios e innovadores que retan el discurso tradicional arquitectónico, paisaje y percepción, espacio urbano e hibridaciones, reinvenciones de lo obsoleto y construcciones de mundos nuevos.
Un archivo que esperamos pase pronto a formar parte de la genealogía de la próxima arquitectura. Será que esa imaginación productora de nuevas situaciones habrá empezado a conquistar la realidad. Es una muestra de ese archivo la que se publica a continuación. Y ese es el ámbito universitario en el que se enmarca el trabajo de los estudiantes. Felicidades a todos por sus valiosas aportaciones.

The Final Degree Project is currently one of the most interesting reflection areas of our schools. More than an end, it is the beginning of many bright and promising young architects. The project is characterized by its extensive research, the complexity of the relations and the desire to imagine new situations and possible architectural configurations. It is a creative and innovative territory, a room for imagination, rigor, research and experimentation, foreseen for the invention, and entails risky experimentation although valuable. The Final Degree Project file from the Faculty of Architecture of the Polytechnic School San Pablo CEU has various lines of research and diversity which is one of its greatest assets. We can find manifests on public space, ways of inhabiting, production, construction and structural processes, sustainability strategies and innovative languages which challenge traditional architectural discourse, landscape and perception, urban space and hybridizations, reinventions of the obsolete and construction of the new worlds.
We hope this file can soon be part of the generation of the next architecture. It seems that this productive imagination of new situations has begun to conquer reality. A sample of this file is published below. And this is the university scope which guides the work of the students. Congratulations to all for their valuable contributions.

Mª Auxiliadora Gálvez Pérez
学位毕业设计辅导老师
建筑设计部
COORDINADORA DEL TALLER PFC
DEPARTAMENTO DE ARQUITECTURA Y DISEÑO
COORDINATOR OF FINAL DEGREE WORKSHOP
DEPARTMENT OF ARCHITECTURE AND DESIGN

pfc proyectos fin de carrera 学位毕业设计 final degree projects

Pablo Delgado Ramírez

优秀作品 sobresaliente first class (2012年2月 February 2012)

指导老师 tutor: David Franco Santa-Cruz

马德里 · 西班牙 Madrid · Spain

运动场和体育馆

Parque Deportivo y Estadio de Atletismo

Sports Field and Athletics Stadium

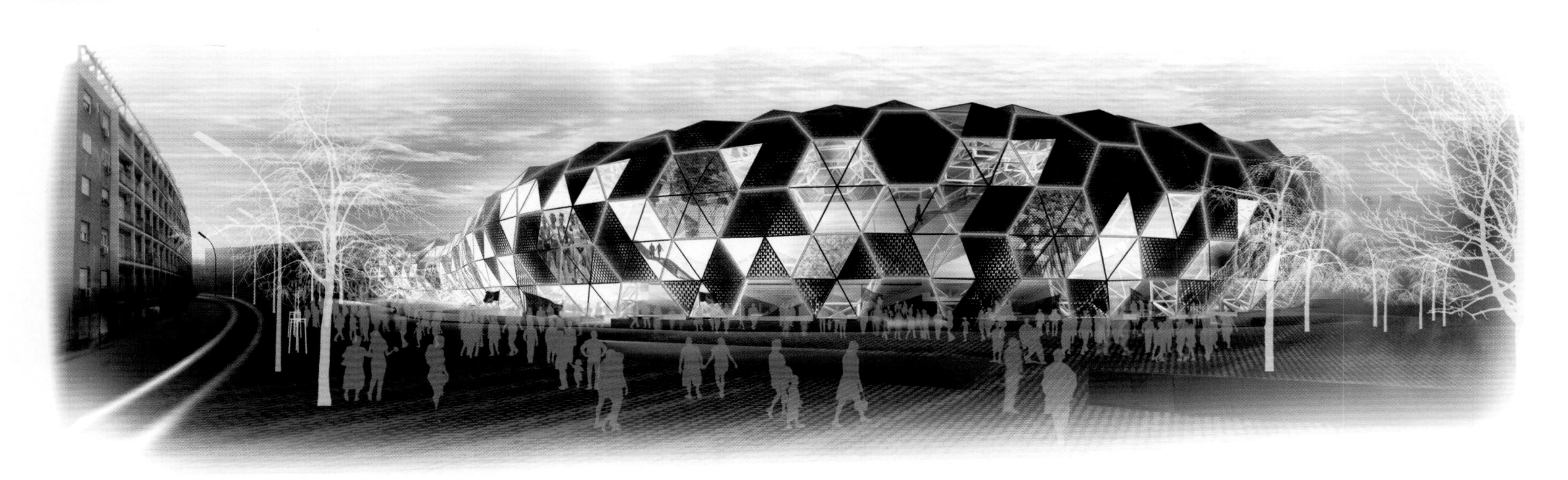

Parametric Hextadium为一座坐落于马德里曼萨纳雷斯河畔的多功能体育馆，其地基略沉，微陷于地面之下，以避免这座体育馆高耸于周边建筑之上。其设计策略是通过扩展公园，使其与体育馆连接，并作为曼萨纳雷斯公园的背景。同时，这里也是托莱多桥与体育馆面对相望的地方。该体育馆有一个不对称的看台，可容纳3.5万人，看台可以随不同体育赛事而改变观看角度。太阳能屋顶只覆盖了70%的屋面，因此看台的一半可依地形而建，从而得以与河岸保持一定的距离。

El Parametric Hextadium es un estadio de atletismo y usos mixtos que se asienta en la rivera del río Manzanares en Madrid y se deja sumergir ligeramente en el terreno evitando así sobresalir sobre los edificios de alrededor. La estrategia general de implantación consiste en crear prolongación del parque que cae en cascada hacia la pista del estadio y un telón de fondo para el Parque Manzanares, dejando enfrentados el puente de Toledo y el estadio. El proyecto se compone de una grada asimétrica para 35.000 espectadores que se deforma en función de la visibilidad de los diferentes deportes. La cubierta solar sólo cubre al 70% el público del estadio permitiendo que la mitad esté cubierto mediante una grada topográfica de terreno que deja intacto el borde del río.

The Parametric Hextadium is a mixed use and athletics stadium which sits on the banks of the River Manzanares in Madrid and immerses itself slightly in the ground thus avoiding emerging above the surrounding buildings. The implementation strategy is to create an extension of the park that cascades into the track of the stadium and a backdrop for the Park Manzanares, where Toledo Bridge and the stadium place opposite. The stadium has an asymmetric grandstand for 35,000 spectators which deforms according to the visibility of different sports. The solar roof only covers 70% of the public of the stadium and therefore half is covered by a topographic stand which leaves untouched the river's edge.

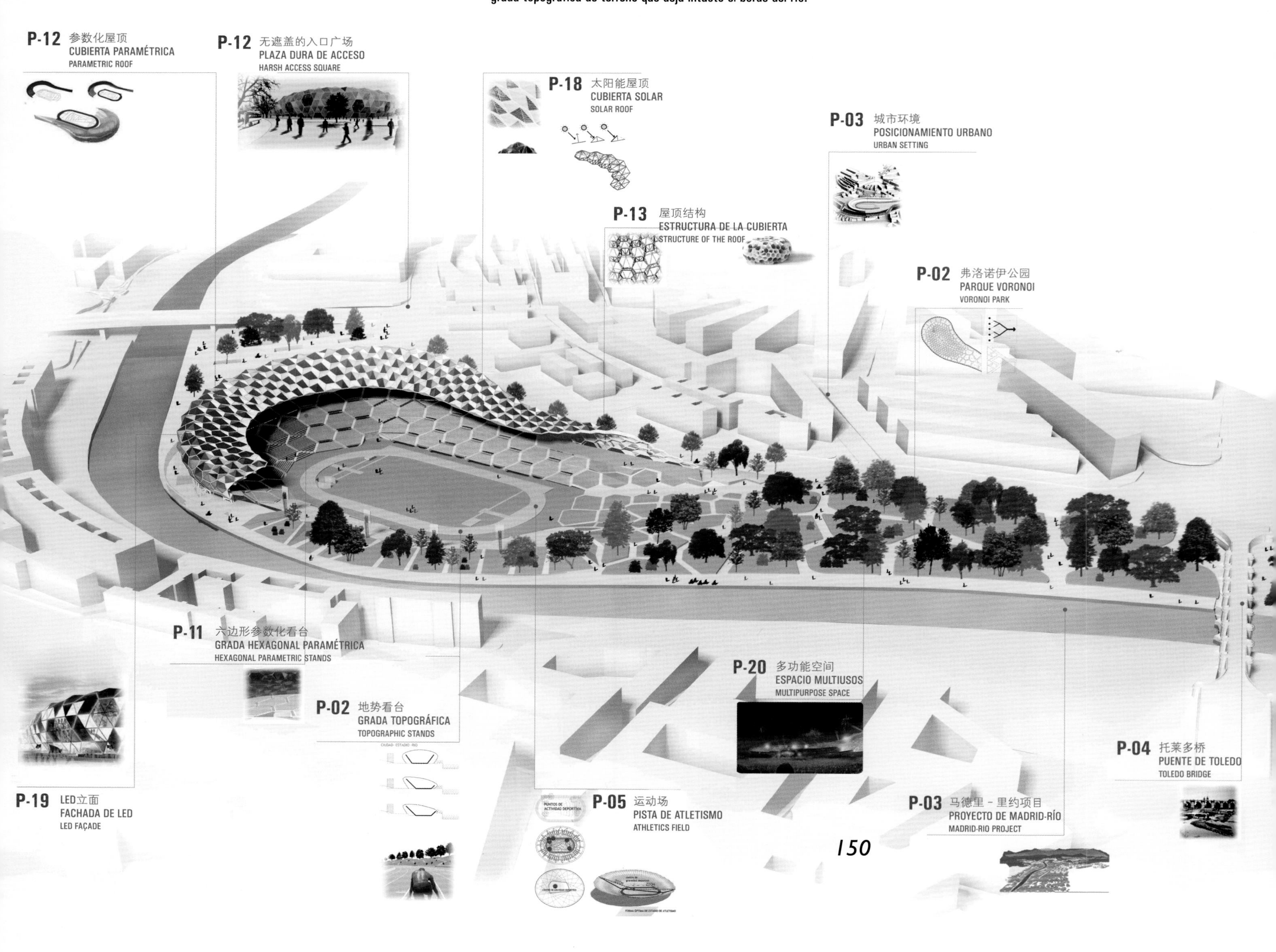

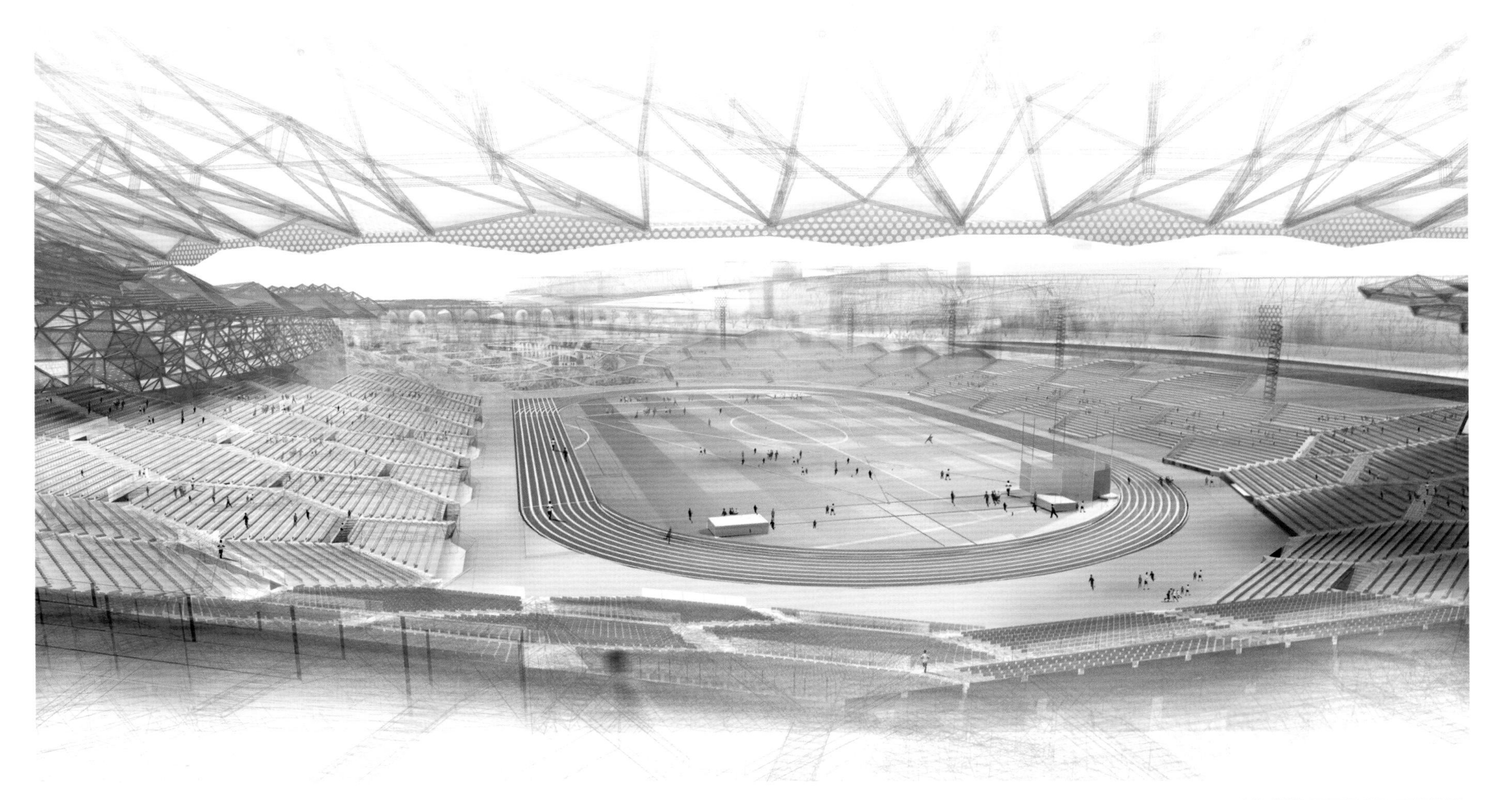

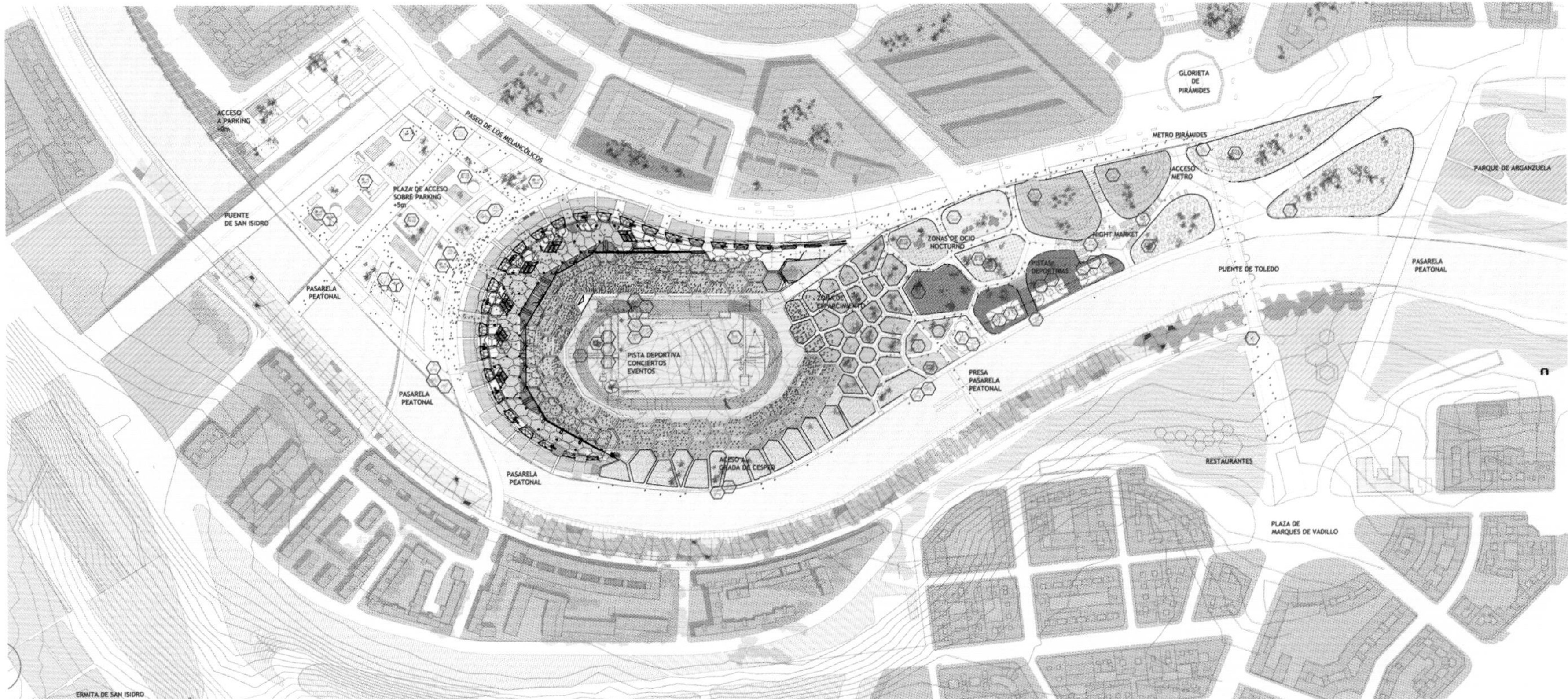

总平面图 **PLANTA GENERAL** MASTER PLAN

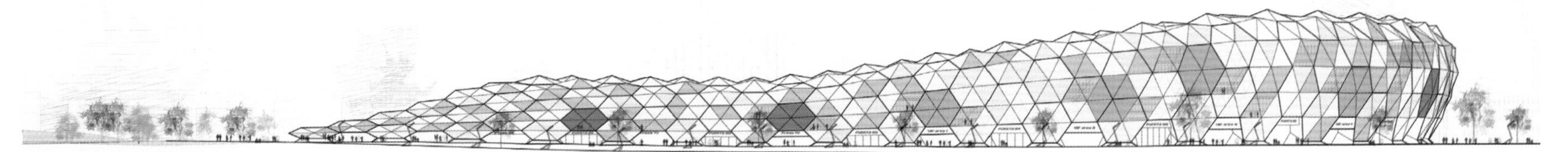

沿LOS MELANCÓLICOS大街立面图 **ALZADO PASEO DE LOS MELANCÓLICOS** ELEVATION TO LOS MELANCOLICOS STREET

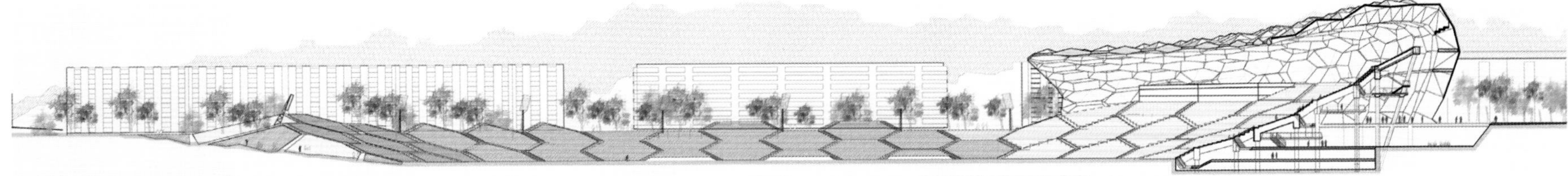

沿河剖面图 **SECCION HACIA EL RÍO** SECTION TOWARDS THE RIVER

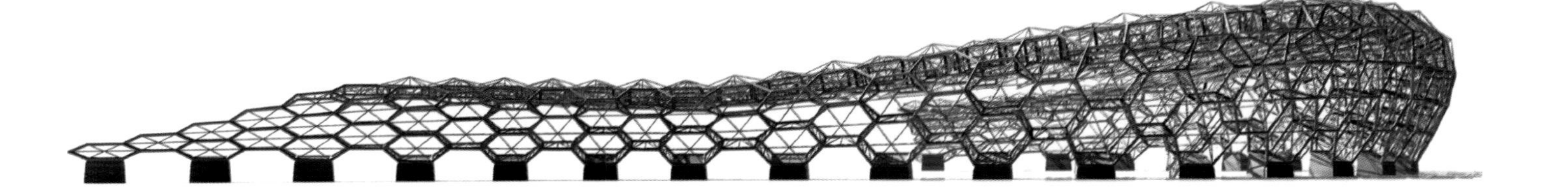

结构 **ESTRUCTURA** STRUCTURE

Alvaro Estuñiga

优秀作品 sobresaliente first class (2012年10月 October 2012)

指导老师 tutor: Adam Bresnick

马德里 · 西班牙 Madrid · Spain

多功能体育场
Estadio Multifuncional
Multipurpose Stadium

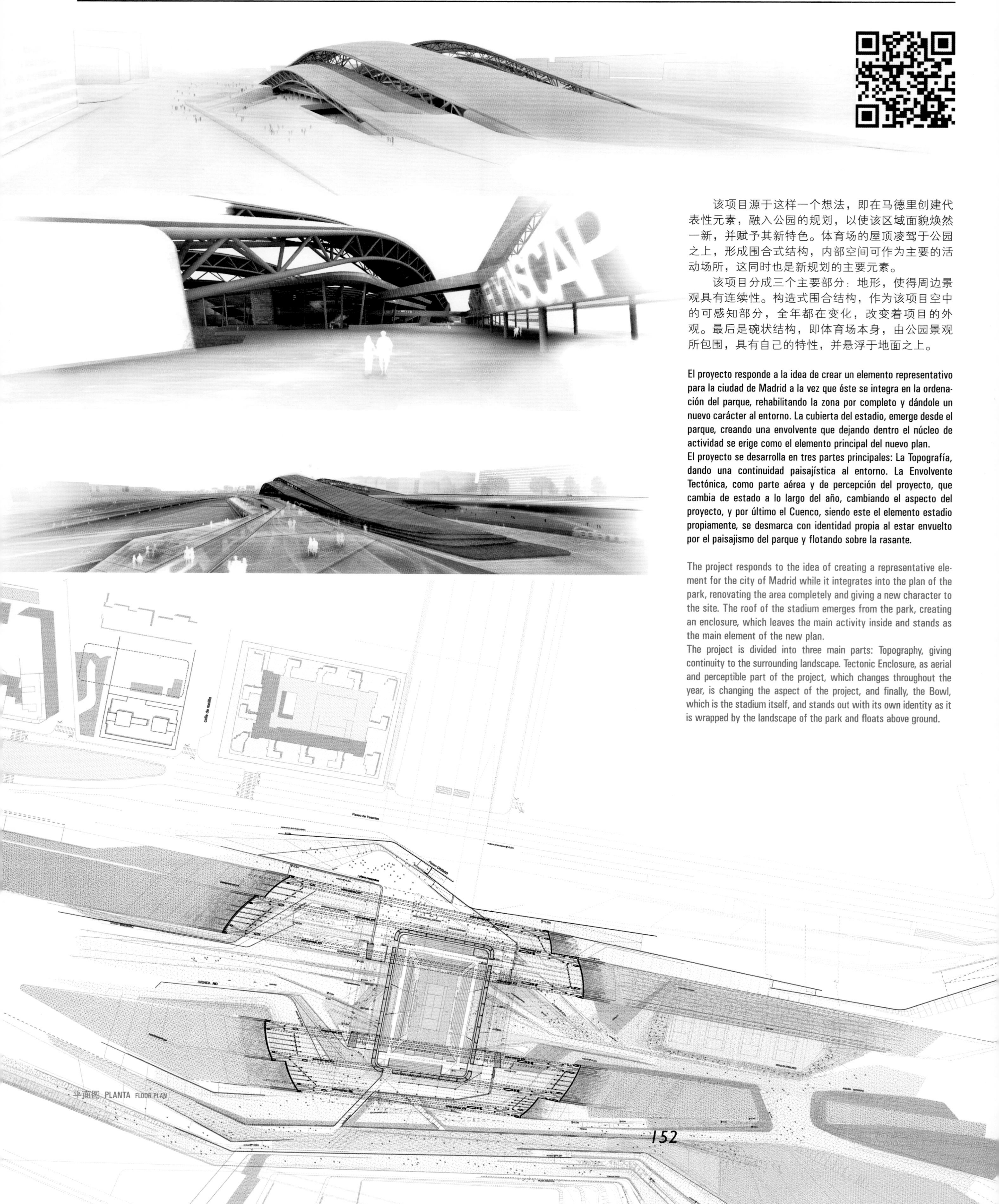

平面图 PLANTA FLOOR PLAN

该项目源于这样一个想法，即在马德里创建代表性元素，融入公园的规划，以使该区域面貌焕然一新，并赋予其新特色。体育场的屋顶凌驾于公园之上，形成围合式结构，内部空间可作为主要的活动场所，这同时也是新规划的主要元素。

该项目分成三个主要部分：地形，使得周边景观具有连续性。构造式围合结构，作为该项目空中的可感知部分，全年都在变化，改变着项目的外观。最后是碗状结构，即体育场本身，由公园景观所包围，具有自己的特性，并悬浮于地面之上。

El proyecto responde a la idea de crear un elemento representativo para la ciudad de Madrid a la vez que éste se integra en la ordenación del parque, rehabilitando la zona por completo y dándole un nuevo carácter al entorno. La cubierta del estadio, emerge desde el parque, creando una envolvente que dejando dentro el núcleo de actividad se erige como el elemento principal del nuevo plan.
El proyecto se desarrolla en tres partes principales: La Topografía, dando una continuidad paisajística al entorno. La Envolvente Tectónica, como parte aérea y de percepción del proyecto, que cambia de estado a lo largo del año, cambiando el aspecto del proyecto, y por último el Cuenco, siendo este el elemento estadio propiamente, se desmarca con identidad propia al estar envuelto por el paisajismo del parque y flotando sobre la rasante.

The project responds to the idea of creating a representative element for the city of Madrid while it integrates into the plan of the park, renovating the area completely and giving a new character to the site. The roof of the stadium emerges from the park, creating an enclosure, which leaves the main activity inside and stands as the main element of the new plan.
The project is divided into three main parts: Topography, giving continuity to the surrounding landscape. Tectonic Enclosure, as aerial and perceptible part of the project, which changes throughout the year, is changing the aspect of the project, and finally, the Bowl, which is the stadium itself, and stands out with its own identity as it is wrapped by the landscape of the park and floats above ground.

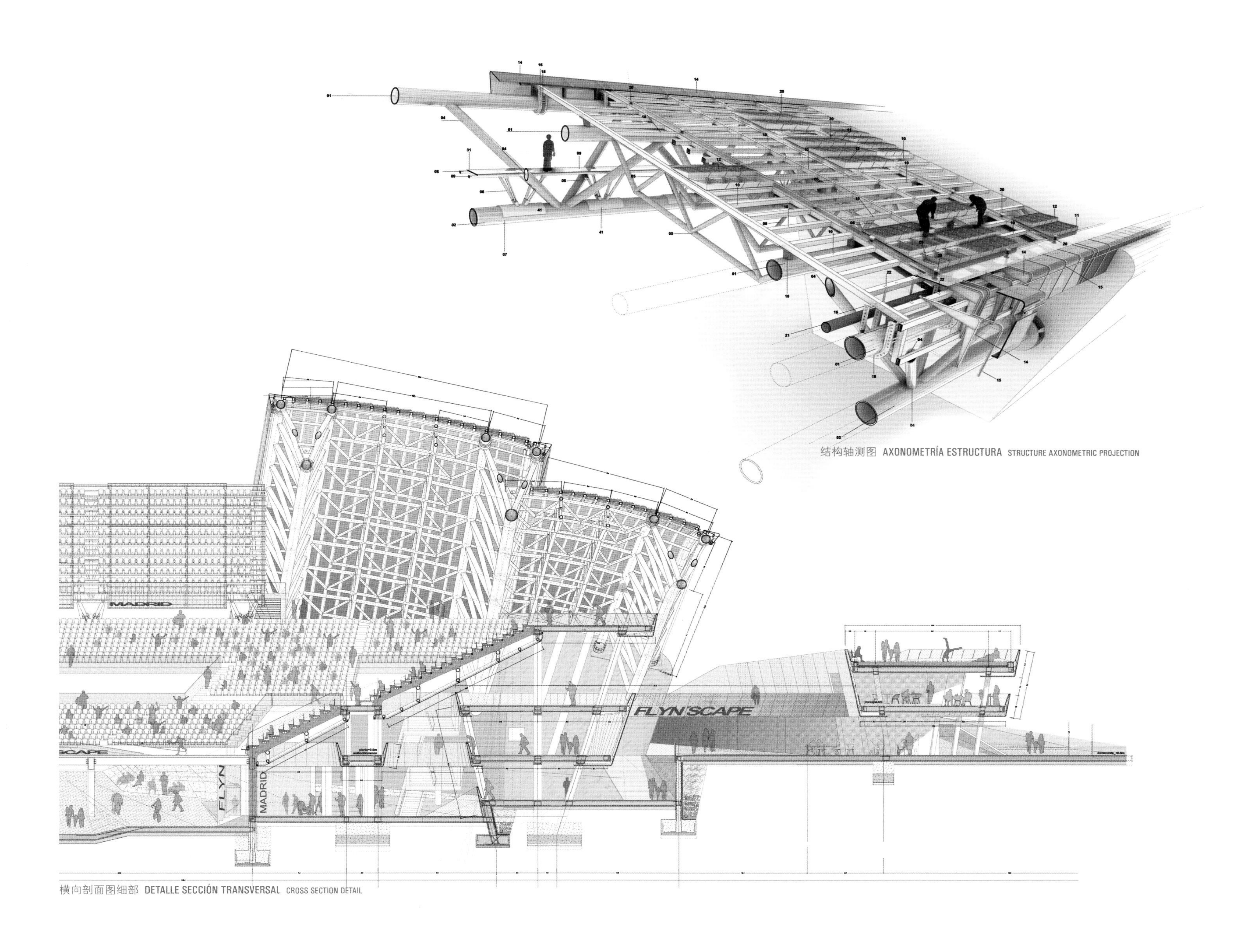

结构轴测图 **AXONOMETRÍA ESTRUCTURA** STRUCTURE AXONOMETRIC PROJECTION

横向剖面图细部 **DETALLE SECCIÓN TRANSVERSAL** CROSS SECTION DETAIL

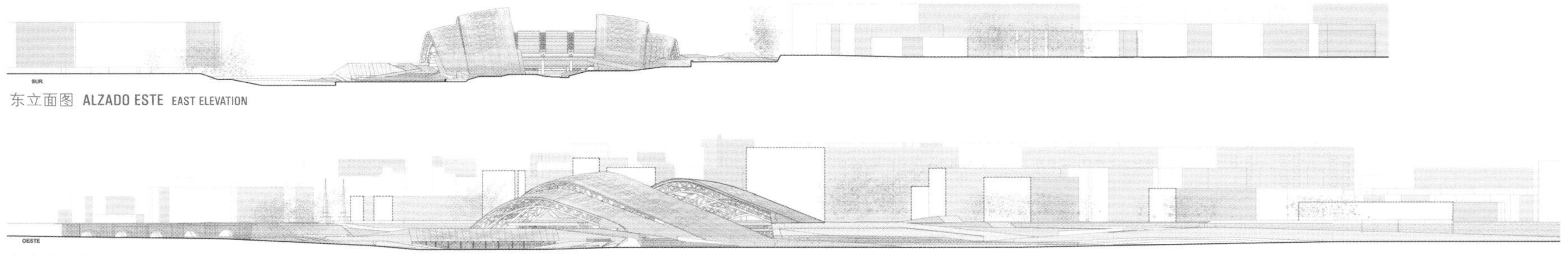

东立面图 **ALZADO ESTE** EAST ELEVATION

东南立面图 **ALZADO SURESTE** SOUTHEAST ELEVATION

Cristina Giménez Martín

优秀作品 **sobresaliente** first class (2012年7月 July 2012)

指导老师 tutor: Maria José de Blas + Rubén Picado

马德里 · 西班牙 Madrid · Spain

马德里–里约体育设施

Equipamiento Deportivo en Madrid Río

Sports Facility in Madrid Rio

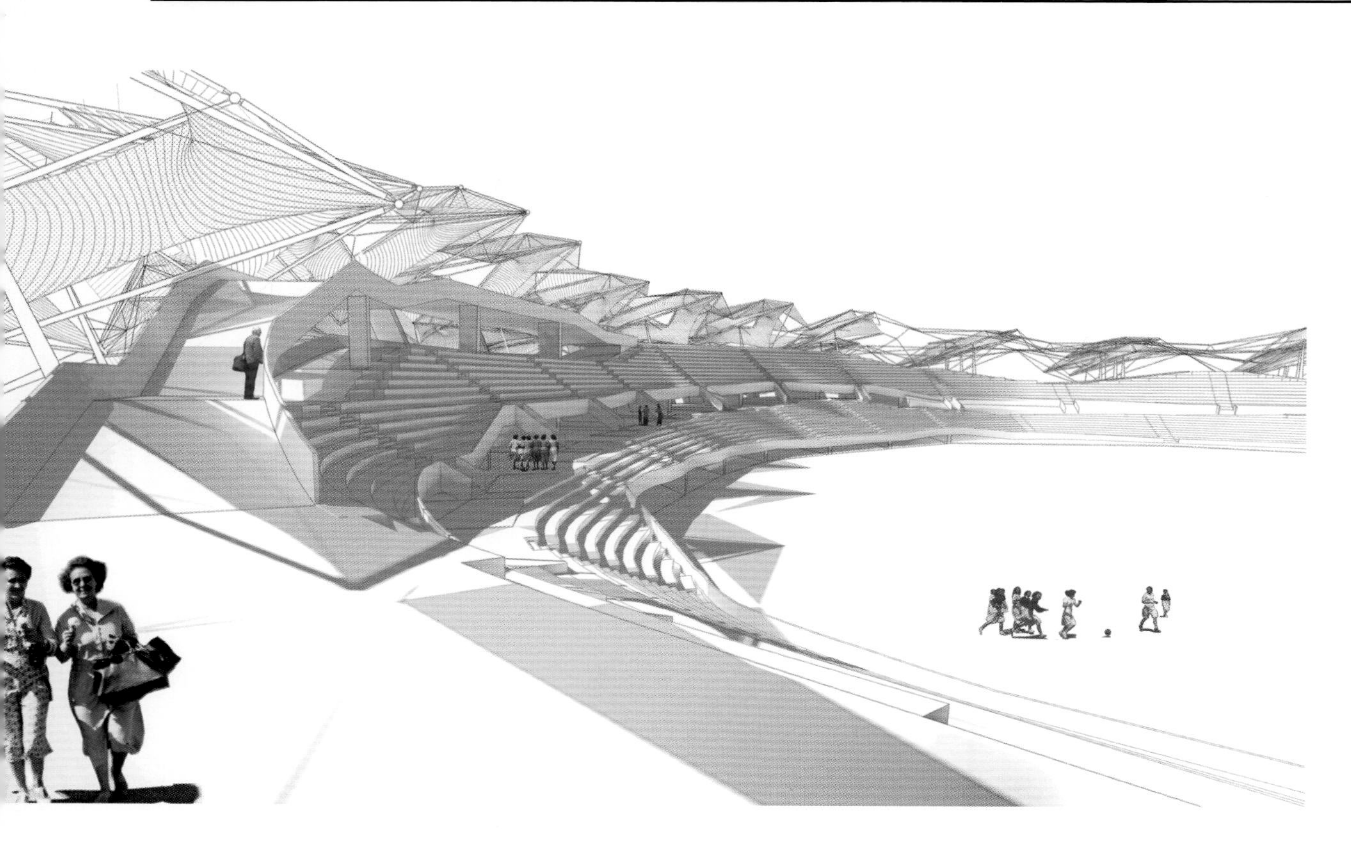

通过模型研究，开发建筑流程，以实现平衡和找到最佳形式。Frei Otto说：“通过自由实验，你可以找到未曾找到的；借助计算机，你可找到你想要的，因为无法对此进行新的创新，所以只能从中获得电脑内已存好的东西。”

真实的体育场+虚拟的体育场：大规模影响。曼萨纳雷斯河使圣伊西德罗草坪恢复了物质和地形兼备的立体切割式平台，并根据“张拉整体”的原则，形成一种缥缈的、基于运动的构造式覆盖。

El proceso de creación se ha realizado mediante estudio de modelos en maquetas, para la búsqueda del equilibrio y de la forma.

"Con la experimentación libre se puede encontrar lo que no se ha buscado, con los ordenadores solo encuentras lo que buscas, pues de él no pueden salir nuevas invenciones, sólo se puede sacar lo que en él ya se ha metido" Frei Otto.

Estadio real + estadio virtual: Lugar de masas que salta el Río Manzanares para recuperar la pradera de San Isidro mediante una plataforma estereotómica ligada a la materia y a la topografía, y una cubierta tectónica, etérea, entendida desde el movimiento, basada en los principios de la tensegridad.

The building process has been made through study models, to search for balance and form.

"With free experimentation you can find what has not been sought, with computers you just can find what you want, because you cannot get out new inventions from it, and you can only take what it already has inside" Frei Otto.

Real stadium + virtual stadium: Mass impact which jumps River Manzanares to restore the prairie of San Isidro with a stereotomic platform linked to matter and topography, and a tectonic cover, ethereal, understood from the motion, based on the principles of tensegrity.

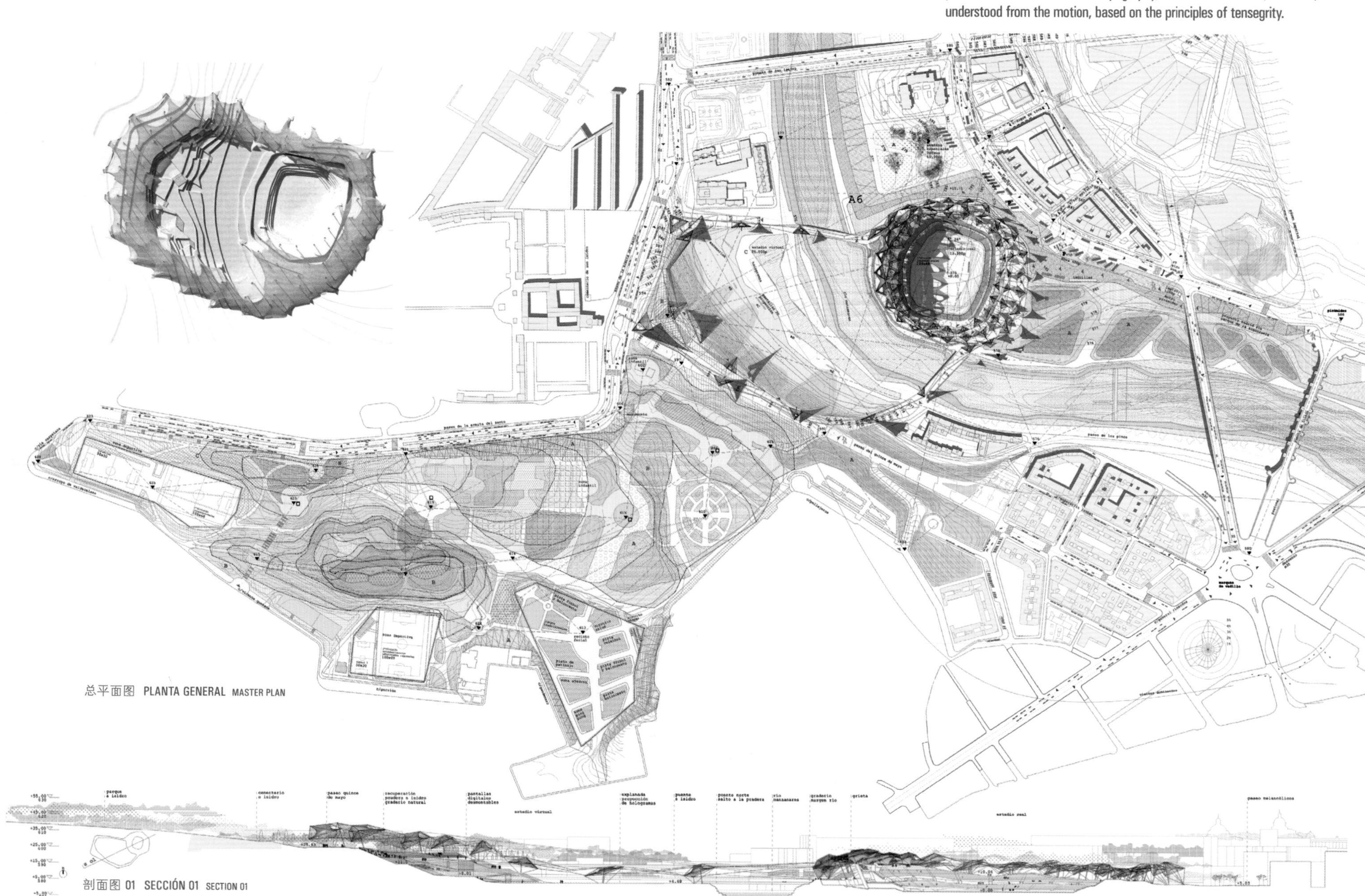

总平面图 PLANTA GENERAL MASTER PLAN

剖面图 01 SECCIÓN 01 SECTION 01

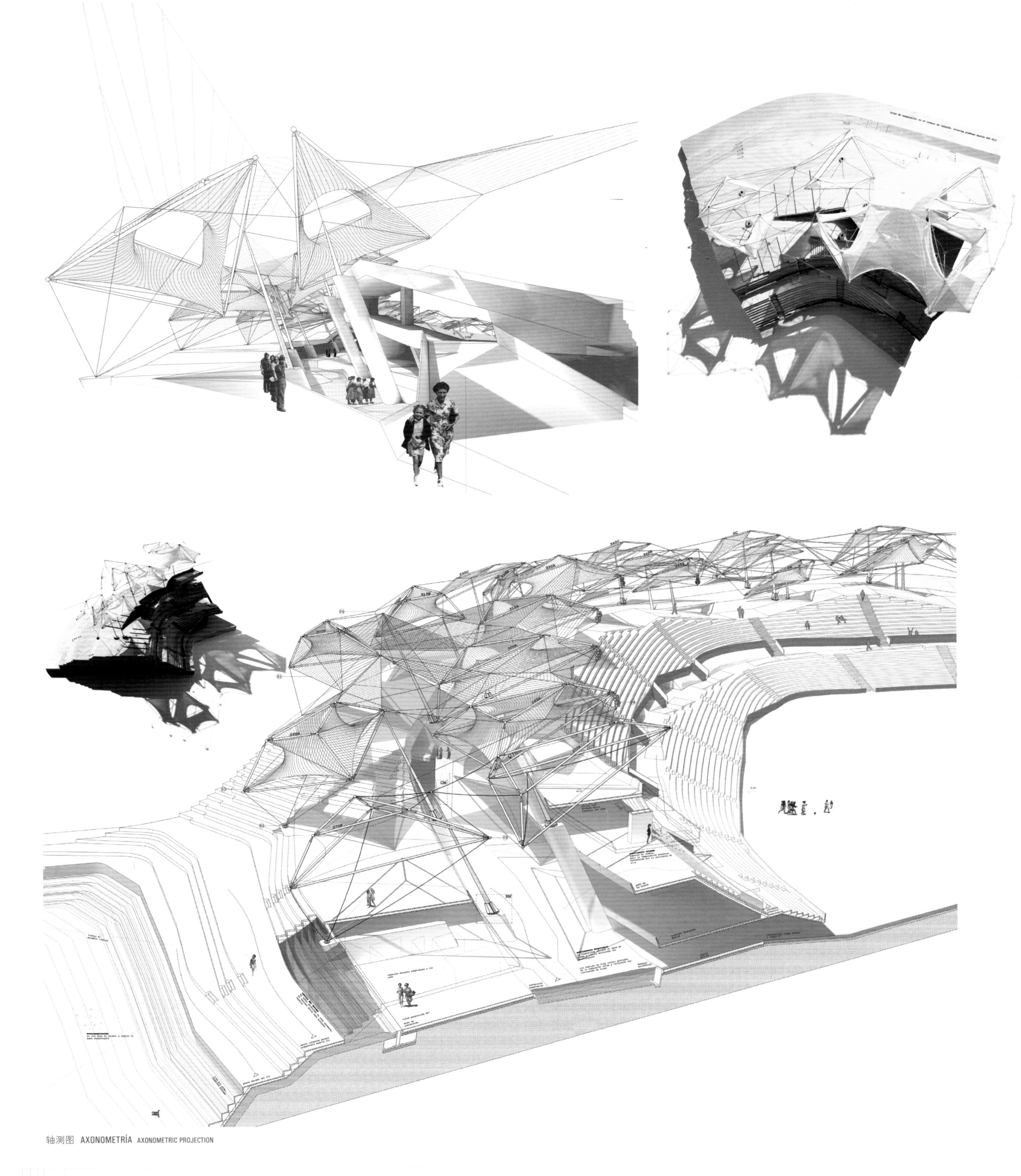

轴测图 AXONOMETRÍA AXONOMETRIC PROJECTION

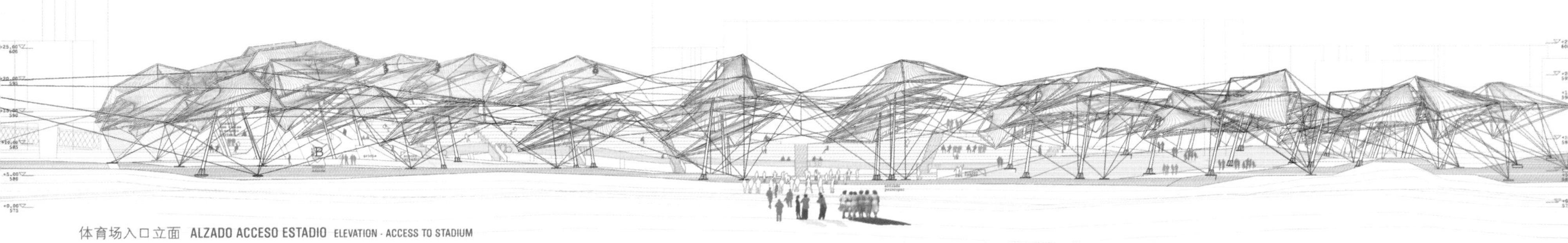

体育场入口立面 ALZADO ACCESO ESTADIO ELEVATION - ACCESS TO STADIUM

Emma Herruzo Requena

优秀作品 sobresaliente first class (2012年2月 February 2012)

指导老师 tutor: David Franco Santa-Cruz

加的斯 · 西班牙 Cadiz · Spain

自然、景观和绿色商业中心

Naturalez, Paisaje & Centro Comercial Medioambiental

Nature, Landscape & Green Mall

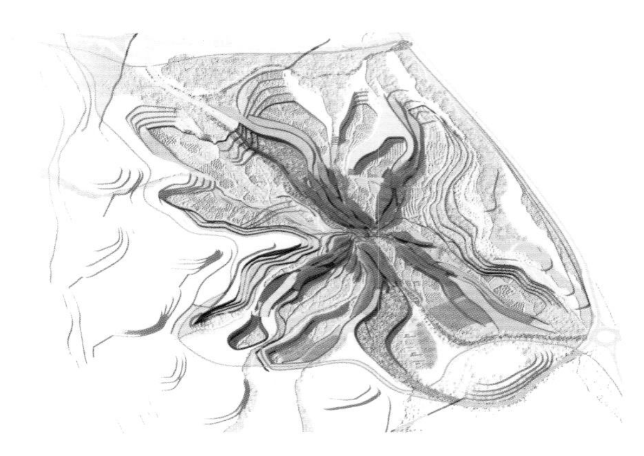

绿色走廊由具有三种功能的区域构成。水资源管理具有可持续性，且能自给自足。具备农业处理能力，并以此创建自己的生产中心。借助这些工具，打造一个与周边融为一体的绿色地带。利用有孔洞的土地，收集雨水，借以形成一个微气候，改变土地位置以抵御强风，形成可以穿过庄稼地并能保护中央区域庄稼的绿色走廊。因此，我们在一个具有灯罩的种植区域内，建立了“绿色中心”与自然之间一致、灵活的关系。建筑结构与修建也注重可持续性和实用性，拥有一个易实现、易安装的系统，同时还可延伸，甚至移除特定区域。

La primera idea consiste en la inserción de unos corredores verdes para establecer una articulación de territorio; la segunda idea es sobre la gestión del agua ya que es un proyecto sostenible y debe ser autosuficiente; y por último, el tratamiento de la agricultura para la creación de su centro de producción propia. Con estas herramientas se crea un conjunto paisajístico que mezcla un entorno captador de agua con un terreno horadado que además favorece la creación de un microclima, una reubicación de tierras para crear unas barreras contra los fuertes vientos, los corredores verdes que lo van atravesando y en las partes centrales los cultivos protegidos. Estableciendo así, una relación constante y fluida entre los usos del Green Mall y la Naturaleza, en un terreno labrado con un suelo trabajado y unas cubiertas ligeras. La estructura y la construcción también están enfocadas hacia la sostenibilidad y la practicidad, un sistema de fácil ejecución y montaje, posibilidad de ampliar o incluso quitar zonas.

The first idea consists in the incorporation of green corridors as a joint of the territory; the second idea is based in management of water as it is a sustainable project and must be self-sufficient; and lastly, the treatment of agriculture to create their own production center. With these tools you create a green set that blends a place which captures water with a perforated land which also favors the creation of a microclimate, a relocation of land to create a barrier against strong winds, green corridors that pass through and protect crops in central areas. Thus we establish a consistent and flexible relationship between the programs of the Green Mall and Nature, in a cultivated field with light covers. The structure and construction are also focused on sustainability and practicality, a system of easy implementation and installation, with the possibility to extend or even remove areas.

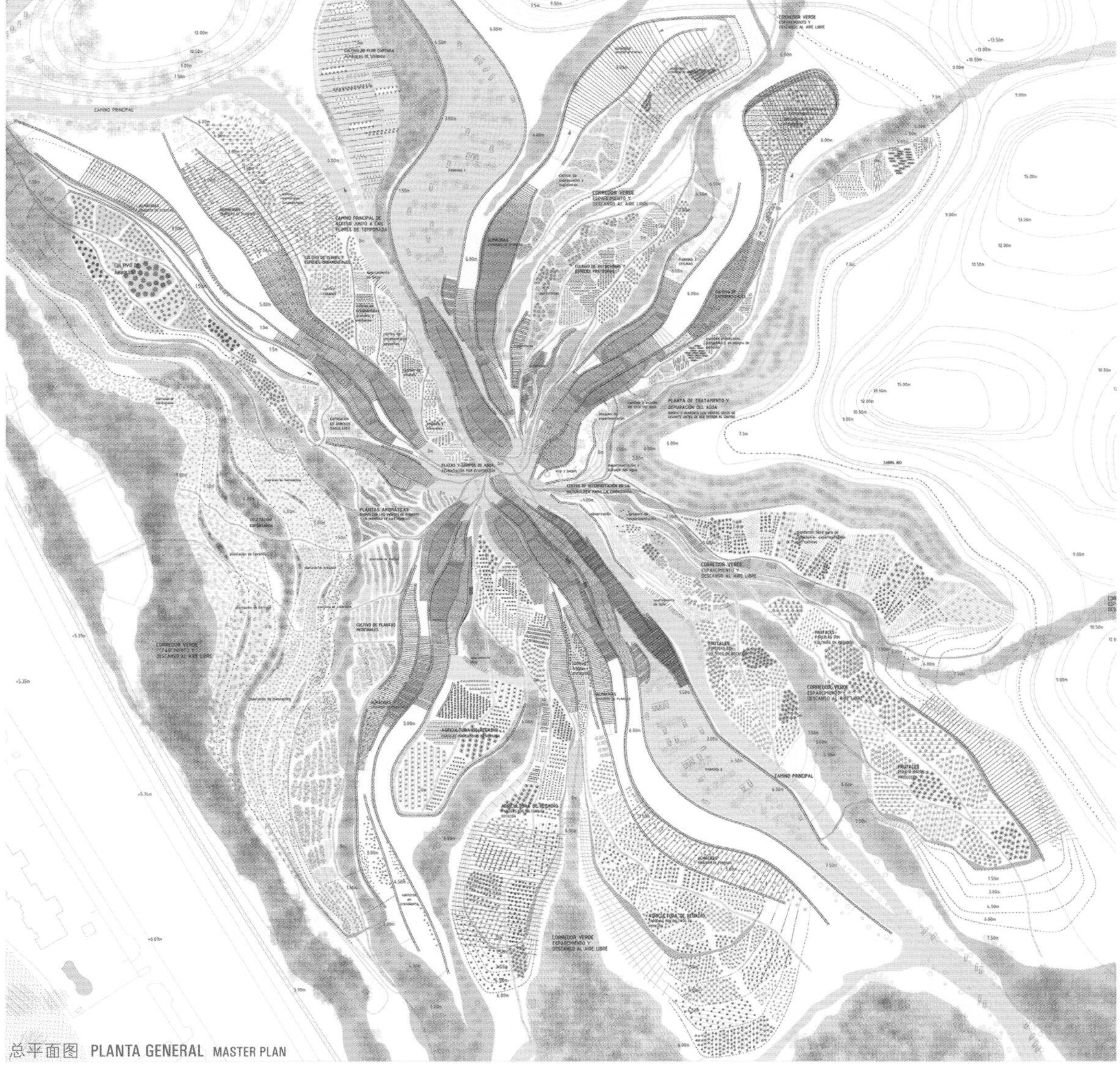

总平面图 PLANTA GENERAL MASTER PLAN

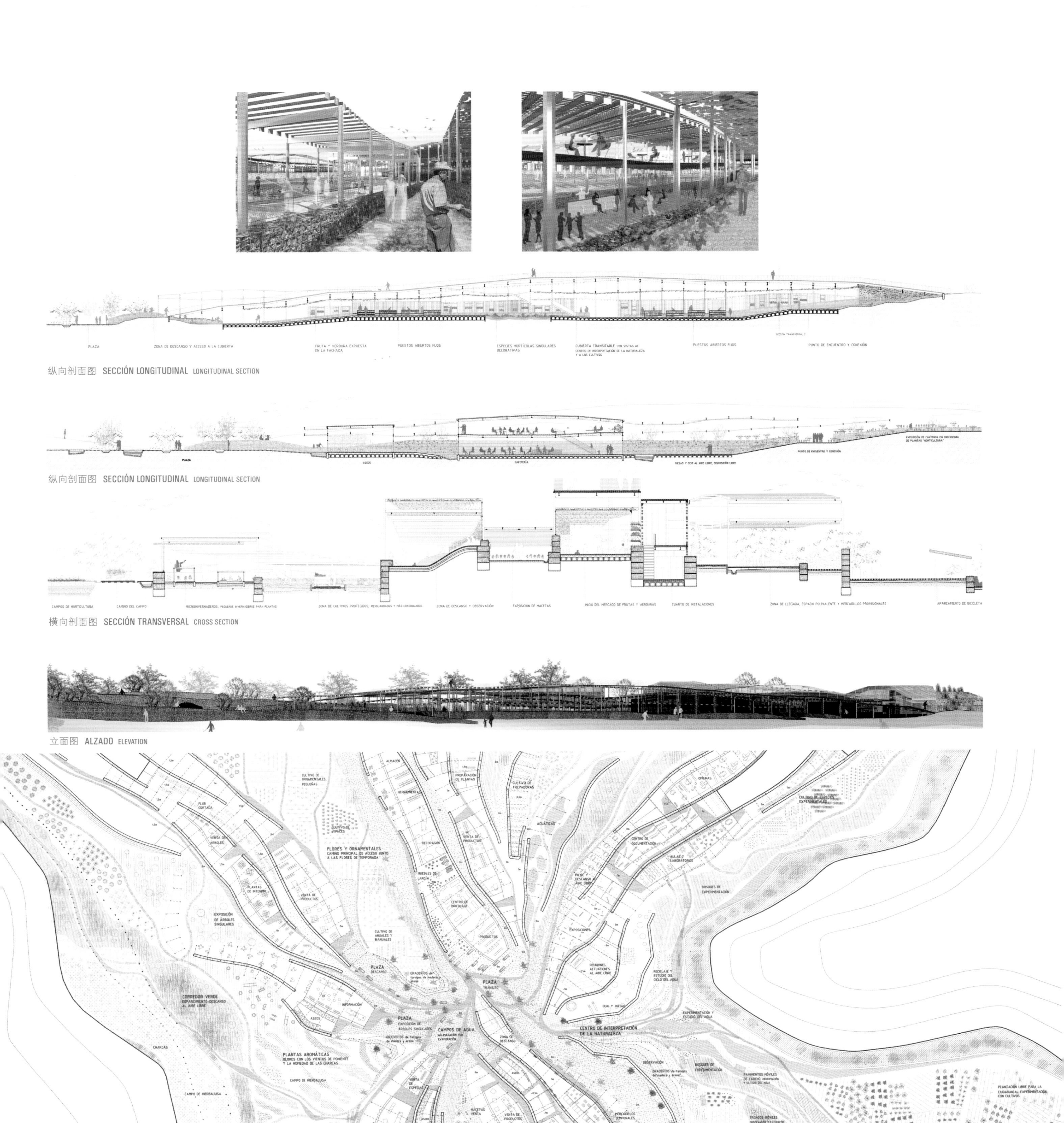

纵向剖面图 SECCIÓN LONGITUDINAL LONGITUDINAL SECTION

纵向剖面图 SECCIÓN LONGITUDINAL LONGITUDINAL SECTION

横向剖面图 SECCIÓN TRANSVERSAL CROSS SECTION

立面图 ALZADO ELEVATION

3米截面的总平面图 PLANTA GENERAL SECCIONADA A 3M MASTER PLAN SECTIONED UP TO 3m

Daniel Mayo Pardo

优秀作品 sobresaliente first class (2012年2月 February 2012)

指导老师 tutor: David Franco Santa-Cruz

杭州 · 中国 Hangzhou · China

建筑综合体

Edificio de Usos Mixtos

Multipurpose Building

"Flexible" 位于中国杭州的天城新区。该规划认为，该区块应建造一栋重要的地标性建筑，亦即在新城中打造活动基础设施。这是一栋具有混合功能的公共建筑，融合了教学、文化、购物和餐饮空间。其分布为螺旋形，该三维式结构有助于各部分的组织和线路安排。该项目的开发源于三个基本理念：首先，基于建造与结构忠实性的设计；其次，最严密的建筑理念，以达到完整的技术定义；再次，人员出入和用户在内部移动的分析。

"Flexible" se sitúa en la ciudad China de Hangzhou, en el nuevo distrito de Tiancheng. El planeamiento considera que la manzana seleccionada albergaría un hito referente y diferenciado, una infraestructura de movimiento dentro de la nueva ciudad. Es un edificio público de usos mixtos. En él se ha conjugado espacios docentes, culturales, comerciales y de restauración. Se determinó la distribución en forma helicoidal. Esta disposición tridimensional favorece la organización y los recorridos. El desarrollo de proyecto nace de tres ideas fundamentales, primero, el diseño basado en la sinceridad constructiva y estructural, segundo, el máximo rigor para desarrollar conceptos arquitectónicos hasta la máxima definición técnica y por último el análisis de los accesos de las personas y los movimientos internos de los usuarios.

"Flexible" is located in Hangzhou, China, in the new district of Tiancheng. The planning considered that this block should house an important landmark, a movement infrastructure inside the new city. It is a mixed-use public building. It has combined teaching, cultural, shopping and dining spaces. Its distribution is shaped with a helical form. This three-dimensional arrangement favors the organization and routes. The development of the project stems from three basic ideas: first, the design based on construction and structural sincerity; second, the maximum rigor to develop architectural concepts to full technical definition; and last the analysis of the access of the people and internal movements of the users..

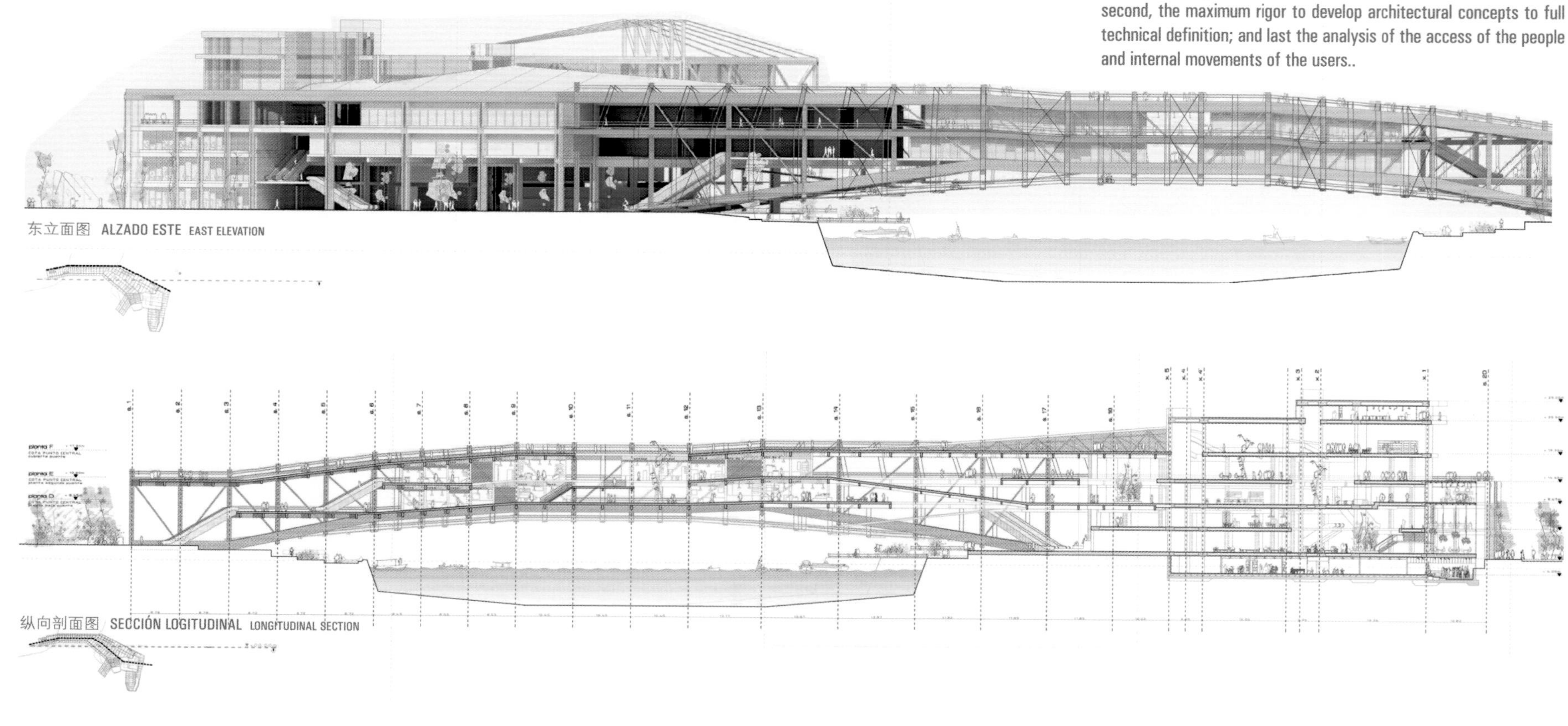

东立面图 ALZADO ESTE EAST ELEVATION

纵向剖面图 SECCIÓN LOGITUDINAL LONGITUDINAL SECTION

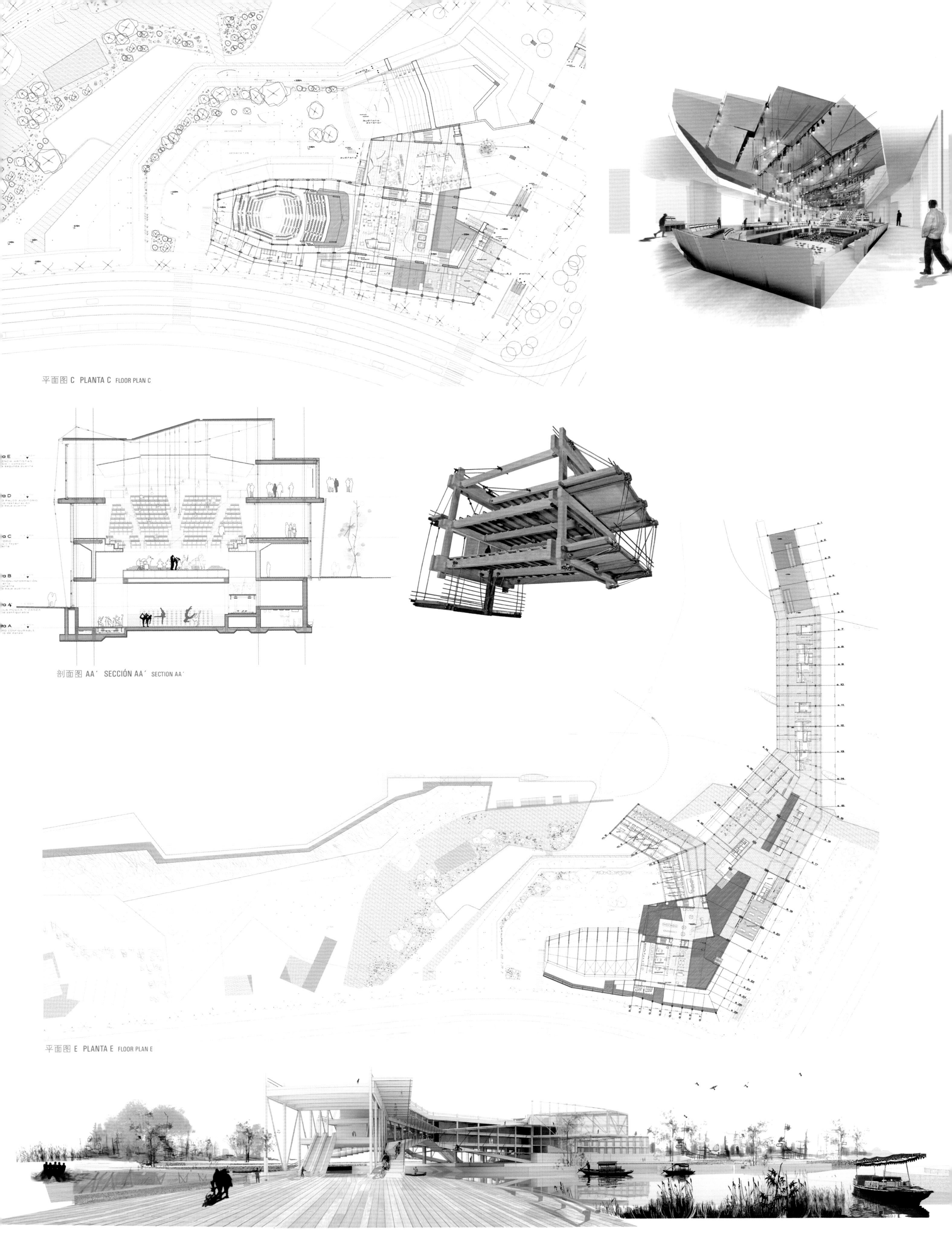

平面图 C PLANTA C FLOOR PLAN C

剖面图 AA′ SECCIÓN AA′ SECTION AA′

平面图 E PLANTA E FLOOR PLAN E

Belen Valencia Martinez

优秀作品 **sobresaliente** first class (2012年7月 July 2012)

指导老师 tutor: Auxiliadora Galvez

杭州 · 中国 Hangzhou · China

城市催化剂

Activador Urbano

Urban Activator

项目的决策总是基于方案的空间品质的，即是否符合最佳空间变异性和灵活性标准，以及该项目是否能作为一个全球项目而服务于城市。

几乎整个调制系统都有助于项目的扩展(根据河流的流向或城市当地区域的种植范围，主要朝东、西向)，实现正确的操作，可以创建既美观又实用的内部空间，以适用于举办各种类型的活动。该研究基于杭州本区域的当前状态而展开，然而许多概念适用于许多新的城市开发项目，但却与提高城市生活质量的活动项目格格不入。

Las decisiones de proyecto, han sido siempre tomadas en favor de la calidad espacial de la propuesta, de la compatibilidad con los criterios de máxima variabilidad y flexibilidad espacial, y de los cumplimientos de un gran programa base al servicio de toda la ciudad.

Un sistema que estando modulado en su práctica totalidad, permita el crecimiento del proyecto (principalmente hacia este y oeste, siguiendo el curso del canal, o su implantación en puntos localizados de la ciudad) continuando con un correcto funcionamiento, y que además, conforme espacios interiores variados de gran atractivo y funcionalidad para poder realizar casi cualquier tipo de actividad. Esta investigación ha nacido de la situación actual de esta área de Hangzhou, pero muchos de los conceptos son de aplicación en multitud de nuevos crecimientos urbanos, desarrollados de manera ajena a las actividades programáticas que dan calidad a la vivencia de las ciudades.

Project decisions have always been taken in favor of the spatial quality of the proposal, the compatibility with the criteria of maximum spatial variability and flexibility, and the fulfillment of a global program to serve the city.

An almost entirely modulated system, which allows the growth of the project (mainly towards the east and west, following the course of the channel, or its implantation in localized spots of the city) continuing a proper operation, can also create very attractive and functional interior spaces to perform almost any type of activity. This research is born of the current status of this area of Hangzhou, but many of the concepts are applicable to many new urban developments, which have grown alien to programmatic activities that promote quality to the life of the cities.

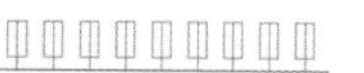

东立面图 ALZADO ESTE EAST ELEVATION

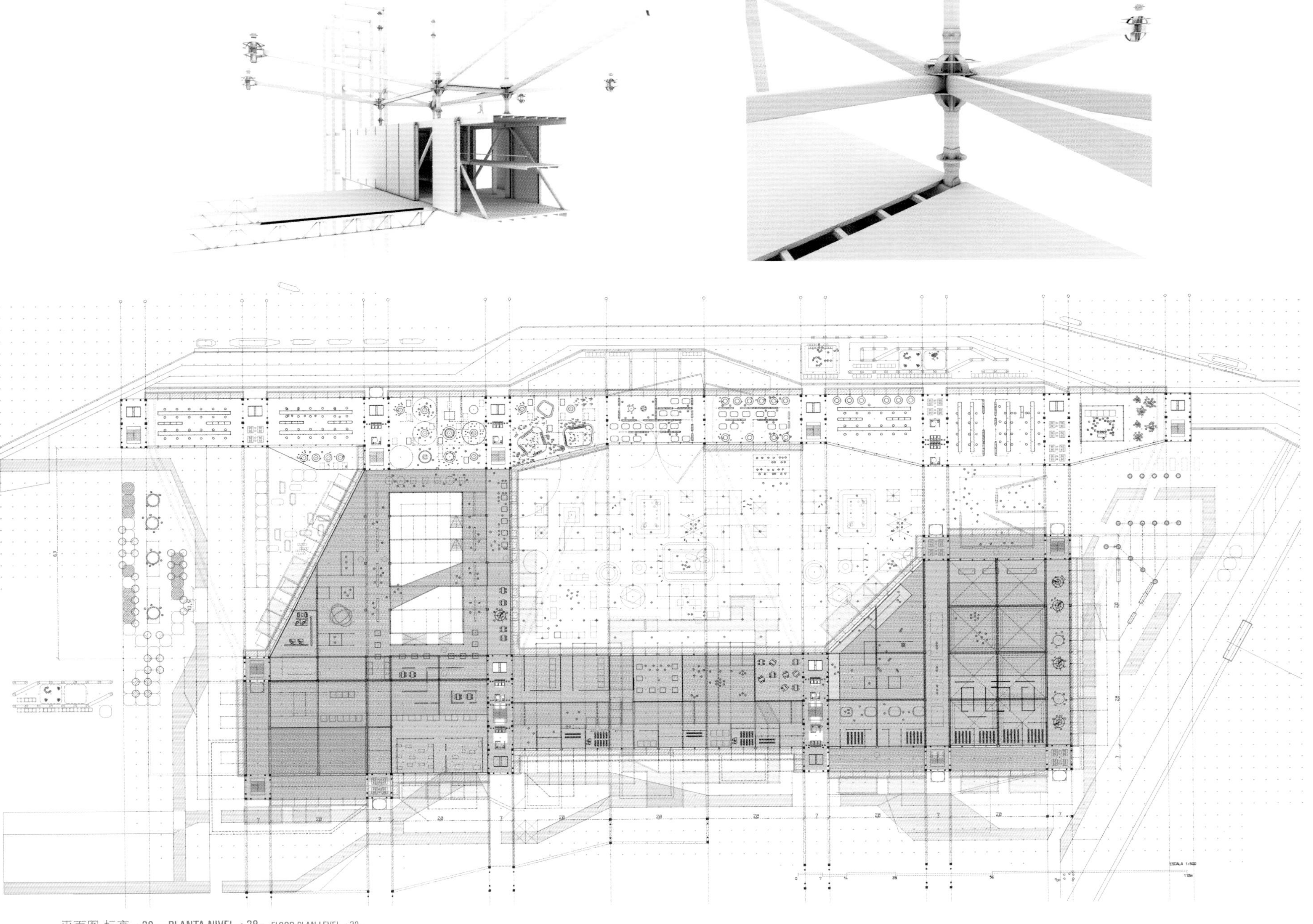

平面图 标高 +28m PLANTA NIVEL +28m FLOOR PLAN LEVEL +28m

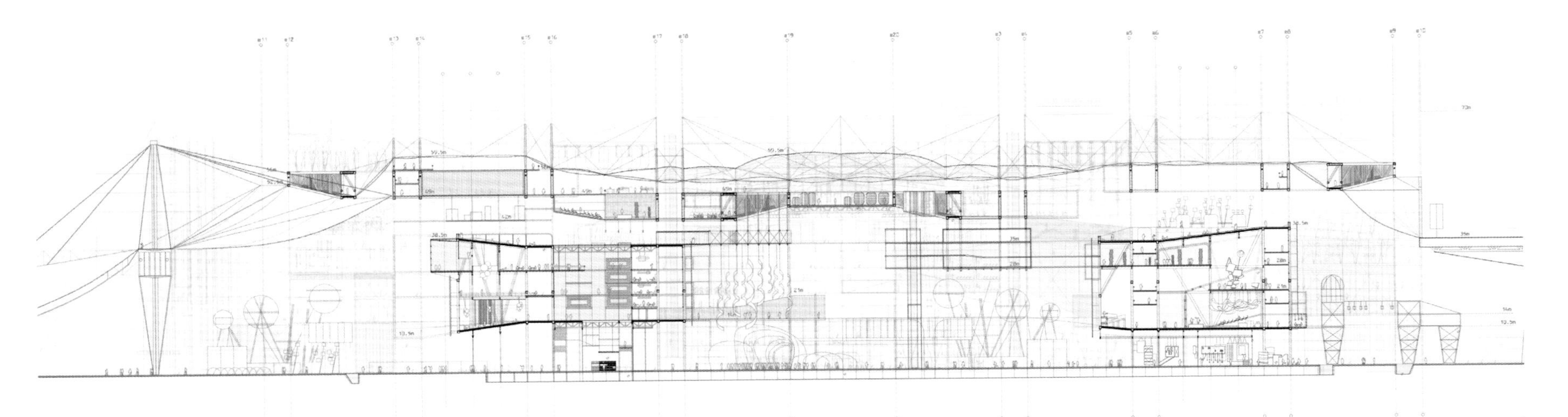

纵向剖面图 SECCIÓN LONGITUDINAL LONGITUDINAL SECTION

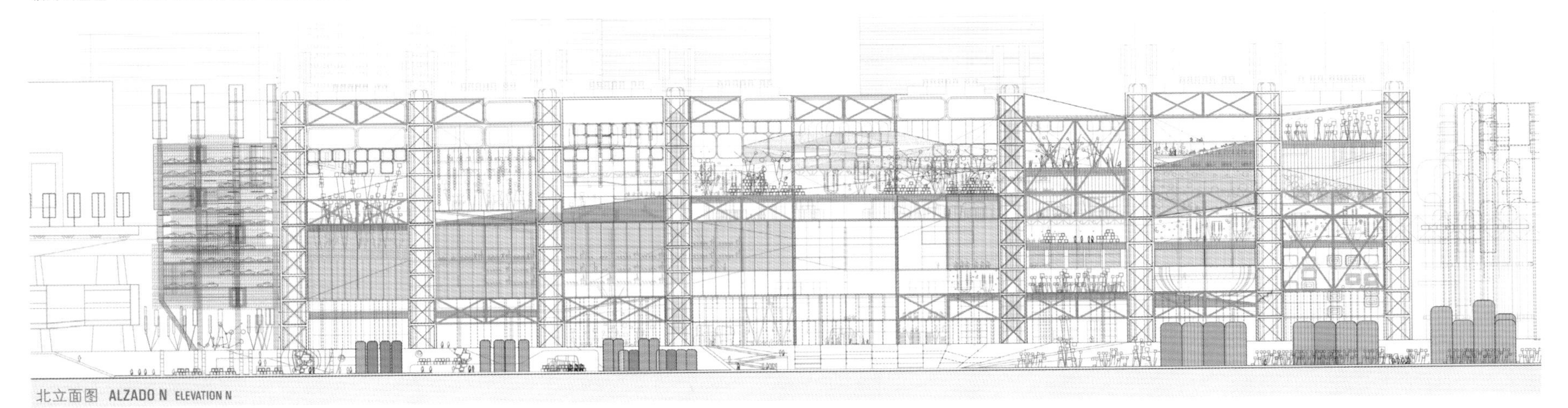

北立面图 ALZADO N ELEVATION N

Jose María Suanzes Caballero

学位毕业设计 proyecto fin de carrera project final degree (2012年4月 April 2012)

指导老师 tutor: Juan Martín Baranda

马德里 · 西班牙 Madrid · Spain

曼萨纳雷斯河畔的购物中心

Centro Comercial en Río Manzanares

Shopping Center along River Manzanares

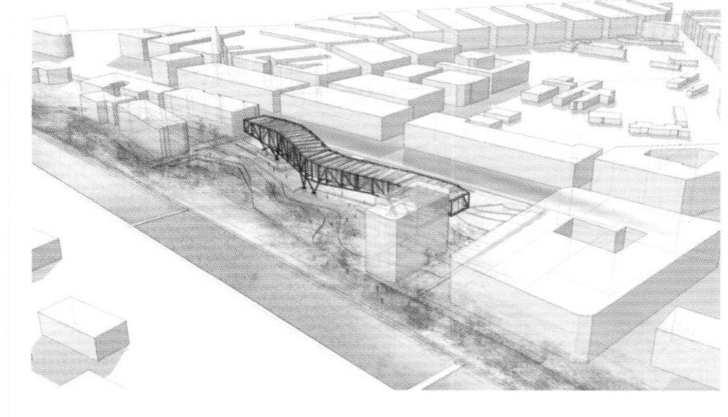

该项目策略源于曼萨纳雷斯河的人造属性及其工业历史。立体切割式的体量位于三层级的基座之上，每一层均是不同特征的广场：(1)集市广场；(2)马德里广场；(3)居民广场。该项目作为一个城市容器，承载着见证时光流逝的内容，但城市空间永远是其主角。该项目具有可持续性——通过使用带孔的建筑面、光伏屋面以及加拿大抽水系统的水循环和气候控制，进行太阳辐射监测。

La estrategia de proyecto nace a partir del carácter artificial del Rio Manzanares y de su pasado industrial. Un volumen estereotómico que se eleva sobre un zócalo de tres niveles, siendo cada uno de éstos una plaza con distinto carácter; 1) Plaza Mercado, 2) Plaza Madrid Rio y 3) Plaza Residentes. En este proyecto se plantea un contenedor urbano que albergará un contenido cambiante a lo largo del tiempo pero siempre con el espacio urbano como protagonista. La sostenibilidad del proyecto se basa en el control de la radiación solar mediante el uso de pieles perforadas, captación de la misma con cubierta fotovoltaica, reciclaje de aguas y control de climatización gracias a un sistema de pozo canadiense.

The project strategy emerges from the artificial nature of the River Manzanares and its industrial past. A stereotomic volume which rises on top of a base with three levels, each of which is a square with different characters: (1) Market Square, (2) Madrid Rio Square and (3) Residents Square. This project addresses an urban container that will house a changing content over time but always with the urban space as a protagonist. The project's sustainability is based on solar radiation control by using perforated skins and a photovoltaic roof, water recycling and climate control thanks to a canadian well system.

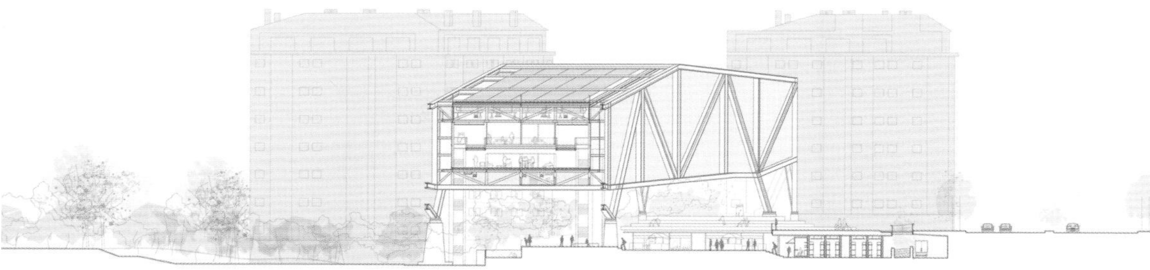

剖面图 B – 集市广场 SECCIÓN B - PLAZA DE MERCADO SECTION B - MARKET SQUARE

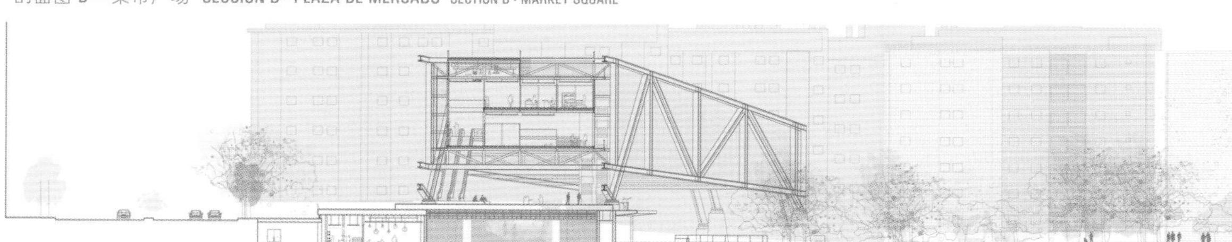

剖面图 C – 马德里–里约广场 SECCIÓN C - PLAZA MADRID RIO SECTION C - MADRID RIO SQUARE

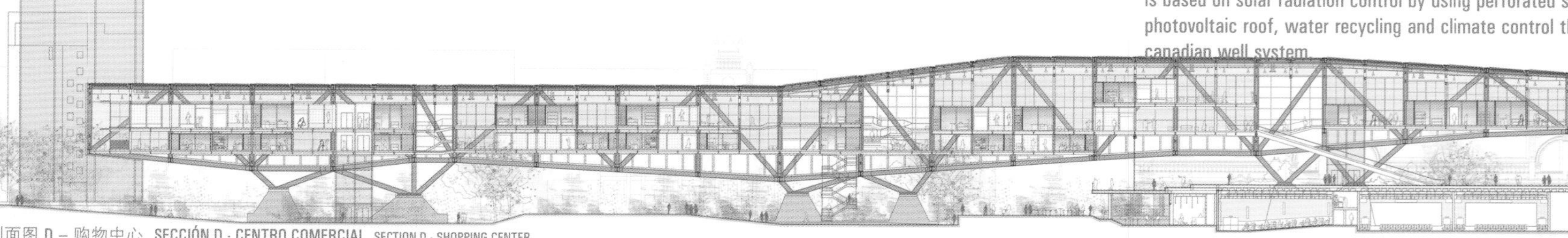

剖面图 D – 购物中心 SECCIÓN D - CENTRO COMERCIAL SECTION D - SHOPPING CENTER

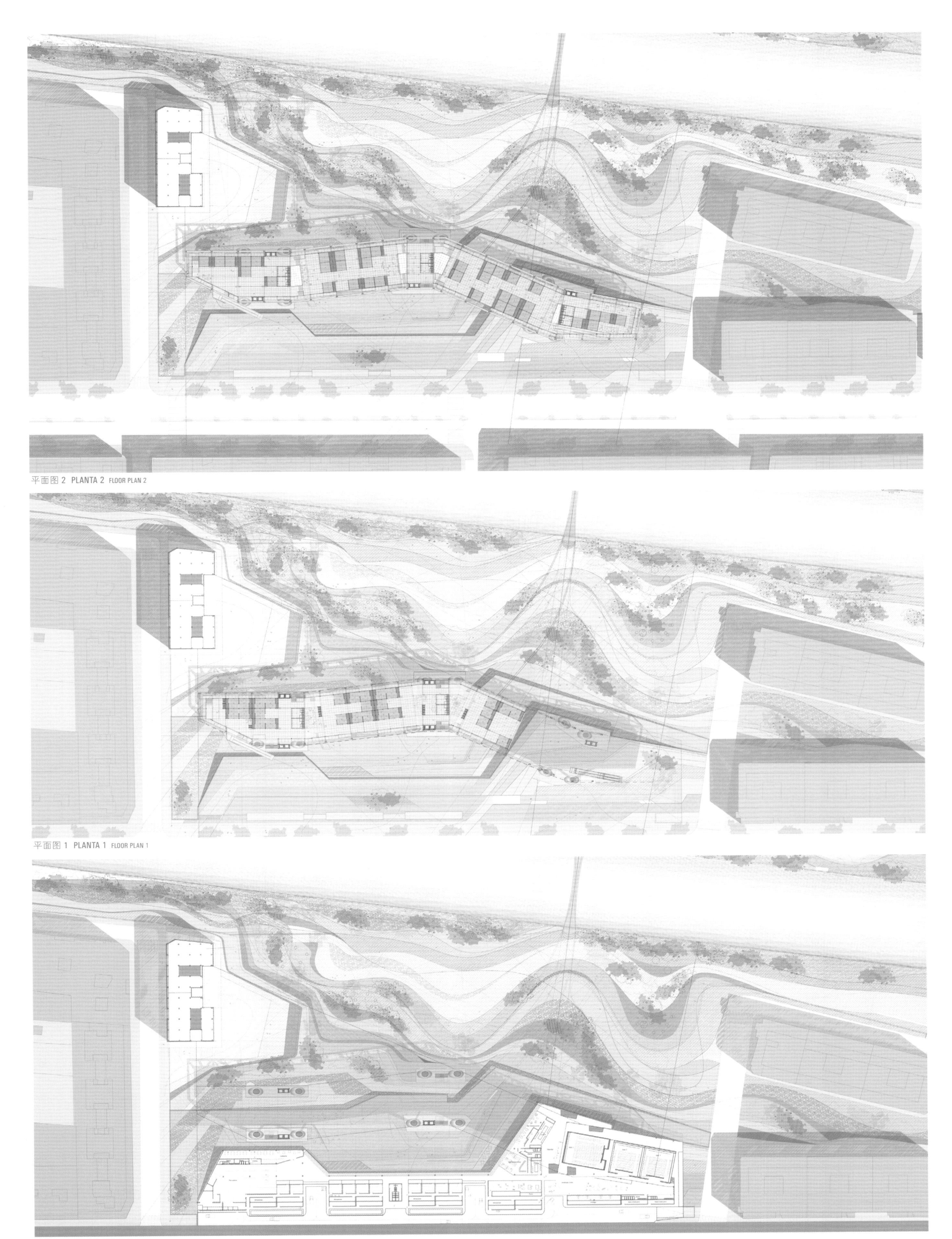
平面图 2 PLANTA 2 FLOOR PLAN 2

平面图 1 PLANTA 1 FLOOR PLAN 1

底层平面图 PLANTA BAJA GROUND FLOOR PLAN

英国皇家建筑师协会会员兼美国建筑师协会荣誉院士Francisco Mangado

Francisco Mangado. Architect Int. FRIBA. Hon. FAIA

Francisco Mangado

近年来，我们一直致力于个性化建筑的设计，同时从各个建筑文脉或建筑环境开展独立工作鉴定的文书规范有所淡化，如：关于塑造概念性单元的工作说明，其原则性如何限定。

对于整个团队而言，建筑设计应致力于解决我们服务的这个社会中存在的现实的精确性问题，但并非简单地投其所好(有时社会只对多产或魅力型体态提出要求)，而是提供概念框架内的超越性体态。

为了解决特定功能性创意的意识形态问题，我们追求基于批判性思维而建的建筑形态，而不是基于强迫性思维而建的建筑形态。批判性思维是精确分析各个环境或地块的所有项目的关键所在。紧紧把握三个要点，建筑设计就能水到渠成，符合要求。下面就是我们所关注的三要点：首先是建筑扮演的角色。我们的建筑方案是基于对建筑的重要角色的考虑而做的，因为建筑在城市、景观及其与公共空间和私有空间的关系，以及在今天我们所面对的个体方案与组织机构的关系中发挥着举足轻重的作用。其次就是对建筑空间和建筑维度的认可。最后是项目施工和材料的重要性，以及符合团队利益的意识形态维度的重要性。我们相信这三个概念将有助于搜集与建筑设计相关的关键信息，包括时下所关注的建筑与环境的关系。我们更注重赋予设计作品意义和价值(互不对立)的容量体态，这使得我们能在同一个协调管理模式下(协调促进多元化，这是均匀性无可比拟的)应对以不同时间和环境为背景的项目。

Durante estos años nos hemos esforzado en hacer una arquitectura personal, no tanto en la búsqueda de códigos caligráficos que nos identifiquen independientemente de cada contexto o circunstancias específicas, como de la definición de una serie de principios que ilustren nuestro trabajo dotándolo de una unidad conceptual.
Para nosotros es importante que la arquitectura nazca como respuesta a problemas ciertos y reales anunciados por la sociedad a la que esperamos servir. Servir no tanto en el sentido de darle lo que reclame – en ocasiones sólo reclama la bondad que pertenece al hecho meramente productivo o por el contrario una actitud glamorosa - como en el sentido de aportar más asumiendo una cierta actitud transgresora en lo conceptual.
La forma arquitectónica, en nuestro trabajo, pretende ser el resultado de pensamientos y juicios críticos más que de algo impuesto. De pensamiento en la medida que responde a una determinada posición ideológica ligada a la idea de servicio ya expuesta; de juicio crítico en la medida que cada proyecto es analizado de manera precisa en cada circunstancia o lugar.Existen tres campos que en términos instrumentales contribuyen a que las propuestas en nuestro trabajo puedan cumplir con lo indicado. Es en ellos en donde centramos nuestro trabajo. El primero de ellos tiene que ver con el papel de la arquitectura como algo significante. Ello nos permite hacer propuestas en lo referente al papel de la arquitectura como hecho esencial en la ciudad y el paisaje en relación con el contexto, en la relación entre lo público y privado, y en el nuevo papel institucional que están asumiendo los distintos programas a los que nos enfrentamos en nuestros días. El segundo se refiere al reconocimiento que al trabajo sobre el espacio, en todas sus dimensiones, le ocupa a la arquitectura. Y finalmente, es al trabajo sobre la materialidad del proyecto, no sólo en su dimensión constructiva o material, sino también en su dimensión ideológica, el que ocupa buena parte de nuestro interés. Creemos que estos tres conceptos aglutinan los valores esenciales que toda arquitectura debe tener, incluyendo en los mismos el más actual del compromiso entre arquitectura y medio.Esta actitud preocupada más en el contenido en la medida que el mismo da sentido y valor al resultado y no al revés, nos ha permitido abordar, con el mismo sentido unitario - la unidad admite la diversidad, cosa que no hace la uniformidad- distintos programas en tiempos y circunstancias diversos.

During these years we have strived after a personal architecture, and not so much after the search for calligraphic codes which identify our work independently from each context or circumstances, such as the definition of a set of principles that illustrate our work shaping a conceptual unit.
For us, it is important that architecture is born as response to accurate, real problems announced by the society we hope to serve. To serve not in the sense of giving what they claim – sometimes society only claims the goodness that merely belongs to the productive fact or a glamorous attitude – but in the sense of providing a transgressive attitude within the concept.
The architectural form, in our work, intends to be the result of thought and critical judgments rather than something imposed. It responds to a particular ideological position linked to the idea of service; critical judgment to the extent that each project is accurately analyzed in every circumstance or place.There are three fields which, in instrumental terms, make our designs meet suitability. Here is where we focus our work. The first has to do with the role of architecture as something significant. It allows us to make proposals considering the role of architecture as an essential event in the city and the landscape in relation to the context, to the relationship between public and private spaces, and the new institutional role of individual programs we face today. The second is the recognition of the work of architecture on the space, in all dimensions. And finally comes the work on the materiality of the project, not only in terms of construction or materials, but also in its ideological dimension, which focuses on much of our interest. We believe these three concepts collect fundamental keys architecture should have, including the current engagement between architecture and environment.This attitude concerned more in content which gives meaning and value to the result but not in the opposite way has allowed us to address, with the same sense of unity – unity supports diversity, something which uniformity cannot do – different programs at different times and circumstances.

博物馆+公共建筑
Museos + Edificios Públicos
Museums + Public Buildings

2008年萨拉戈萨世博会西班牙馆
Pabellón de España Expo Zaragoza 2008
Spanish Pavilion Expo Zaragoza 2008

建筑 / arquitectura / architecture: José Gastaldo, Richard Král'ovič, Cristina Chu, Hugo Mónica, César Martín
结构工程 / estructuras / structural engineering: NB 35 SL Ingenieros
能效 eficiencia energética / energy-efficiency: Iturralde y Sagües ingenieros, Fundación CENER-CIEMAT
照明 / iluminación / lighting: ALS Lighting. Arquitectos consultores de iluminación
预算师 / arquitectos técnicos / quantity surveyor: Fernando Oliván, Vicente de Lucas
奖项 / premios / awards:
2008年第七届Ascer陶瓷奖(Ascer: 西班牙陶瓷砖制造厂商协会)。
7th Premio Cerámica Ascer 2008.
2009年第十届西班牙建筑双年展，入围奖。
10th Bienal de Arquitectura Española 2009. Finalist.
2009年Construmat施工技术创新奖
Construmat 2009 Award of Technological innovation.
第六届“法萨·博尔托洛”国际可持续建筑奖，特别提名奖。
6th Prize "Sustainable Architecture" Fassa Bortolo. Special Mention.
“吉安卡罗·卢斯”建筑奖金奖，2009年第四届“芭芭拉·卡普契”国际建筑双年展，由国际建筑师协会颁发。
Giancarlo Ius Gold Medal. IV International Biennial Architecture Prize Barbara Cappochin. Given by International Union of Architects. 2009.
2009年第二十四届“费尔南多·加西亚·梅尔卡达尔”建筑奖。
24th Fernando García Mercadal Prize 2009.
2009年西班牙国家建筑奖(西班牙建筑师协会)。
Spanish Architecture Award CSCAE 2009.
2010年第一届最佳设计与环境奖，荣誉奖。
Honorable Mention Best Design and Environment Award First Edition 2010.
2010年绿色优秀设计奖
Green Good Design 2010.
摄影师 / fotógrafos / photographesr: Roland Halbe, Pedro Pegenaute

阿拉瓦考古博物馆
Museo Arqueológico de Álava
Archaeology Museum of Álava

建筑 / arquitectura / architecture: José Gastaldo, Richard Král'ovič, Eduardo Pérez de Arenaza.
结构工程 / estructuras / structural engineering: NB 35 SL Ingenieros
安装工程 / instalaciones / installation engineering: Iturralde y Sagües ingenieros / César Martín Gómez
预算师 / arquitectos técnicos / quantity surveyor: Laura Montoya López de Heredia
奖项 premios / awards:
2009年第十四届欧洲建筑铜板奖，一等奖。
14th Edition European Copper Prize in Architecture 2009. First Prize.
2010年巴斯克–纳瓦拉建筑学院奖，土木建筑类，一等奖。
COAVN (Basque-Navarrese) Awards 2010, Civic Construction Category. First Prize.
2010年第10届Saloni建筑奖，入围奖。
10th Edition Saloni Prize in Architecture 2010. Finalist.
2010年FAD奖(FAD: 促进艺术与设计组织)，建筑与室内设计类，入围奖。
FAD Awards 2010. Architecture and Interior Design Category. Finalist.
2010年建筑奖。由芝加哥雅典娜(建筑与设计)博物馆与欧洲建筑设计艺术和城市研究中心颁发。
Architecture Award for 2010. Given by The Chicago Athenaeum (Museum Of Architecture and Design) and the European Center for Architecture Art Design and Urban Studies.
2011年第11 届西班牙建筑与城市规划双年展。
11th Spanish Biennial of Architecture and Urban Planning 2011.
2011年西班牙国家建筑奖(西班牙建筑师协会)，入围奖。
Spanish Architecture Award CSCAE 2011. Finalist.
2012年AIT奖(AIT: 建筑、室内设计与技术建筑)。公共建筑类(博物馆)。第3名。2012。
AIT Award 2012. Public Building Category (Museums). Award TOP 3. 2012.
摄影师 / fotógrafos / photographers: Roland Halbe, Pedro Pegenaute

阿斯图里亚斯美术馆
Museo Bellas Artes de Asturias
Fine Arts Museum of Asturias

项目主管 / dirección de obra / project leader: Francisco Mangado, Justo Lopez
建筑 / arquitectura / architecture: Idoia Alonso, Luís Alves, Ricardo Ventura, Sergio Rio Tinto, Abraham Piñate, Hugo Pereira, André Guerreiro, Diogo Lacerda
结构工程 / estructuras / structural engineering: IDOM
安装工程 / instalaciones / installation engineering: IDOM
照明 / iluminación / lighting: ALS Lighting Arquitectos consultores de iluminación
预算师 / arquitectos técnicos / quantity surveyors: Luis Pahisssa, Fernando Pahissa, Alberto López Diez, Angel Garcia Garcia.

2008年萨拉戈萨世博会西班牙馆
Pabellón de España Expo Zaragoza 2008
Spanish Pavilion Expo Zaragoza 2008

项目状态 estado del proyecto project status: 2008建成 **terminado** completed
地点 situación location: 萨拉戈萨 · 西班牙 Zaragoza · Spain

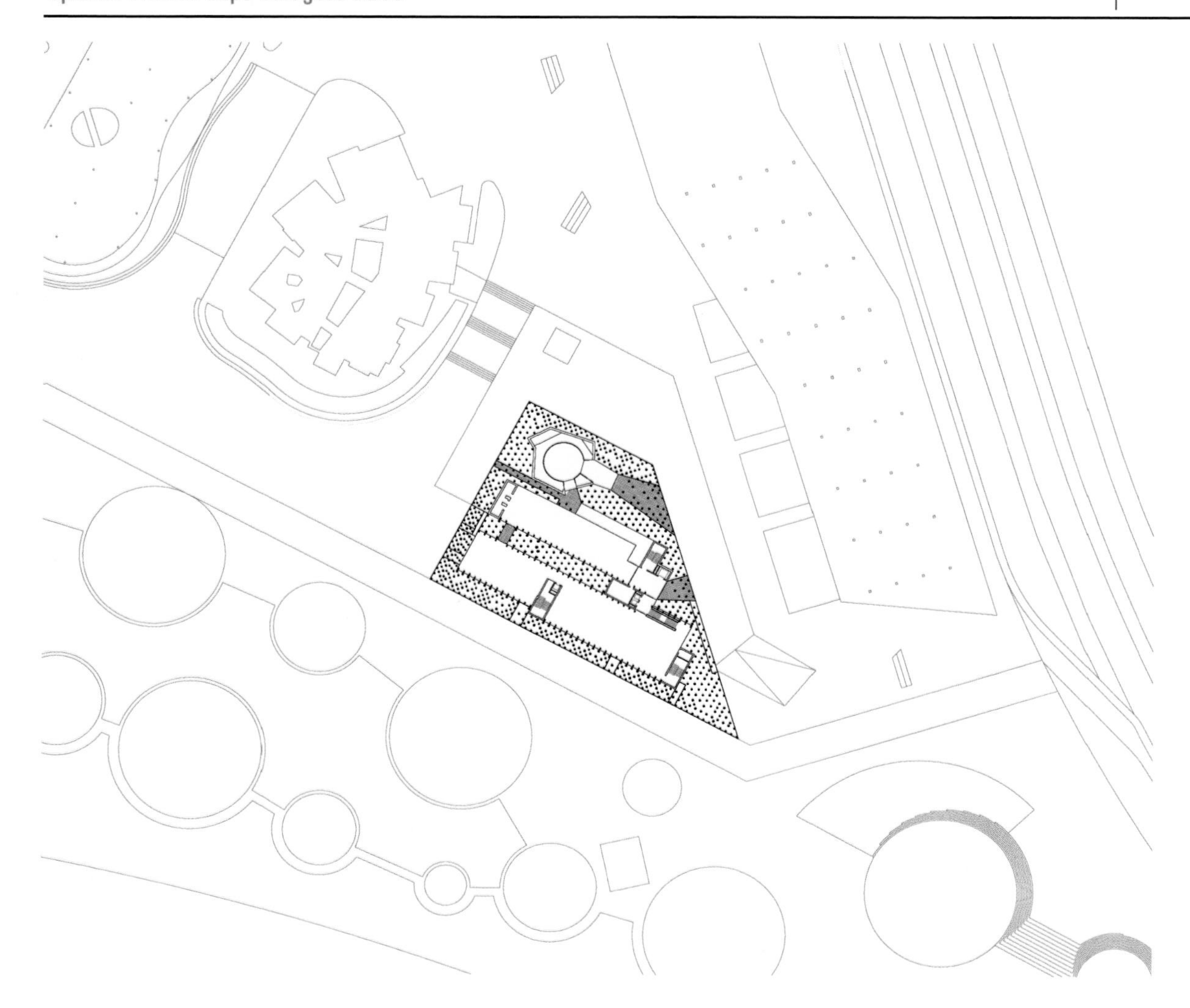

区块位置 PLANO DE SITUACIÓN SITE PLAN

再现独特的自然景观——水上森林或竹林，是本项目设计的潜在基础之所在。一方面，创造一个能从“能效逻辑”节能和环保的角度发掘极具可能性的建筑机制，是萨拉戈萨世博会西班牙馆的一个重要的标志性主题。另一个重点是，呈现在我们面前的极具吸引力的空间——就材料和光线而言——均能转移到整个建筑结构中。整栋建筑运用垂直度和深度的原理发挥极其重要的作用，呈现出空间的变化，也让建筑空间充满了细微迹象与差别。

Reproducir el espacio de un bosque, o de un conjunto de bambúes sobre una superficie de agua, ha estado presente en el subconsciente del proyecto. Por un lado se crea un mecanismo , capaz de generar increíbles posibilidades desde el punto de vista de la lógica energética y del compromiso medioambiental, cuestión ésta fundamental y emblemática para el futuro Pabellón de España en la Exposición Internacional de Zaragoza. Pero por otro, y ello es muy importante, se traslada a la arquitectura uno de los espacios más atractivos, física y lumínicamente hablando, al que podemos enfrentarnos. Espacios cambiantes, llenos de sugerencias y matices, donde conceptos como la verticalidad y la profundidad juegan un papel fundamental.

The desire to reproduce the space of a forest, or of a group of bamboos on a layer of water, has formed the subconscious basis of the project. On the one hand there is the creation of a building mechanism that is able to generate extraordinary possibilities from the point of view of energy logic and environmental awareness, an essential and symbolic aspect for the future Spanish Pavilion at the International Exposition of Zaragoza. But on the other hand, and this is very important, one of the most attractive spaces one may encounter, both in terms of matter and light, is transferred to the field of architecture. Changing spaces, full of hints and nuances, in which concepts such as verticality and depth play an essential role.

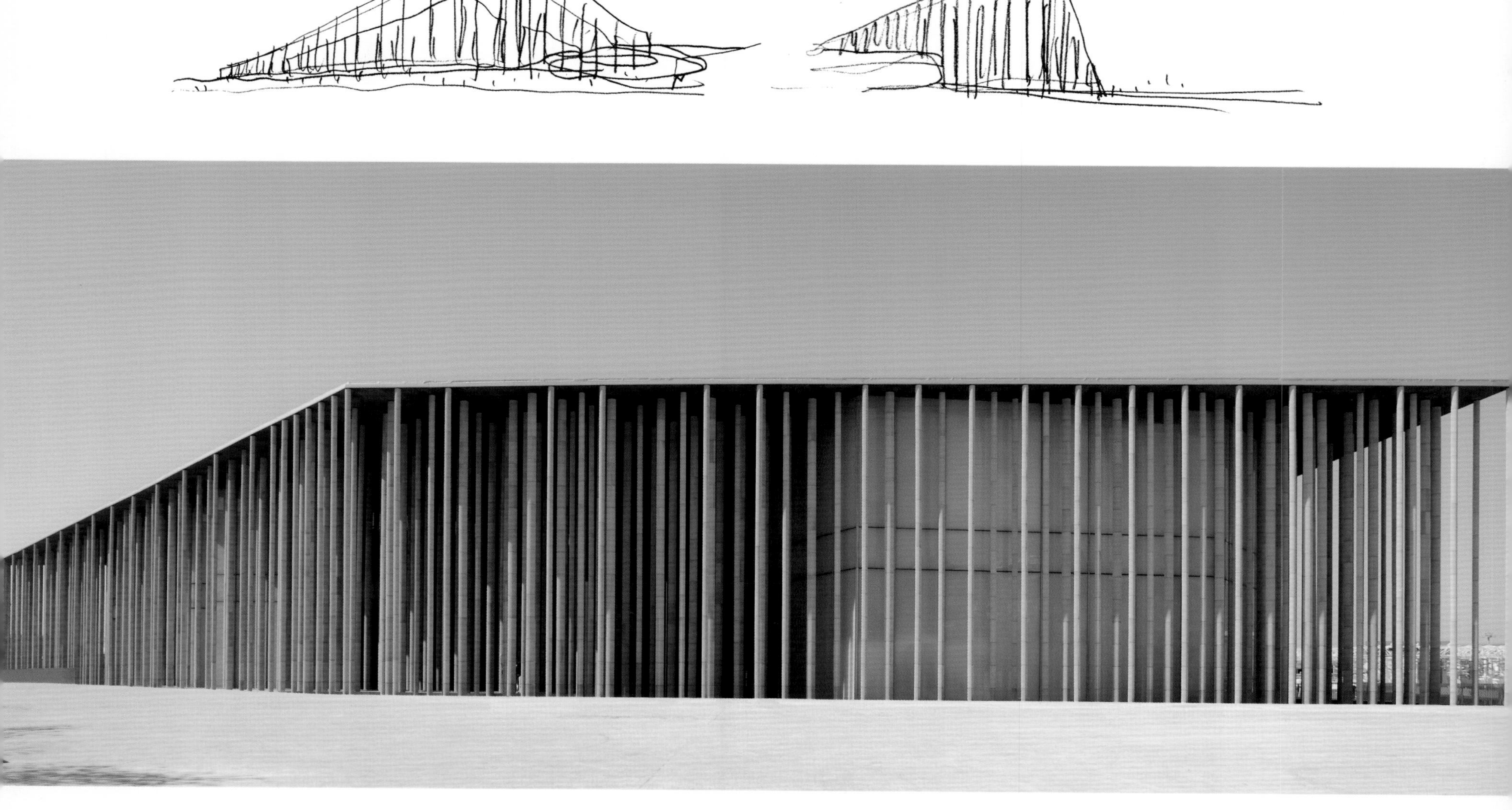

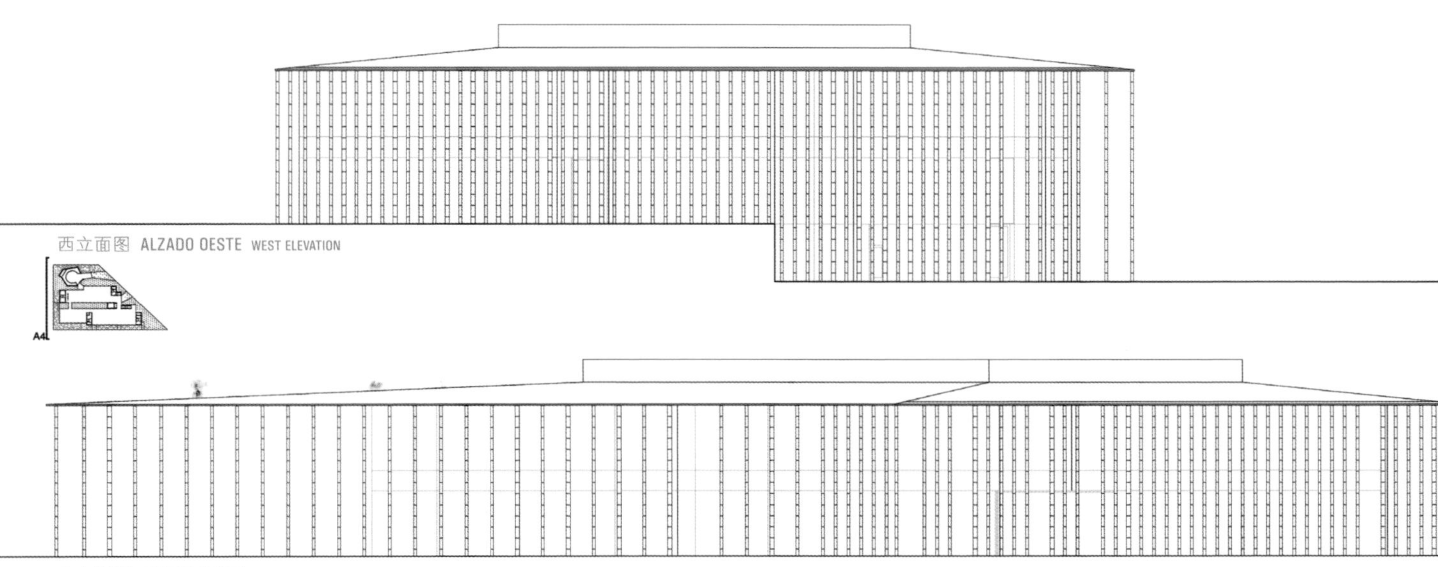

西立面图 ALZADO OESTE WEST ELEVATION

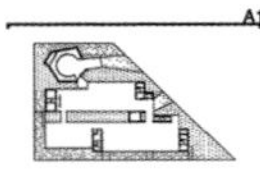

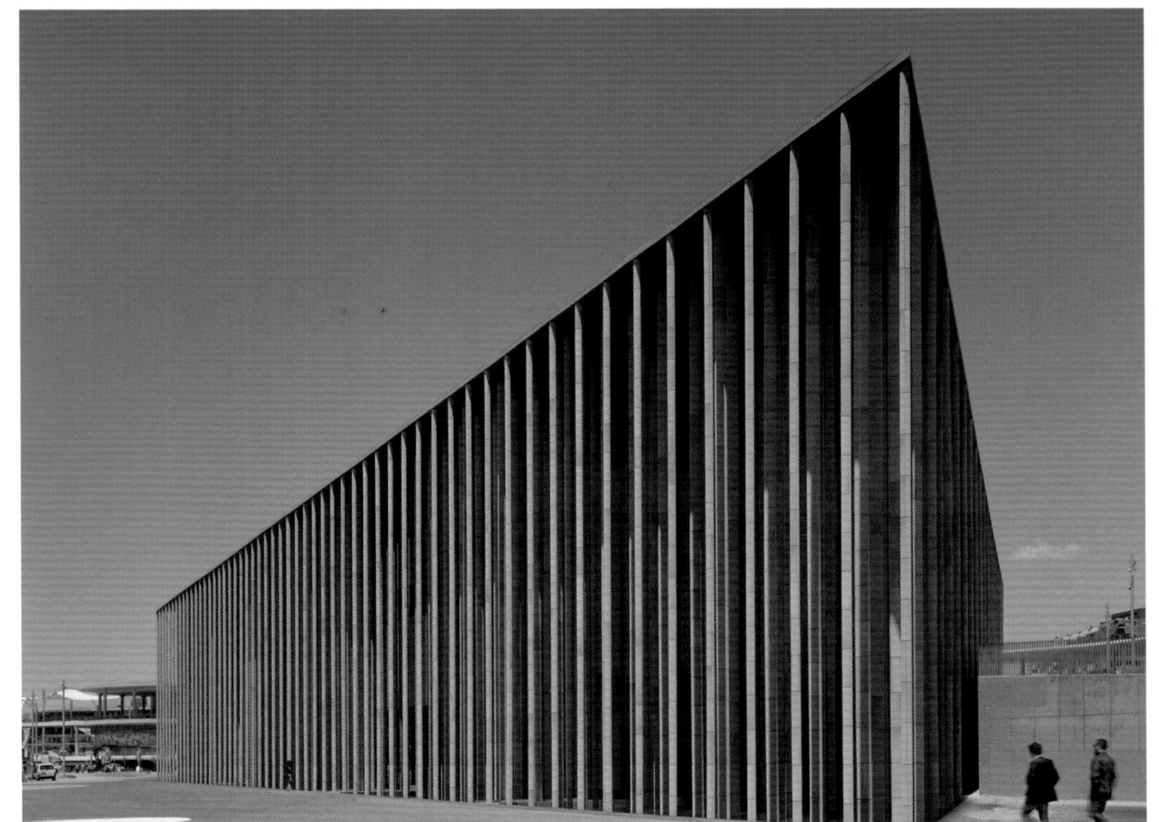

北立面图 ALZADO NORTE NORTH ELEVATION

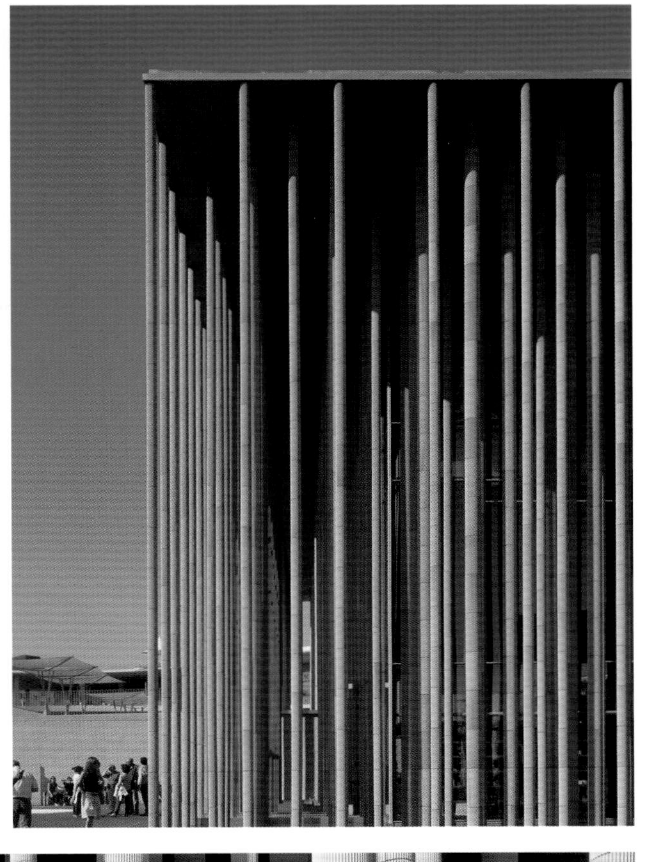

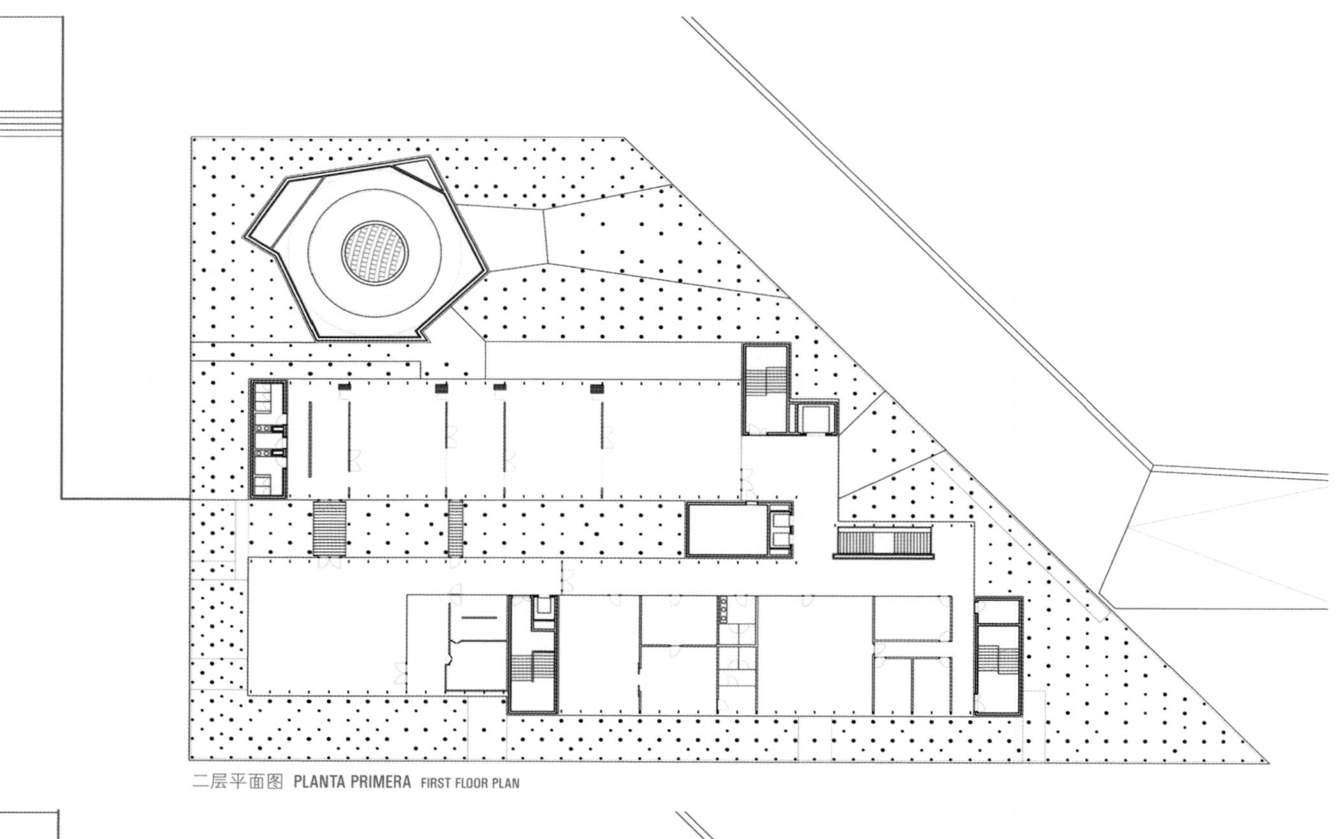

二层平面图 PLANTA PRIMERA FIRST FLOOR PLAN

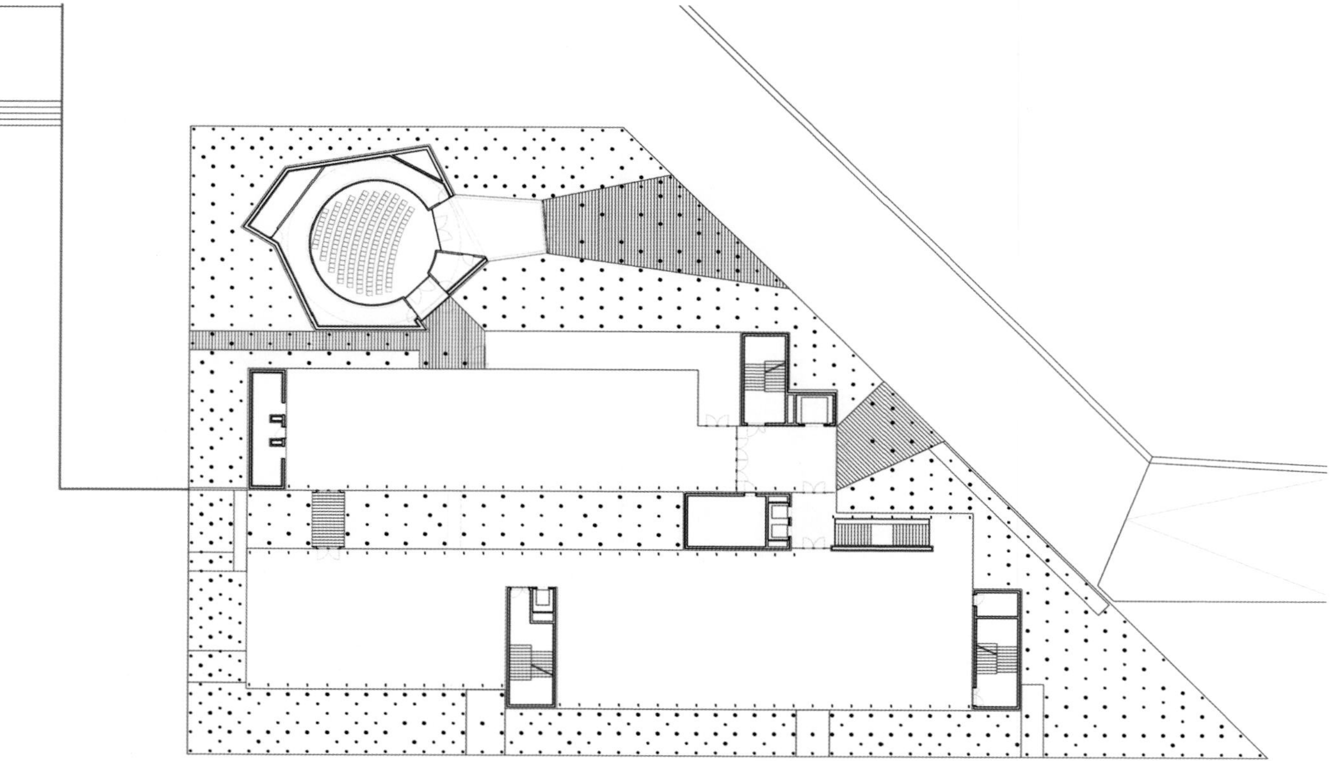

底层平面图 PLANTA BAJA GROUND FLOOR PLAN

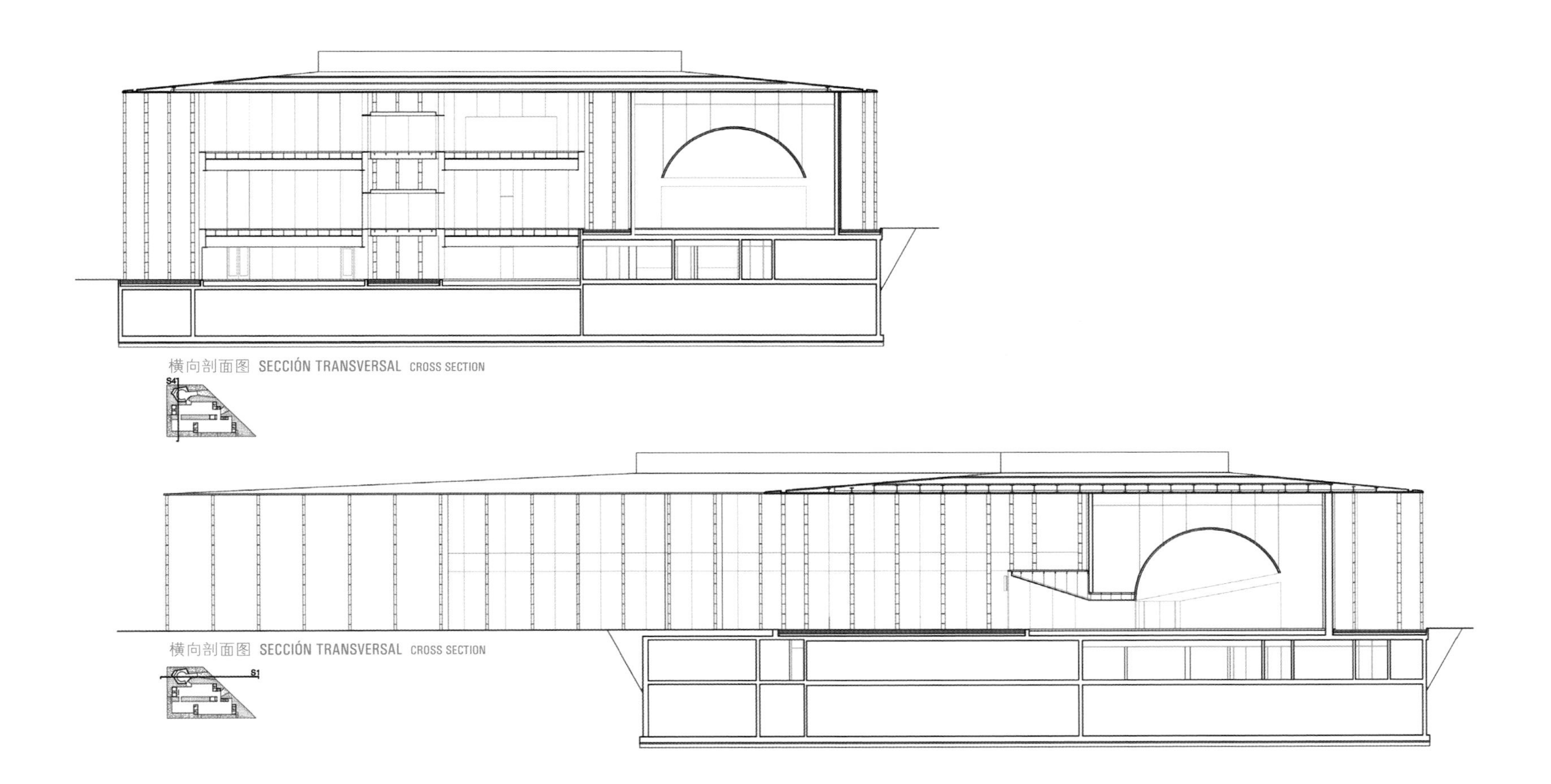

横向剖面图 SECCIÓN TRANSVERSAL CROSS SECTION

横向剖面图 SECCIÓN TRANSVERSAL CROSS SECTION

阿拉瓦考古博物馆
Museo Arqueológico de Álava
Archaeology Museum of Álava

项目状态 **estado del proyecto** project status: 2009建成 terminado completed
地点 **situación** location: 维多利亚–加斯特兹 · 西班牙 Vitoria-Gasteiz · Spain

区块位置 PLANO DE SITUACIÓN SITE PLAN

我们倾向于把考古博物馆变为精美的珠宝盒，将历史遗物一件件展示出来。这个小盒虽然外表给人以密实和密封感，但内部一定要给人以无尽遐想和奇幻感。内部空间既不能是单纯的组织空间，也不能是漂亮而幽远的建筑；内部空间一定要从微小的弹性陶瓷中折射出地理和人文元素，穿越漫漫历史长河，诉说时间的脆弱。

在永久展厅里，所有水平面都是黑色的，木地板接近于黑色，连续式天花板是黑色的。白色透光棱镜——使展区形成一个有机的整体——穿插于暗色空间中，白昼光线可以从屋顶透射下来，融入光线透射效果的图形和信息对展品进行描述和诠释。

Nos gusta imaginarnos un museo arqueológico como un cofre denso que, como todo cofre esconde en su interior el tesoro que la historia nos ha querido dejar pieza a pieza. El pequeño cofre, denso y hermético por fuera, ha de ser sugerente y mágico en el interior. El espacio que contiene no puede limitarse a ser un espacio ordenador, ni un juego de arquitectura bella pero distante; ha de ser un lugar capaz de evocar lugares y gentes a partir del pequeño fragmento de cerámica que, más poderosa que la roca, ha logrado sobrevivir para hablarnos de la fragilidad del tiempo.
En las salas de exposición permanente, los planos horizontales, suelos y techos son muy oscuros. Estos espacios están atravesados por unos prismas de vidrio blanco en torno a los cuales se organiza la exposición de las piezas. Por ellos resbalará la luz procedente de la cubierta durante el día, y llevaran incrustados, entre capa y capa, gráficos e información que expliquen los objetos, cuya luz evocará la aventura de la interpretación.

We like to think of an archaeology museum as a compact jewel box concealing the treasure that history has entrusted to us piece by piece. The small box, though dense and hermetic on the outside, must be suggestive and magical on the inside. The space within can be neither a mere organizing element, nor a beautiful but distant architecture; it must have the ability to evoke places and people from a tiny yet resilient fragment of ceramic which has managed to survive, and which speaks of the fragility of time.
In the permanent exhibition halls, all horizontal surfaces are dark, the wood floors are almost black, and the continuous ceilings are black. These dark spaces are traversed by white glazed prisms – round which the exhibition of pieces is organized – that shall draw light in from the roof at daytime, and shall be inlaid with graphics and information to describe the items, evoking the adventure of interpretation.

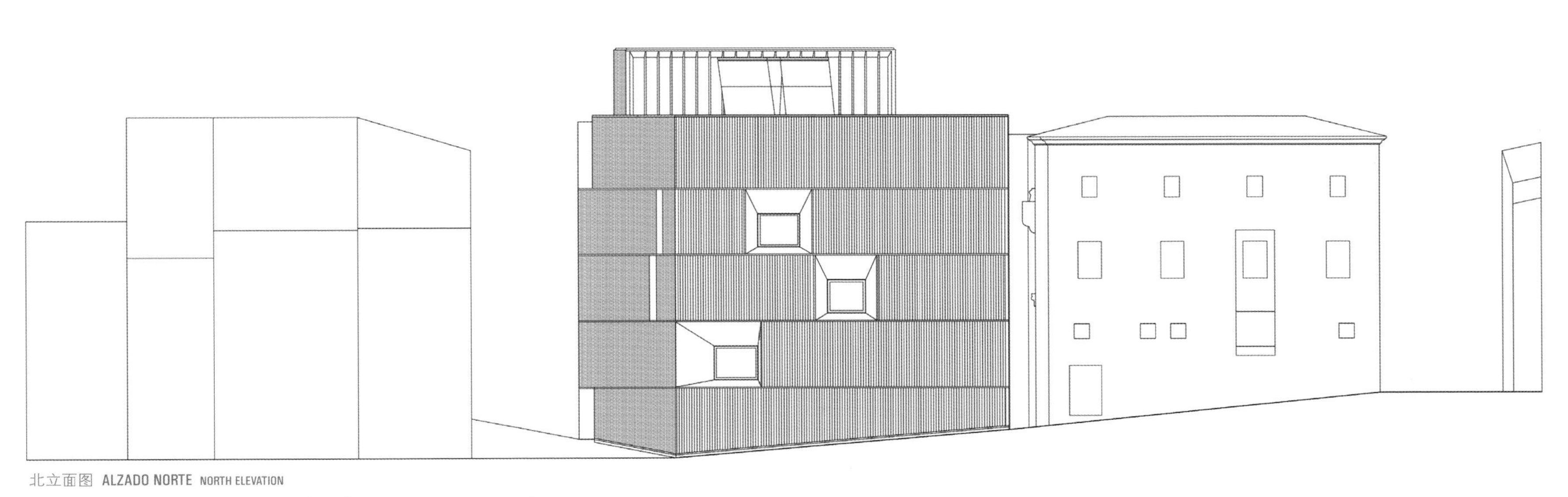

北立面图 ALZADO NORTE NORTH ELEVATION

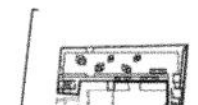

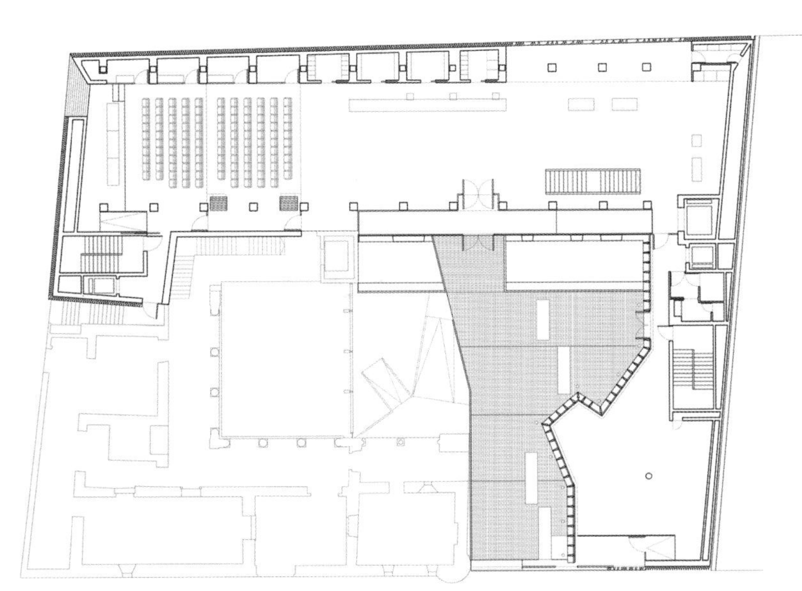

底层平面图 PLANTA BAJA GROUND FLOOR PLAN

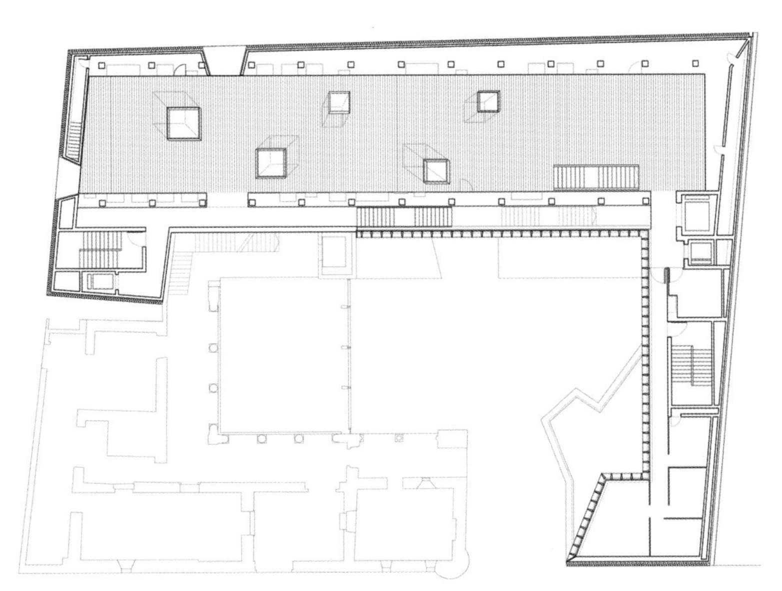

二层平面图 PLANTA PRIMERA FIRST FLOOR PLAN

横向剖面图 SECCIÓN TRANSVERSAL CROSS SECTION

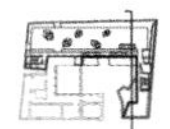

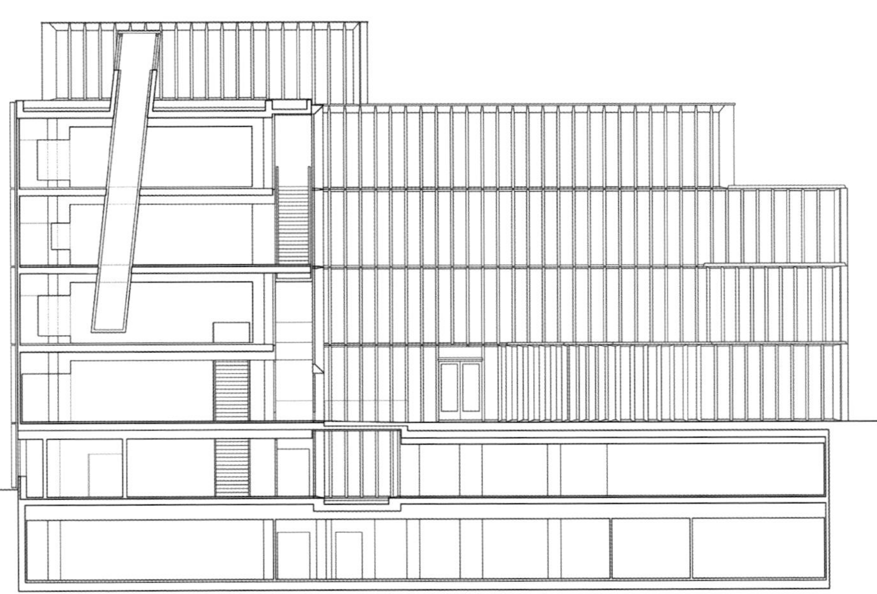

横向剖面图 SECCIÓN TRANSVERSAL CROSS SECTION

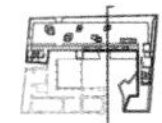

阿斯图里亚斯美术馆
Museo de Bellas Artes de Asturias
Fine Arts Museum of Asturias

项目状态 **estado del proyecto** project status: 在建 en construcción under construction
地点 **situación** location: 奥维耶多，阿斯图里亚斯·西班牙 Oviedo, Asturias · Spain

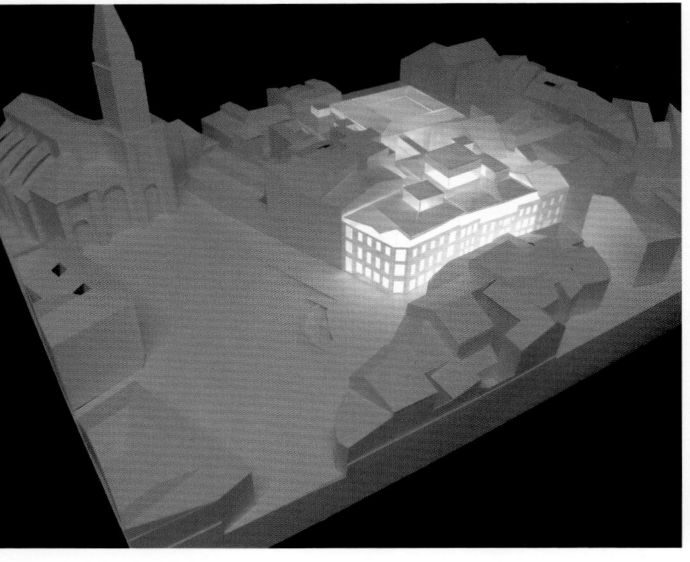

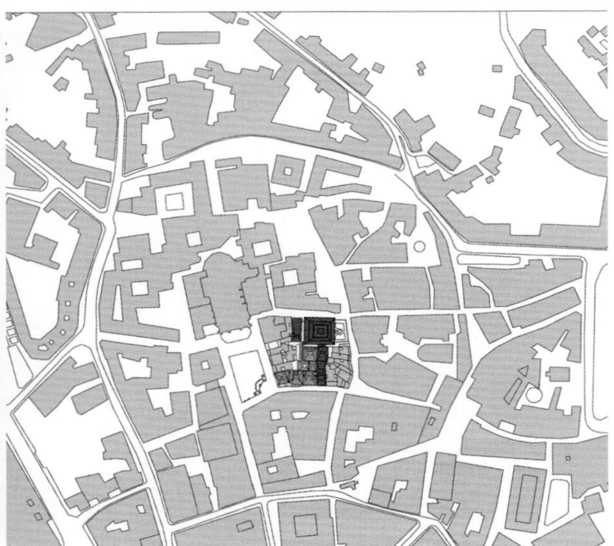

区块位置 PLANO DE SITUACIÓN SITE PLAN

该项目涉及整个综合体，包括待修缮的Velarde宫和Oviedo-Portal之家。只有通过这种综合设计才能确保建筑物实现其最佳功能，这点和建筑项目本身一样重要。从这一理念出发，我们在设计中考虑在城市综合体中建一栋全新建筑。因此，要将现有立面的设计融入一个整体环境中，而这些立面将自然地充当城市“背景”，使新建筑拥有一个属于其本身的立面。

内部的楼间庭院可以诠释建筑和整体环境之间的另一个基本要素。通过灯光熠熠的走廊，庭院成了一个聚会场所，并将博物馆综合体的各个建筑连成一体。

La propuesta que se presenta parte de considerar todo el conjunto del proyecto, incluyendo también el futuro del Palacio de Velarde y de la Casa Oviedo-Portal. Solo así, desde esta visión global, se puede garantizar un futuro funcional óptimo para una institución de la importancia que nos ocupa. A partir de esta idea se propone el proyecto como la construcción de un nuevo edificio en el interior de este conjunto urbano. Dicho de otro modo, aceptando la secuencia de fachadas como un condicionante contextual, las mismas adquieren en el nuevo proyecto dimensión de "telón" urbano, indiscutible y aceptado, dentro del cual se construye un nuevo edificio que, incluso, posee su propia fachada.
El otro elemento fundamental para explicar la relación con el contexto lo constituye el patio de manzana. La propuesta transforma este patio, mediante pasarelas luminosas de vidrio, en un lugar de encuentro, de fusión de los distintos edificios que van a constituir el conjunto del Museo.

The project addresses the whole complex, including the future of the Velarde Palace and the Casa Oviedo-Portal. Only through such a comprehensive approach we can guarantee the optimal functioning of an institution as important as this project. With this idea as a starting point, the project contemplates raising an altogether new building within the urban complex. Therefore, the sequence of existing façades is taken as a contextual condition and these façades take on the role of an urban "backdrop", unquestioned, where the new building emerges with a façade of its own.
The other fundamental element to explain the building's relationships with the context is the inner block courtyard. Through luminous glazed catwalks, the courtyard becomes a place to meet and an element connecting the various buildings of the museum complex.

西立面图 ALZADO OESTE WEST ELEVATION

北立面图 ALZADO NORTE NORTH ELEVATION

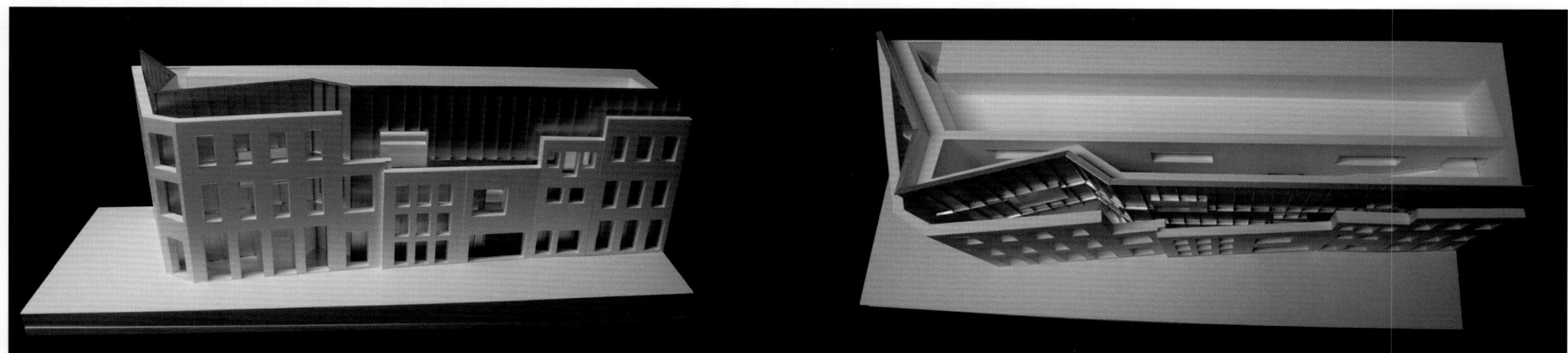

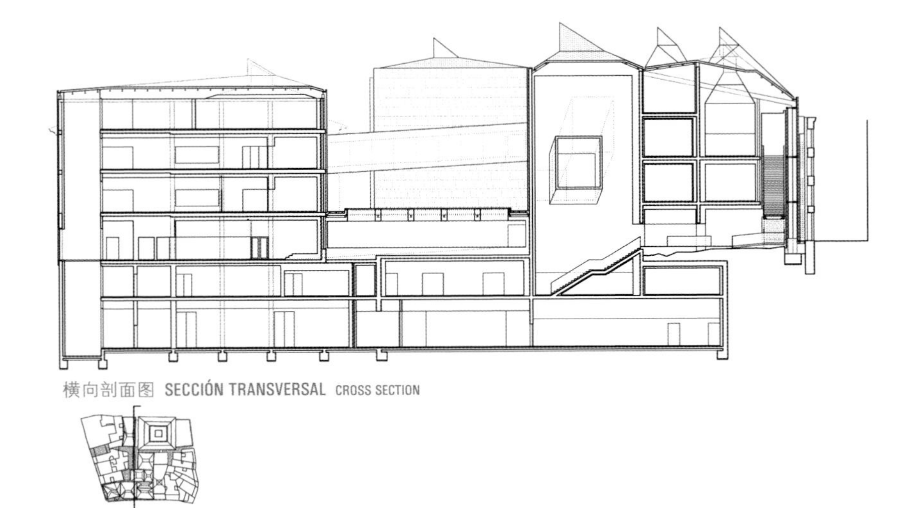

横向剖面图 SECCIÓN TRANSVERSAL CROSS SECTION

纵向剖面图 SECCIÓN LONGITUDINAL LONGITUDINAL SECTION

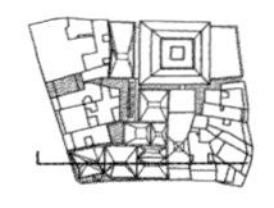

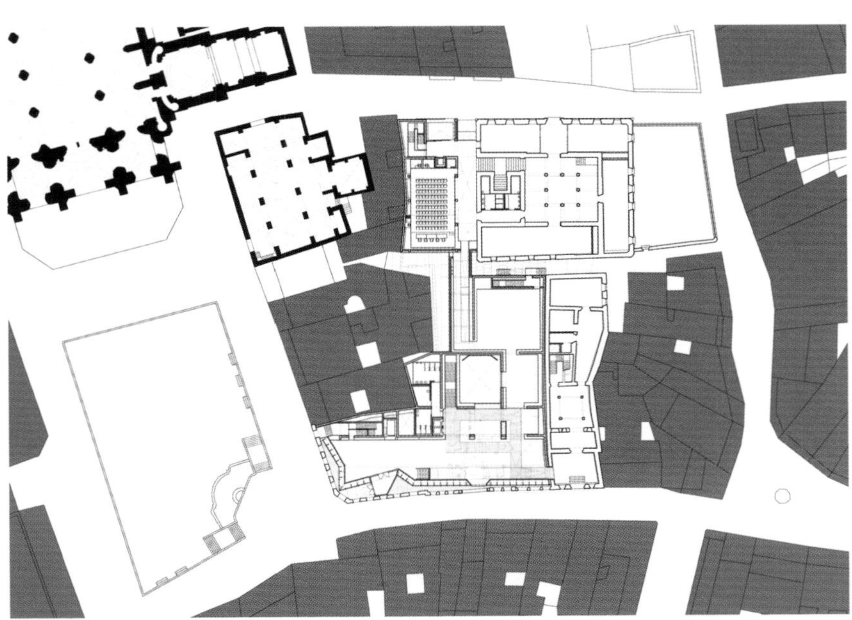

底层平面图 PLANTA BAJA GROUND FLOOR PLAN

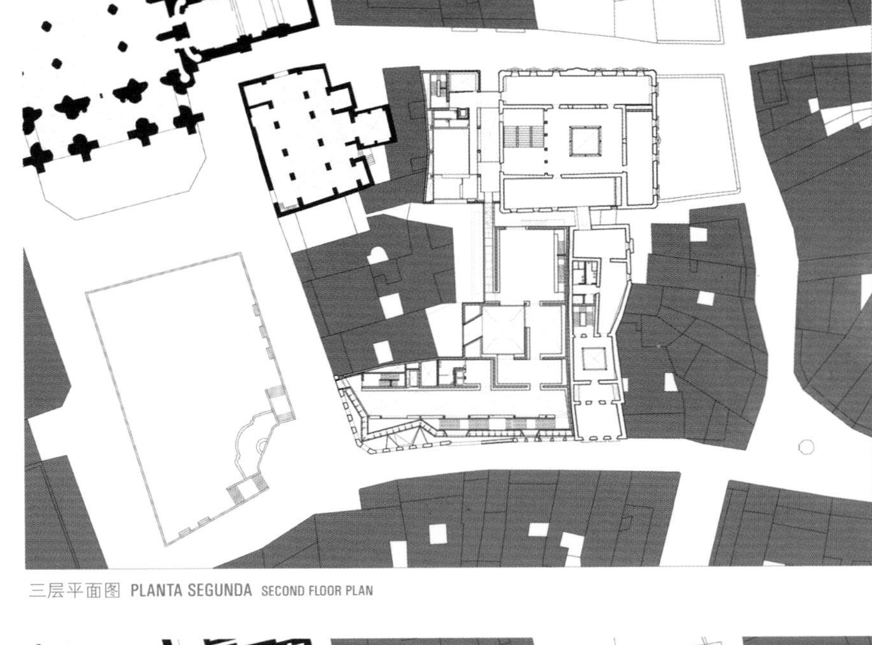

三层平面图 PLANTA SEGUNDA SECOND FLOOR PLAN

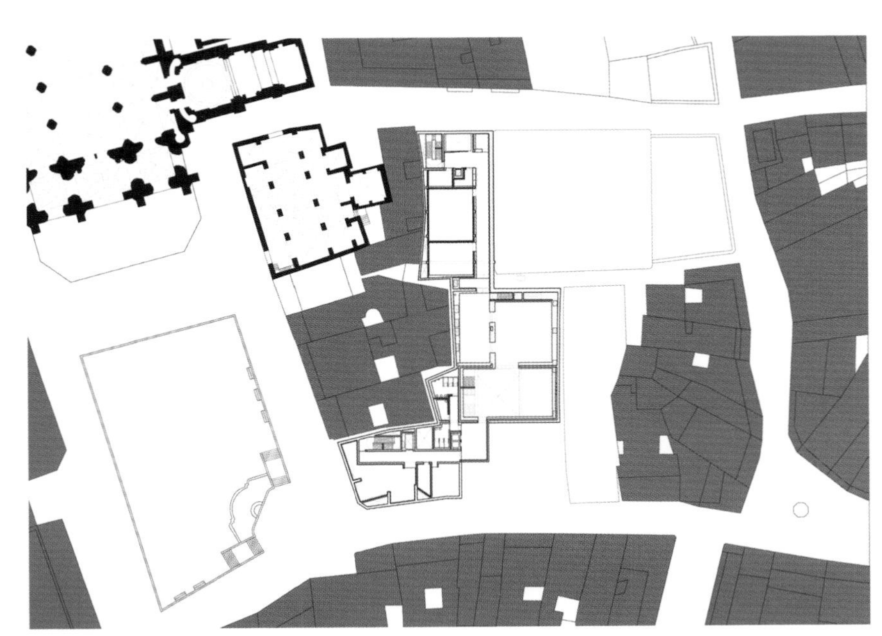

地下一层平面图 PLANTA SOTANO -1 BASEMENT PLAN -1

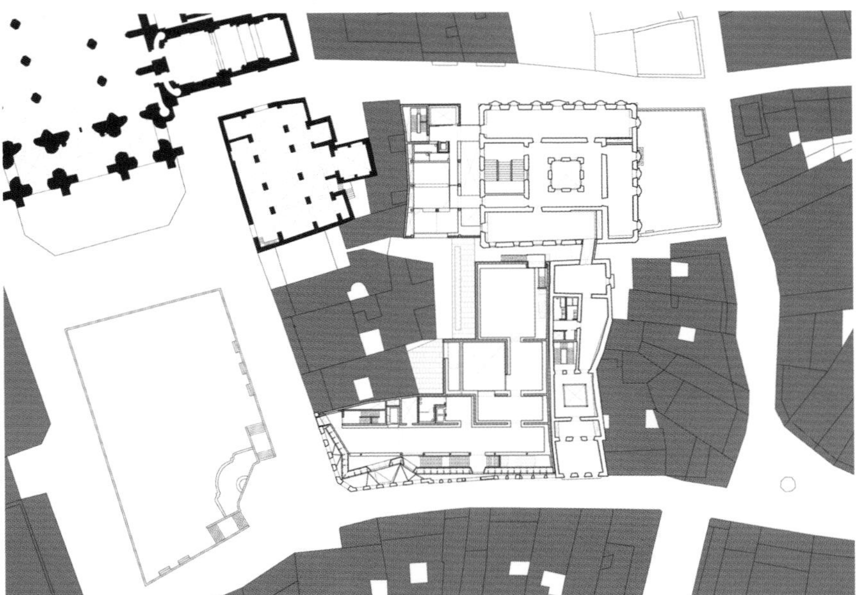

二层平面图 PLANTA PRIMERA FIRST FLOOR PLAN

会议中心

Centros de Convenciones

Convention Centers

特乌拉达市政礼堂
Auditorio Municipal de Teulada
Municipal Auditorium of Teulada

建筑 / arquitectura / architecture: Jose Gastaldo, Birte Lattermann, Idoia Alonso, Borja Fernández, Edurne Pradera Jaime Sepulcre

结构工程 / estructuras / structural engineering: NB 35 SL Ingenieros

安装工程 /ingeniería instalaciones / installation engineering: Iturralde y Sagüés ingenieros

音响工程 / ingeniería acústica / acoustic engineering: Higini Arau Estudi Acustic

照明顾问 / iluminación / lighting: ALS Lighting Arquitectos consultores de iluminación

预算师 / arquitectos técnicos / quantity surveyor: PA Aparejadores

奖项 / premios / awards:

2011年11月第10届ASCER陶瓷奖。荣誉提名。
10th Ceramic Awards in Architecture ASCER. November 2011. Honor Mention.

2012年FAD奖。建筑类。2012年入围项目。
FAD Awards 2012. Architecture Category. 2012. Finalist Project.

2012年国际建筑奖。由芝加哥雅典娜(建筑与设计)博物馆与欧洲建筑设计艺术和城市研究中心颁发。2012年。
The International Architecture Awards 2012. Given by the Chicago Athenaeum (Museum of Architecture and Design) and the European Center for Architecture Art Design and Urban Studies. 2012.

RIBA EUROPEAN AWARD. June 2013.Awarded by the Royal Institute of British Architects rewarding buildings outside of the UK but in the EU.

摄影师 / fotógrafos / photographers: Roland Halbe, Juan Rodriguez

阿维拉市政会展中心
Centro Municipal de Exposiciones y Congresos de Ávila
Municipal Exhibition and Congress Center of Ávila

建筑 / arquitectura / architecture: Jose Gastaldo, Francesca Fiorelli, Daniel Padrón Hernández, Daniel Marchelli, Ana Gabriela Salvador, Arina Keysers, Anjte Konrad

结构工程 / estructuras / structural engineering: NB 35 SL Ingenieros

安装工程 /ingeniería instalaciones / installation engineering: Grupo JG Asociados Ingenieros

音响工程 / ingeniería acústica / acoustic engineering : Higini Arau Estudi Acustic.

照明 / iluminación / lighting: ALS Lighting Arquitectos consultores de iluminación

预算师 / arquitectos técnicos / quantity surveyors: Angel García. PA Aparejadores (Luis Pahissa / Fernando Pahissa).

奖项 / premios / awards:

2010年FAD奖。建筑类。2010年入选项目。
FAD Awards 2010. Architecture Category. 2010. Selected Project.

2011年密斯·凡·德·罗奖。2011年入选项目。
Mies Van der Rohe Award 2011. 2011. Selected Project.

第11 届西班牙建筑与城市规划双年展。2011年入选项目。
11th Spanish Biennial of Architecture and Urban Planning. 2011. Selected Project.

2011年国际建筑奖。由芝加哥雅典娜(建筑与设计)博物馆与欧洲建筑设计艺术和城市研究中心颁发。2011年。
The International Architecture Award 2011. Given by the Chicago Athenaeum (Museum of Architecture and Design) and the European Center for Architecture Art Design and Urban Studies. 2011.

2012年AIT奖。办公与行政类。2012年入选项目。
AIT Award 2012. Category: Office, Administration. 2012. Selected Project.

摄影师 / fotógrafos / photographers: Roland Halbe, Pedro Pegenaute

马略卡群岛会议中心和酒店
Palacio de Congresos y Hotel en Palma de Mallorca
Congress Center and Hotel in Palma de Mallorca

建筑 / arquitectura / architecture: Maria João Costa, Almudena Fiestas, Ana Muñiz. João Gois, Idoia Alonso, Sergio Rio Tinto, Edurne Pradera, Isabel Oyaga, Sofia Cacchione, Itziar Etayo, Aintzane Gazteiu-Iturri, Andreas Bovin, Richard Královic, Maria Manero, Wojciech Sumlet, Cesar Martín. José Gastaldo, Borja Fernández, Koldo Fernández, Francesca Fiorelli, Enrique Jerez, Birte Latterman, arqs.

结构工程 / estructuras / structural engineering: NB35 SL Ingenieros

安装工程 / ingeniería instalaciones / installation engineering: Francisco Mangado

音响工程 / ingeniería acústica / acoustic engineering : Higini Arau Estudi Acustic

照明 / iluminación / lighting : ALS Lighting. Arquitectos consultores de iluminación

预算师 / arquitectos técnico / quantity surveyor: Pedro Legarreta

特乌拉达市政礼堂
Auditorio Municipal de Teulada
Municipal Auditorium of Teulada

项目状态 estado del proyecto project status: 2011年建成 terminado completed
地点 situación location: 特乌拉达 – 莫莱拉，阿利坎特 · 西班牙 Teulada - Moraira, Alicante · Spain

区块位置 EMPLAZAMIENTO SITE PLAN

新市政礼堂位于特乌拉达的海拔最高之处，属于新开发地区。举目远眺，海滨小镇——莫莱拉镇，以及山谷间零星散布的白色小房子一览无余。建筑顺应自然地势而设计，市政礼堂面朝西南下坡处，主入口处设于该地段的东北和东南边缘。这些入口布局和朝向合理，可俯瞰莫莱拉镇，而且是海景的最佳观赏地。位于主厅两侧的功能厅尤为重要，从这里可眺望一望无际的大海。

La parcela que ocupa el nuevo auditorio se localiza físicamente en el núcleo más alto de Teulada. Forma parte de un nuevo desarrollo urbano. Desde este lugar se distingue, a través del valle jalonado de pequeñas edificaciones blancas, la ciudad de Moraira junto al mar. Se propone como principio que los auditorios se adapten a la topografía natural del terreno, descendiente en la dirección sur-oeste, liberando en su perímetro noreste y sureste los espacios principales de acceso. Estos se organizan y orientan buscando de manera activa las vistas a Moraira y al mar. Especialmente significativos son los vestíbulos laterales al auditorio principal los cuales se convierten en grandes miradores hacia la distancia y el mar.

The land occupied by the new auditorium is physically located in the highest part of Teulada. It is part of a new development. From this place one can distinguish Moraira town by the sea, through the valley dotted with small white buildings. The design adapts to the natural topography of the plot, making the auditoriums descend towards the southwest and putting the main access areas on the northeast and southeast edges of the site. These accesses are organized and oriented to afford the best views of Moraira and the sea. The halls flanking the main auditorium are particularly important, constituting large vantage points over the sea.

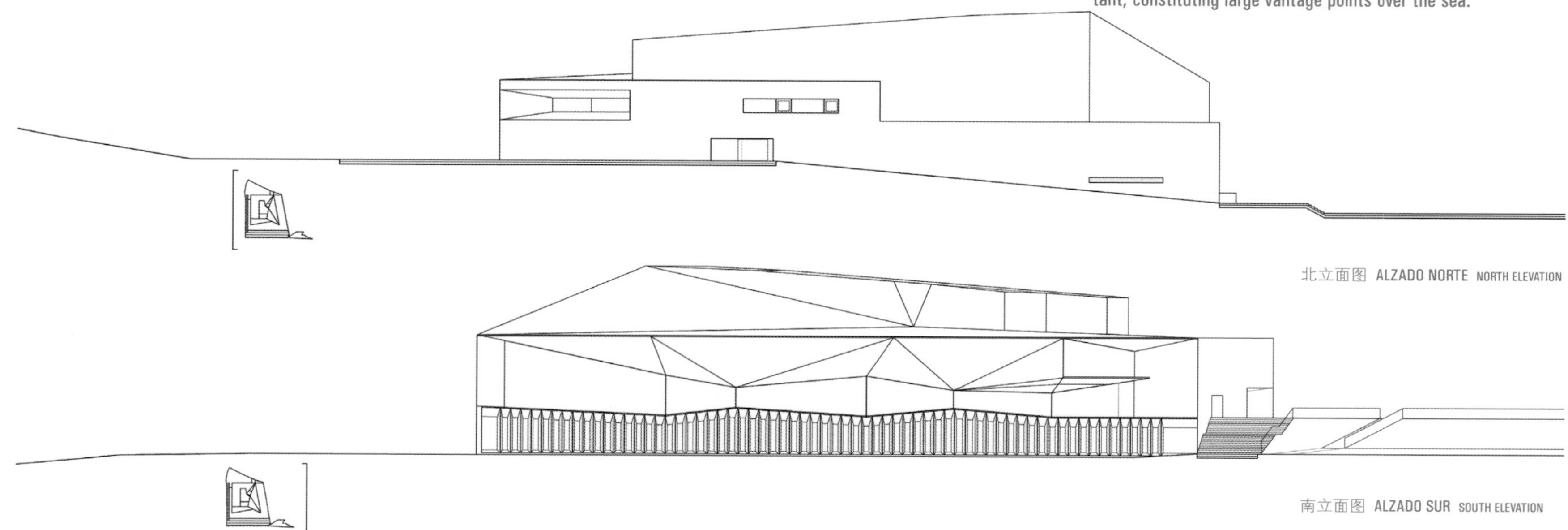

北立面图 ALZADO NORTE NORTH ELEVATION

南立面图 ALZADO SUR SOUTH ELEVATION

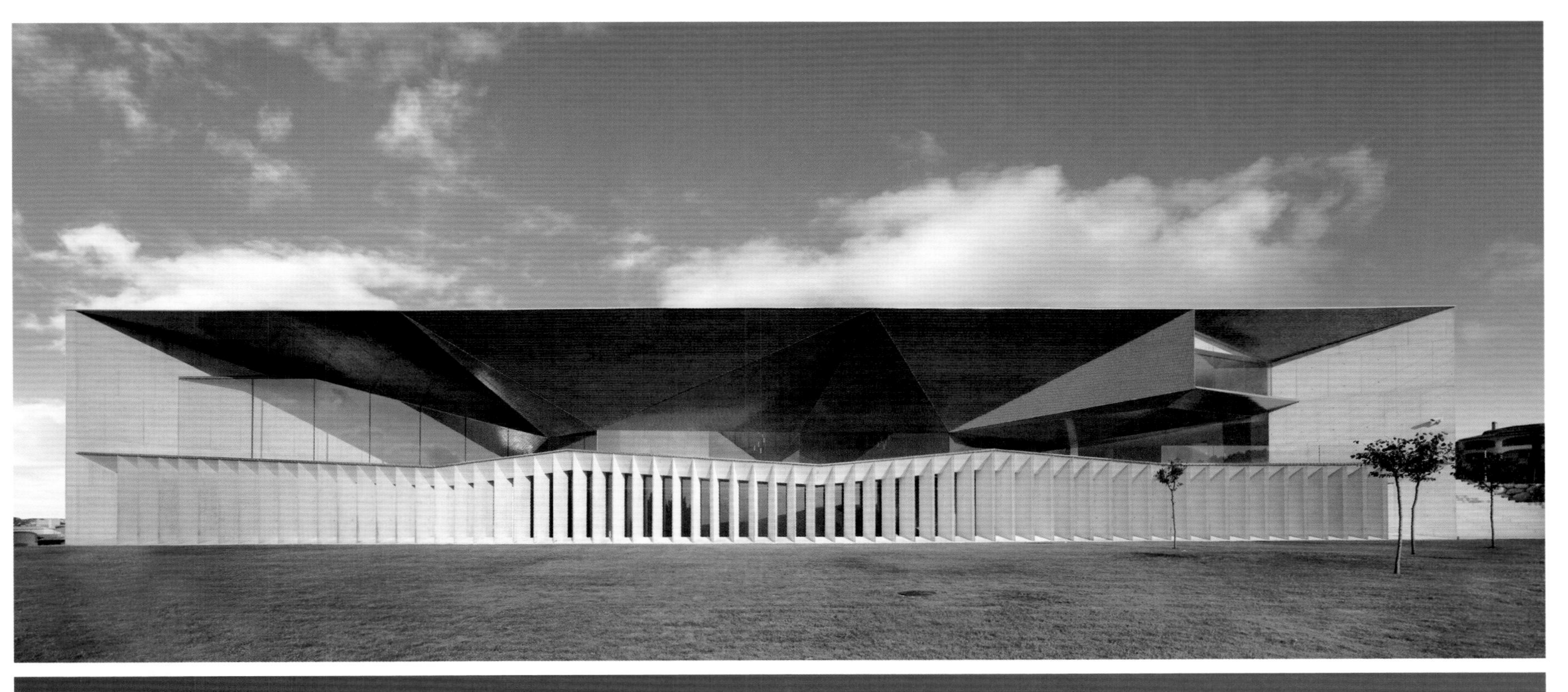

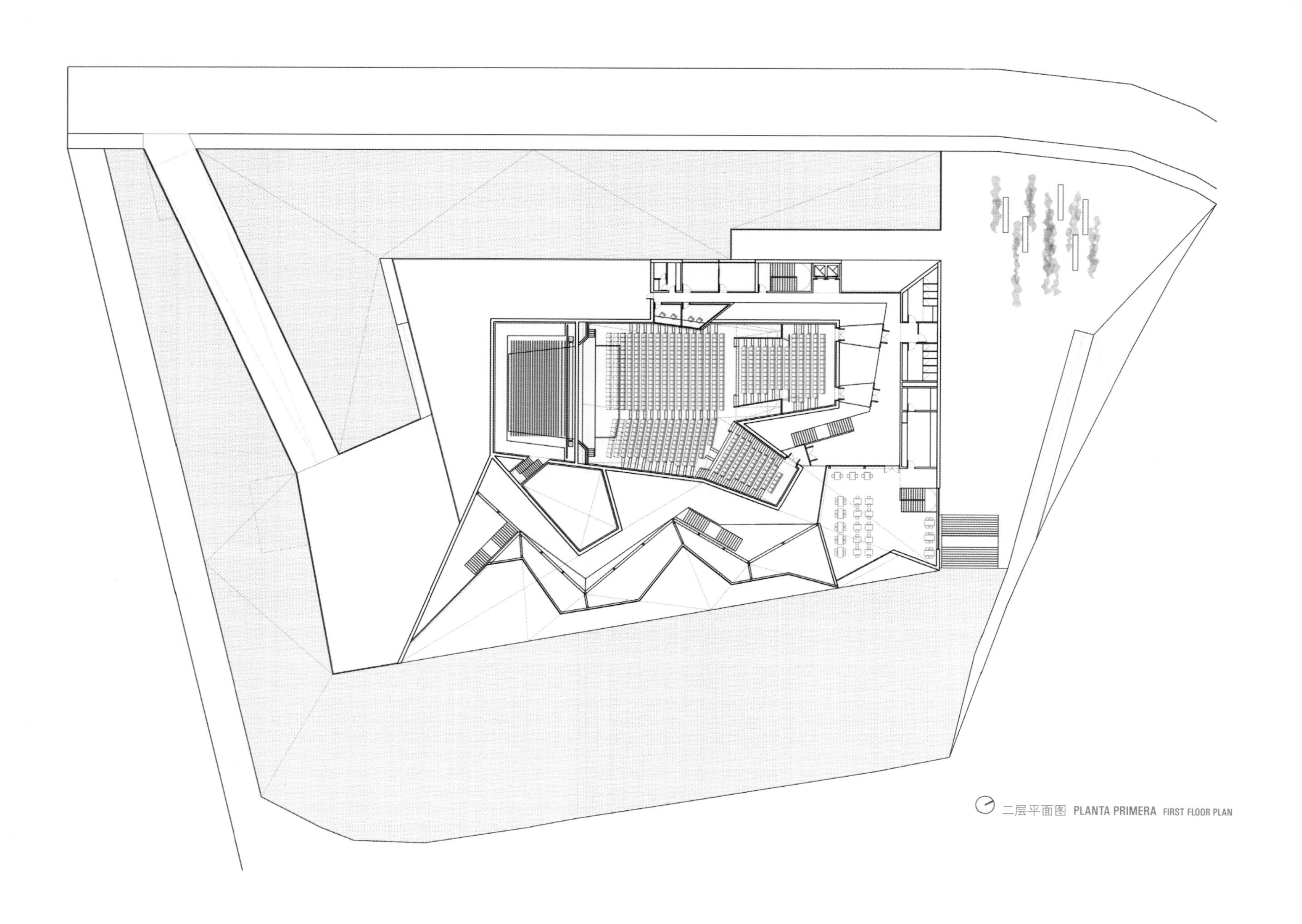

二层平面图 PLANTA PRIMERA FIRST FLOOR PLAN

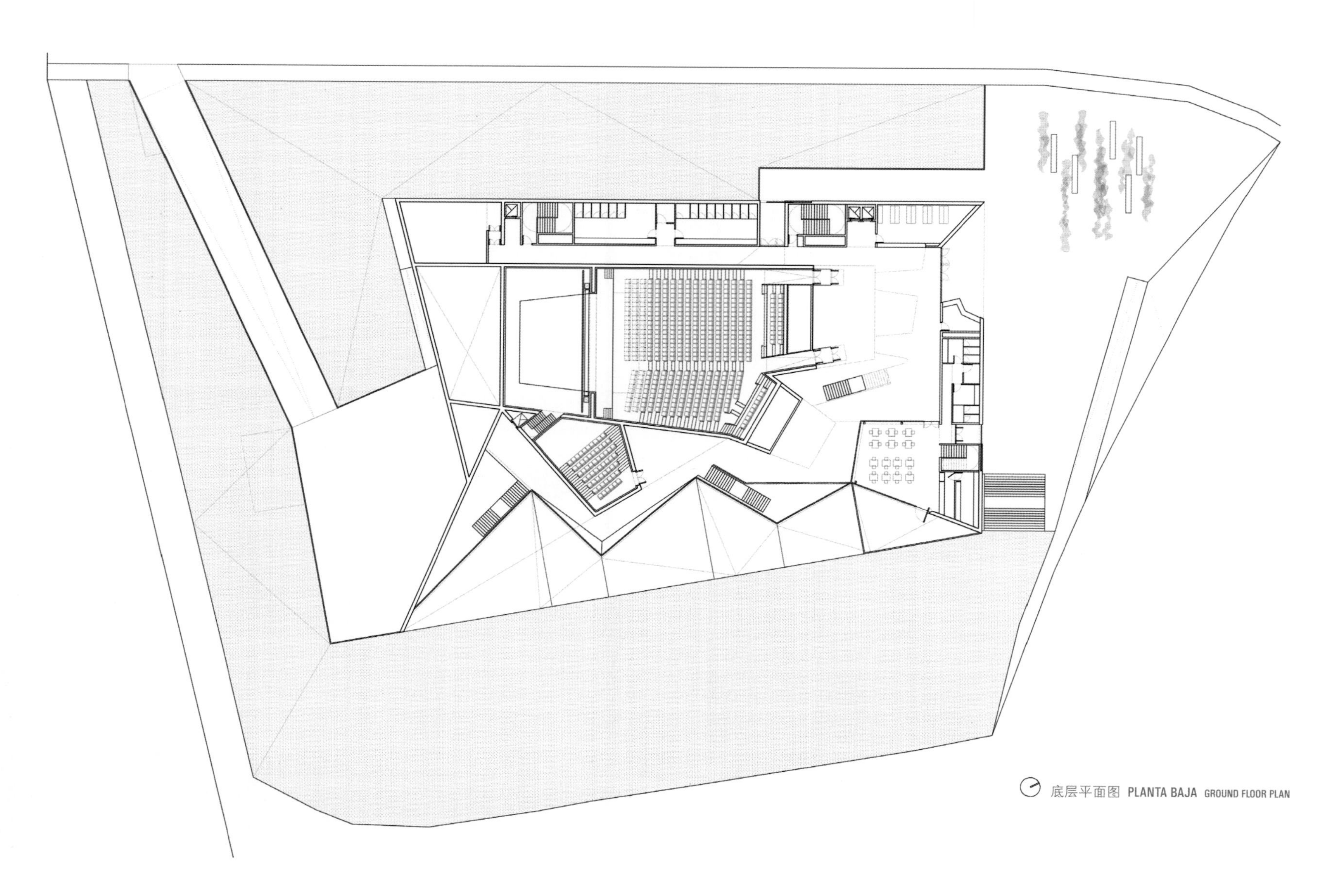

底层平面图 PLANTA BAJA GROUND FLOOR PLAN

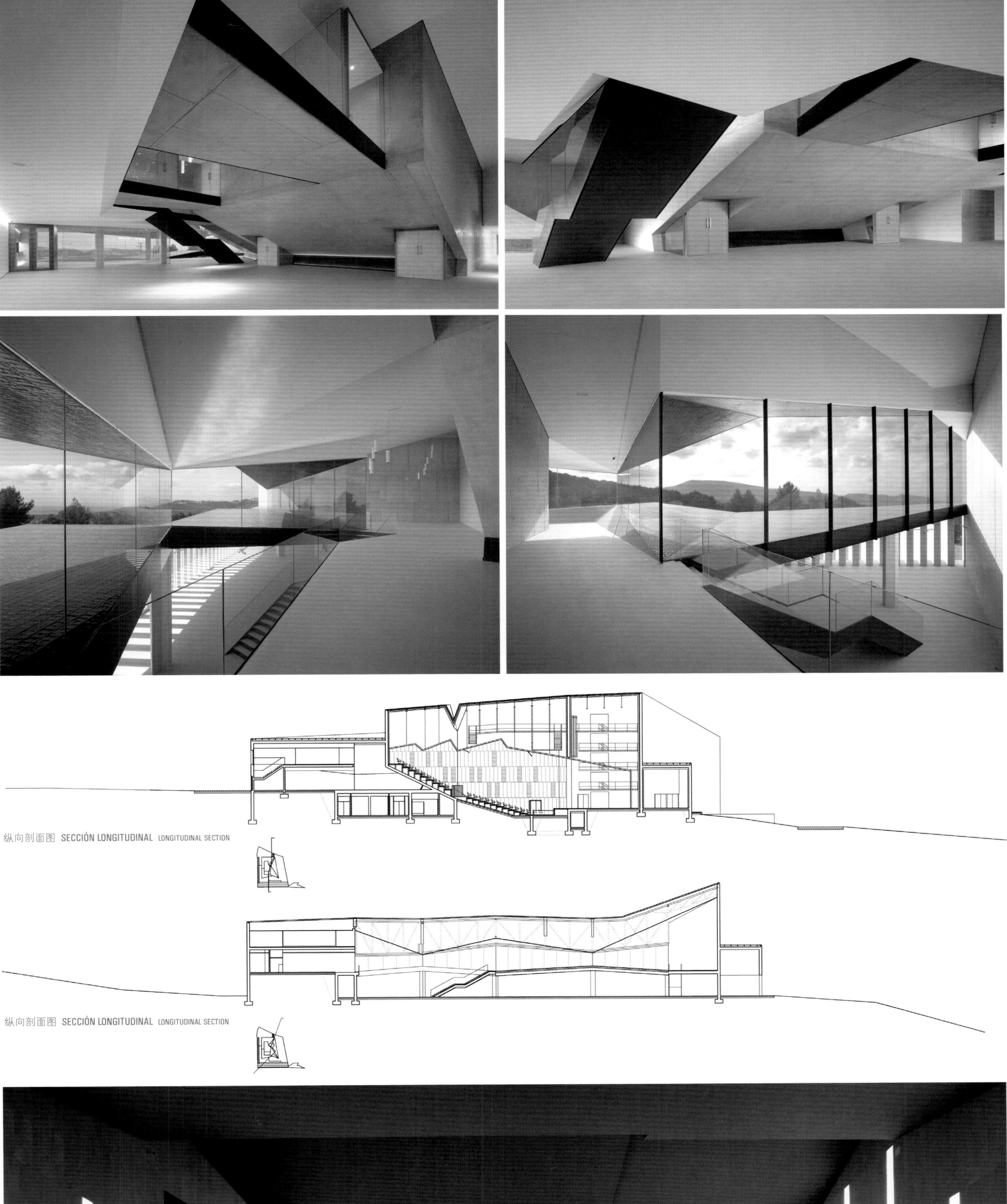

纵向剖面图 SECCIÓN LONGITUDINAL LONGITUDINAL SECTION

纵向剖面图 SECCIÓN LONGITUDINAL LONGITUDINAL SECTION

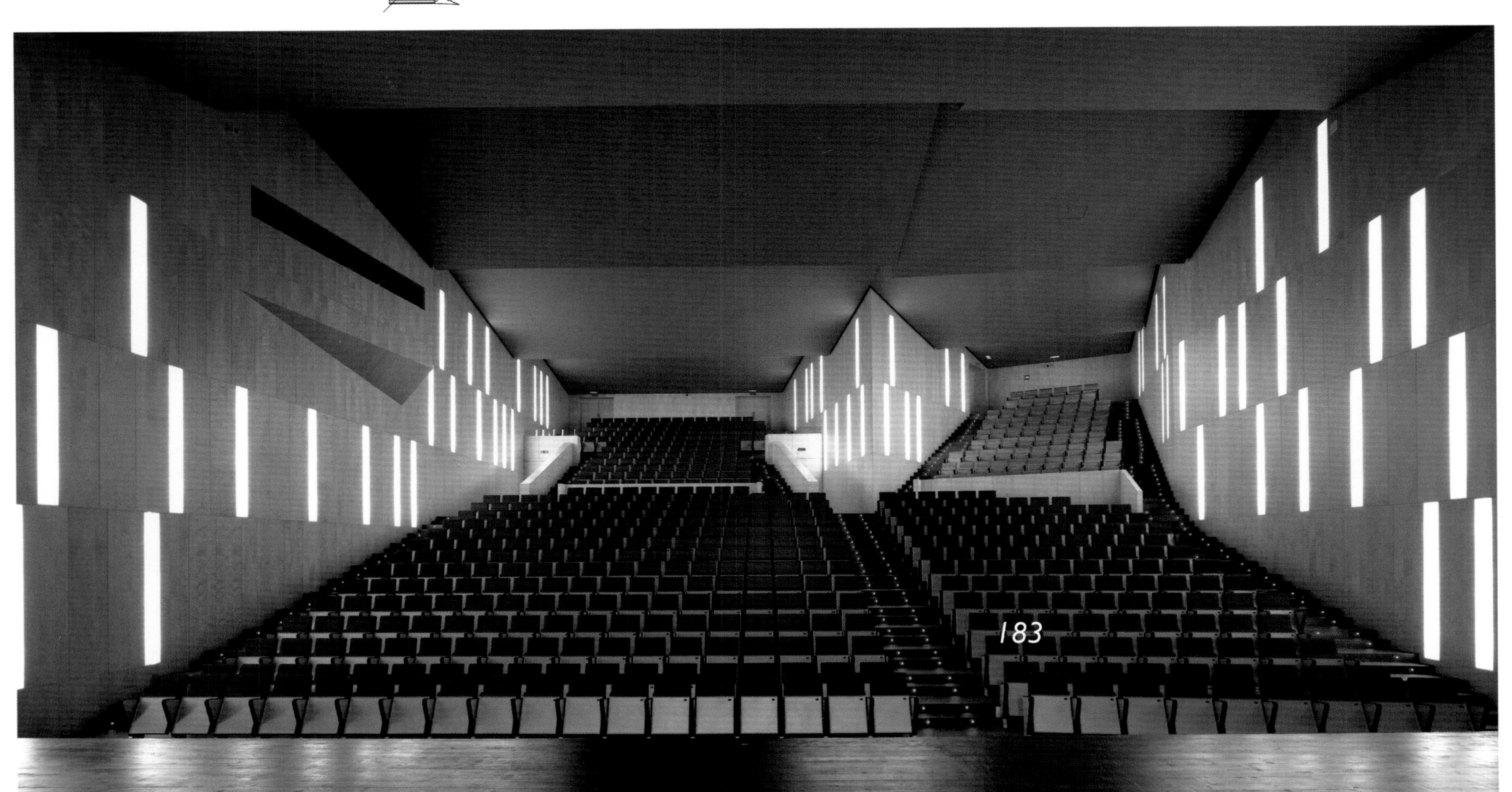

阿维拉市政会展中心
Centro Municipal de Exposiciones y Congresos de Ávila
Municipal Exhibition and Congress Center of Ávila

项目状态 **estado del proyecto** **project status:** 2009建成 terminado completed
地点 **situación** **location:** 阿维拉·西班牙 Ávila · Spain

区块位置 PLANO DE SITUACIÓN SITE PLAN

阿维拉是个建筑密集的城市。该城以城墙为界，城中街道蜿蜒向前，街道的每个角落、每幢建筑、每个风景，均凸显了这个特点。但是，有一种密度更直觉化，与土壤特性有关：天然的岩石外形紧密，融入布满花岗岩的绝妙风景之中，而这些岩石以其特质最终被选为建筑城墙的材料。阿维拉城便是粗糙环境作用下的一块大岩石。

市政会展中心在城墙的边缘开辟出一片平坦的区域或广场，旨在将其打造成一个能承办各种活动的场所。因为与河相邻，这片平坦的区域顺应下坡的地势呈现多面褶皱。该项目根据地形特征将空间打造为两种不同的几何形状：长方形空间涵盖礼堂和大厅，而陡而不平的区域则设为展区。

Ávila resulta ser una ciudad intensa y densa. La lectura de su planta, centrada y acotada por la tersa factura de su muralla, confirma esta visión. Cada esquina de este interior acotado, cada edificio, cada visión sesgada que resulta del trazado sinuoso de sus calles también lo ilustran. Existe sin embargo otra densidad, más intuitiva, que tiene que ver con el suelo. Una densidad mineral, topográfica, que está presente en el magnífico paisaje jalonado por rocas de granito que luchan por emerger y que, finalmente, lo logran en el trazado artificial de las murallas. Todo Ávila es en realidad esta roca en medio del duro paisaje que la rodea.
Se propone una gran explanada o plaza, un lugar de encuentro al borde de las murallas, donde el centro municipal de Exposiciones y Congresos no se encuentre solo y se celebren actos de todo tipo. Esta explanada, según se va aproximando al río, se adapta con grandes pliegues poliédricos a la topografía más baja. En función de la topografía, el proyecto hace convivir dos geometrías diferentes. La parte más ortogonal y alargada contiene los auditorios y salas principales. La parte más topográfica, irregular y adaptada al suelo, alberga el área de exposiciones.

Ávila is a dense and intense city. Surrounded by walls which have served to delimit and control its growth, every corner, every building and every framed view that derives from the sinuous tracing of its streets comes to highlight this perception. However, there is another density, a more intuitive one, which has to do with the quality of the land itself: a topographical, mineral compactness whose presence is revealed in a superb landscape sprinkled by granite stones which struggle to emerge and finally manage to do so in the artificial form of city walls. Ávila itself is a rock amid the harsh landscape surrounding it.
The Municipal Congress and Exhibition Center is aimed at becoming a meeting place to celebrate different kinds of events, a leveled area or plaza at the edge of the walls. As it is near the river, this leveled area adjusts with polyhedric folds to the lowest parts of the plot. In accordance with the contours of the site, the project combines two different geometries: The most orthogonal and elongated space contains the auditoriums and main halls, while the most precipitous and uneven one contains the exhibition spaces.

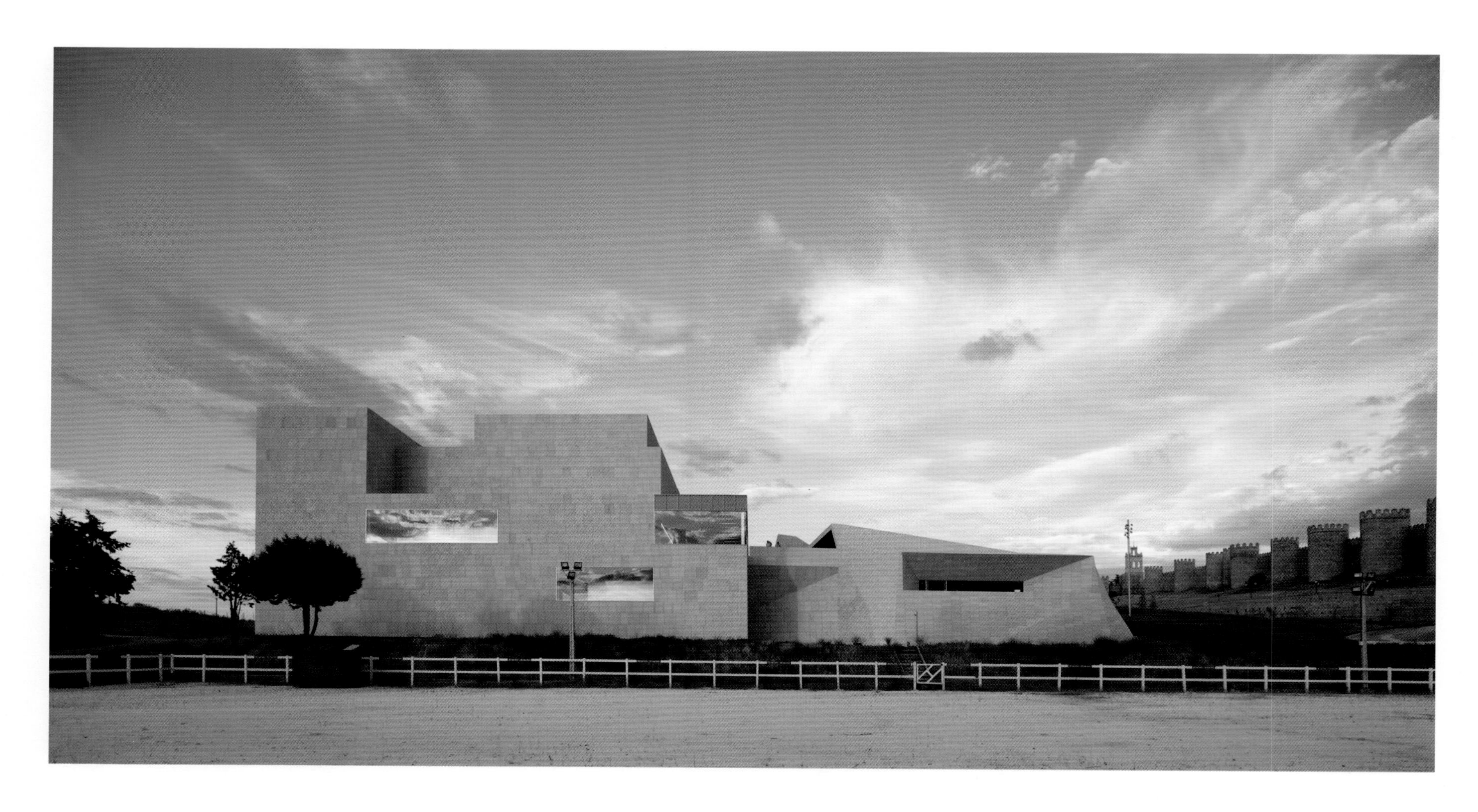

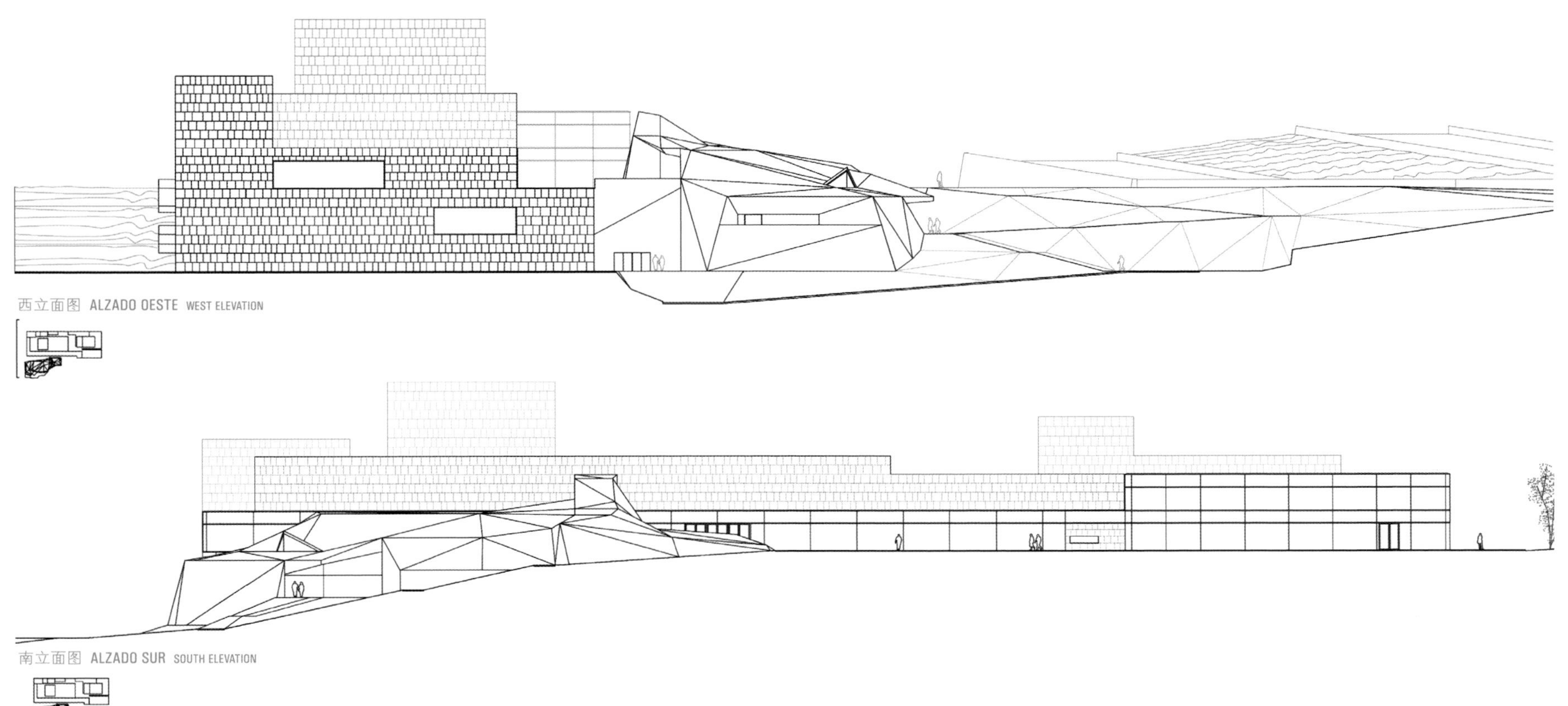

西立面图 ALZADO OESTE WEST ELEVATION

南立面图 ALZADO SUR SOUTH ELEVATION

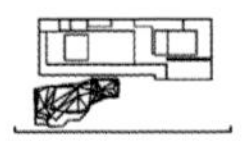

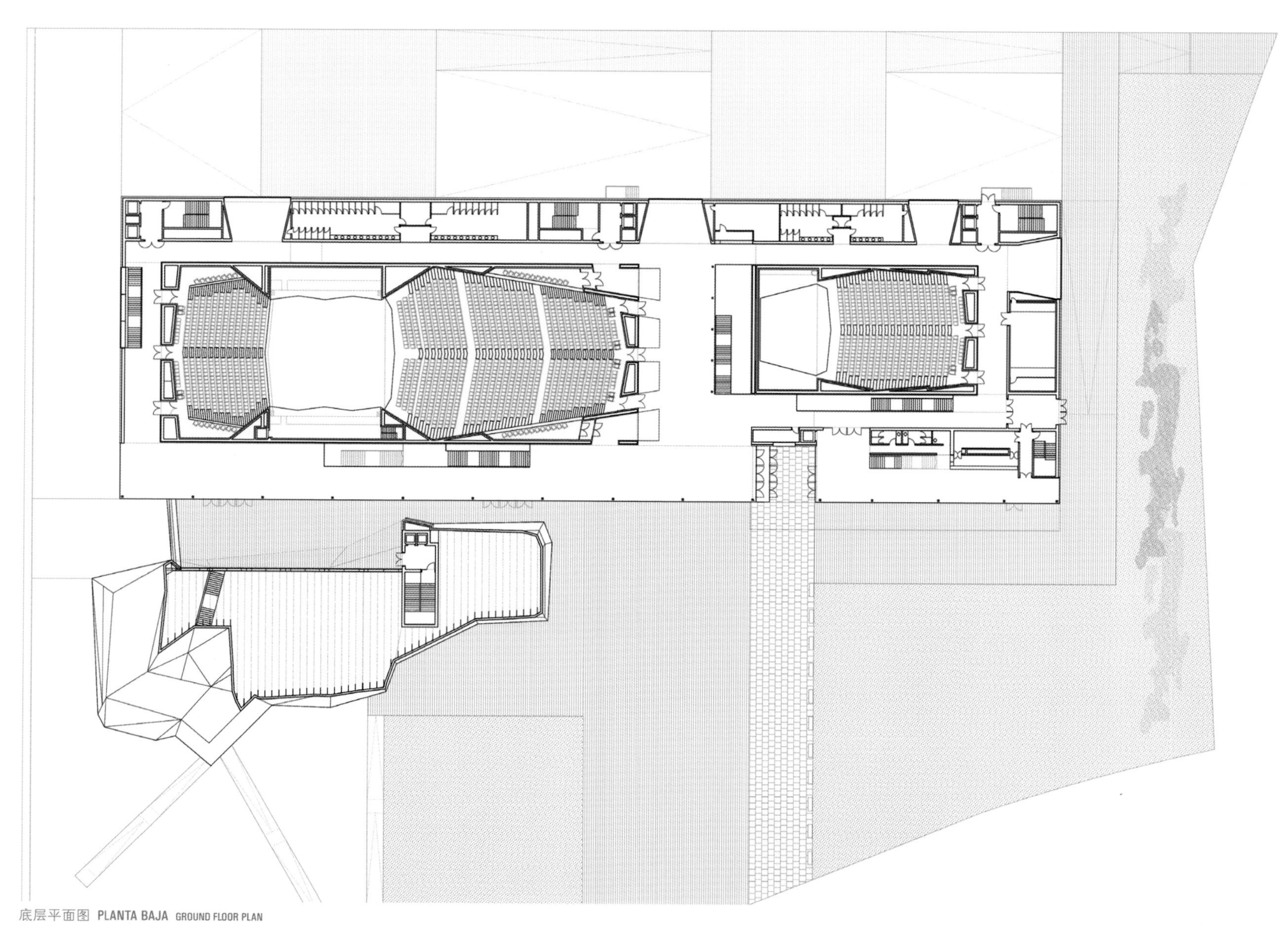

底层平面图 PLANTA BAJA GROUND FLOOR PLAN

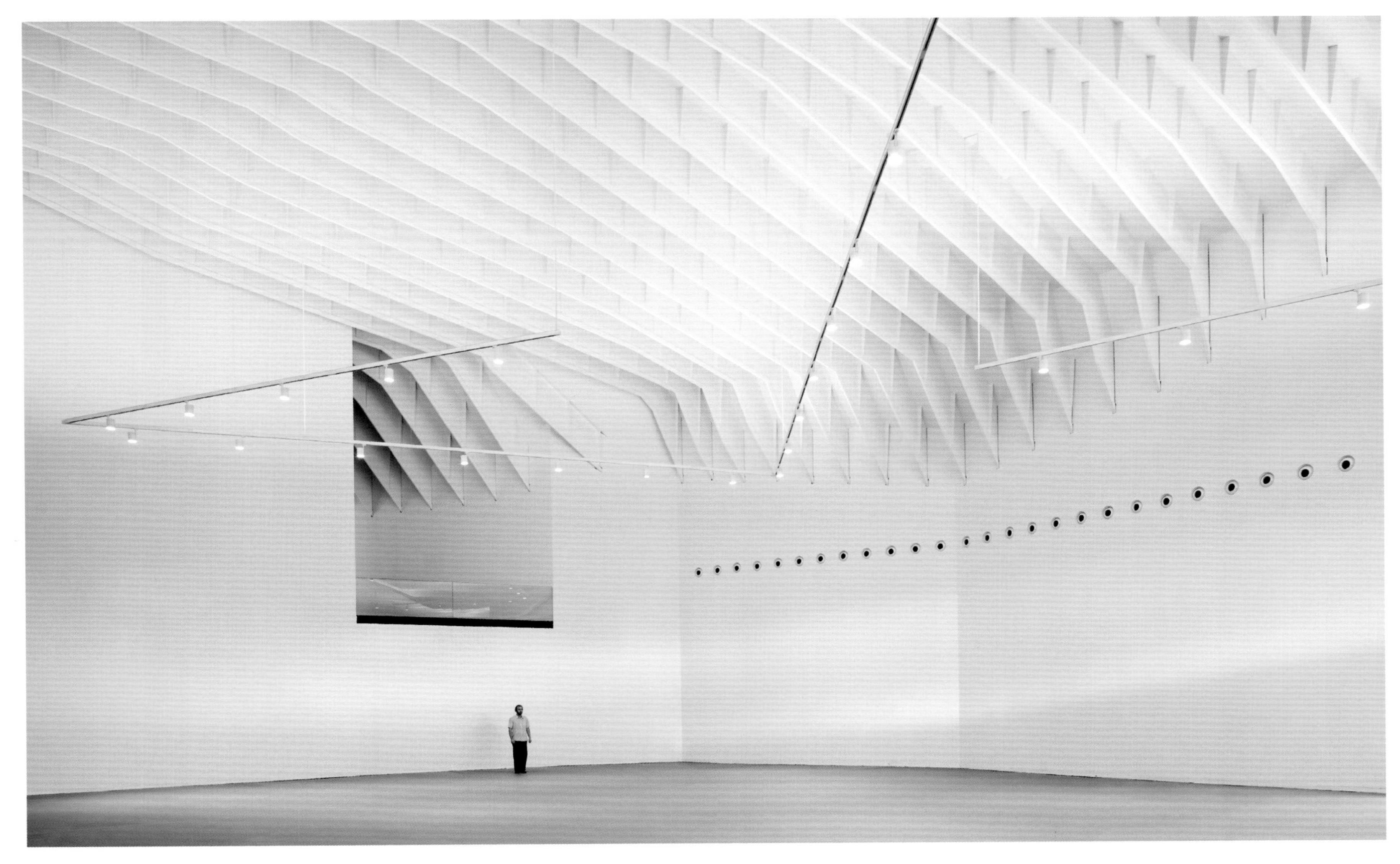

马略卡群岛会议中心和酒店
Palacio de Congresos y Hotel en Palma de Mallorca
Congress Center and Hotel in Palma de Mallorca

项目状态 estado del proyecto project status:
在建 en construcción under construction
地点 situación location: 马略卡群岛 · 西班牙 Palma de Mallorca · Spain

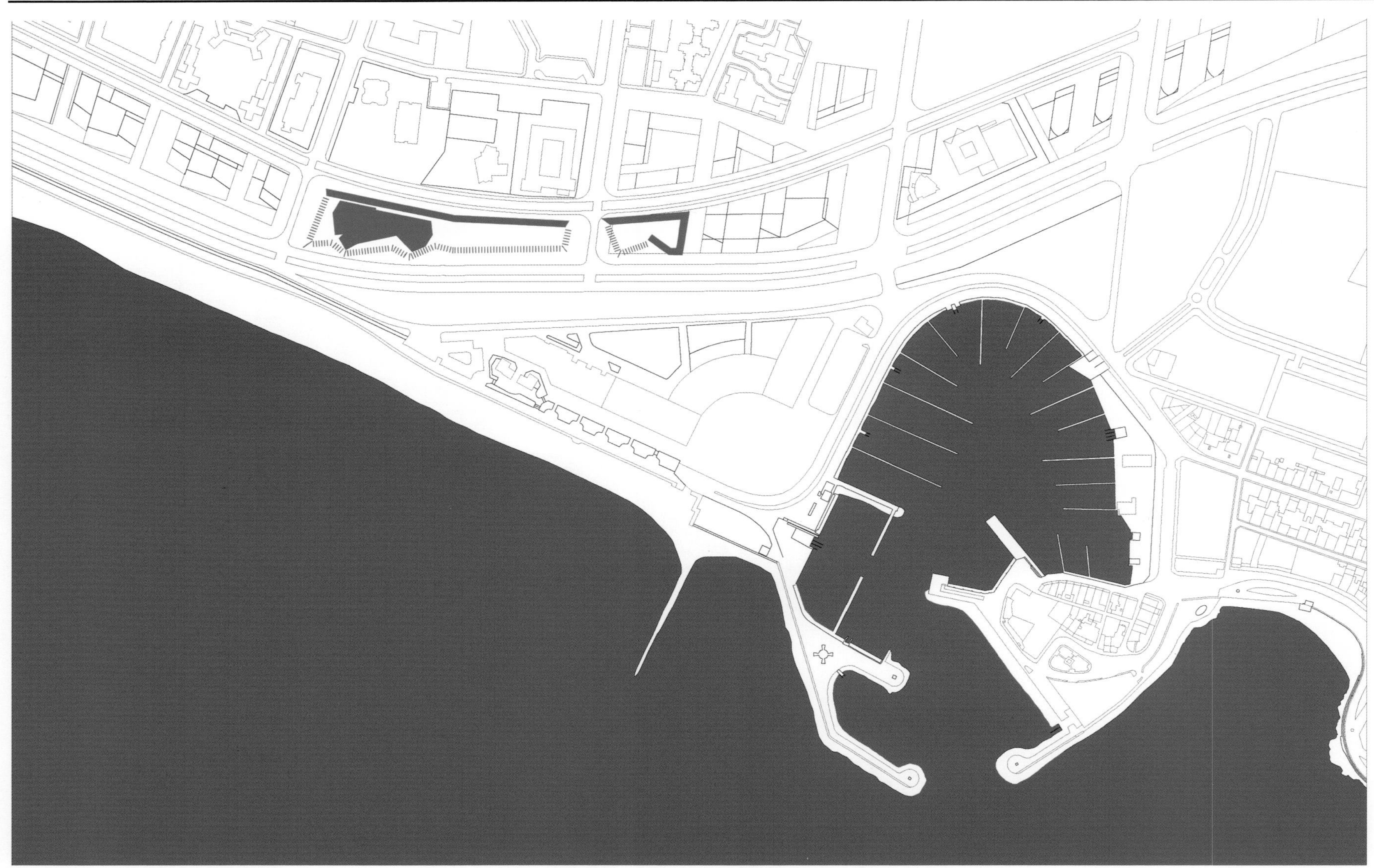
区块位置 PLANO DE SITUACIÓN SITE PLAN

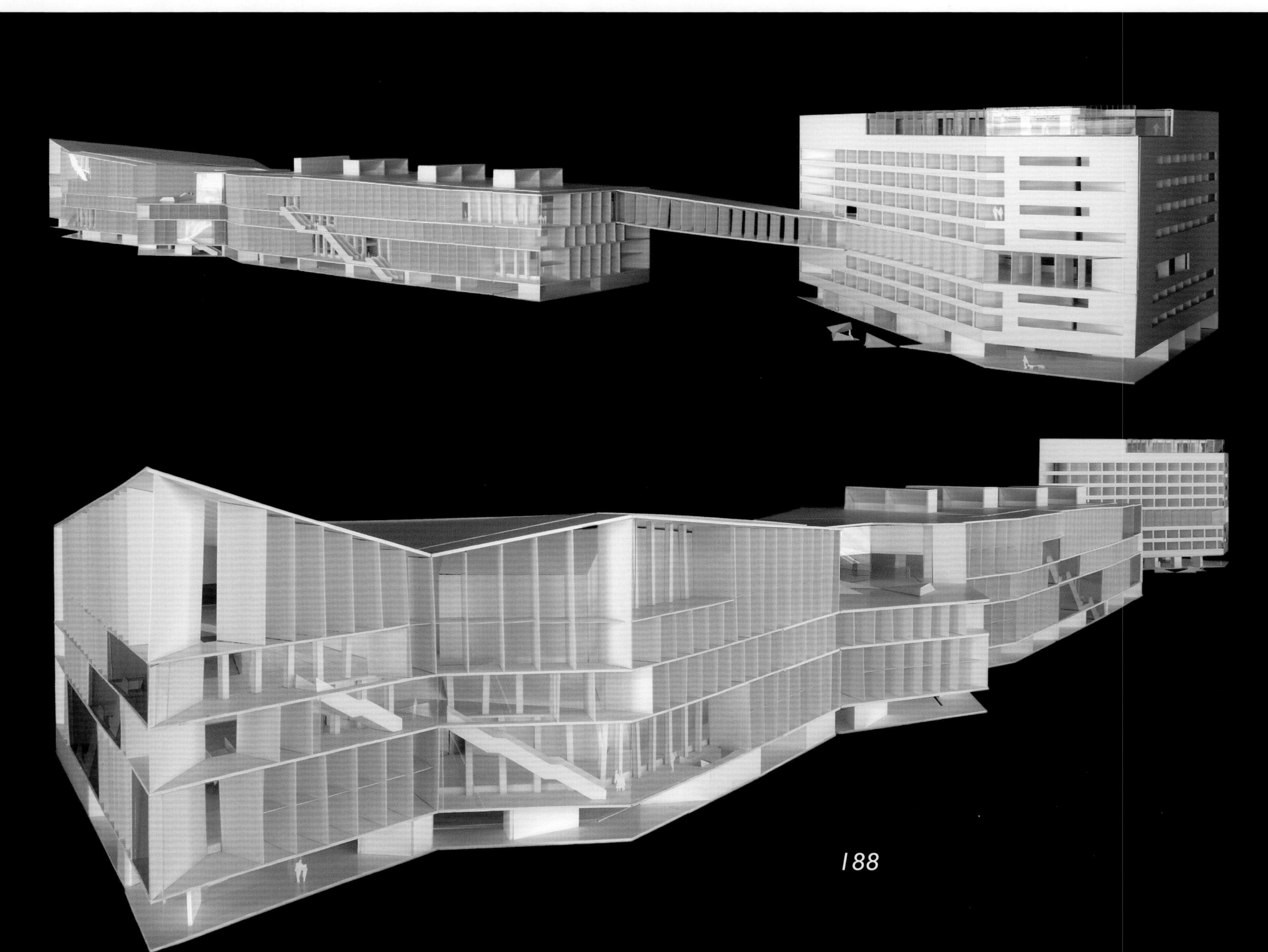

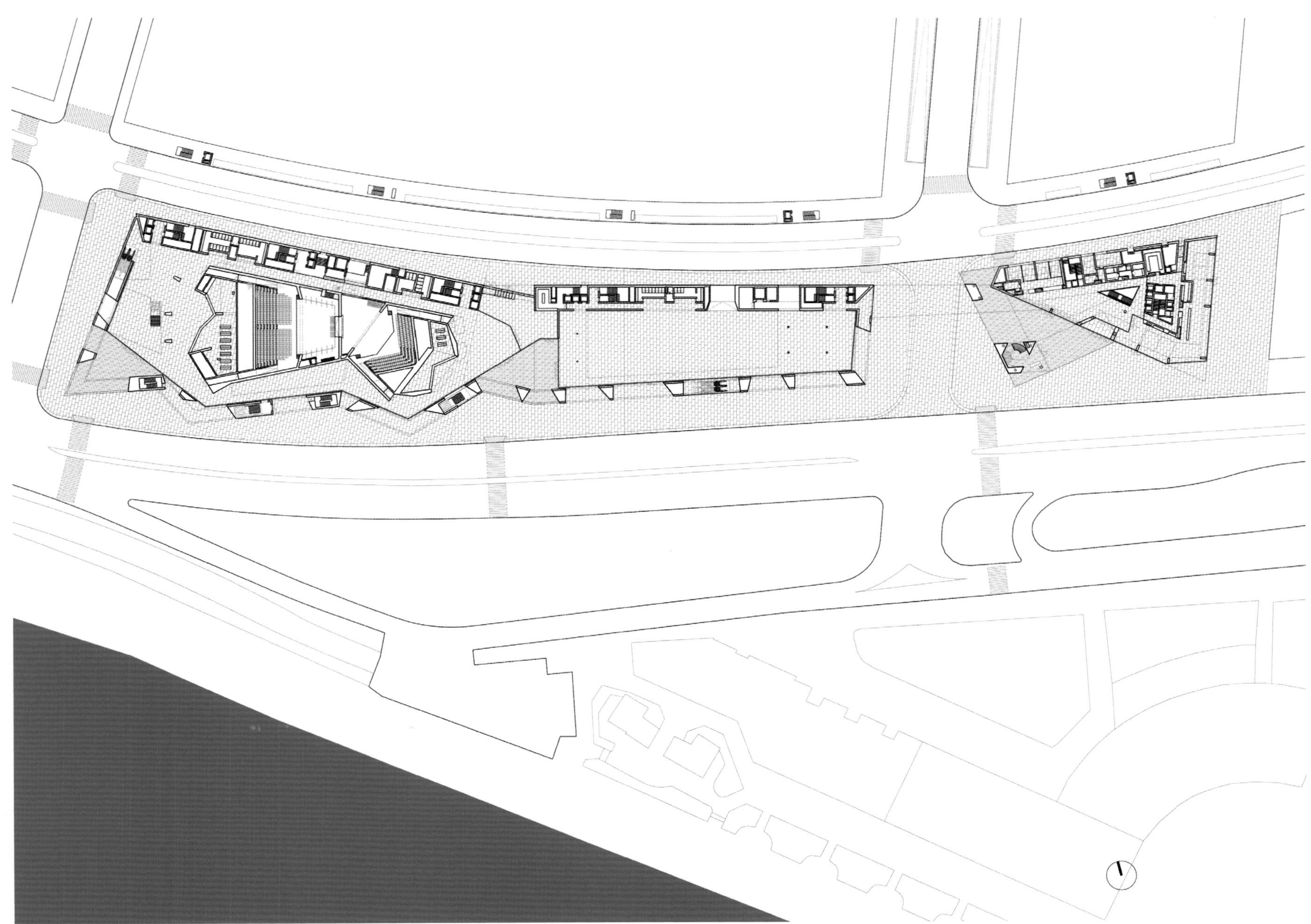

底层平面图 PLANTA BAJA GROUND FLOOR PLAN

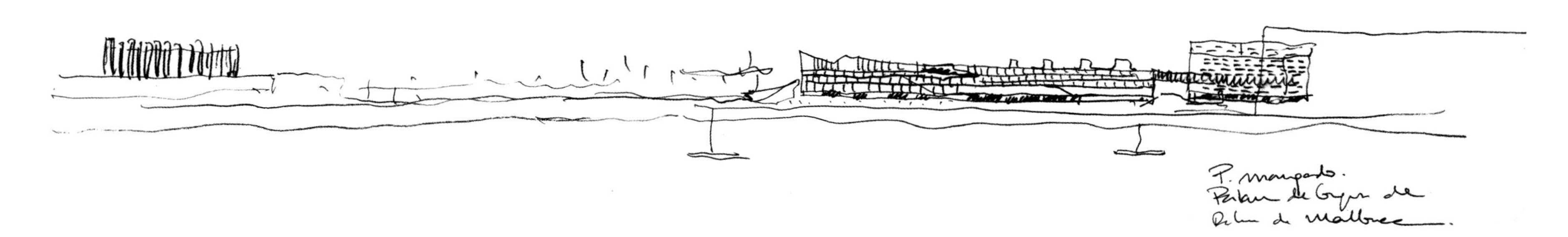

　　这块狭长而不规则的区域形成了近350米长的海滨区，意在突出巨大的城市边界区必须建设一个包含综合体和多样化建筑的主体项目。建筑临海而建，其立面较厚——5米宽，采用海军工程技术构造——能遮挡阳光直射，同时还包含阶梯以及其他连接不同空间和功能区域的部分。拾级而上，你可以透过巨大的窗玻璃观赏海景。这个外立面就像一堵有通道穿过的密实而敞开的城墙，此般厚度让人无法辨清那些难以定义的空间到底是位于室内还是室外，如同散步长廊一样易使人混淆。因此，这个带状的建筑具有双重含义：就功能定位而言，南面属公共空间，北面属私人空间。

La geometría irregular de la parcela, estrecha y extremadamente alargada, formando un frente marítimo de casi 350 mts. nos refiere más a una idea de límite urbano de grandes dimensiones que ha de albergar un proyecto significativo con un programa complejo y diverso. La propuesta mira al mar, y esta mirada se resume en una fachada gruesa, de cinco metros de anchura, construida recurriendo a técnicas de ingeniería naval que, además de evitar el soleamiento directo desde el sur, alberga las escaleras y comunicaciones que unen los diferentes espacios y programas. Cuando alguien asciende por estas escaleras ve el mar a través de unas grandes pantallas de vidrio. Esta fachada es como una muralla con recorrido, densa pero también abierta que, en su espesor, a través de espacios ambiguos que no acaban de ser interior o exterior, se confunde con el paseo mismo. Se conforma un doble esquema en peine, público al sur, privado al norte, eficaz en términos funcionales.

The irregular geometry of the narrow and elongated lot, forming a seafront of nearly 350 meters long, refers more to the idea of an urban boundary of huge dimensions that must accommodate a major project with a complex and diverse program. The building looks toward the sea, and this seaward looking is summed up in a thick façade – five meters wide and erected with techniques of naval engineering – that besides keeping out direct sunlight contains the stairs and other elements connecting the different spaces and programs. As you go up the stairs, you will see the sea through huge glass panes. This façade is like a town wall with a path, dense but also open, and in its thickness, through ambiguous spaces that cannot definitively be considered interior or exterior, it is confused with the promenade itself. The result is a comb-shaped double scheme: in functional terms, public to the south and private to the north.

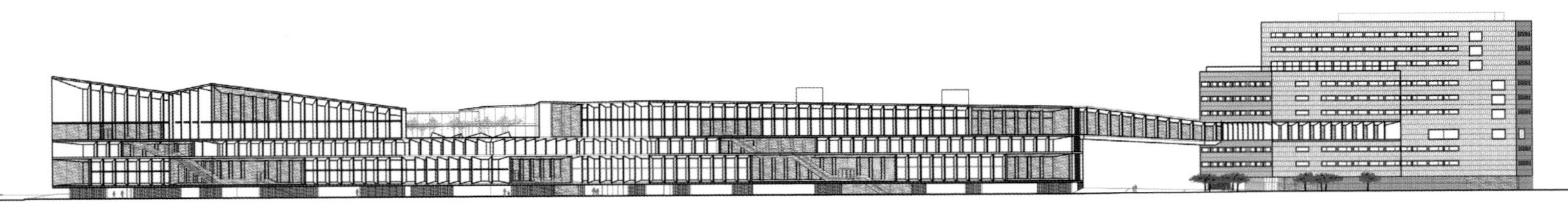

南立面图 ALZADO SUR SOUTH ELEVATION

办公楼
Oficinas
Offices

纳瓦拉大学办公楼
Oficinas para la Universidad de Navarra
Offices for the University of Navarra

建筑 / arquitectura / architecture: Mangado y Asociados, S.L. Francisco Mangado
奖项 / premio / award:
2004年FAD 奖。入选项目
FAD Prizes 2004. selected project
摄影师 / fotógrafo / photographer: Roland Halbe

Gamesa Eólica公司办公楼
Edificio de Oficinas de Gamesa Eólica
Office Building for Gamesa Eólica

建筑 / arquitectura / architecture: Ignacio Olite, Idoia Alonso Barberena, Willem van de Putte.
结构工程 / estructuras / structural engineering: NB 35 SL
安装工程 / ingeniería instalaciones / installations engineering: Iturralde y Sagüés Ingenieros.
摄影师 / fotógrafo / photographer: Pedro Pegenaute

新科技培训中心
Centro de Formación de Nuevas Tecnologías
New Technologies Training Center

建筑 / arquitectura / architecture: Ignacio Olite, Idoia Alonso, Francesca Fiorelli, Arina Keysers, Ibón Vicinay
结构工程 / estructuras / structural engineering: NB 35 SL
安装工程 / ingeniería instalaciones / installation engineering: Obradoiro Enxeñeiros
奖项 / premio / award:
2008年西班牙镀锌技术协会奖(ATEG)二等奖
Second Prize ATEG Galvanización 2008.
摄影师 / fotógrafo / photographer: Roland Halbe

Norvento新总部办公楼(卢戈)
Edificio de la Nueva Sede de Norvento. Lugo
Norvento New Headquarters. Lugo

建筑 / arquitectura / architecture: José Gastaldo, Luis Alves, Eduardo Ruiz, Angel Martínez, Cristina Gonzalez, Enrique Zarzo arqs. Scott Betz.
结构工程 / estructuras / structural engineering: IDI Ingenieros
安装工程 / ingeniería instalaciones / installation engineering: Norvento
奖项 / premio / award:
限制级比赛一等奖
First prize restricted competition

萨莫拉科技圆顶大楼
Cúpula de la Tecnología de Zamora
Technology Dome of Zamora

建筑 / arquitectura / architecture: Francisco Mangado + Juan Herreros
合作 (c) MANGADO Y ASOCIADOS, SL: Jose Gastaldo, Alessandro Faiella, Stefanie Flores, Petra Bartosova, Sonia Alves, Karl Gleason.
UTE JUAN HERREROS ARQUITECTOS, SLP: Jens Richter, Víctor Lacima Ramón Bermúdez, Airam González, Abraham Piñate.
安装工程 / ingeniería instalaciones / installation engineering: César Martín Gómez
奖项 / premio / award:
First prize competition
限制级比赛一等奖

纳瓦拉大学办公楼（ACU全国学生联合会）
Oficinas para la Universidad de Navarra. Acunsa
Offices for the University of Navarra. Acunsa

项目状态 estado del proyecto project status: 2003建成 terminado completed
地点 situación location: 纳瓦拉 · 西班牙 Navarra · Spain

区块位置 PLANO DE SITUACIÓN SITE PLAN

项目选址位于纳瓦拉大学附属医院前，是整个校园的地势最高点，朝南而建，对面是车水马龙的马路。建成后，从这里几乎可以看到整个综合楼。项目涉及三个独立院系。根据规划建筑面积，线性建筑是较为合适的定位。三个院系在建筑内部形成独立的建筑体量，由通道和信息区双倍高度的景观区相连。建筑正面采用玻璃幕墙，通过赋予围墙一定"形体"的木质结构来凸显其"重要性"，木质结构的正面配有一层玻璃，形成温控空间，可有效降低来自马路的噪音和南立面的日照温度。本项目致力于打造能体现纳瓦拉大学的"现代性"和"高效性"价值的典型建筑。

El proyecto se ubica delante del Hospital Universitario de la Universidad de Navarra, separado por una calle con mucho tráfico y en un área elevada del resto del campus, que mira hacia el sur. Desde este punto uno puede ver todo el complejo. El programa incluye oficinas para distintos departamentos que forma parte de la Universidad pero que funcionan de forma autónoma, y atienden frecuentes visitas de estudiantes y de gente no conectada a la Universidad. El tamaño de la parcela fomentó el diseño de un edificio lineal. En el interior, los tres departamentos se estructuran como volúmenes independientes articulados por espacios paisajísticos de doble altura que configuran el acceso y áreas de información. La fachada es de vidrio, con la intención de tener cierta materialidad con la construcción de un marco de madera que confiere al cerramiento algo de cuerpo. Para reducir el ruido de las calles circundantes y reducir el calor de la fachada sur, la fachada de madera se cubre con vidrio generando un espacio que controla la temperatura. El resultado es un edificio racional que representa los valores de la "modernidad" y la "eficiencia" que la Universidad pretende.

The project is located in front of the University Hospital of the University of Navarra, separated by a road with a lot of traffic and in an area that is elevated with respect to the remaining campus, which looks southwards. From this spot one can see almost the entire complex. The program includes offices for three different departments that are part of the University but function autonomously, and that attend frequent visits from students but also from people not connected to the University. The size of the plot encouraged to design a linear building. In the interior, the three departments are structured as independently built "volumes" articulated by double-height landscaped spaces that perform as access and information areas. The facade is glazed, but it tries to gather certain "materiality" with the construction of a wooden framework that gives the enclosure a certain "body". To muffle the noise from the nearby road and reduce the level of warming of the south facade, the wooden facade is covered with glass, thus generating a space that helps to control temperature. The desired result is a rational building representative of the values of "modernity" and "efficiency" that the University stands for.

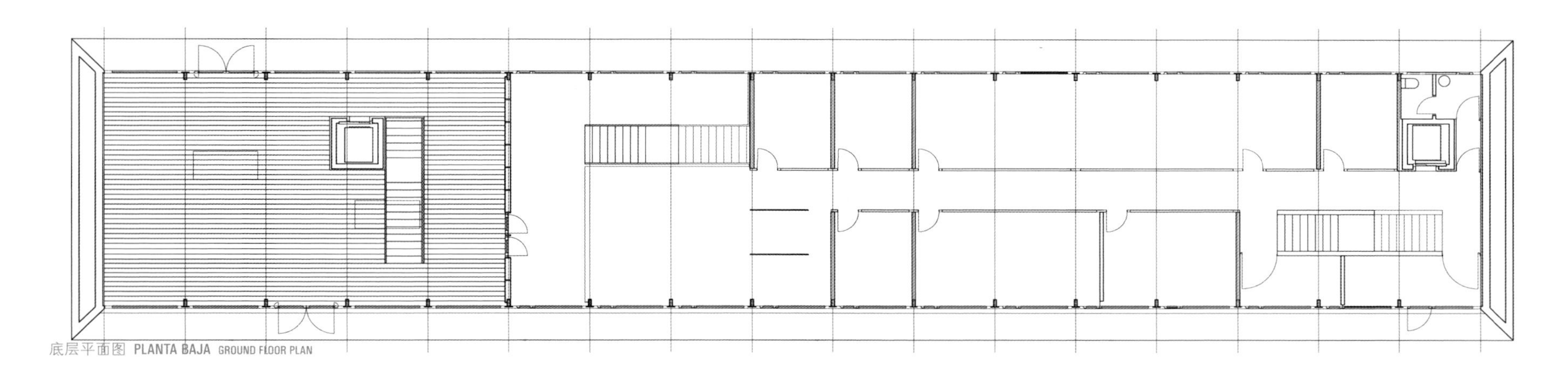

底层平面图 PLANTA BAJA GROUND FLOOR PLAN

Gamesa Eólica公司办公楼
Edificio de Oficinas de Gamesa Eólica
Office Building for Gamesa Eólica

项目状态 estado del proyecto project status: 2007建成 terminado completed
地点 situación location: 萨里古伦，纳瓦拉 · 西班牙 Sarriguren, Navarra · Spain

区块位置 PLANO DE SITUACIÓN SITE PLAN

办公楼(此处指研究大楼)设计中的一个常见问题在于如何以直观的方式连通工作区和外部环境。该项目旨在确保办公楼(内部使用人员)能“意识到”其所矗立的具体“位置”——一个风景如画的地方。在建筑中感受自然，同时主动去迎接自然。让体量物质化，使建成后的大楼类似“挖掘了的矿物”。其外围界线清晰，与独特而断断续续的内部空间形成鲜明的对比。大楼的建造因其几何形状而采用玻璃表面，在室内用一个钢铁网状结构支撑，在光线中呈现反光和矿物的质感，以凸显“矿物建筑”的设计理念。

El problema de un edificio de oficinas, de investigación, como el que nos ocupa, es en general, cómo relacionarse visualmente, desde el puesto de trabajo, con el exterior. El objetivo del proyecto es garantizar que el edificio (sus usuarios desde el interior), sea consciente de que se ubica en un “sitio” específico, con fantásticas vistas. El paisaje se introduce en un edificio que, a su vez, se abre voluntariamente. El edificio se materializa y construye como un “mineral excavado”. El perímetro exterior, claro y delimitado, contrasta con el interior más quebrado y sorprendente. Tanto la geometría del edificio como los vidrios que se utilizan en su construcción, laminados con una malla de acero inoxidable en su interior, capaz de producir reflejos y texturas minerales con la incidencia de la luz, abundan en esta idea de la “mineralidad de la pieza”.

The problem of an office building, for research in this case, is generally how to relate visually, from the workstation, with the exterior. The objective of the project is to guarantee that the building (its users from the interior), is “aware” of the specific “place” where it rises, an area with fantastic views. The landscape makes its way into the building which, at the same time, opens up voluntarily. The volume is materialized and built as an “excavated mineral”. The exterior perimeter, clear and delimited, contrasts with the interior one, broken and surprising. As much the geometry of the building as the glass surfaces used for its construction, laminated in their interior with a steel mesh, able to create reflections and mineral textures in contact with light, stress this idea of “mineral piece”.

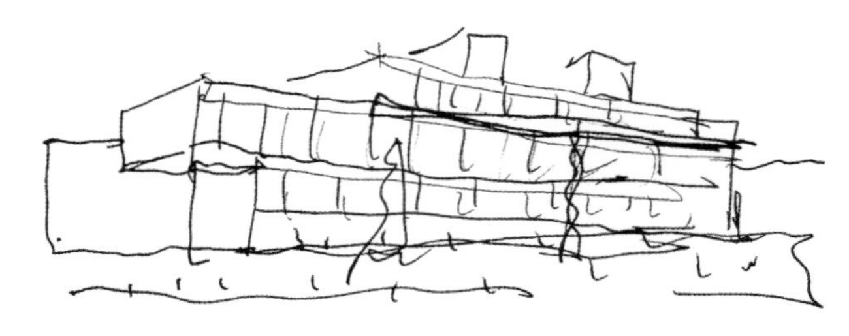

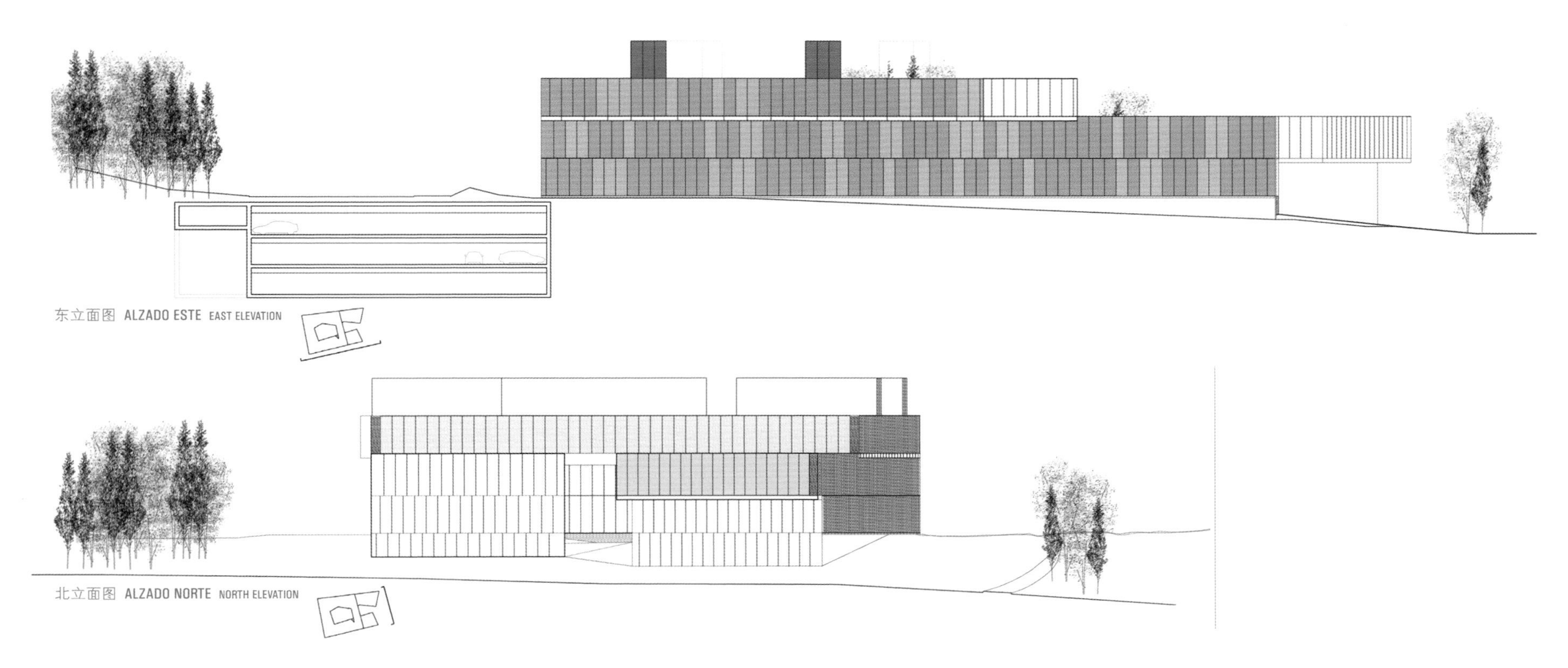

东立面图 ALZADO ESTE EAST ELEVATION

北立面图 ALZADO NORTE NORTH ELEVATION

新科技培训中心
Centro de Formación en Nuevas Tecnologías
New Technologies Training Center

项目状态 estado del proyecto project status: 2007年建成 terminado completed
地点 situación location: 圣地亚哥·德·孔波斯特拉，加利西亚·西班牙 Santiago de Compostela, Galicia · Spain

圣地亚哥·德·孔波斯特拉新科技培训中心基于两个重要的理念而设计。第一个理念源自其所处位置及其地形特征，第二个理念涉及效率意识。与这个项目有关的效率既指工程项目的推进速度，又指将要建成的建筑能长期顺应各种功能上的变更。项目包括两个平行结构，由一个大型玻璃天花板的庭院隔开。一处所处位置较高，显得密实而牢固；一处位于地势较低的朝南处，分成多个组合式单元，显得轻盈。

La propuesta para el proyecto de Centro de Nuevas Tecnologías en Santiago de Compostela, se basa en dos ideas fundamentales. La primera nace de la concepción del lugar y su proceso de adaptación topográfica. La segunda, de un sentido de lo eficaz. Eficacia que tiene que ver tanto con la premura con la que ha de ejecutarse el proyecto, como con el hecho, estrictamente funcional, de que el edificio resultante puede ser susceptible de una variación programática a lo largo de la vida del centro. El edificio se propone en dos piezas paralelas separadas por un gran patio acristalado. La primera, apoyada en el nivel más alto de la topografía, más denso y macizo, y la segunda, apoyada en el nivel más bajo del terreno y orientado al sur, ligero y modular.

The proposal for the Center for New Technologies of Santiago de Compostela is based on two essential ideas. The first one springs from the conception of the place and its process of topographic adaptation, and the second entails a sense of efficiency. Efficiency having to do in this case both with the speed in which the project must be executed and with the fact, strictly functional, that the resulting building may need to undergo variations in program over the years. The building is laid out in two parallel pieces separated by a large glazed courtyard. The first piece rests on the higher area of the site, more dense and solid, and the second piece goes up on the lower area of the terrain, oriented towards the south, light and modular.

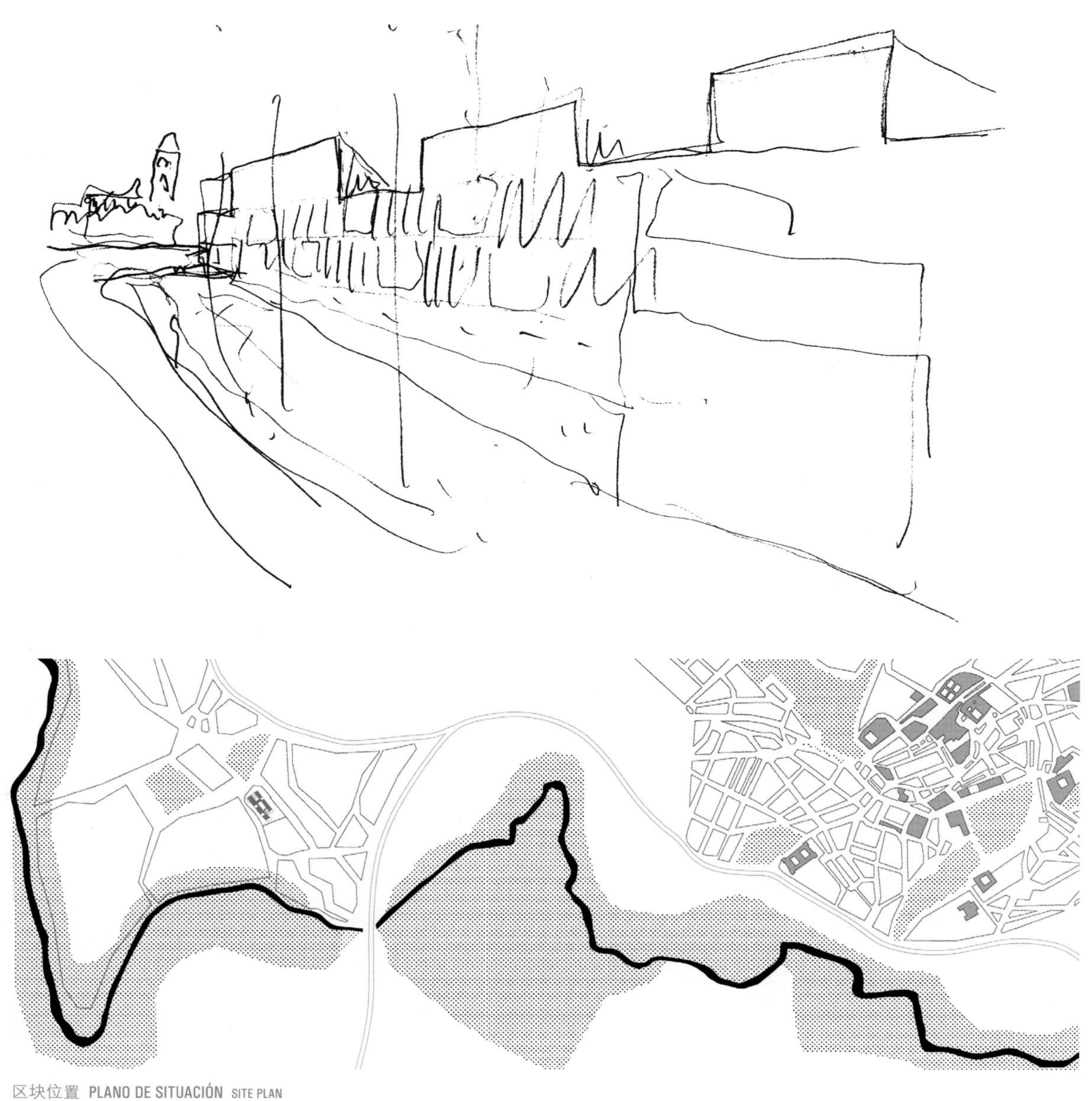

区块位置 PLANO DE SITUACIÓN SITE PLAN

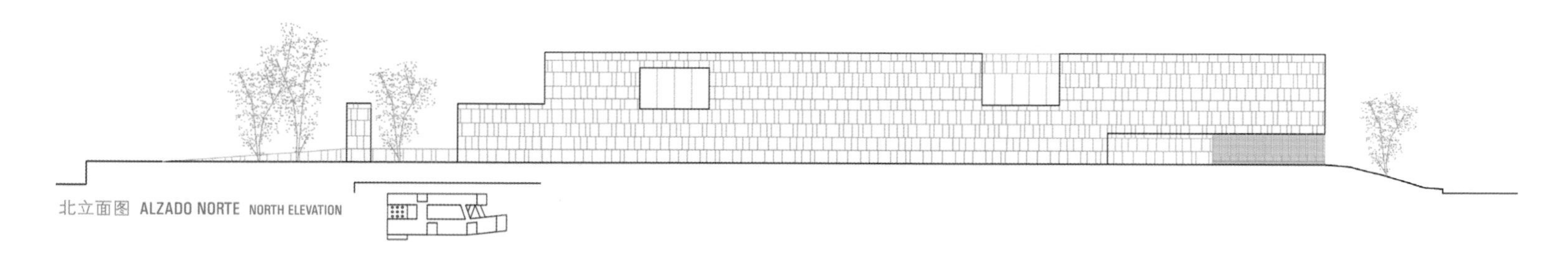

北立面图 ALZADO NORTE NORTH ELEVATION

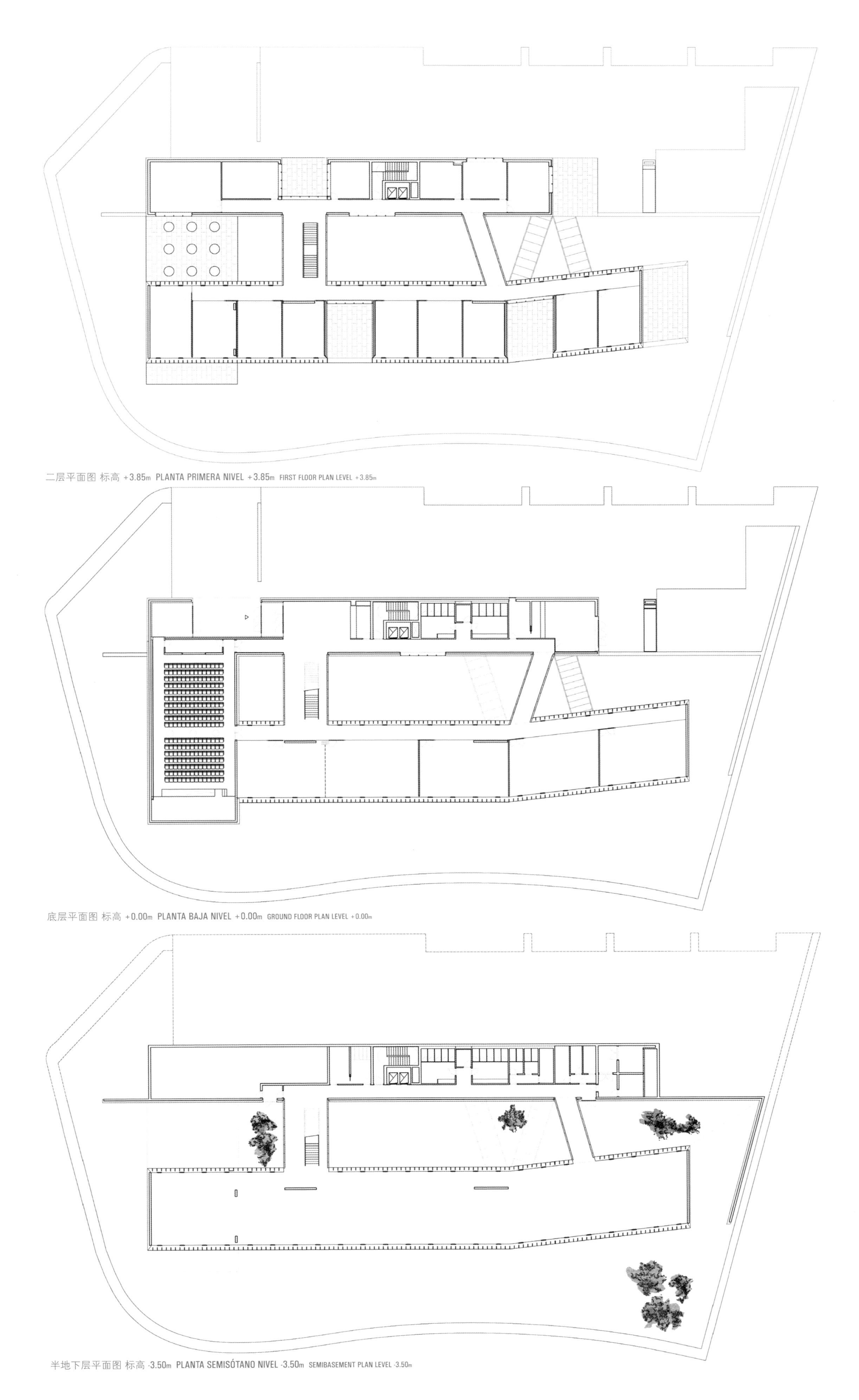

二层平面图 标高 +3.85m PLANTA PRIMERA NIVEL +3.85m FIRST FLOOR PLAN LEVEL +3.85m

底层平面图 标高 +0.00m PLANTA BAJA NIVEL +0.00m GROUND FLOOR PLAN LEVEL +0.00m

半地下层平面图 标高 -3.50m PLANTA SEMISÓTANO NIVEL -3.50m SEMIBASEMENT PLAN LEVEL -3.50m

Norvento新总部办公楼(卢戈)
Edificio de la Nueva Sede de Norvento. Lugo
Norvento New Headquarters. Lugo

项目状态 estado del proyecto project status: 设计中 en desarrollo under development
地点 situación location: 卢戈 · 西班牙 Lugo · Spain

这个设计可以有自身的特色，但不能忽视其属于一个叫Norvento的企业(实行集体责任制)。因此设计必须呈现鲜明的标识形象，让用户可以轻松辨别出它与常见的办公楼的不同之处。

该设计致力于呈现一栋结构简单的建筑，其简单性和逻辑性能使人略感欣慰，而不在于使用高档的材料或建成结构复杂的建筑。该设计试图说明和暗示要将其建成一栋静谧而不失魅力的建筑。为了吸引眼球？是的，不过是以一种优雅而含蓄的方式吸引。我们需要一个符合整个设计方案的项目，各个部门之间紧密而又独立，但彼此之间又不失必要的关联性。

Trabajar como si fueras autónomo pero conocedor a la vez de que formas parte de una empresa y una responsabilidad colectiva llamada Norvento. Diseñar una imagen claramente reconocible con la que identificarse, distinta de la que es habitual en los edificios de oficinas.
Buscar una arquitectura sencilla, tan sencilla y lógica que resulta sutil y emocionante. No se trata de utilizar materiales sofisticados, de crear arquitecturas complejas. Se trata de convencer, de sugerir, de hacer una arquitectura silenciosa pero muy, muy atractiva. ¿Llamar la atención? Sí, pero por la elegancia y discreción. Se necesita un proyecto que responda claramente a la claridad del programa propuesto. Donde cada departamento se identifique inmediato e independiente siendo sin embargo fácil la posibilidad de relación entre ellos.

To work as if you were autonomous, but knowing that you are part of an enterprise and a collective responsibility called Norvento, the design has to be a clearly recognizable image, one that the user can easily identify with – different from what is usual in office buildings.
The idea is to search for simple architecture, so simple and logical that it strikes one as subtly excited. This is not about using sophisticated materials or creating complex architectures. It is about trying to convince and suggest, about trying to create an architecture that is silent but very attractive. To attract attention? Yes, but through elegance and discreetness. We need a project that clearly responds to the clarity of the proposed program, where the departments are each immediately and independently identifiable, yet can be easily related with one another when necessary.

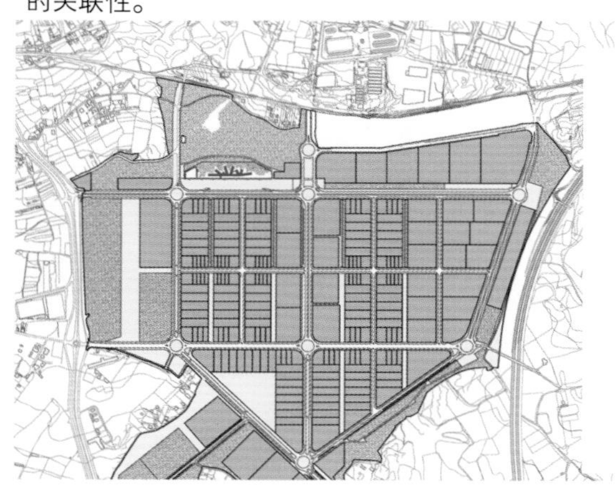
区块位置 PLANO DE SITUACIÓN SITE PLAN

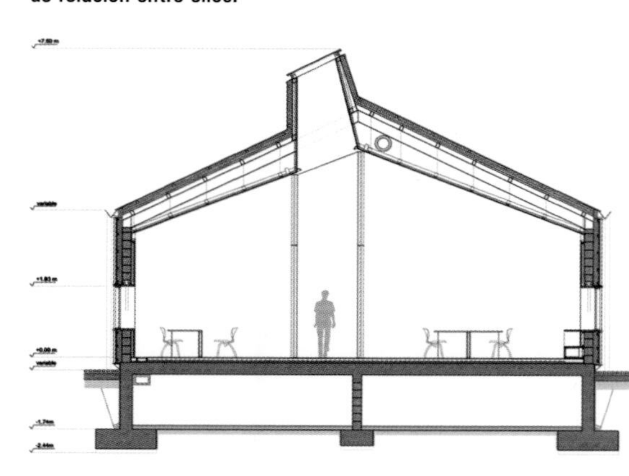
施工剖面图 SECCIÓN CONSTRUCTIVA CONSTRUCTION SECTION

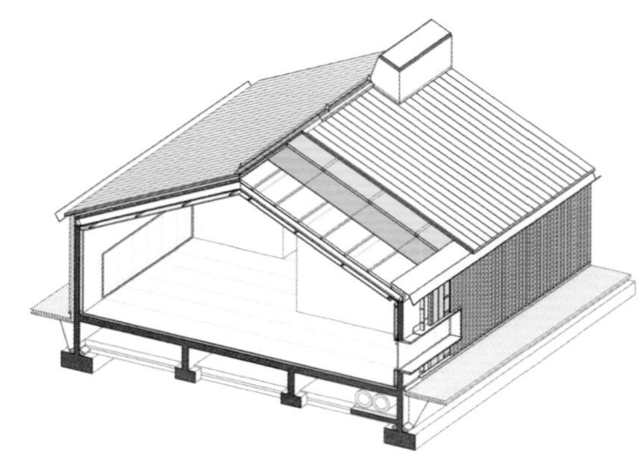
轴侧投影图 AXONOMETRICA AXONOMETRIC PROJECTION

底层平面图 PLANTA BAJA GROUND FLOOR PLAN

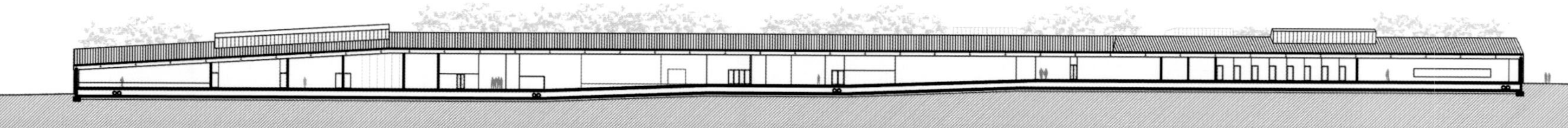
纵向剖面图 SECCIÓN LONGITUDINAL LONGITUDINAL SECTION

萨莫拉科技圆顶大楼
Cúpula de la Tecnología de Zamora
Technology Dome of Zamora

项目状态 estado del proyecto project status: 设计中 en desarrollo under development
地点 situación location: 萨莫拉 · 西班牙 Zamora · Spain

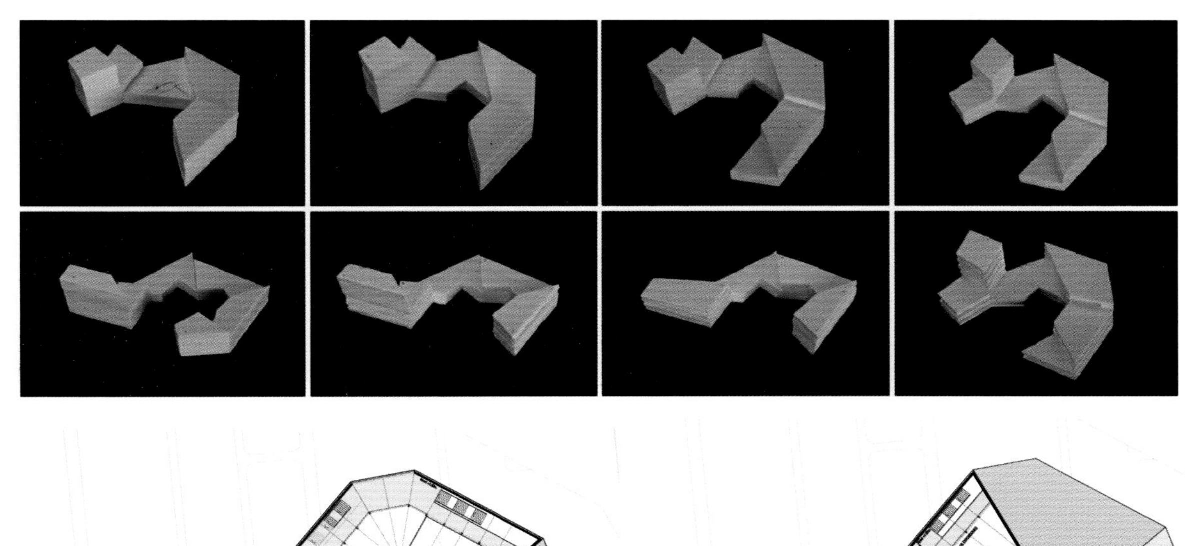

该项目旨在挖掘施工场地最初易被忽视的诸多潜在特性，而这些特性同时又具有丰富的参考价值，包含多种元素，利于展现该建筑在景观构成中的作用。分析同一地段的其他规划工程，在这个拥有工农业最先进技术应用的大型企业园区中，科技圆顶大楼显然是其中的一个重点项目。

El proyecto quiere asumir la responsabilidad de interpretar la riqueza y las potencialidades de un lugar que a simple vista podría pasar desapercibido pero que acumula una riqueza de referencias y elementos que no han encontrado aun su papel en el paisaje. A la vista de las actuaciones previstas en el área, la Cúpula será la cabeza visible de un gran parque empresarial que agrupará usos relativos a la agricultura y la industria más avanzadas.

The project seeks to lead the way in bringing out the rich potential of a place that may at first seem unnoticed, but that possesses a wealth of references and elements that have yet to find their role in the landscape. Analyzing other works planned for the area, the Dome is conceived to be the visible head of a large corporate park of uses with the most important advances in agriculture and industry.

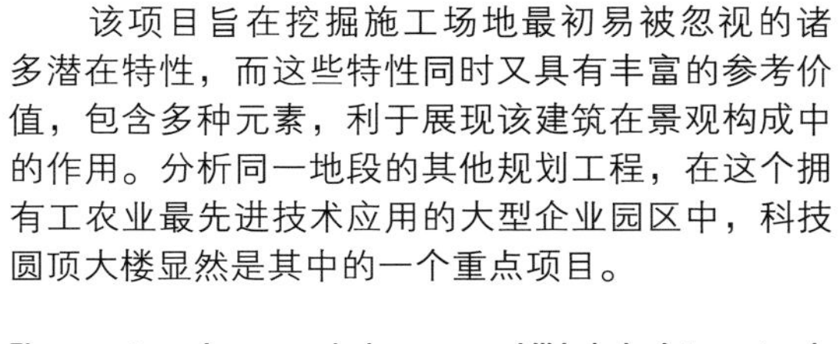

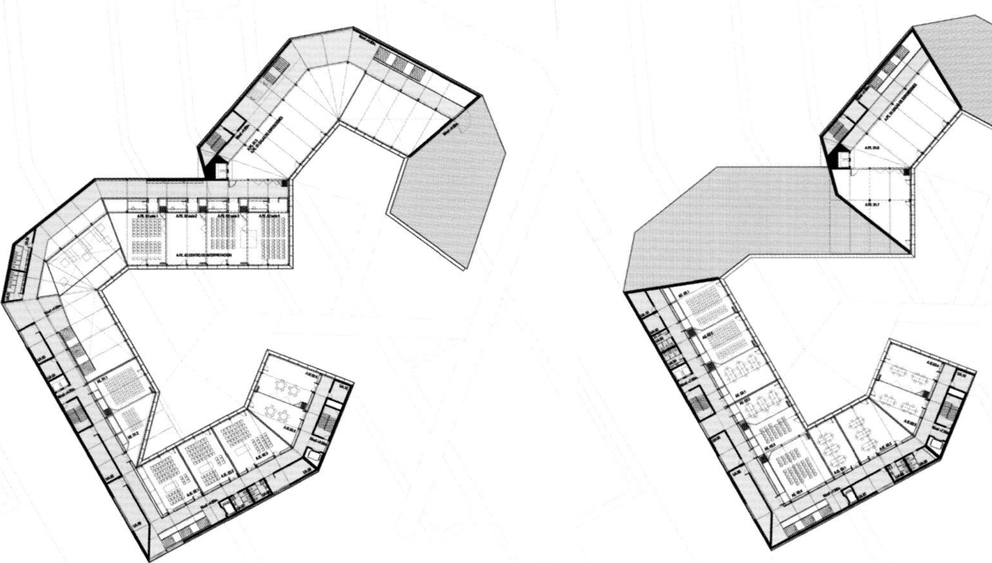

二层平面图 PLANTA PRIMERA FIRST FLOOR PLAN

三层平面图 PLANTA SEGUNDA SECOND FLOOR PLAN

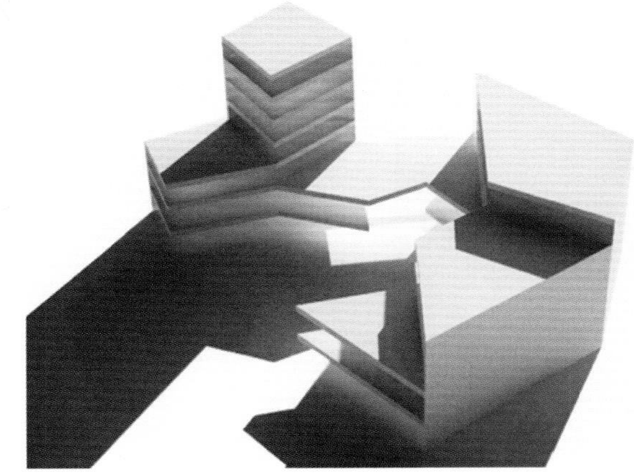

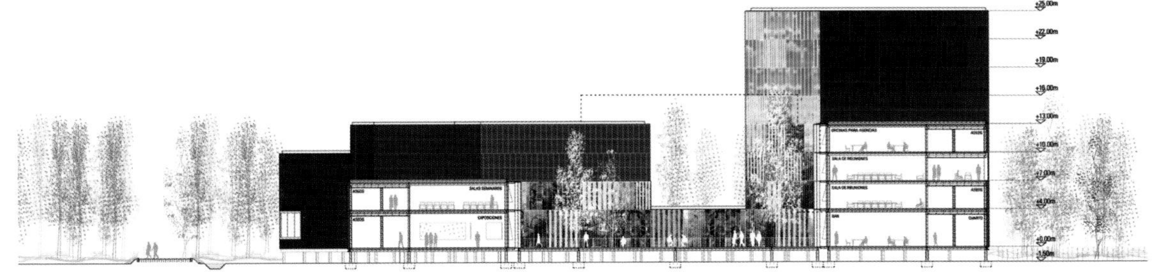

剖面图 AA′ SECCIÓN AA′ SECTION AA′

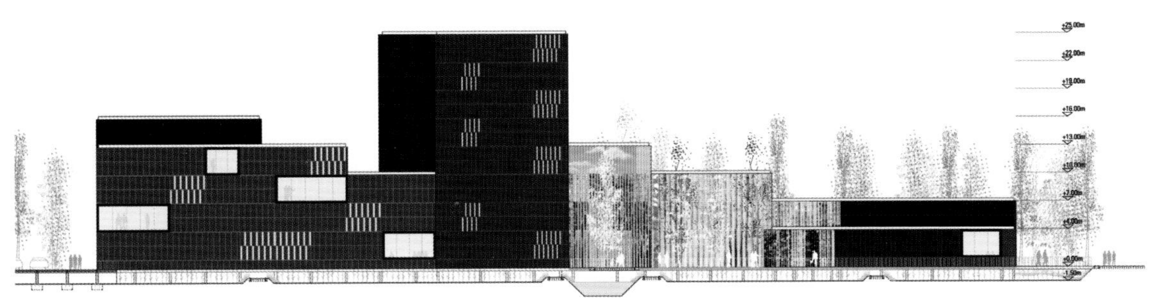

立面图 BB′ ALZADO BB′ ELEVATION BB′

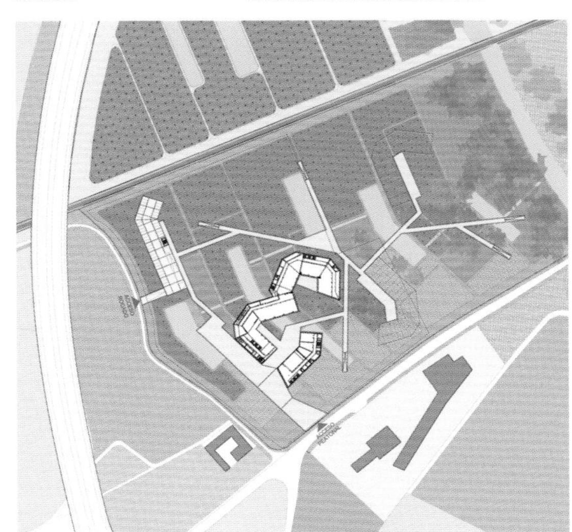

区块位置 PLANO DE SITUACIÓN SITE PLAN

集合住宅
Vivienda Collectiva
Collective Housing

Mendillorri 113户社会保障性住房
113 Viviendas Sociales en Mendillorri
113 Social Housing in Mendillorri

建筑 / arquitectura / architecture: Francisco Mangado + Alfonso Alzugaray
摄影师 / fotógrafo / photographer: Roland Halbe

维多利亚–加斯特兹219户社会保障性住房
219 Viviendas Sociales en Vitoria-Gasteiz
219 Social Housing in Vitoria-Gasteiz

建筑 / arquitectura / architecture: José Gastaldo, Idoia Alonso, Carlos Urzainqui
结构工程 estructuras / structural engineering: Forjanor
服务工程 / instalaciones / service engineering: CEISL Ingeniería
预算师 arquitectos técnicos / quantity surveyor: José María Bilbao Elguezabal
摄影师 / fotógrafo / photographer: Pedro Pegenaute

ZAC Andromede 120户住房。博泽尔
120 Viviendas en ZAC Andromede. Beauzelle
120 Housing in ZAC Andromede. Beauzelle

建筑 / arquitectura / architecture: Francisco Mangado + A+S Architectes Asociados
合作 **(c)** José Gastaldo, Tiago Antão, Enrique Zarzo, Paula Juanjo, Cristina González, María Esnaola, Mikel Ruiz, Nerea Nuin, Rubén Sanchez Mosquera arqs
OPH: Habitat Toulouse. BET: Technisphere Ingenieros.

Monges Croix_du_Sud 102户住房。科尔内巴略
102 Viviendas en Monges Croix_du_Sud.Cornebarrieu
102 Housing in Monges Croix_du_Sud. Cornebarrieu

建筑 / arquitectura / architecture: Francisco Mangado + A+S Architectes Asociados
合作 **(c)** José Gastaldo, Tiago Antão, Enrique Zarzo, Paula Juanjo, Cristina González, María Esnaola, Mikel Ruiz, Nerea Nuin, Rubén Sanchez Mosquera arqs.
OPH: Habitat Toulouse. BET: Technisphere Ingenieros.

Mendillorri 113户社会保障性住房
113 Viviendas Sociales en Mendillorri
113 Social Housing in Mendillori

项目状态 **estado del proyecto** project status: 2002建成 terminado completed
地点 **situación** location: Mendillorri，纳瓦拉·西班牙 Mendillorri, Navarra · Spain

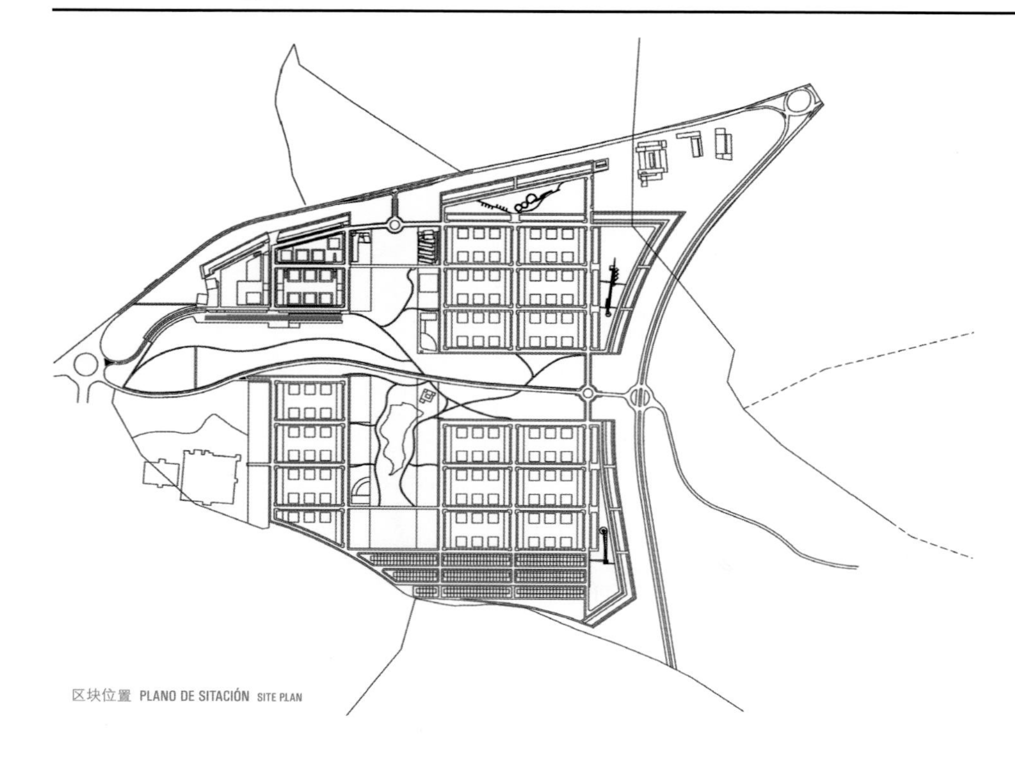
区块位置 PLANO DE SITACIÓN SITE PLAN

我们承建的这个项目是保障性住房，预算非常有限，造价低廉。地形狭长，位于公园和大面积的楼宇密集区的前方，这是项目的基本特征和设计方案的基本出发点。该建筑外形注重都市感，长度特征明显，但其截面构造符合城中各种地形特征。整栋建筑可视为公园和建筑空间之间的一条界线、一个连接。

Trabajamos en un proyecto de muy reducido presupuesto, con un programa de viviendas subvencionadas de precio muy limitado. Las condiciones de la topografía y la forma de la parcela, alargada, en el límite entre un parque de grandes dimensiones y un área edificada, son las peculiaridades esenciales del proyecto y en gran medida las razones de la propuesta. Se trata de un edificio definido desde su génesis urbanística como rotundo en su forma, de gran longitud, cuya sección no obstante va dando respuesta a los diversos problemas urbanos, topográficos o tipológicos a los que se enfrenta. Todo el edificio puede entenderse como un límite, una frontera, una línea de unión, entre el parque y lo construido.

We worked on a very small budget project with a subsidized housing program with very limited prize. The conditions of the topography and shape of the plot, elongated, at the boundary between a park and large built-up area, are the essential characteristics of the project and basically the reason for the proposal. It is a building defined from its urban genesis as definite in form, of great length, whose section, however, responds to the various urban topographical or typological problems which faces. The entire building can be understood as a limit, a border, a link between the park and the built spaces.

三层平面图 PLANTA SEGUNDA SECOND FLOOR PLAN

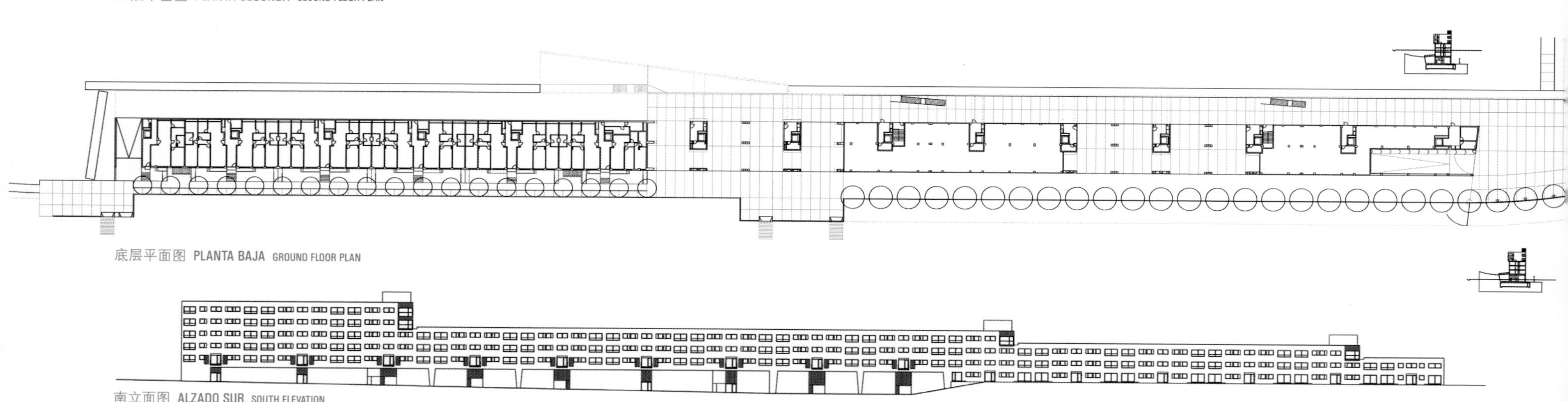
底层平面图 PLANTA BAJA GROUND FLOOR PLAN

南立面图 ALZADO SUR SOUTH ELEVATION

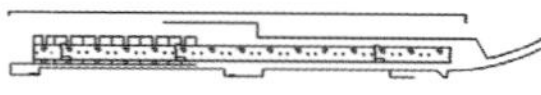

维多利亚–加斯特兹219户社会保障性住房
219 Viviendas Sociales en Vitoria-Gasteiz
219 Social Housing Units in Vitoria-Gasteiz

项目状态 estado del proyecto project status: 2010建成 terminado completed
地点 situación location: 维多利亚–加斯特兹 · 西班牙 Vitoria-Gasteiz · Spain

该设计方案旨在最大限度地实现城市居住功能及其设计价值。塔楼和附近的线性建筑等不同建筑形式之间的角落和隔墙的建筑设计处理通常非常复杂，大部分情况下，如果处理不当，将导致低效的空间分布。根据本设计方案，这个区域成了“特殊地点”，相应设计需符合上述对效率的考量，采用大型阶梯式的木板铺设，将位于特定方位的各座大楼有机连接，可视为“扩展的室内景观空间”。该设计突出了两个重要的布局要素：一个是室内景观空间，高大的树木点缀其间；一个是塔楼，体现自由和独立。

La propuesta trata de racionalizar al máximo la ocupación urbanística así como los tipos resultantes. Las esquinas y los medianiles entre diferentes tipos arquitectónicos, por ejemplo la torre y el edificio lineal anexo, suelen resultar elementos de difícil y engorrosa solución arquitectónica, obteniendo las más de las veces distribuciones ineficaces. En nuestra propuesta estos puntos pasan a ser precisamente "lugares especiales" que permiten mantener soluciones acorde con la búsqueda de la ya citada eficiencia con superficies pavimentadas con madera a modo de grandes terrazas que articulan los distintos bloques que se colocan en estos puntos que bien pueden entenderse como "prolongación construida del espacio ajardinado interior". La propuesta potencia dos elementos que entendemos fundamentales en la ordenación. De un lado ese espacio ajardinado interior imaginado cuajado de árboles de gran envergadura y por otro lado, la torre, que con la solución adoptada adquiere dentro de la unidad una condición de elemento exento que la independiza y resalta.

The proposal aims at rationalizing as much as possible the urban occupation as well as the resulting schemes. The corners and the partitions amid different architectural types such as the tower and the adjacent linear building, often have a very complex architectural solution that results, most of the time, in inefficient distributions. In our proposal, these areas become "special places" that provide solutions in keeping with the aforementioned pursuit of efficiency, with wood-paved surfaces in the form of large terraces that articulate the different blocks that are placed at specific points, and which may be considered "built extensions of the interior landscaped space". The proposal highlights two elements that are considered essential in the layout. On the one hand the interior landscaped space, conceived as an area dotted by tall trees; and on the other hand the tower, which goes up as a freestanding, autonomous element.

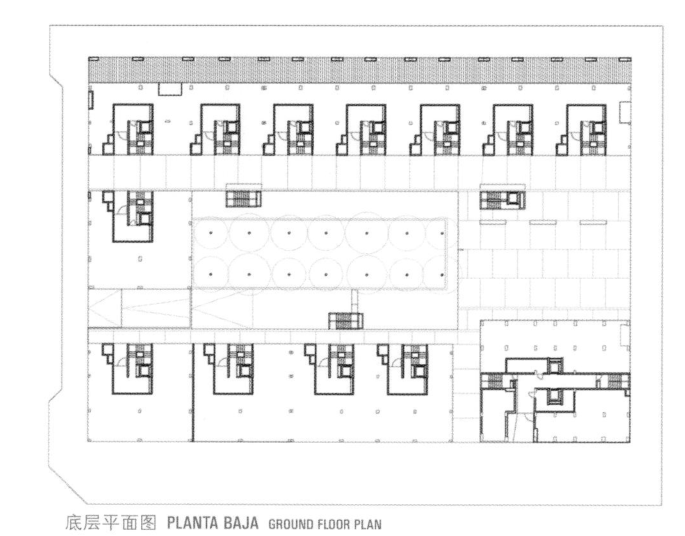

底层平面图 PLANTA BAJA GROUND FLOOR PLAN

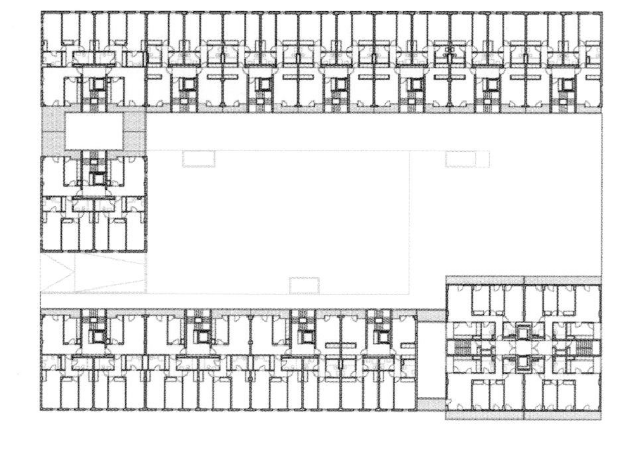

平面图类型 PLANTA TIPO TYPE PLAN

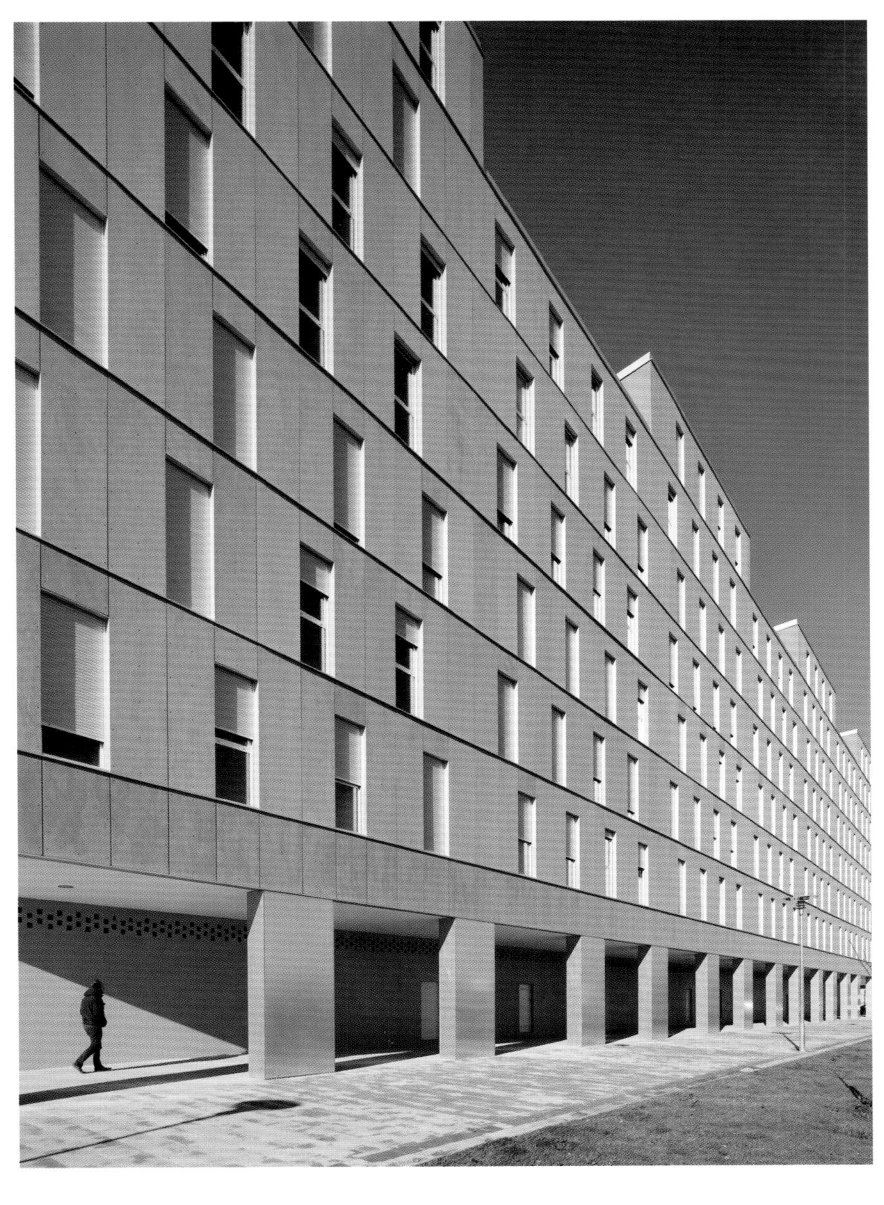

ZAC Andromede 120户住房。博泽尔
120 Viviendas en ZAC Andromede. Beauzelle
120 Housing in ZAC Andromede. Beauzelle

项目状态 **estado del proyecto** project status: 设计中 en desarrollo under development
地点 **situación** location: 图卢兹 · 法国 Toulouse · France

立面细部 DETALLE DE FACHADA DETAIL FAÇADE

基于对公共空间利用的探讨，决定在住宅单元的中心设计一个内部大花园。室内空间和公共区域与花园相连——正如Barricou公园沿地铁线路而建。选用木头作为所有不同建筑的立面材料。木头质量较轻，凭借这一特性可以以不同方式让立面呈现出一种节奏感，并富于变化。

En la propuesta, la preocupación por cualificar los espacios públicos tiene como decisión principal la creación de un gran jardín interior y central a la parcela, al que se conectan los espacios interiores y comunes de las viviendas y que a su vez constituye una respuesta directa a la presencia del parque Barricou que acompaña el trazado estructural de la línea del metro. La madera es material utilizado para resolver la totalidad de las fachadas de los diferentes bloques. Un único material que permite mediante su ligera manipulación mostrarse de diferente y sugerentes formas confiriendo así ritmo y variedad en las fachadas.

Concerns about qualifying the public spaces led to the main decision of creating a large inner garden at the center of the site. The domestic interiors and the communal areas connect to this garden, which is also a direct reference to the Barricou Park that follows the structural scheme of the metro line. Wood is the material used to address all the façades of the various blocks. It is a single material that through its light handling can be presented in different evocative ways to give rhythm and variety to the façades.

区块位置 PLANO DE SITUACIÓN SITE PLAN

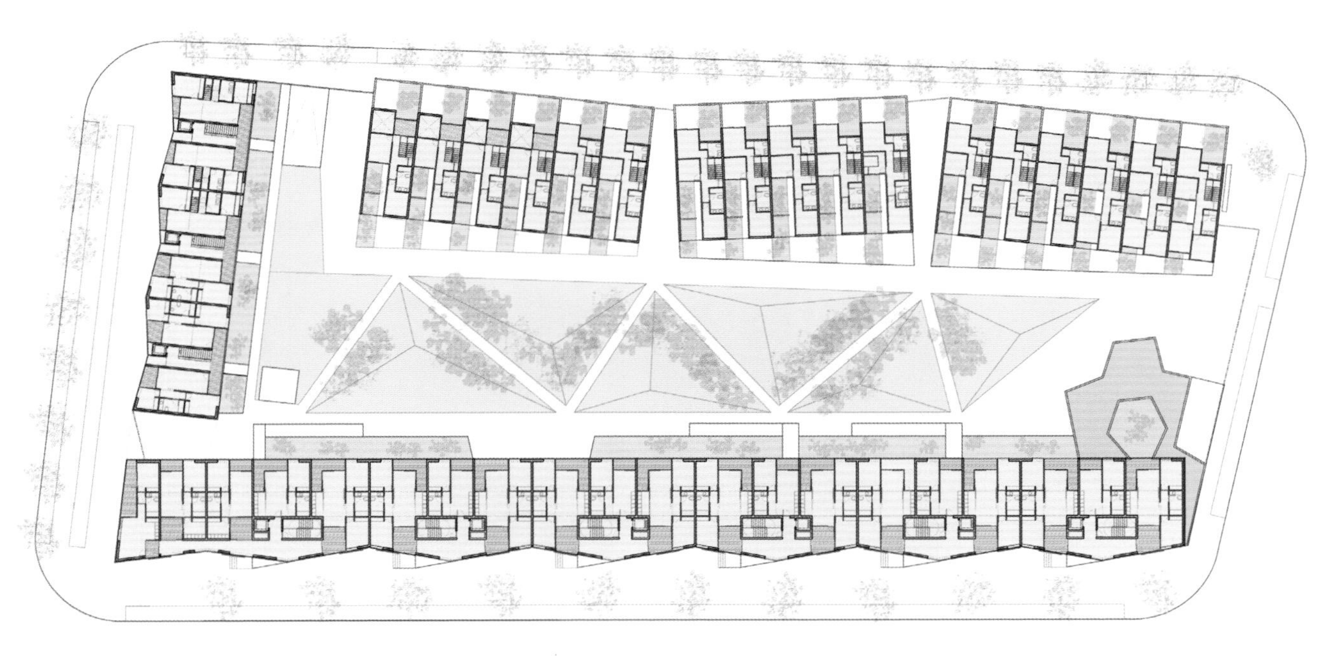

二层平面图 PLANTA 1 FLOOR PLAN 1

底层平面图 PLANTA BAJA GROUND FLOOR PLAN

项目状态 estado del proyecto project status: 设计中 en desarrollo under development
地点 situación location: 图卢兹 · 法国 Toulouse · France

我们始终坚持为不同建筑选择不同的对角线角度，注重运用空隙设计打造一个室外花园空间，给人带来层次多元而极具吸引力的视觉感受，同时重视与未来居住空间之间的视觉联系。建筑风格非常简约，建筑结构均为模块化单元。对于大抵朝北的立面，我们采用赤陶或焙烧黏土为材料的预制构件，使墙体比较透气。朝南立面则采用更“开放的”阶梯式设计，预留宽敞的空间，加上有利的朝向，使得住户在室内便可观赏外部空间。因此，立面被赋予一种“进深感”，在居室和绿色景观之间营造一个“过滤式”空间。

La implantación de los diferentes edificios se realiza buscando siempre distintas perspectivas diagonales, resaltando un espacio exterior ajardinado e intersticial rico de visuales complejas y atractivas así como conexiones visuales entre los futuros espacios de las viviendas. La construcción de los volúmenes es absolutamente sencilla y la estructura totalmente modulada. Para las fachadas orientadas principalmente al norte, se propone construir una envolvente perimetral de muro ventilado revestido por piezas prefabricadas de terracota o arcilla cocida. Para las fachadas con orientación sur, se propone un diseño más "abierto", con terrazas y huecos generosos para cada uno de los ambientes. Así pues la fachada adquiere "profundidad", generando un espacio "filtro" intermedio de disfrute y vistas a las zonas verdes.

The implementation of the various buildings is carried out through a constant search for different diagonal perspectives, with an emphasis on an interstitial outdoor garden space that is rich with complex and attractive visuals, as well as visual links between the future domestic spaces. The construction of the volumes is extremely simple and the structure is totally modularized. For the façades facing mainly north, we propose a ventilated wall clad with prefabricated pieces of terracotta or baked clay. For the south façades, we propose a more "open" design with terraces and generous openings, in such a way that the interior of each dwelling will enjoy exterior spaces and good orientations. The façade thus takes on "depth", creating an intermediate "filter" space for enjoyment and for views of the green zones.

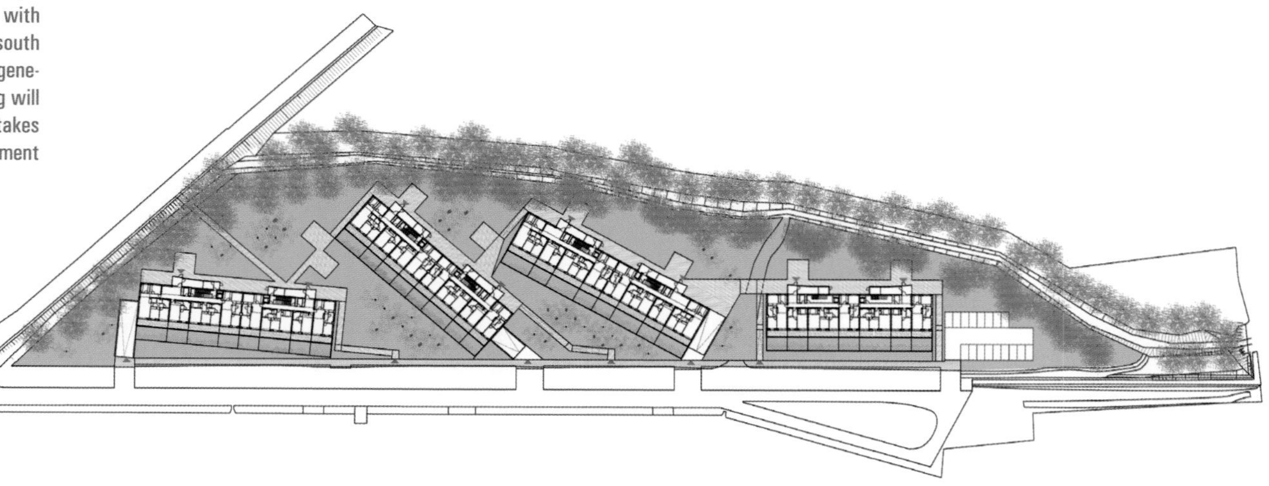

底层平面图 PLANTA BAJA GROUND FLOOR PLAN

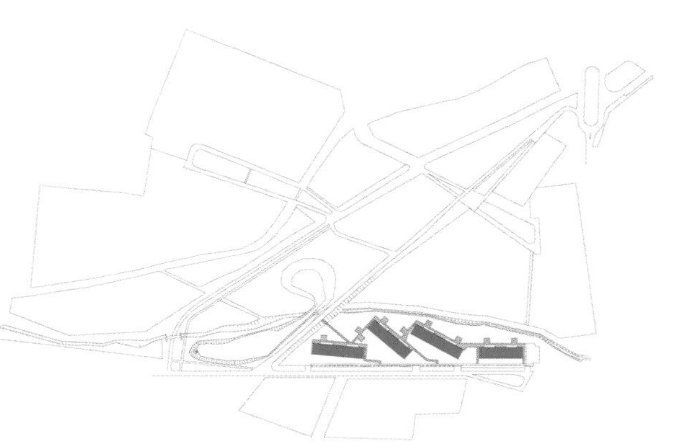

区块位置 PLANO DE SITUACIÓN SITE PLAN

住宅底层平面图 VIVIENDAS PLANTA BAJA HOUSING GROUND FLOOR PLAN

住宅二层平面图 VIVIENDAS PLANTA 1 HOUSING FLOOR PLAN 1

住宅三层平面图 VIVIENDAS PLANTA 2 HOUSING FLOOR PLAN 2

三层平面图 PLANTA SEGUNDA SECOND FLOOR PLAN

二层平面图 PLANTA PRIMERA FIRST FLOOR PLAN

景观
Paisaje
Landscape

波尔多佩–贝朗塔广场
Plaza de Pey-Berland en Burdeos
Pey-Berland Plaza in Bordeaux

建筑 / arquitectura / architecture: Francisco Mangado + King Kong 5.
合作 / colaboradores / collaborators: Carlos Urzainqui, Laura Martínez de Gereñu
照明 / iluminación / lighting: Yon Antón-Olano
摄影师 / fotógrafos / photographers: Roland Halbe, Christian Desile

马德里达利广场改建
Remodelación de la Plaza de Dalí en Madrid
Renovation of Dalí Square in Madrid

雕刻家 / escultor / sculptor: Francesc Torres
建筑 / arquitectura / architecture: Ignacio Olite, Gerardo Mingo
结构工程 / estructuras / structural engineering: NB 35 SL
安装工程 / ingeniería instalaciones / installation engineering: Iturralde y Sagües ingenieros
景观 / paisaje / landscaping: LA HISPANICA. Victoria de Borbón Dos Sicilias, Gonzalo Alonso
照明 / iluminación / lighting: Urbalux
浇筑师 / casting / casting: Sapic
估算师 / arquitectos técnico / quantity surveyors: Luis Pahissa de la Fuente. Pedro Legarreta Nuin
马德里市议会的负责人们 / consejo municipal de la ciudad de Madrid / Madrid city council managers:
工程总监 engineer director: Enrique Ramírez Guadalix
工业工程师/技术员(安装) Industrial engineer technician (Installation): Lidia García Matas
林业工程师/技师(园艺) forest engineer technician (Gardening): Juan Antonio Merlo Pascual
公共工程工程师/技术员(土木工程) public work engineer / technician (Civil work): Francisco Herranz Benito
奖项 / premios / awards:
竞标一等奖。
First Prize of Competition.
2005年第二十届城市化、建筑与公共工程奖，由马德里市政厅颁发。
XX Edition of the Urbanism, Architecture and Public Works Awards, 2005, presented by Madrid City Hall.
摄影师 / fotógrafos / photographers: Roland Halbe, Miguel de Guzman

波尔多佩-贝朗塔广场
Plaza de Pey-Berland en Burdeos
Pey-Berland Square in Bordeaux

项目状态 estado del proyecto project status: 2003建成 terminado completed
地点 situación location: 波尔多 · 法国 Bordeaux · France

佩·贝朗塔广场是波尔多市的历史性公共建筑，占地约3万平方米，大教堂和市政厅均坐落于此。设计的指导原则是不仅要恢复大教堂的特殊历史意义，而且还要将其塑造成为能给城市带来“能量”的一个元素。广场上的各种障碍性设施，特别是和交通有关的，均被一一去除，从而打造出一个干净整洁的空间，连续的铺装更突出大教堂的神圣感。教堂内的墓石浇筑而成，出射光自由地抚过广场的花岗岩地面。如今，这个广场仅限步行。

La plaza Pey-Berland es, en términos históricos e institucionales, el espacio público más importante de Burdeos, donde se ubican la Catedral y el Ayuntamiento, y tiene una superficie total aproximada de 30.000 m². La propuesta presentada en el concurso incorpora la Catedral como pieza histórica de extraordinaria importancia, pero también como elemento capaz de generar “energías” urbanas, al resto de la ciudad. El vacío generado como consecuencia de la supresión de elementos distorsionantes – fundamentalmente todos los referidos al tráfico actual – se ve ocupado por un pavimento continuo repleto de contrapuntos y referencias a la Catedral. Las antiguas losas que cubrían las tumbas en el interior del templo se dispersan en forma de superficies de luz y fundición que navegan libremente en medio de un “mar” de granito que invade toda la superficie y que permite el uso totalmente peatonal de la plaza.

In historical and institutional terms, Pey-Berland Square is the most important public space of Bordeaux, where the cathedral and City Hall stand, and which covers a surface of approximately 30,000 sqm. Recovering the cathedral not only as an exceptional historical piece, but also as an element capable of spurring on urban “energies” in the rest of the city was the guiding principle. The scheme removes various obstacles – essentially those related to traffic – clearing a space that is now a continuous paved area full of references to the cathedral. The slabs are evoked which cover the tombs inside the temple, and surfaces of light sail freely in the sea of granite that is covering the square, and now it is only for pedestrian circulation.

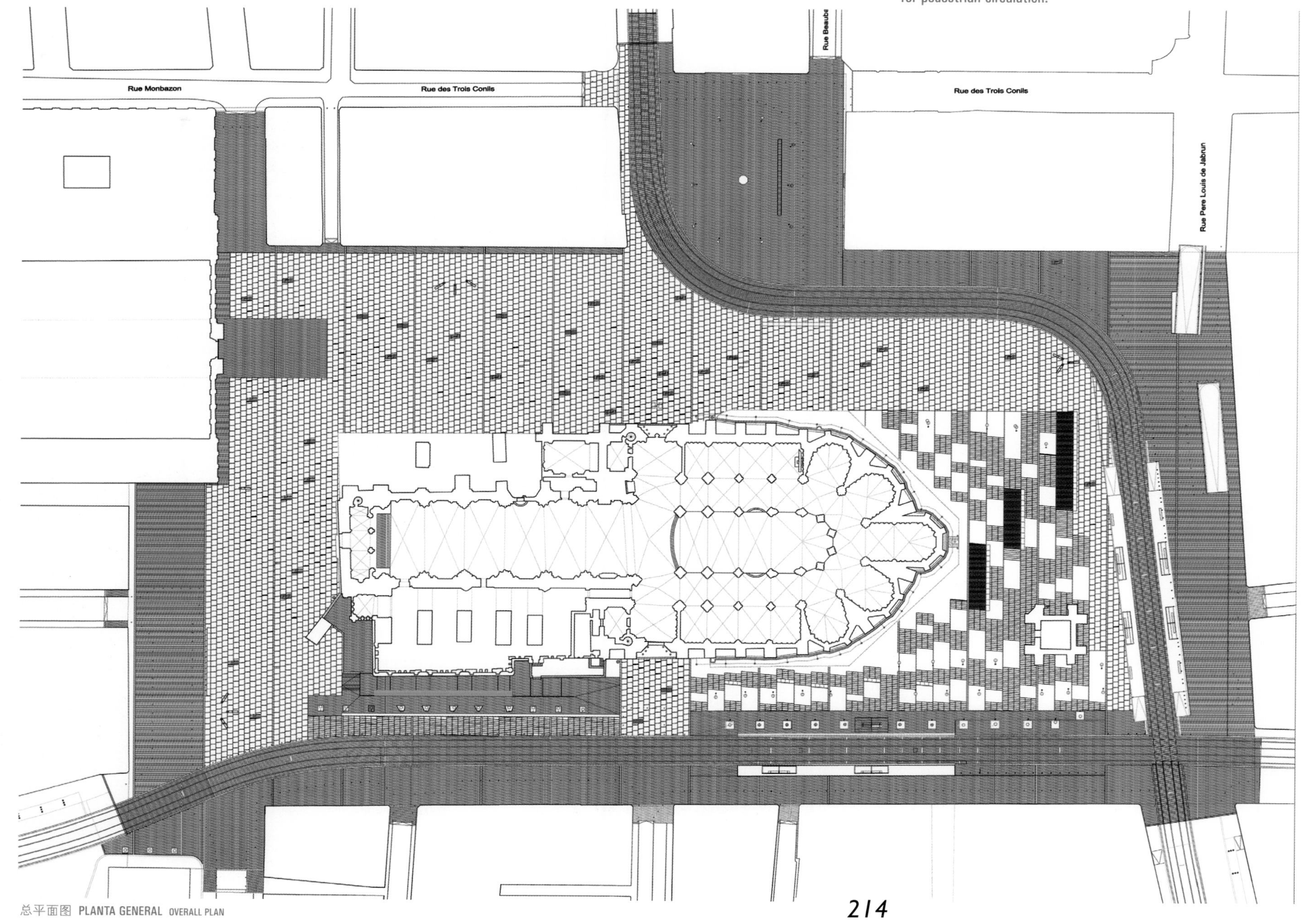

总平面图 PLANTA GENERAL OVERALL PLAN

马德里达利广场改建
Remodelación de la Plaza de Dalí en Madrid
Renovation of Dalí Square in Madrid

项目状态 estado del proyecto project status: 2005建成 terminado completed
地点 situación location: 马德里 · 西班牙 Madrid · Spain

这个新建项目有两个目的：通过对综合体进行改善、加铺和重建，使其布局的重要性与其作为城市中央公共建筑的重要性相吻合。广场设计符合现有的规模，试图将其打造成一个统一的形象，同时对部分区域进行区分，以使广场结构更合理，使市民可以感受到个性化，并享受到“特定”的氛围。新铺装将广场打造成一个统一的整体空间。花岗岩和青铜铺装上镶嵌着Francesc Torres的雕塑作品和LED灯管，赋予了广场新的几何秩序和视觉魅力。

La mejora, repavimentación y reestructuración del conjunto le confiere una significación formal acorde con su importancia como espacio público central en la ciudad. Sin olvidar la búsqueda de una imagen unitaria para el conjunto, la propuesta busca definir unas ciertas áreas acotadas en su dimensión que, simultáneamente, doten al conjunto de una escala más razonable que la que se deriva de las actuales dimensiones del espacio, a la vez que define ambientes más "particulares" que los ciudadanos pueden personalizar y ocupar. La unidad viene representada por el nuevo pavimento. Un pavimento "denso", construido en granito y fundición de bronce, que incorpora de manera profusa la manifestación escultórica elaborada por el escultor Francesc Torres, así como las líneas luminosas de "leds" que dotan al conjunto de un nuevo orden geométrico y de riqueza visual.

The new project follows two objectives: through the improvement, repaving and restructuring of the complex, endows it with a formal significance in tune with its importance as a central public space of the city. The proposal pursues a unitary image in keeping with the space's current scale, and also tries to frame certain areas that may help to give the whole a more reasonable scale, defining more "specific" atmospheres that citizens may individualize and enjoy. The new paving represents the unit as a whole. A "dense" paving, built in granite and bronze, is highlighted by the sculptures of Francesc Torres, as well as the LED strips that give the square a new geometric order and visual appeal.

总平面图 PLANTA GENERAL OVERALL PLAN

JUGUETES

运动空间
Espacios para el Deporte
Spaces for Sport

La Balastera足球场。巴伦西亚
Estadio de Fútbol La Balastera. Palencia
La Balastera Soccer Stadium. Palencia

建筑 / arquitectura / architecture: José Gastaldo, Koldo Fernández, Francesca Fiorelli, Enrique Jerez, Hugo Mónica, Ibon Vicinay
结构工程 / estructuras / structural engineering: NB 35 SL Ingenieros
安装工程 / ingeniería instalaciones / installation engineering: TEICON
照明 / iluminación / lighting: ALS Lighting Arquitectos consultores de iluminación
预算师 / arquitectos técnicos / quantity surveyor:
Jose Manuel Méndez (Inmobiliaria Rio Vena)
Leandro Sacristán (Construcciones Arranz Acinas)
Jose Miguel Martín (Hormigones Sierra)
Coordinador de Seguridad y Salud
Luis Ángel Pérez Peraita
奖项 / premios / awards:
2007年ENOR Castilla y León Gran奖
ENOR Castilla y León Gran Award 2007
2007年COAL建筑奖
COAL Architecture Award 2007
2007年Saloni建筑奖一等奖
First Prize of Saloni Architecture Award 2007
第九届西班牙双年奖入围
Finalist of IX Spanish Biennial Award
2007年FAD奖入围
Finalist of FAD Award 2007
摄影师 / fotógrafo / photographer: Roland Halbe

Elite马术中心。乌尔特萨马
Centro Hípico de Alto Rendimiento de Doma Clásica. Ultzama
Elite Equestrian Center. Ultzama

建筑 / arquitectura / architecture: David Martínez, Janka Rust, César Martín Gómez
预算师 / arquitectos técnicos / quantity surveyor: Pedro Legarreta
奖项 / premios / awards:
第十届西班牙建筑与城市规划双年展。入围奖
X Spanish Biennial of Architecture and Urban Planning. Finalist
2009年FAD奖。建筑与室内设计类。入围奖。
FAD Awards 2009. Architecture and Interior Design category. Finalist
2010年巴斯克-纳瓦拉建筑学院奖。工业建筑类。鼓励奖。
COAVN (Basque-Navarrese) Awards 2010, Industrial Construction category. Consolation prize
第7届"法萨·博尔托洛"国际可持续建筑奖。由意大利费拉拉建筑学院颁发。入围奖。
7th Fassa Bortolo International Award for Sustainable Architecture, given by the School of Architecture of Ferrara, Italy. Finalist
摄影师 / fotógrafo / photographer: Roland Halbe, Pedro Pegenaute

维戈大学游泳池
Piscinas para la Universidad de Vigo
Swimming pools for Vigo University

项目主管/ dirección de obra / project leader: Francisco Mangado, Gonzalo Alonso
建筑 / arquitectura / architecture: José Gastaldo, Manuel Abreu, Javier Fuances, Enrique Jerez, Isabel Oyaga, Edurne Pradera, Isabelle Putseys
结构工程 / estructuras / structural engineering: NB 35 SL (Jesús Jiménez Cañas / Alberto López) Ingenieros
安装工程 / ingeniería instalaciones / installation engineering: Pilar Peco, ingenieros / CODISNA, Joaquín Santesteban
照明 / iluminación / lighting: ALS Lighting Arquitectos consultores de iluminación
预算师 / arquitectos técnicos / quantity surveyors: José Luis Rodríguez Potugal
奖项 premio / award:
2010年FAD 奖。建筑类。2010年入选项目
FAD Awards 2010. Architecture Category. 2010. Selected project
摄影师 / fotógrafo / photographer: Pedro Pegenaute

La Balastera足球场。巴伦西亚
Estadio de Fútbol La Balastera. Palencia
La Balastera Soccer Stadium. Palencia

项目状态 **estado del proyecto** project status: 2006建成 terminado completed
地点 **situación** location: 巴伦西亚 · 西班牙 Palencia · Spain

该设计的基本理念源于：足球馆不仅仅是一项基础设施，更是一栋建筑物。这栋建筑包括很多其他功用，但最重要的一点在于恢复其社会服务功能。根据该设计方案，办公室均设于边缘地带，其他公共空间均设于一楼，整个设计呈现出一个巨大的都市"橱窗"，并设有便捷的沿街入口处。足球馆内部是一个大型的"奇妙空间"，观众除了可观看足球赛事外，还可欣赏各种各样的公共性演出。

La idea básica que ilustra esta propuesta, lleva hasta las últimas consecuencias el hecho de considerar un estadio más un edificio que una infraestructura. Un edificio que puede ser aprovechado para albergar otros usos, pero que, sobre todo, puede y debe intentar recuperar una vocación ciudadana. El proyecto propone un perímetro de oficinas u otros usos públicos diarios en planta baja, todos tratados como un gran "escaparate" urbano con acceso directo e inmediato desde la calle. Interiormente el estadio resulta ser un vacío sorpresa donde, además de jugar al fútbol, se podrán ver espectáculos públicos de índole diversa y variada.

The basic idea of this proposal rests on the belief that a soccer stadium is more of a building than an element of infrastructure. It is a building that can be taken advantage of to house other uses, but that above all, can and should recuperate a civil role. The project proposes perimeter offices and other public uses on the ground floor, all designed as a great urban "showcase" with direct and immediate access from the street. Internally the stadium is a large "surprising void" where in addition to soccer games, a variety of public spectacles can be enjoyed.

Puerta
3
Sectores
← 09|10

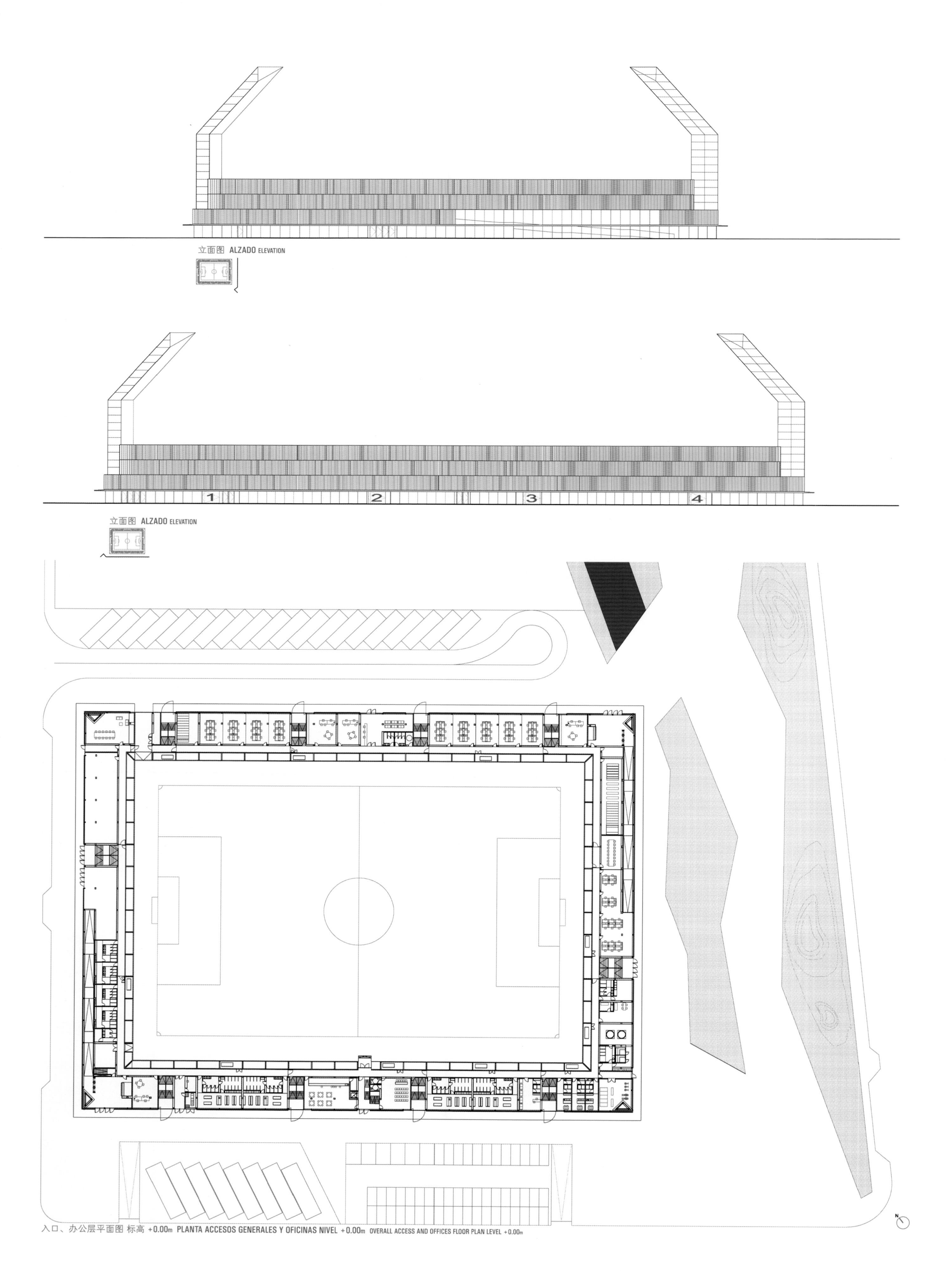

立面图 ALZADO ELEVATION

立面图 ALZADO ELEVATION

入口、办公层平面图 标高 +0.00m PLANTA ACCESOS GENERALES Y OFICINAS NIVEL +0.00m OVERALL ACCESS AND OFFICES FLOOR PLAN LEVEL +0.00m

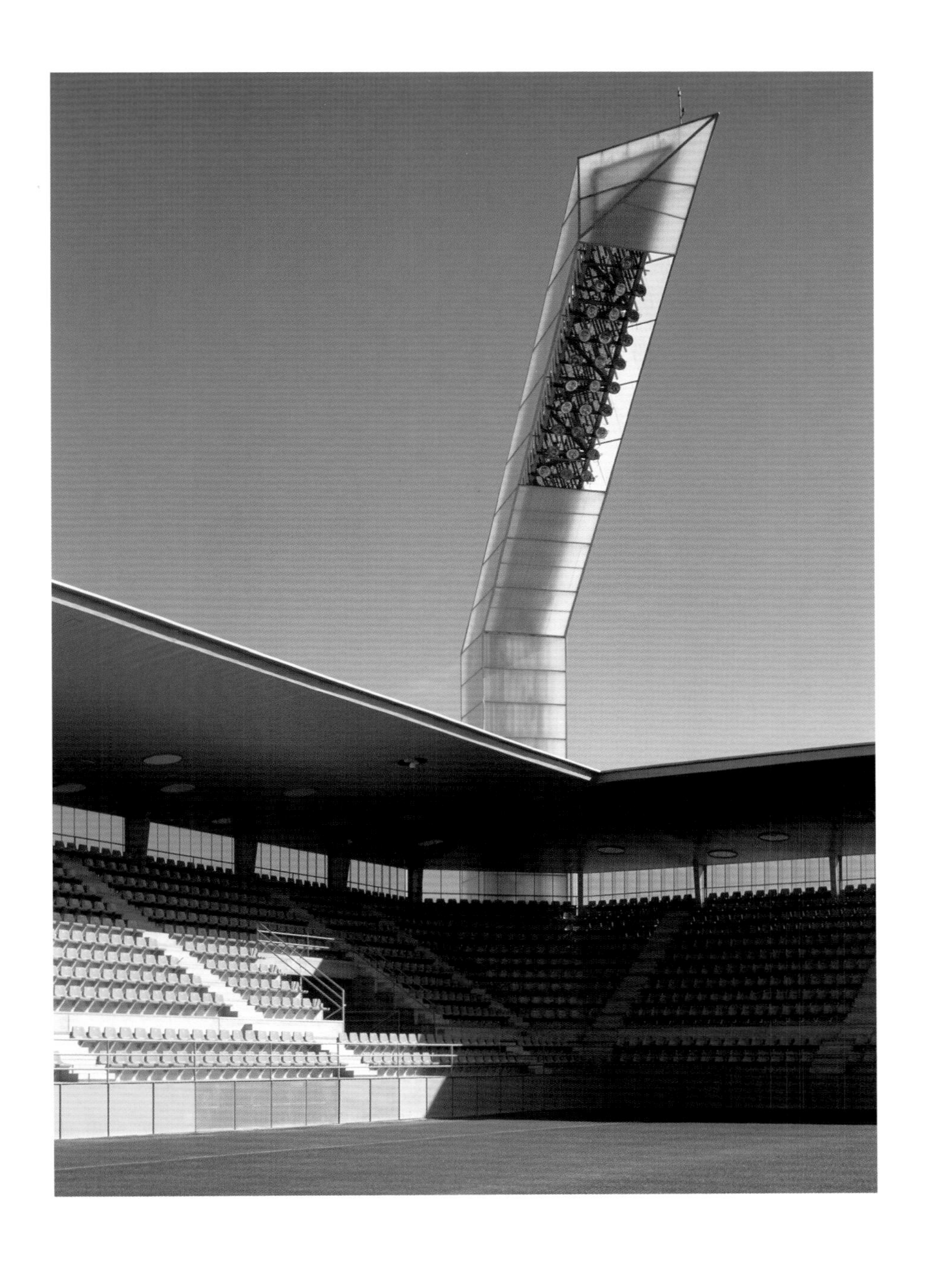

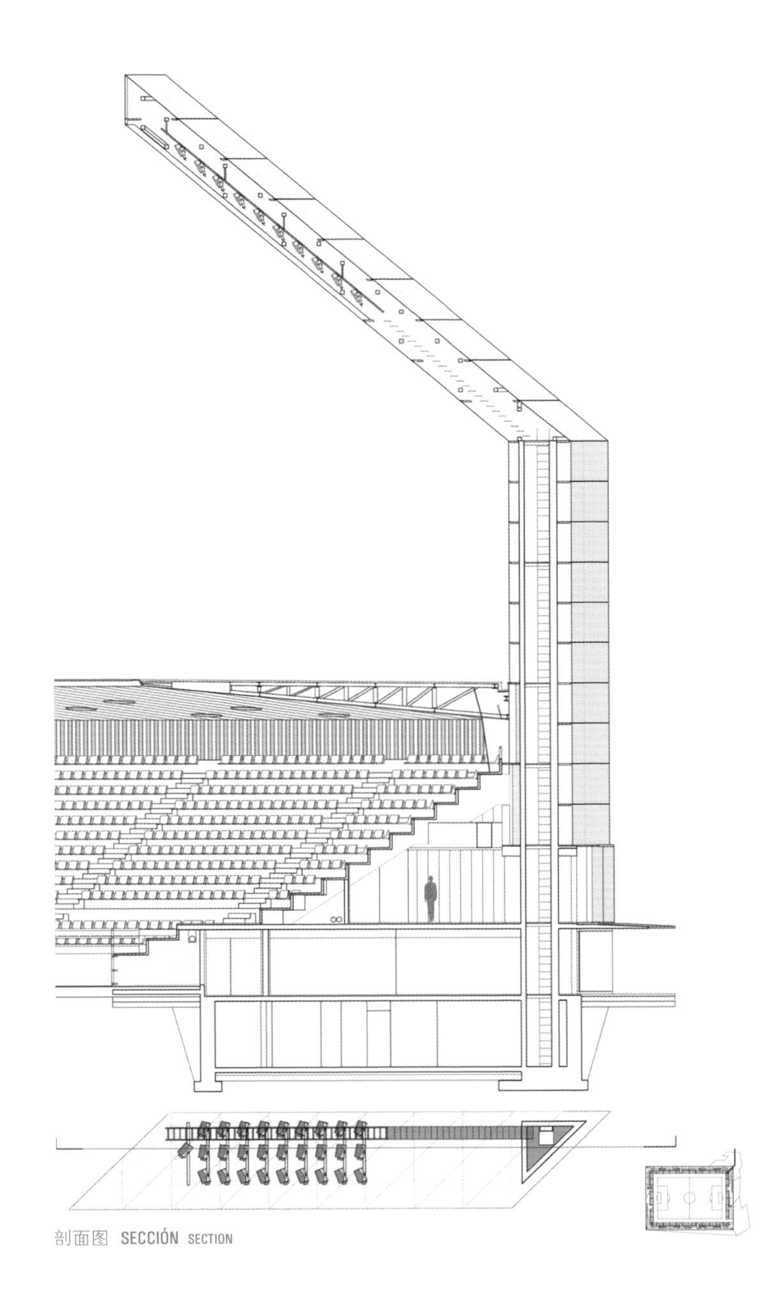

剖面图 SECCIÓN SECTION

Elite马术中心。乌尔特萨马
Centro Hípico de Alto Rendimiento de Doma Clásica. Ultzama
Elite Equestrian Center. Ultzama

项目状态 estado del proyecto project status: 2008建成 terminado completed
地点 situación location: 乌尔特萨马，纳瓦拉·西班牙 Ultzama, Navarra · Spain

除了考虑用材和具体的外在构造外，设计之初还须考虑建筑的清晰度，并且能体现附近建筑的鲜明布局。我们让不同大小的建筑相混合、相映衬，也需要将不同的训练设施或马厩和其他更多的室内空间相结合，主要目的在于无论从个别建筑还是从整体上来看，均能将所有大小不一的功能建筑聚集到一起。

La idea de la claridad y el poder arquitectónico demostrado en los asentamientos adyacentes, siempre ha estado presente en el proyecto, por encima de los materiales o de determinadas configuraciones expresivas. La mezcla de escalas, la manera de jugar con ellas y de relacionarse, la necesidad de combinar grandes espacios de entrenamiento o de cuadras, con otros más menudos de carácter doméstico, argumenta la decisión fundamental de que todos los usos, independientemente de su tamaño, aparezcan recogidos y configurados en esos volúmenes únicos y totales.

The idea of clarity and also the strong architectural presence of the nearby buildings guided the project design from the very beginning, beyond the materials or specific expressive configurations. The mixture of scales, the way of playing with them and of making the interact, the need to combine different facilities for training or stalls with other more domestic spaces, comes to justify that main decision of gathering all uses, independently from their size, in those single and total volumes.

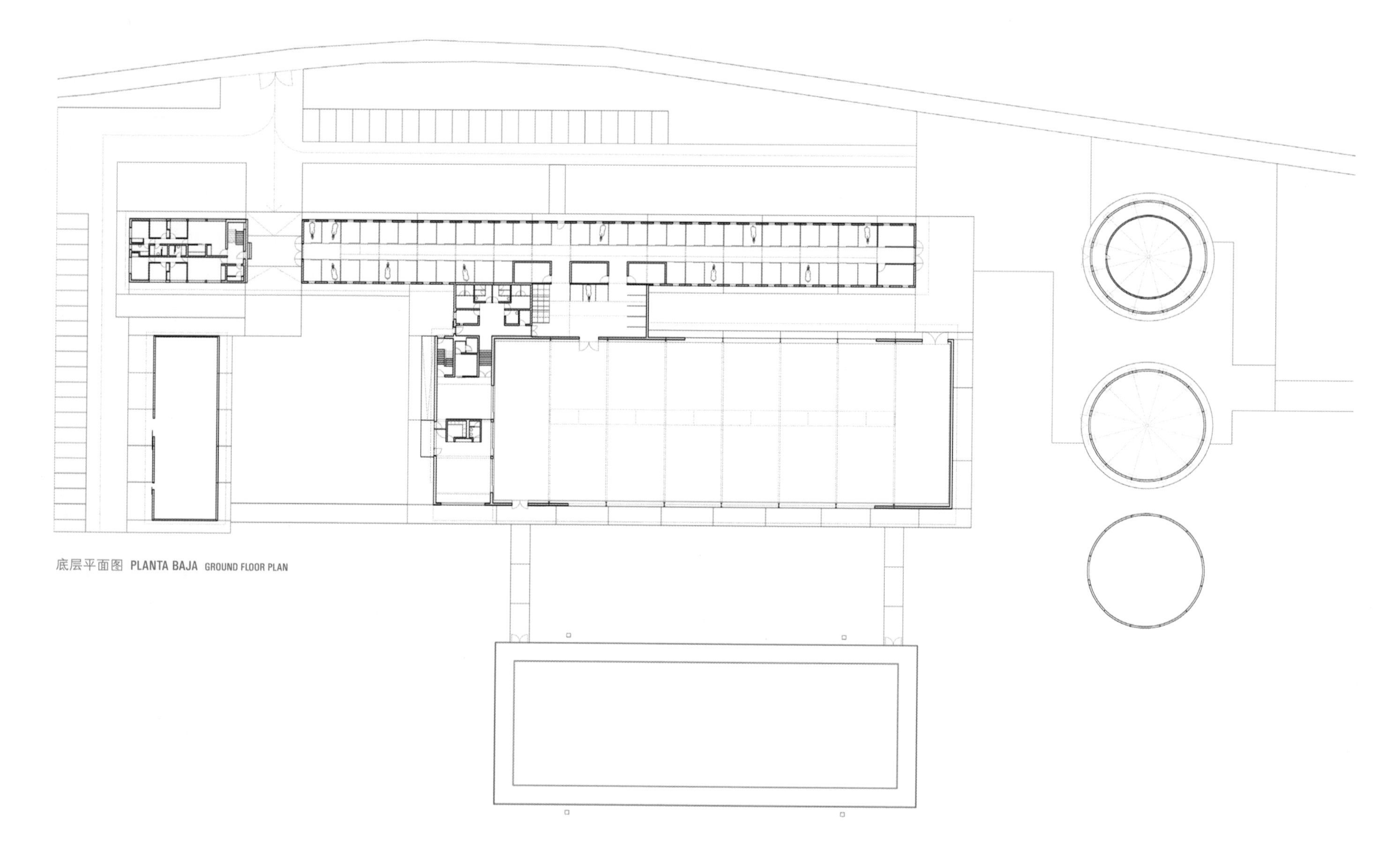

底层平面图 PLANTA BAJA GROUND FLOOR PLAN

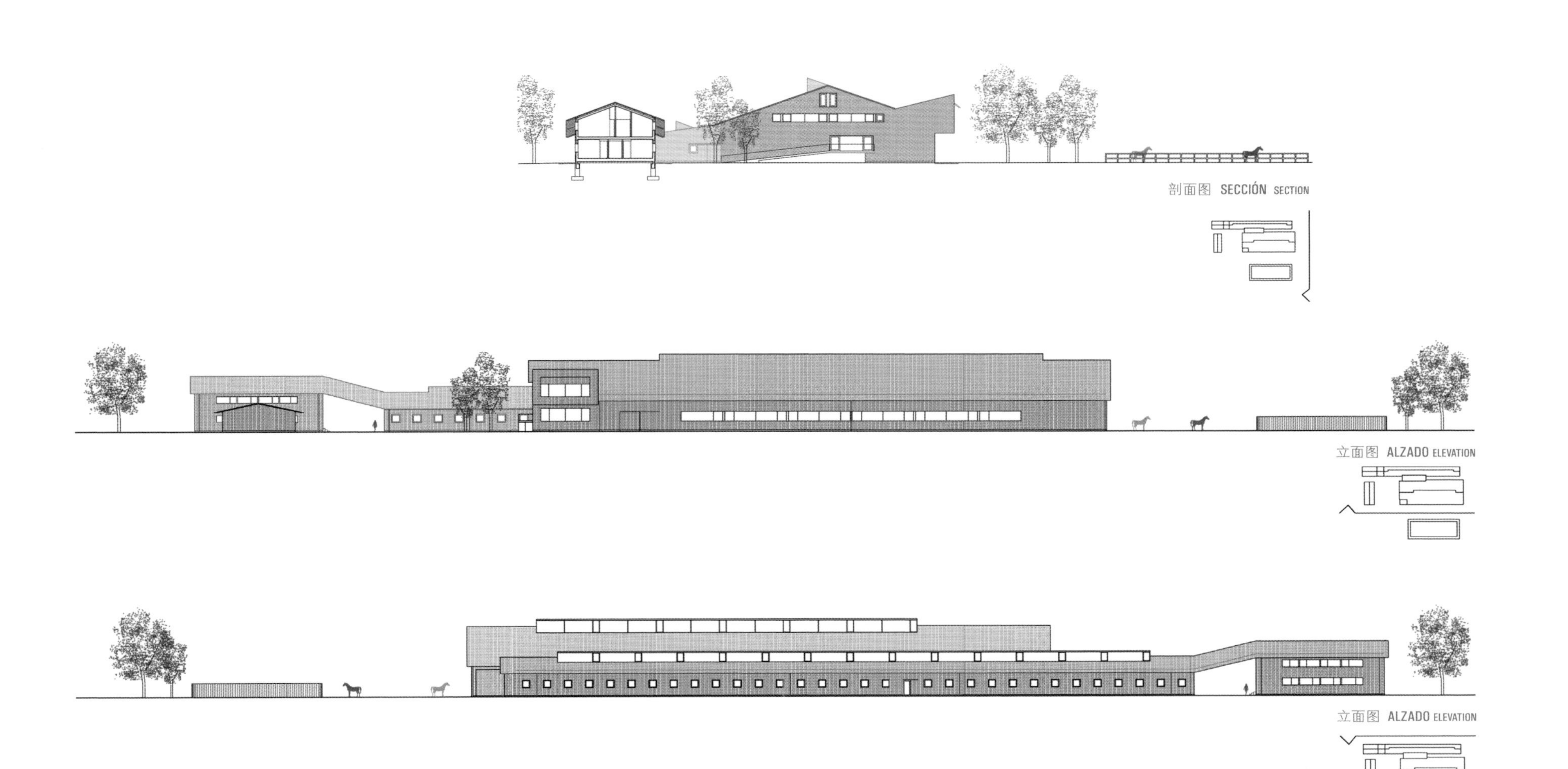
剖面图 SECCIÓN SECTION
立面图 ALZADO ELEVATION
立面图 ALZADO ELEVATION

维戈大学游泳池
Piscinas para la Universidad de Vigo
Swimming pools for Vigo University

项目状态 **estado del proyecto** project status: 2008建成 terminado completed
地点 **situación** location: 奥伦塞校区 · 西班牙 Orense Campus · Spain

所选地块是大学校园的海拔最高之处，此处因奥伦塞市与大学之间的关系而具有特殊价值。位置的特殊性是项目主要的设计理念和布局方案的灵感来源，旨在设计一个可俯瞰校园的大平台，而整个建筑的功能也应基于此而设置。该建筑所处的独特地形及其宽敞的面积与游泳池周围悬挂式灯具的玻璃面形成对比，构成其基本的外形特征之一。

El solar elegido se encuentra en el punto más elevado del campus universitario. En una situación que le dota de un valor especial en la relación entre la ciudad de Orense, y el campus. De esta especial ubicación del proyecto es de donde proceden las principales decisiones conceptuales y formales que inspiran el mismo. La propuesta se dibuja como una gran plataforma que mira hacia el campus. El contraste entre este basamento macizo, de naturaleza pesada y topográfica, con los grandes vuelos y paños de vidrio, paños ligeros que rodean la planta pública de piscinas, constituye uno de los argumentos formales.

The plot chosen is at the highest point of the university campus, a location with special value due to the relationship between the city of Orense and the campus. This special location has inspired the main conceptual and formal decisions of the project. The proposal is drawn up as a vast platform that looks onto the campus, and the whole organization of functions is indebted to this idea. The contrast between this massive, topographic base and the cantilevering light glass surfaces surrounding the public level of swimming pools is one of the basic formal arguments.

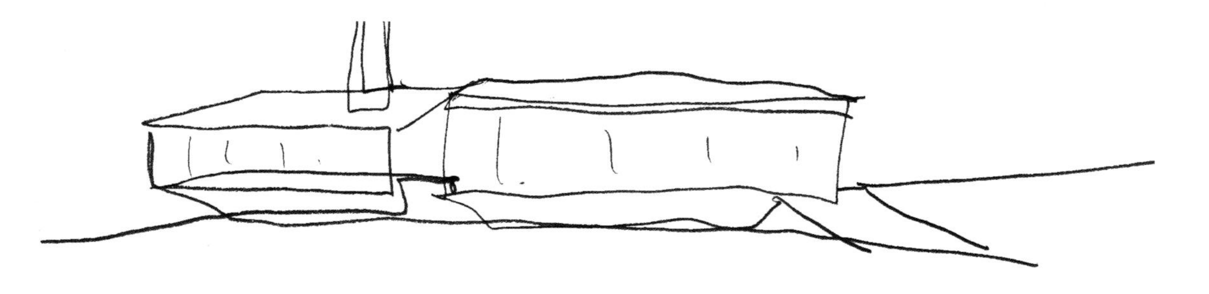

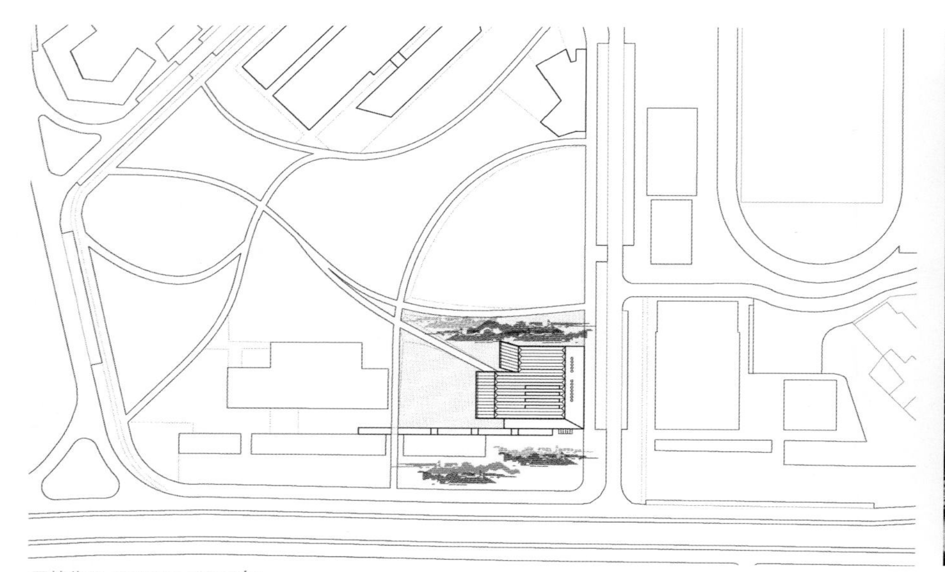

区块位置 PLANO DE SITUACIÓN SITE PLAN

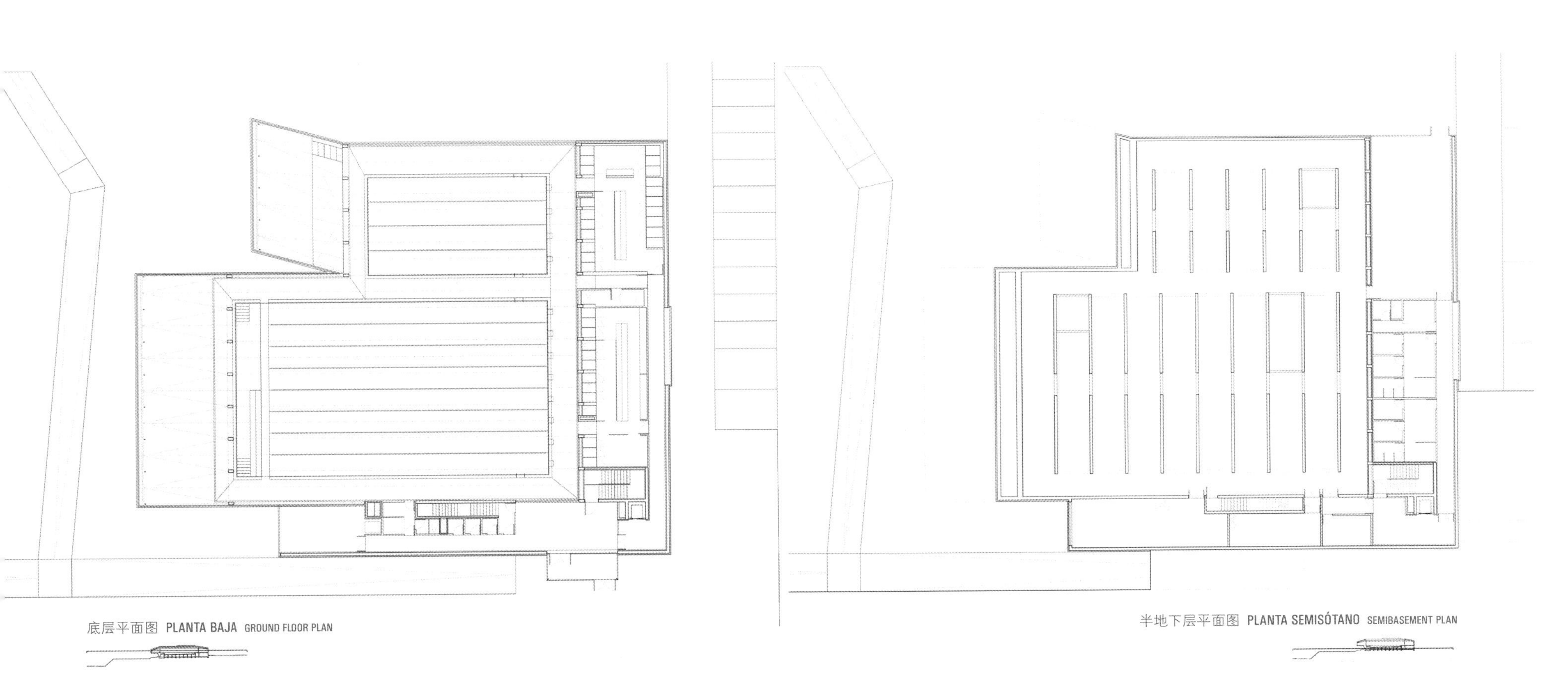

底层平面图 **PLANTA BAJA** GROUND FLOOR PLAN

半地下层平面图 **PLANTA SEMISÓTANO** SEMIBASEMENT PLAN

Arnaiz总部大楼取得“Q可持续进化卓越++认证”
El edificio Sede de Arnaiz obtiene la Certificación Q SOSTENIBLE EVOLUTION EXCELLENCE++
Arnaiz Headquarters Building Obtains Q SUSTAINABLE EVOLUTION EXCELLENCE++Certification

位于西班牙马德里Méndez Álvaro街(Méndez Álvaro街是卡斯特亚纳大街－普拉多大道轴心的自然延伸)的Arnaiz总部大楼地理位置优越，由Leopoldo Arnaiz及其团队ARNAIZ&partners设计并实施，且获得了“Q可持续进化卓越++认证”。在融合设计、功能与可持续性方面，这是一个经典的案例。“Q可持续性”是由国际可持续性建筑与能源理事会(CIES)创建的一种评价方法和全面的可持续认证。CIES使用一套先进的工具和程序，对建筑的可持续性水平进行检测、评估与评价。

El edificio sede Arnaiz, con una ubicación extraordinaria dentro de Madrid, España, en la Calle de Méndez Álvaro prolongación natural del eje Castellana - El Prado, diseñado y ejecutado por **Leopoldo Arnaiz y su equipo de ARNAIZ&partners, obtiene la Certificación Q SOSTENIBLE EVOLUTION EXCELLENCE++**. Es un claro ejemplo, de cómo es posible conjugar diseño, funcionalidad y sostenibilidad. Q Sostenible es el método de evaluación y certificación integral en Sostenibilidad creado por el Consejo Internacional de Edificación y Energía Sostenible (CIES), que utiliza un conjunto de herramientas avanzadas y procedimientos encaminados a medir, evaluar y ponderar los niveles de sostenibilidad de un edificio.

Arnaiz headquarters building, with an excellent location in Madrid, Spain, Street Méndez Álvaro, natural extension of Castellana - Prado axis, designed and executed by **Leopoldo Arnaiz and their team ARNAIZ&partners, has obtained Q SUSTAINABLE EVOLUTION EXCELLENCE++** Certification. It is a clear example of how it is possible to combine design, functionality and sustainability. Q Sustainable is the evaluation method and comprehensive sustainability certification created by the International Council of Sustainable Buildings & Energy (CIES), which uses a set of advanced tools and procedures to measure, evaluate and assess levels of sustainability of a building.

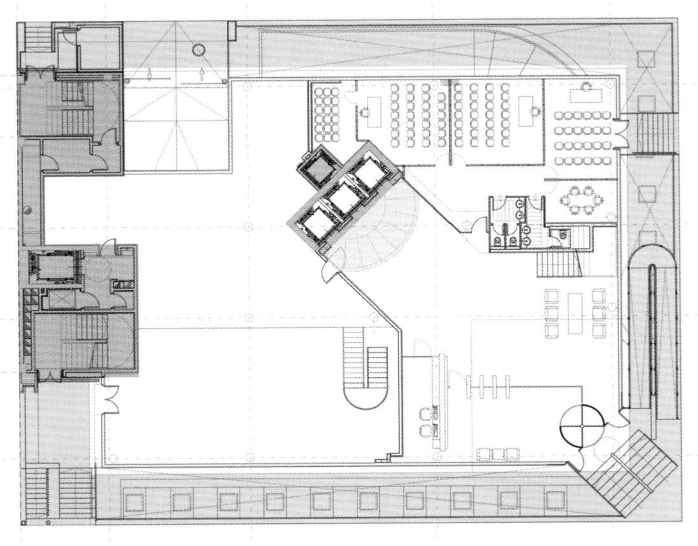

底层平面图 PLANTA 0 FLOOR PLAN 0

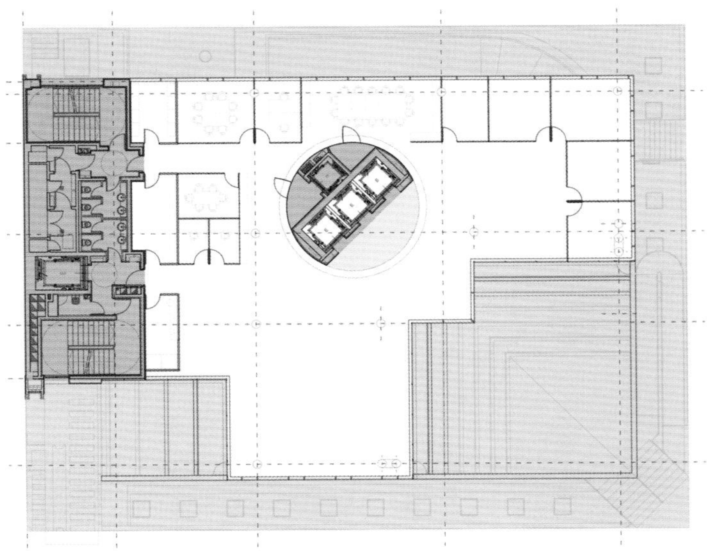

九层平面图 PLANTA 8 FLOOR PLAN 8

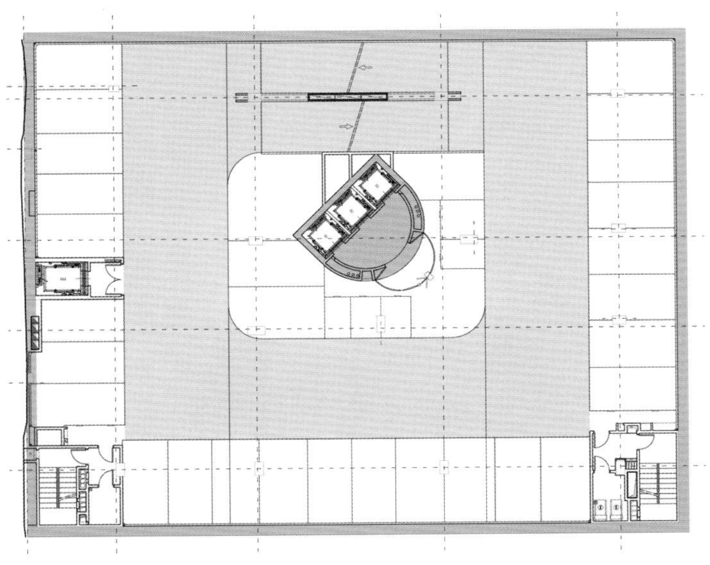

地下层平面图 PLANTA SÓTANO BASEMENT PLAN

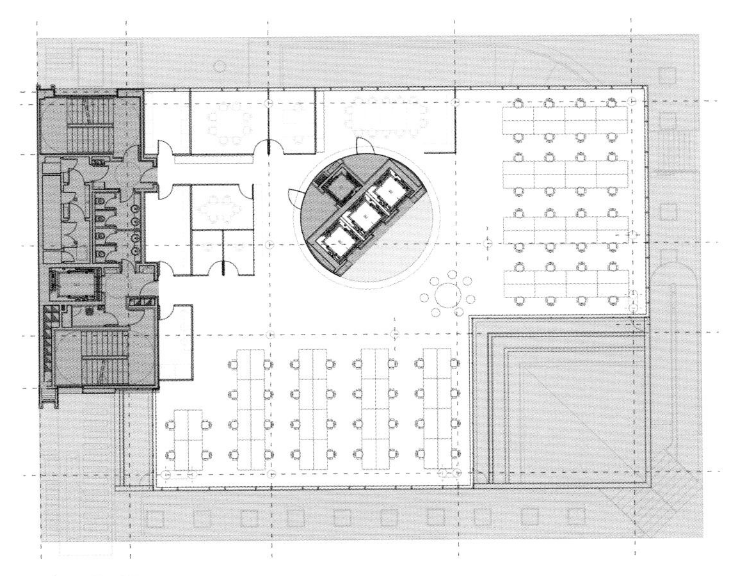

六层平面图 PLANTA 5 FLOOR PLAN 5

INNATUR-2竞赛
Concurso INNATUR-2
INNATUR-2 Competition

OPENGAP组织了第二届开放式理念竞赛，以寻找创新的、先进的、当代的方案，并致力于寻求一种策略，在得到保护的自然环境中建造房屋。其间，应该注意自然与建筑之间的融合性。来自葡萄牙的Mariana Santana、João Gama Varandas、Gonçalo Batista和Ana Sofía Amador荣获一等奖。

Segunda edición de este concurso de ideas abierto convocado por OPENGAP en busca de propuestas innovadoras que apuesten por una estrategia contemporánea y vanguardista de implantación de arquitectura en un entorno natural protegido; planteamientos que provoquen sinergias entre el contexto natural y el edificio mismo. Mariana Santana, João Gama Varandas, Gonçalo Batista y Ana Sofía Amador, **de Portugal fueron galardonados con el primer premio.**

OPENGAP organized the second edition of this open ideas competition seeking for innovative, cutting-edge, contemporary proposals, committed to a strategy of implementing architecture in a protected natural environment. Approaches should point to find synergies between nature and the building itself. **Mariana Santana, João Gama Varandas, Gonçalo Batista and Ana Sofía Amador, from Portugal, were awarded the first prize.**

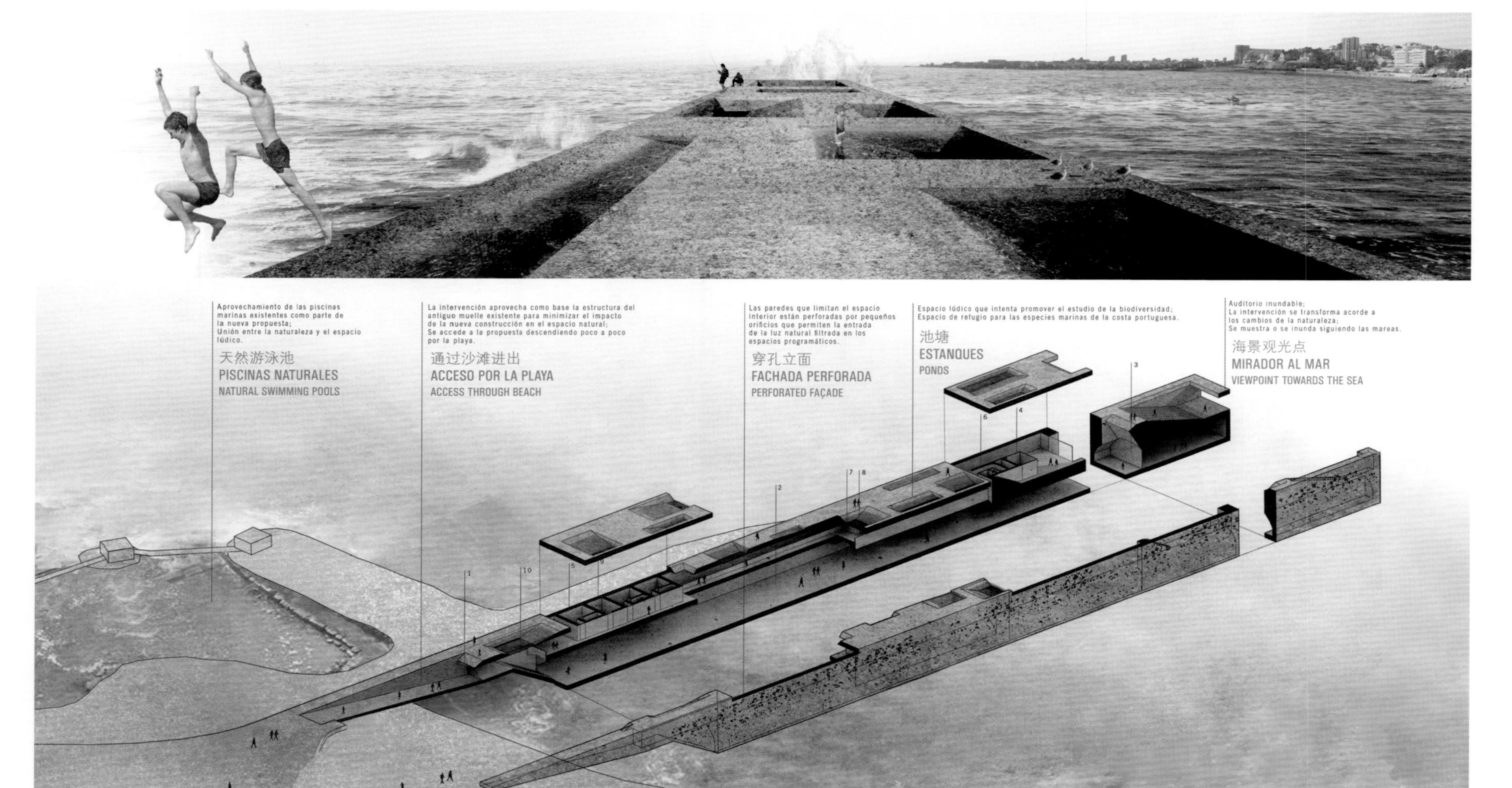

二等奖 segundo premio second prize GABRIEL WULF (建筑师) (瑞士 SWITZERLAND)

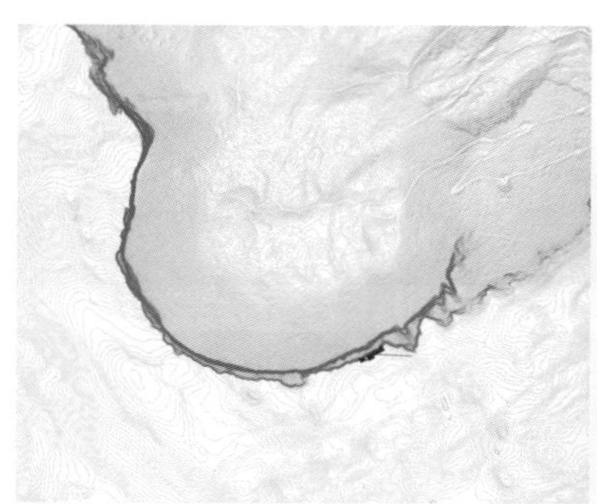

区块位置 PLANO DE SITUACIÓN SITE PLAN

三等奖 tercer premio third prize **JOSE FERNANDO GOMEZ · FELIPE BUSTAMANTE (建筑师)** (厄瓜多尔 ECUADOR)

荣誉奖 mención mention **ORNCHUMA SARAYA · SILASALIN KRISANARUNGKHUN (建筑师)** (泰国 THAILAND)

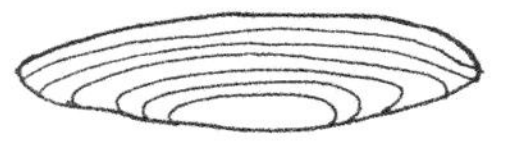

灵感酒店竞赛
Concurso Hotel Inspiración
Inspiration Hotel Competition

OPENGAP组织了此次开放式理念竞赛，以寻找创新的、先进的、当代的、有关艺术灵感的新概念的方案。Jorge Antonio Ruiz Boluda、José Asensio、Agustín Durá Herrero和Paul Dieterlen Escoto以一个拟建于西班牙瓦伦西亚湖的设计方案而荣获一等奖。

OPENGAP convoca este concurso de ideas abierto buscando propuestas innovadoras para un nuevo concepto de espacios para la inspiración artística. Jorge Antonio Ruiz Boluda, José Asensio, Agustín Durá Herrero y Paul Dieterlen Escoto fueron los ganadores, con una propuesta localizada en la Albufera de Valencia, España.

OPENGAP organizes this open ideas competition seeking for innovative, cutting-edge, contemporary proposals regarding a new concept for artistic inspiration spaces. **Jorge Antonio Ruiz Boluda, José Asensio, Agustín Durá Herrero and Paul Dieterlen Escoto** were awarded the first prize with a proposal located in Valencia's lagoon, Spain.

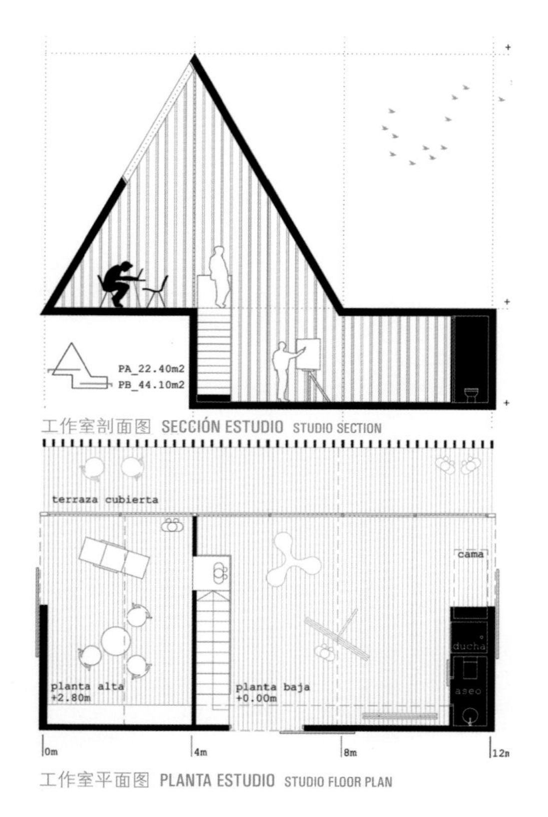

工作室剖面图 SECCIÓN ESTUDIO STUDIO SECTION

工作室平面图 PLANTA ESTUDIO STUDIO FLOOR PLAN

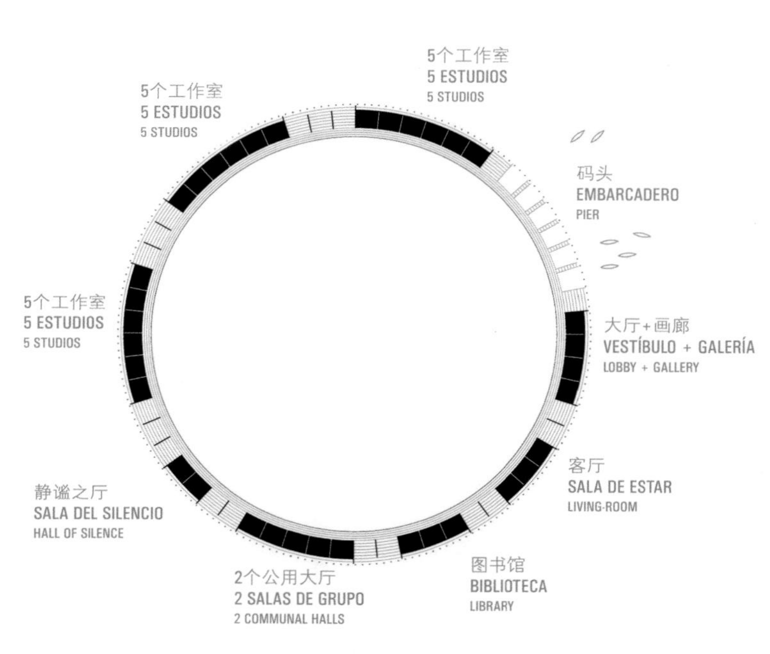

底层平面图 PLANTA BAJA GROUND FLOOR PLAN

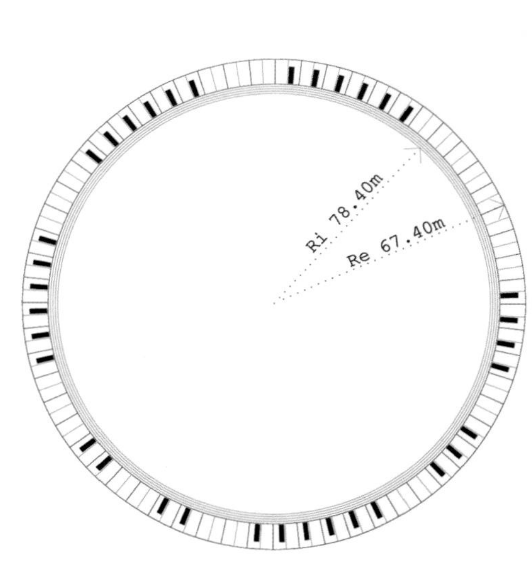

屋顶层平面图 PLANTA CUBIERTAS ROOF PLAN

剖面图 SECCIÓN SECTION

二等奖 segundo premio second prize **GORDAN VITEVSKI · MILA DIMITROVSKA · MONIKA NOVKOVIK · VLADO DANAILOV · JOVAN IVANOVSKI (建筑师)** (马其顿 **MACEDONIA**)

三等奖 tercer premio third prize **SNEIDER MUÑOZ · JUAN DAVID RAMIREZ DOMINGUEZ · DIANA MANRIQUE (建筑师)** (哥伦比亚 **COLOMBIA**)